设计规范　动效设计　元素应用　案例教程

UE5　　Unity

项目沟通

实例分析　迭代维护　风格设计

Ps　　UI　　Ae

游戏UI

设计原则与实例指导手册（第2版）

李世钦　编著

人民邮电出版社

北　京

图书在版编目（CIP）数据

游戏UI设计原则与实例指导手册 / 李世钦编著. --
2版. -- 北京：人民邮电出版社，2023.7
ISBN 978-7-115-61382-0

Ⅰ. ①游… Ⅱ. ①李… Ⅲ. ①游戏程序－程序设计
Ⅳ. ①TP317.6

中国国家版本馆CIP数据核字(2023)第052405号

内 容 提 要

这是一本注重思维引导与方法实践的游戏界面设计教程。

本书全面介绍游戏界面设计，涵盖游戏界面的基础知识和设计流程、游戏图标设计的基础知识、游戏界面的设计要求和动效制作，以及作者的经验等内容。本书将对游戏界面设计的流程、视觉规范，游戏界面设计师在项目进展中如何与各个流程的人员配合，游戏界面设计师在游戏项目开发过程中应注意的事项等进行深入浅出的讨论和研究。作者将自己多年在游戏行业中积累的界面设计经验与方法毫无保留地分享给读者，并带领读者厘清游戏界面设计的本质，使读者全面掌握游戏界面设计的技巧。

本书附带的学习资源包括所有操作案例的源文件和案例的同步讲解与分析视频，读者可通过在线方式获取这些学习资源，具体方法请参看本书的"资源与支持"页面。

本书适合对游戏界面设计有兴趣的初学者和有一定工作经验的游戏界面设计师阅读。对初学者来说，本书不仅分析了游戏界面设计师应具备的基本素质，还提供了初学者在学习与工作过程中经常遇到的问题的解决方案。而对有一定工作经验的游戏界面设计师来讲，本书可以为其提供更多的思考方向，用于解决游戏界面设计中的一些实际问题。

◆ 编　　著　李世钦
　　责任编辑　张丹丹
　　责任印制　马振武
◆ 人民邮电出版社出版发行　　北京市丰台区成寿寺路 11 号
　　邮编　100164　电子邮件　315@ptpress.com.cn
　　网址　http://www.ptpress.com.cn
　　北京盛通印刷股份有限公司印刷
◆ 开本：787×1092　1/16
　　印张：23　　　　　　　　　2023 年 7 月第 2 版
　　字数：797 千字　　　　　　2023 年 7 月北京第 1 次印刷

定价：168.00 元

读者服务热线：(010)81055410　印装质量热线：(010)81055316
反盗版热线：(010)81055315
广告经营许可证：京东市监广登字 20170147 号

前言

　　游戏界面设计是一个较复杂的工程。说它"复杂"不单是因为一款游戏的界面设计是复杂的，还因为游戏界面设计工作涉及风格定位、美术元素使用、图标绘制、需求流程管理及各个环节的沟通与协作等多项内容。在日常工作中，很多初学者并不知道如何着手去做一名合格的游戏界面设计师；或者在从业一段时间之后，不知道如何提高自身的专业水平；又或者不知道如何才能做到快速定位，设计出令人满意的游戏界面。

　　在多年的游戏界面设计从业经历中，我体验过各种各样的工作环境：有不限制任务时间，只需做完就交，每天可以准点下班的；有严格规定加班时间，为数个项目提供设计支持的；有压力大、任务重，每天都有海量的需求需要处理的。在不同的工作环境中，我也遇到过很多游戏界面设计师会遇到的一些实际的工作问题。这些问题有关于技术方面的，也有关于工作方法方面的。我自认为我是一个善于分析问题和解决问题的人。在与不同的项目、不同环节的人员接触的过程中，我总结了不少经验。在过去的一段时间内，我把这些经验分享给身边的人，大家认为受益良多。与此同时我在想，我的这些血与泪的经验应该分享给更多的人，让更多的人理解并少走弯路，于是便有了本书。

　　本书是按照游戏界面设计的逻辑来安排内容的。本书先带领读者了解游戏界面设计的概念与现状，厘清以往和现在存在的所有形式的游戏界面，以及它们之间的关系；然后从游戏界面中较显眼的图形、图标出发带领读者探索游戏界面设计的魅力。具体表现在：第一，深入地介绍图标所起到的作用、所包括的设计形式及每种形式对应的设计方法与具体的应用方式；第二，讲解有关游戏界面整体的一些知识，包括如何创立一个独特而统一的游戏界面风格，如何通过界面设计规范去持久且有效地控制界面风格并使其得到延续和完善，如何在界面设计中的美术设计和功能设计之间取得平衡，等等；第三，介绍游戏界面中一些动效的设计方法（作为游戏界面设计师工作配合中较重要的一环，动效设计师的工作内容是需要游戏界面设计师去充分理解的。从逻辑上来说，动效是界面设计的一种延伸；从工作流程上来说，动效是界面设计的下一个重要环节，很值得游戏界面设计师去关注并掌握）；第四，清楚、完整地罗列一些我在多年工作中遇到的问题和对应的解决方案，以及遇到新问题时的思考方式。

　　在这里，感谢参与本书制作的人民邮电出版社数字艺术分社的所有工作人员，如果没有你们，这一切都不会发生；感谢身边的同事，如果没有你们提供的意见与相关理论和实操，我的一些见解未必能完整呈现，书中引用的包括需求文档和交互文档在内的很多内容都是因为有你们才有更精彩的呈现。特别感谢能容忍我持续熬夜并拖着很多事情不做而专心撰稿的棉棉，没有你的支持，也就没有本书的诞生。

　　在编撰本书的过程中，虽然我用了很多时间去搜集材料，在撰写的同时也注意不断检查，但是由于能力有限，书中难免会有不足之处，敬请广大读者包涵并指正！

李世钦

2023 年 3 月

推荐 （排序不分先后）

UI is surprisingly a lesser known fact that makes a successful game. A good UI makes a game hit, offering good visual experience, usability, responsiveness，performance and new technology adaptability . This book will be a good guideline for both industry professionals and future UI artists to find the clear path of successful UI which makes games shine.

相较游戏美术的其他部分，UI 在成就一款成功的游戏中起到的作用一直没有受到足够的关注。然而，好的 UI 设计能够提供给玩家更优质的视觉体验、更便捷的易用性、更敏捷的响应速度，以及对于新技术更好的适应性。无论是职业设计师还是未来的 UI 艺术家，若想知道如何设计一套成功的 UI 来帮助自己制作一款引人入胜的游戏，本书都能提供良好的指引。

腾讯 IEG- 光子工作室群 专家游戏美术师 / 前暴雪高级 3D 美术师 Jeff Kang

世钦是站酷 UI 设计领域中较早的一批推荐设计师之一，也称得上是游戏界面设计方面的行家。这本书花费了他将近 3 年的时间编写而成，书中切实地包含了一线设计师在一流团队中制作优质游戏的一些实用的经验与方法。从基础概念的阐释到工作流程的讲解，从实际案例的解析到自学的建议，本书基本涵盖了游戏界面设计师工作过程中会遇到的所有问题及解决方法。希望广大读者通过学习本书，可以轻松入门，并快速提升自己，成为一名真正的游戏界面设计师。

站酷网主编 纪晓亮

我与世钦是多年的老朋友了，他是一位非常好的游戏界面设计师。在看过本书后，我更加肯定他谨慎、细致的做事风格。当前的互联网可以说是已经进入"下半场"，这要求游戏界面设计师具有更强的综合设计能力。这本书非常详细地阐述了游戏界面设计的每一个工作环节，既可以作为初学者系统学习的资料，又可以作为有一定经验的游戏界面设计师的工具书，很值得推荐。

竹笋集视觉创办人 余振华

本书从一个经验丰富的从业者的角度系统地剖析了游戏界面设计的"骨骼"与"脉络"，由点及面，深入浅出，非常适合对游戏界面设计感兴趣的人或入行不久的游戏界面设计师学习。特别是本书后半部分结合商业实战的很多设计与论述，能让人获得诸多启发。

小鹏汽车 HMI 视觉创新负责人 / 前《九阴真经》界面美术负责人 步果断(kidaubis)

游戏界面设计是一门非常复杂的综合学科。游戏界面设计是一个从边缘到核心的过程，承载着绝大部分的视觉体现工作，在游戏的实现过程中起到了非常重要的作用。同时，游戏界面设计师这个岗位天生具备复合属性，要求游戏界面设计师有广博的知识、扎实的设计能力、良好的沟通能力及敏锐的洞察力。在本书中，作者从多领域、多视角、多维度讲解了游戏界面设计的方法与技巧，对游戏界面设计师的岗位职能与所需具备的能力、思考方式进行了抽丝剥茧式的引导与分析，既适合游戏界面设计初学者入门学习，又适合有一定设计经验的游戏界面设计师参考。

GAMEUI- 游戏设计圈聚集地创办人 林森

界面设计是游戏开发中较为关键的工作环节，也是决定游戏成败的重要环节。因此，在游戏行业，无论是对于游戏界面设计师素质的培养，还是对于游戏界面设计师能力的培养，本书都是有重大意义的。本书从游戏行业这个大方向出发，全面、系统地阐述与讲解了游戏界面设计师从基础阶段到进阶阶段所需要了解并掌握的一些知识，对游戏行业的从业人员来说是一本不可多得的工具书。

Directive Games 制作人 张竹云

推荐 （排序不分先后）

　　我和世钦认识 10 多年了，我们曾经在同一家公司共事。当时，世钦给我的印象是很擅长界面图标的创意表达，同时擅长利用动效给设计增色。此后，他去了腾讯游戏公司，也做过很多游戏项目，且至今依然对游戏界面设计保持着较高的热情。为了写好这本书，他把近 3 年的业余时间都用在了这里，这点很让我佩服。我国的游戏行业经过十几年的发展，正慢慢步入成熟期，现在玩家对于游戏界面的品质要求也越来越高。游戏界面设计作为游戏开发的重要环节，也越来越被大家重视。目前市面上不乏游戏界面设计类的图书，但大多以简单的技法教学为主，并且很少涉及用户体验设计、设计思维养成及项目实战剖析等内容，这也导致很多人对游戏界面设计的印象仅停留在画图标、画界面上。本书内容涵盖面广，既有基础内容的讲解，也有对设计技法的深入剖析和对创意思维的相关思考。无论是对初学者来说，还是对有进阶需求的游戏界面设计师来说，本书都非常实用。强烈推荐本书！

网易游戏设计专家 谢蛟

　　认识世钦至今已有多年了。年轻的时候，我们在一起交流时经常脑洞大开，一聊就是半天。后来，越来越成熟的我们开始潜心于工作与修学，练就了一身好技能。如今的世钦，提笔定是经典。对读者而言，相信这本书带来的不仅是"大厂"经验和专业层面的硬知识，还是思维能力、思考方式的内功修炼与拓展。

4A 美术指导 / 站酷推荐设计师 / 高高手讲师 周大杰

资源与支持

本书由"数艺设"出品，"数艺设"社区平台（www.shuyishe.com）为您提供后续服务。

配套资源

所有操作案例的源文件 + 案例的同步讲解与分析视频

（提示：微信扫描二维码关注公众号后，输入51页左下角的5位数字，获得资源获取帮助。）

资源获取请扫码

"数艺设"社区平台，为艺术设计从业者提供专业的教育产品。

与我们联系

我们的联系邮箱是 szys@ptpress.com.cn。如果您对本书有任何疑问或建议，请您发邮件给我们，并请在邮件标题中注明本书书名及 ISBN，以便我们更高效地做出反馈。

如果您有兴趣出版图书、录制教学课程，或者参与技术审校等工作，可以发邮件给我们。如果学校、培训机构或企业想批量购买本书或"数艺设"出版的其他图书，也可以发邮件联系我们。

关于"数艺设"

人民邮电出版社有限公司旗下品牌"数艺设"，专注于专业艺术设计类图书出版，为艺术设计从业者提供专业的图书、视频电子书、课程等教育产品。出版领域涉及平面、三维、影视、摄影与后期等数字艺术门类，字体设计、品牌设计、色彩设计等设计理论与应用门类，UI 设计、电商设计、新媒体设计、游戏设计、交互设计、原型设计等互联网设计门类，环艺设计手绘、插画设计手绘、工业设计手绘等设计手绘门类。更多服务请访问"数艺设"社区平台 www.shuyishe.com。我们将提供及时、准确、专业的学习服务。

目录

03 第 3 章
游戏图标设计基础 053

04 第 4 章
矢量图标的设计方法解析 067

● 界 面 篇 ●

08 第 8 章
界面功能需求的强化处理 203

09 第 9 章
界面视觉的统一化处理 219

10 第 10 章
游戏界面视觉系统的创立与分析 235

· 动 效 篇 ·

11 第 11 章
游戏界面动效设计基础 249

12 第 12 章
游戏界面动效设计实例解析 293

13

第 13 章

日常工作中的一些经验 321

14

第 14 章

项目设计中的一些经验 343

01

第 1 章

初识游戏界面设计

本章概述

游戏界面是游戏产品的重要组成部分，也被称为游戏图形用户界面。游戏界面是人和游戏软件交换信息的媒介，是一种图形化的信息表现形式。人通过这种直观、易理解的表现形式来操作游戏软件，游戏软件同样以这种表现形式将反馈传递给人。在不同的硬件平台上，游戏界面被划分为不同的设计类型。例如，移动设备、家用游戏机和个人计算机的硬件的操作方式不同，因此其游戏界面的设计也各不相同。在同一平台上的不同软件环境下，游戏界面的设计也不尽相同（如个人计算机平台的网页游戏和客户端游戏的界面设计）。本书要讲解的游戏界面设计知识大部分都是针对手机游戏的，同时涉及少量的个人计算机游戏和家用游戏机游戏。本章主要讲解游戏界面的一些基本知识。

本章要点

» 游戏界面的分类与特点

» 游戏界面设计师需要了解的常识

» 关于做好游戏界面设计的一些建议

基础篇 ▶

1.1 游戏界面的分类与特点

众多的硬件平台和不同的游戏背景使游戏界面的设计方式和设计风格多种多样。设计一款游戏的界面时，需要明确其用户和风格定位，以迎合市场需求。

1.1.1 按游戏背景划分

游戏背景指的是一款游戏所构建的游戏世界。游戏所讲述的故事、所呈现的画面，以及所设计的人物和玩法都因为游戏背景的存在才具备合理性。

市面上游戏界面的风格有很多，大致可以分为 5 种，分别为魔幻风格、科技风格、东方风格、休闲风格和"二次元"风格。

👋 提示

本书关于游戏的类型划分相对比较简单。而实际上，每款游戏都并非只涉及一种题材。在游戏背景建构越来越复杂的当下，单纯依靠某个题材并不能完整地表现游戏的风格与特点，需要综合多个题材来表现。

☉ 魔幻风格

魔幻风格的游戏界面结合了中世纪欧洲和幻想的一些元素，如盔甲、城堡、骑士、羊皮纸、哥特字体、魔法等，整体给人以奇幻的感受，细分下来有厚重、扁平等不同类型。

盔甲　　　　　　　　　　　　　　　　城堡

　　　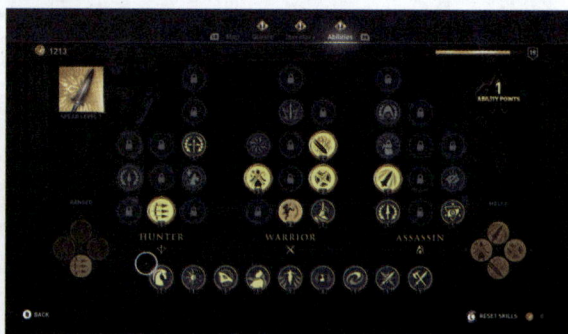

厚重类型　　　　　　　　　　　　　　　　　　扁平类型

⊙ 科技风格

科技风格的游戏界面常应用在带有高科技感、未来感等元素的游戏中，细分下来有科幻、赛博朋克等不同类型。该类风格的游戏界面以现实为基础，并在具体设计中融入很多超现实的元素，如细密的线条、数据流、代码、荧光等，给人新奇、有趣的感受。

《风暴英雄》的战斗界面　　　　　　　《王牌猎手》的主界面　　　　　　　《圣歌》的战斗界面

而加入的这些超现实元素的设计灵感则来源于日常生活中能见到的一些事物，如老式显像管电视的显像纹理、舞台上的激光灯照射效果、建筑蓝图、蜂巢、昆虫复眼、集成电路板及服务器设备等。

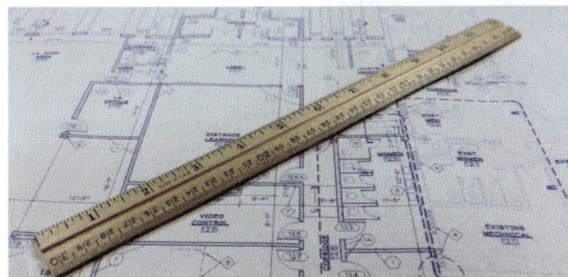

老式显像管电视的显像纹理

舞台上的激光灯照射效果

建筑蓝图

蜂巢

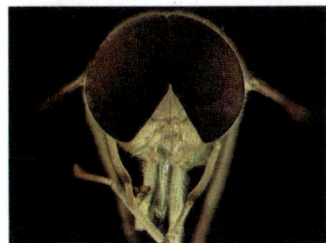

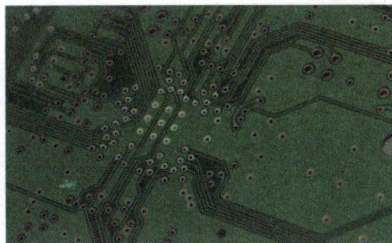

昆虫复眼　　　　　　　　　集成电路板　　　　　　　　　服务器设备

⊙ 东方风格

东方风格的游戏界面细分下来有中国风、和风及中国式和风这3种类型。这些类型的界面有着一些共用的视觉元素，并且地域、行业不同，其发展路径也不尽相同。

早期的中国风游戏界面出现在一些武侠单机游戏中，如《侠客英雄传 xp》《轩辕剑叁外传：天之痕》等。这些游戏的界面特点是像素化，并且常用一些边角花纹、面板底纹及卷轴等元素来强调中国风的特点。

《侠客英雄传 xp》人物详情界面

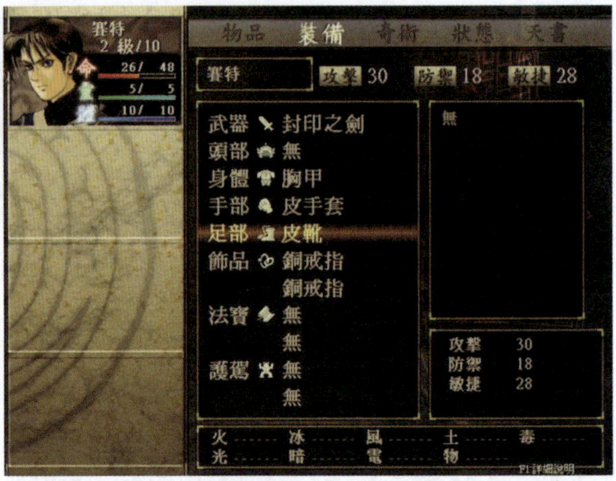

《轩辕剑叁外传：天之痕》装备界面

随着时间的推移，中国风游戏界面在细节设计上的效果变得更加丰富，并且运用的材质也更为复杂，如木材、生铁等。

《仙剑奇侠传》（DOS 版）战斗界面

在"网络游戏时代"开启之后，出现了一批国产网络游戏，其界面色彩以淡雅为主，质感较好，且题材多样。常见的国产网络游戏的题材有金庸题材、三国题材、西游题材、创新 IP 题材、网络文学 IP 衍生的玄幻题材，以及部分经典文学 IP 衍生的魔幻题材等。

《大话西游 Online》剧情对话界面

《梦幻西游》主场景界面

"手机游戏时代"的到来给武侠游戏市场带来了非常大的冲击，也扩大了武侠游戏的市场规模。同时，从界面风格来说，手机游戏的特殊操作环境对手机游戏界面设计提出了不同以往的要求。与传统游戏不同的是，手机游戏中的武侠游戏的界面设计都比较追求轻量化。

《大话西游手游版》聊天界面

《大话西游手游版》地图弹窗界面

和风游戏界面被赋予了日本文化独有的魅力，其特征极其明显，游戏题材通常是一些悲观、激愤及热血的题材。在具体设计中，常见的元素有炫光、水墨、3D 及书法字体等，以表现其质感和一些特有的情感化效果。

《街霸 5》战斗界面

《仁王》任务完成界面

中国式和风游戏的界面在传统武侠风格的基础上做了进一步调整，并且持续吸收外来文化元素，进行着一轮又一轮的创新。常见的元素有平直线条、动漫人物、折纸、樱花、日式建筑、木头、折扇、纸伞、卷轴及云纹等，并且这些元素在运用过程中大多都呈现为干净、利落的效果。

《天下又天下》主场景界面

《仙剑奇侠传幻璃镜》图鉴界面

《飞刀又见飞刀》图鉴界面

🐾 提示

综上所述，我们可以感受到，将典型的中国元素和日式元素放在一起，并不能很轻松地对两者做出区分。但假设我们能明确日式元素的特征，就很好区分了。日式元素的特征包括 3 个方面。第一，擅长使用苍劲、有张力的毛笔字体。这些字体或笔画刚劲有力，或线条粗大，或辅以鲜亮的配色，给人一种"大声喧哗"的感受。第二，对水墨的理解更刻板。这一点是相对于中式水墨中体现出的"飘逸""灵动"的气质而言的。日式水墨很少会给人空灵、通透的感受。第三，特殊的日式纹理和元素的使用，如和服、樱花及浮世绘等。

⊙ 休闲风格

　　休闲风格的游戏界面主要面向低龄及女性人群。这种风格的游戏界面大部分都给人偏轻松和可爱的感觉。平日里，我们习惯将这类风格称为可爱风格、卡通风格（具体分为日韩卡通风格和美式卡通风格）或 Q 萌风格。

　　休闲风格的游戏界面整体呈现出色调明快、造型圆润及块面区分明显的设计特点，给玩家轻松、愉悦和有趣的感受。

《开心消消乐》网页版界面　　　　　　　　　LINE POP2 游戏界面　　　　　　　《汤姆猫跑酷》游戏界面

　　人在视觉上对某一类美术元素是有刻板印象的，这也是特定的美术元素可以表现特定的情感的根本原因。可爱或卡通的情感化元素的产生，正与人们对"可爱"这个情感因素产生强联系的美术元素所留下的刻板印象有关。

🐝 提示

　　人们对"可爱"的认知大部分来自幼年的人和其他哺乳动物。而与这些因素相关的图形或美术元素会固化地影响人们对"可爱"的认知。利用关联了这些因素或具有这些因素表现特征的美术元素，就可以准确地表现出可爱风格。

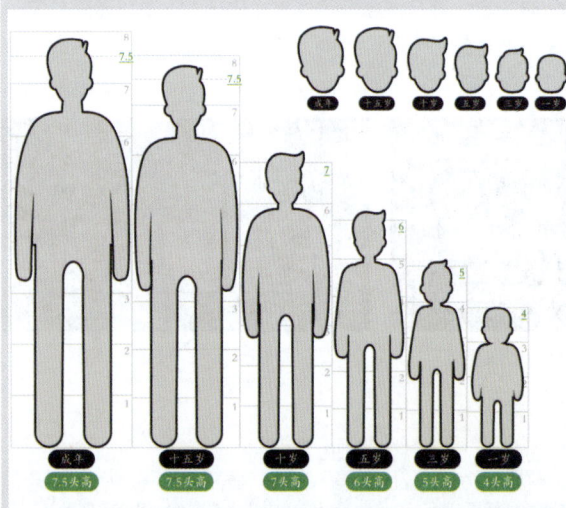

各个年龄段的人的头身对比图　　　　　　　　　　　　　　　幼年的猫

⊙ "二次元"风格

"二次元"风格的游戏是近几年比较火的一种游戏。从界面风格上讲，它并没有严格意义上的定义。无论是什么风格的游戏界面，其本质都是为游戏所要表现的内容服务的。在我国，"二次元"包含的内容已经不局限于其原生国日本所指代的那些文化现象。综合目前市面上大部分"二次元"游戏的界面风格，我们可以从两个层面来对这个风格进行深入的了解与认识。

从广义上讲，"二次元"是二维世界的虚拟存在。从这个意义上讲，所有使用了二维方式或三维方式去实现二维视觉风格的美术化表现都可以被称为"二次元"风格。从狭义上讲，"二次元"风格仅指日式"二次元"的中国化风格，即由日式"二次元"游戏的国内代理和模仿日式"二次元"风格的国内游戏所构成的一个集合所呈现的风格。

在实际的游戏界面设计工作中，我们所提到的"二次元"大多指的是狭义的"二次元"，即中国化的 ACG。ACG 由动画（Animation）、漫画（Comic）与游戏（Game）的英文首字母组合。

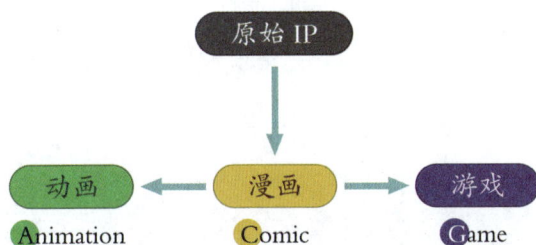

"二次元"风格的游戏界面受日式动画和漫画的影响很大。日式"二次元"游戏是所有游戏里较为特殊的一种。日式漫画的复原、偏好使用纯度高的颜色、不是很讲究颜色的搭配、大面积使用细碎的花纹装饰、冲击力十足的界面打击动效（包含街机游戏界面设计特征）、聒噪的游戏配音及虚拟的少女偶像都是"二次元"风格游戏的特点。

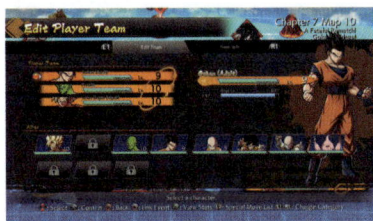

| 《龙珠战士 Z》战前队伍调整界面 | 《龙珠战士 Z》战斗界面 | 《Lovelive！学园偶像祭》主界面 |

在 ACG 风格的基础上，目前还衍生出了中国"二次元"风格的游戏界面。其具体风格的表现与日式"二次元"风格的表现有相似之处，但也有所不同，主要区别在于中国风元素的融入。

| 《阴阳师》主场景界面 | 《阴阳师》战前加载界面 | Fate/Grand Order 卡牌强化界面 |

1.1.2 按美术风格划分

当前市场中出现的主流风格大部分是迭代后出现的新美术风格，包括了前面提到的饱含年代感的其他美术风格。如果将游戏界面按照美术风格来划分，大致可以将其分为 4 种，分别为像素风格、水晶风格、写实风格和扁平风格。

⊙ 像素风格

像素风格主要是指早期的街机的操作系统界面风格。在硬件性能提升之后，人们普遍放弃使用这种风格，取而代之的是更能增强技术能力和美术表现力的风格。但到如今，像素风格依然被保留并运用到部分游戏界面中。出现这样的情况的原因有：（1）像素风格具有特定的年代感；（2）清晰的像素对画面细节有神奇的表现效果；（3）像素风格的运用在硬件损耗方面是低成本的，但其表现力较强。

《Eastward》游戏界面

⊙ 水晶风格

与像素风格一样，水晶风格也是一种有年代感的游戏界面风格。在硬件性能突飞猛进的时代，广大设计师在设计游戏界面时都注重对质感的表现，或许是人们对水晶质感有着天生的好感，使得在一段时间内水晶风格极为盛行。对于早期的 iOS，设计师对界面和图标的设计也是极尽所能，可以说做到了当时界面设计在质感表现上的极限。微软的操作系统也在 Windows 7 中将毛玻璃效果的刻画做到了令人惊艳的程度。但是在后续的产品中，设计师们意识到界面质感的提升并不是提升产品体验最关键的部分，最关键的部分在于信息的传达和轻快的操作体验，这也就催生了扁平化的设计风潮，且这一风潮延续至今。但是这并不意味着水晶风格退出了历史舞台。与像素风格一样，水晶风格凭借着一定的特殊性，目前不仅被保留了下来，还发展成为一种较流行的设计风格。出现这样的情况的原因有：（1）大多数人对亮晶晶的物体似乎有着天生的喜爱；（2）很多游戏界面特定的质感需求需要使用水晶风格来体现高贵的调性；（3）水晶质感对人具有极大的吸引力，因此水晶常被用来作为界面中特殊位置的元素，以此达到引起用户关注的目的。

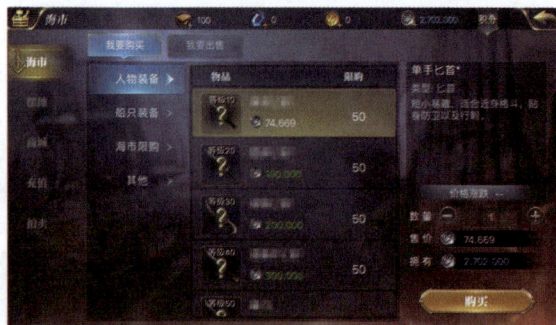

《大航海时代》交易界面

⊙ 写实风格

写实风格的游戏界面最为常见。它的特点主要表现为较厚重的质感、立体化的形体和多样化的材质。这些特点对于表现游戏特有的情感化氛围有着非常重要的作用。因此，在一些质感厚重、游戏背景建构复杂的游戏（如魔幻题材游戏和早期的中国风题材游戏等）中使用这种风格再合适不过了。

魔幻题材游戏《炉石传说》写实界面

中国风题材游戏《大唐无双》写实界面

⊙ 扁平风格

所谓扁平风格，是指舍弃一切 3D 元素（如阴影、纹理及透视等）的设计风格。扁平风格是继水晶风格之后的一种流行的设计风格。它和其他流行的设计风格一样，设计元素几乎均来自印刷品和传统艺术。扁平风格的特点是简洁、高效且富有现代感，一般采用网格作为设计基础，无论是字体、插图、照片还是标志，都被规范地安排在这个网格框架中；同时大量采用非衬线字体，满足了人们屏幕阅读的需求。扁平风格是目前较流行的游戏界面设计风格之一。

扁平风格的游戏界面整体呈现出简洁的特点，在科技感题材、中国风题材及"二次元"题材的游戏中使用较多，在欧美游戏中使用得更多。出现这样的情况的原因有：（1）无论是科技感题材、中国风题材的游戏，还是"二次元"题材的游戏，其所要表现的游戏背景的建构都存在一致性；（2）扁平风格游戏界面面向的游戏玩家已经进入对游戏内核进行体验的阶段，而非对游戏内核之外的内容进行体验的阶段。

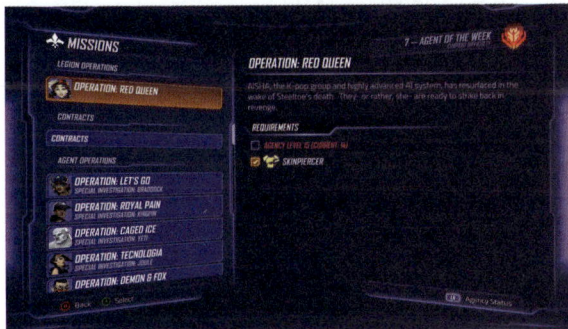

《混乱特工》任务界面

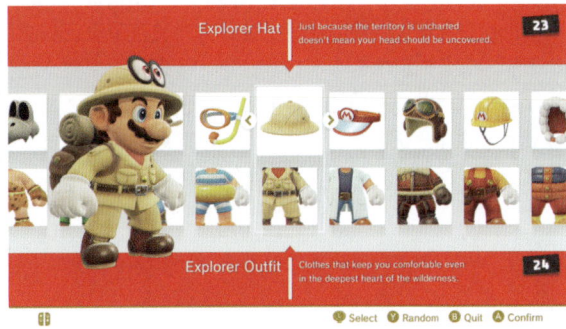

《超级马里奥奥德赛》换装界面

🐛 提示

扁平化的设计思想源流中有一个比较重要的流派，那就是包豪斯设计。包豪斯为德国的一所艺术设计类大学，由建筑师瓦尔特·格罗皮乌斯（Walter Gropius）在 1919 年创立于德国魏玛。它对建筑设计的影响比较深远。"除去所有繁复的形式，设计只需要满足基本功能"，这种设计思维是将设计完全归于功能的一种思维方式，与现代的扁平化、简约化设计思想有许多相似之处。

1.2 游戏界面设计师需要了解的常识

作为游戏界面设计师，需要明确自己的职能是什么、工作的本质是什么，以及如何追求产品的本质等方面的内容。

1.2.1 游戏界面设计师的职能

一个完整的游戏产品项目组包含策划、程序与美术这三大类职位。其中，策划人员主要负责构建整个游戏系统、设计玩法和完成整个游戏的背景建构，细分下来包括数值策划（负责配置数值）、剧本策划（负责写游戏剧本）等。程序员主要负责实现整个产品的功能和逻辑，细分下来包括前台程序员、后台程序员及服务器程序员等。美术人员主要负责整个产品的外观设计，细分下来包括界面设计师、原画设计师、3D 设计师、动效设计师及特效设计师等。当然，有时候这些职位的划分可能并不明确。在一些小团队中，也可能会有兼界面设计与代码编写于一身的设计师。

在设计工作中，界面设计师起着衔接策划工作和程序工作的作用，负责整个产品开发的一个环节，与谁对接只意味着设计师工作的"信息流"（"信息流"指的是一个完整工作流中，在相邻环节之间进行的工作信息流动，后面会有详细描述）。

在一般情况下，一个项目组内部的工作信息流动呈现出的形式为：需求文档→交互设计→视觉设计→版本合入。

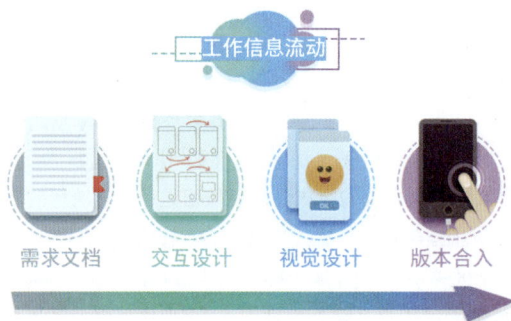

工作信息流动

需求文档　　交互设计　　视觉设计　　版本合入

在具体执行过程中，先是策划人员制作策划方案，并生成需求文档，然后是交互设计师根据需求文档生成交互设计稿（也称交互稿），接着由界面设计师对交互稿进行视觉加工，生成视觉设计稿（也称视觉稿），最后由程序员开发出具体的产品（即版本合入）。到这里，从理论上说整个工作就完成了。但在实际工作当中，每个环节都可能会出现各种各样的问题并需要及时解决。例如，在日常工作中，策划人员可能会面临不停地完善策划方案的情况，交互设计师可能会面临不断地优化操作方式的情况，随之界面设计师可能会面临不停地修改并完善视觉稿的情况。如此一来，我们可以将界面设计师的职能归结为"理解上一环节的信息，并将信息加工后流转给下一环节"。

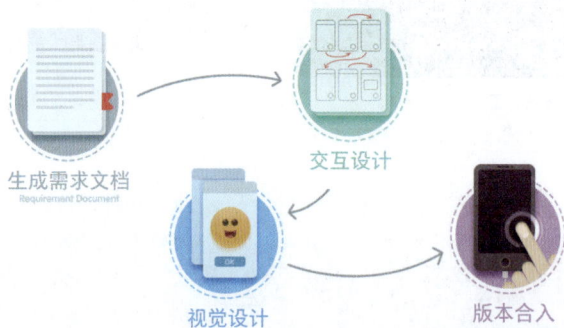

生成需求文档
Requirement Document

交互设计

视觉设计　　　　版本合入

1.2.2 游戏界面设计师工作的本质

对游戏界面设计师来讲，游戏界面中较为核心的元素就是信息了。只不过游戏界面里的信息是以直观的视觉形式来表现的。这种信息同时具备美术表现与功能表现。在不同的项目中，变化了的只是信息的呈现方式，信息本身不会发生变化。

对游戏界面设计师来说，其工作的本质由以下 3 个方面构成。

⊙ 保持信息的一致性

在游戏项目工作中，保持信息在流转过程中的一致性是保障一个需求乃至整个项目能够顺利开发的基础。例如，策划人员制作策划文档是为了明确设计需求，交互设计师制作交互稿是为了明确具体信息的框架，而界面设计师制作视觉稿则是为了更为直观地呈现信息。这些文稿其实就是在整个开发流程中人们固化信息的一种方式。毕竟如果单靠人脑去记忆，会丢失很多信息。这时候这些固化的信息除了能够起到备忘录的作用，还能为多人之间信息的流转起到媒介与承载的作用，防止个人原因导致信息被曲解和流失的情况出现。从技术层面上讲，如果各个环节的工作都做到了"零差错"，那么就能最大限度消解信息屏障（即将作为具体环节工作的操作者之间的误解最小化），也能保持信息在流转过程中的一致性。

⊙ 全局性的设计视角

在游戏界面设计工作中，界面设计师将设计视角放在全局流程上，可以更好地理解需求并顺利完成设计。

一个游戏产品在落地过程中的表现是极为复杂的。这时如果界面设计师只盯着手上的具体工作，而不从全局出发进行设计方面的思考，往往会失去对产品整体的正确理解，从而导致对产品功能的理解出现偏差，最终导致设计工作开展不顺利或产品开发出现偏差。界面设计师只有从头到尾、从全局到细节都有好的思考，才能深刻地理解手上具体工作的意义。与此同时，全局性的设计视角对于具体问题的解决能起到战略性和方向性的指导。

⊙ 问题的及时反馈

对一个完整的产品而言，它的每个部分都是被人设计出来的，并且谁也无法保证产品处处完美、毫无瑕疵。这就意味着很多从零开始的项目往往是"摸着石头过河"做出来的，在这个过程中可能存在无数次修正和推倒重来的情况。

同时，在实际工作中我们遇到的游戏项目，其游戏背景建构往往都不是很明确或者不是那么容易让人理解。在这种情况下，无论是初期的界面风格确定，还是后期的设计过程中会面临的诸多问题，都要求界面设计师具备极大的耐心和极强的心理素质。对于这种遇到问题不断更新工作内容的过程，我们可以把它定义为"迭代"。每一次的迭代设计都不是单方面的，而是在收集了各环节、各部门的意见的基础上进行的。

在游戏界面设计工作过程中，关于问题的及时反馈，界面设计师需要注意以下 3 个方面。

首先是理解策划方案时有问题要尽早提出，并做好充分沟通。通常策划方案会以交互稿的形式出现在界面设计师面前，界面设计师需要和交互设计师、策划人员一起讨论，并明确流程，做到充分理解功能设计。在此过程中，如果有不理解的部分需要及早提出，同时对自己认为不合理的地方要提出修改意见，进行充分交流。

其次是在游戏项目进展到中期时，界面设计师需要持续维护和扩展界面设计风格，正确面对与处理在风格扩展和铺量工作进行的过程中接收到的反馈信息。

我们知道，在现实生活中不一定每个人都容易理解程序语言的实现逻辑并形成自己的编程思维，但是每个人都会有直观的视觉体验，会形成自己的审美观。因此在整个团队中，为了统一大家对视觉底层的认知，界面设计师有一个无形的使命，那就是引导大家认识界面的风格设计。界面设计师在对特定项目构建特有的风格设计时，会有一套严谨且有说服力的设计方法论（后文中会详述）。但在实际工作中，一般只有与设计环节相关的人员参与到了设计论证阶段，如此一来，参与产品流程的每个人并非都能对风格有深刻的认知。这时在界面扩展阶段就可能出现3种情况：（1）在策划人员对界面设计师的设计稿提出修改意见时，因其并不是很容易描述问题的本质而错误地将问题提成美术方面的意见，从而导致意见被设计师驳回；（2）没有参与具体工作的某位高层突然参与到项目工作中，并从美术层面对设计提出质疑；（3）界面设计师自己在扩展风格时出现偏差。

以上这些情况一般是在一些非常细微的地方出现。虽然并不会造成大的困难，但是会影响工作效率。所以，对界面设计师来说，尽早地对项目组全员进行潜移默化的风格设计思想推广是一件非常必要的事情。这也是设计环节中对整体产品反馈比较重要的一点。

最后是界面设计师对最终实现版本的还原度的监督力度要强。在实际工作中，笔者秉持的游戏界面工作原则是"没有被实现的设计没有意义"。这句话的意思是设计师对最终版本合入的设计的质量有责任。我们不放过在设计稿上的一个像素的错误，但是如果最后没有被还原到可运行的游戏版本中，设计就只停留在了设计稿上，属于无法落地的设计。当我们从单纯的设计维度中站出来，以游戏产品的全局视角来审视时，会发现设计工作是为产品最终的呈现效果负责的。所以对游戏界面设计来说，界面设计师对版本进行检查，对设计过程中出现的Bug进行及时反馈是一件非常重要的工作，也是尽可能确保设计稿不被反复修改的基本工作方法之一。

1.2.3 如何追求产品的本质

所谓产品本质，指的是一款产品被设计出来时的总功能目标。这个目标是用户通过使用产品的各项功能来综合达成的。产品的各个部分都有自己特有的功能，这些功能通过有机组合，可以形成整个产品的设计功能目标。而设计师的工作就是为这些特有的功能构建出重要组件，这些组件就是可交互的视觉元素。需求可以被理解为产品的最小解构单位。基于这一点，需求和产品的本质应该是一致的。

在项目实践过程中，设计师有时候需要对自己的想法做出一定的妥协，而有时候又需要坚持并推进自己的想法被实现。但无论怎么做，其最终目标都应该是实现产品本质。针对产品本质的实现，在工作过程中我们需要着重注意以下3个方面的问题。

⊙ 目标明确

在项目团队中，设计师可能会犯一些自己无法意识到的错误，例如在一些情况下将自己的想法强加给团队，而这种想法未必是以优化产品为目标的。这是一种很常见的偏离目标的做法。设计师在推进自己的想法时，可能会与团队成员争论，乃至在某些问题点上辩论。这种情况下的设计师和团队成员很像辩论会中的正方与反方。某一方可能会为了达成说服对方的目的而使用一些如狡辩或强制等不合理的沟通手段。最终即便是获胜了，其方案也不一定是最适合产品功能的，最终可能导致产品的商业化受挫。就笔者看来，规避这种问题的较好方式，便是大家在讨论需求的时候，尽量本着平等的心态和目标明确的态度去讨论，尽量将沟通的核心与最终落脚点集中在产品本质的表现上。

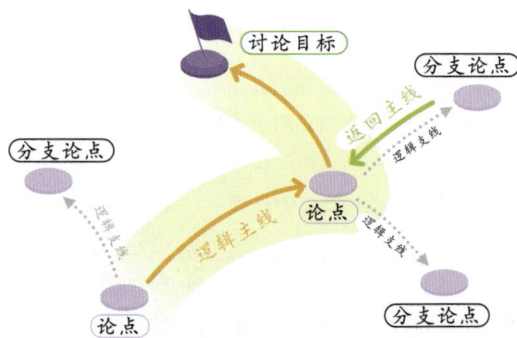

⊙ 全局角度

在出现问题时，不以产品全局的思路出发，而只是从具体问题的本身出发思考解决办法。这通常来讲是一种思维方式的误区。有的人做需求时只考虑需求本身，至于与需求关联的其他区块，则考虑得不是很到位。

这种情况经常发生在一些不了解整个项目情况的设计新手身上。这些新手有可能是临时调入项目组的，也有可能是某个并没有时间和精力去了解项目的具体情况的"旁观者"。

不过，在实际的产品开发流程中，项目组一般都会避免这种情况的发生。如果有临时借调的人员进入项目组，在理想的情况下，一定会有同事具体负责向其介绍项目情况、文档信息等与该人员具体执行工作时密切相关的内容，以尽可能地避免临时借调来的人员不了解实际情况而做出一些不利于项目开展的工作（当然，大多数公司也不会允许没有经验的新人在无人引导的情况下直接开始工作）。总而言之，设计师在进行每一项工作的时候，都要时刻保持全局心态，避免自己陷入细节误区，做出不合情理的设计。

在工作过程中，有的设计师以完成需求任务为工作的终极目标。虽然说每个人都有自己的一套价值观，关心项目进展是工作了一天，不关心项目进展也是工作了一天，但是，如果一个设计师放弃了成长，安于现状，仅满足于机械地处理每天的任务和工作，那他是一定做不好设计师的。如果设计师只关注自己眼前的任务需求的完成情况，不顾及项目全局，就容易导致眼界狭窄，让设计出错。用这种心态去工作，不管是对设计师而言，还是对产品工作流程中的每一个人而言，都是有害的。也可以说，一个项目中的所有人员是互相关联的一个整体，谁也不可能仅关注自己眼前的工作就可以把工作做好。

⊙ 协作思维

在日常的游戏界面设计工作中，为解决一个问题而堆积更多问题的情况时有发生。究其原因，还是设计师的思路不够清晰。例如，要在一款游戏产品的主界面左侧加一个"排行榜"，但是放在这个位置的"排行榜"区块会遮挡其他区块。这时设计师应该想到的是与主界面上相关区块的负责人（如负责对应功能模块的策划人员）沟通，看其能否协调出一个空间来放置这个"排行榜"。而在实际工作中，有很多人可能会选择另一种解决问题的方式，那就是直接由设计师一个人去解决。于是设计师需要花费大量的精力和时间设计出一个既不占空间，又在交互上没有问题的"排行榜"。这不仅是一种脱离了全局的思维方式，也是一种懒惰的处理问题的态度。项目工作很多时候并不是一个点的工作，而是会涉及一个块面的工作，这时设计师应该秉持协作思维，由点及面地解决问题。

只要做到了以上 3 点，就意味着我们可以更顺利地完成自己的设计工作了，也能确保自己的工作内容始终围绕着产品本质来开展和进行。

设计师需要去思考的问题是在处理需求的时候，自己到底是在解决问题，还是在制造问题。如果是在制造问题，那是不是就违背了"为解决问题而设计"的初衷呢？这一点值得我们深思。

1.2.4 游戏界面设计是艺术还是产品

对一个游戏研发团队来说，平时大家讨论的内容除了涉及界面设计本身的知识点和工作方式，还涉及界面设计到底是艺术还是产品。

界面设计毋庸置疑属于产品的范畴。这里的产品指的就是所开发的游戏软件的界面，它是为了达成某种目的而被刻意设计出来的东西。从广义上来讲，设计在产品中不仅包括了界面设计，还包括了产品功能设计和交互层面的设计。所谓设计就是设想和计划。设想是最终目的，计划则是达成目的的方式。从这一点来讲，界面设计是服务于用户的一项工作，它显然不是典型概念上的艺术创作。

但界面设计除了包含这些功能性方面的内容，还包含了情感化的内容。情感化的内容听起来比较主观。而艺术创作恰好也是一种偏主观的表达活动，从这一点来讲，设计与艺术就有了交集。关于艺术的定义，其实并无定论。但从广义上讲，艺术相比于设计更加自由、更讲究创作者的表达。从这个层面上讲，艺术是一种个人意见的表达，而设计则是对广大受众品位的一种"妥协"。

不过，如果我们仅这么认为，似乎太过片面。在这里我们可以这样理解：艺术是创作者完全凭借意识去表达自己想要说的内容，设计则是在一定范畴内设计师对美或者情绪的表达。两者的区别无非在于表达的规则。同时，艺术家的创作是基于自己的表达，可以说并没有严格的限制。而设计是为某种目的服务的，就应该在目的所设定的一套规则内由设计师进行适当的表达。这才是两者真正的相似之处和区别。因此，可以说设计师在表现某个具体的设计时的工作，是类同于艺术家的，但是他们的工作更多的是实现产品功能性的表达。艺术家则是为自己的内容表达而工作，看起来更加随性、自在一些。

如此说来，设计师必须要有堪比艺术家的审美境界。一个独立的艺术家可能一辈子只会去表现一类东西，或许是一种对世界的看法，又或许是一种领先于时代的个人风格。而设计师的不同之处在于，他们不仅要做好为尽可能多品类的产品服务的心理准备和技术准备，还要能做出用户能理解的设计。没有相对广泛的审美，就无法设计出对应审美层次的受众所能理解的内容，也就无法做出好的设计。

此外，艺术家和设计师工作的不同之处还在于受众的不同。人们在观赏艺术家的作品时，可以有不同的解读方式，也可以不去理解。甚至对艺术家而言，其本身对作品也没有确定的解读方式。人们在观赏或使用游戏界面时，其功能性目的是很明确的，设计师需要对用户的理解有深刻的了解，让用户能以最小的阻碍，甚至没有阻碍地快速理解作品。

"印象派"画家克劳德·莫奈（Claude Monet）作品《日出·印象》

艺术作品和设计作品都有引领受众的作用。艺术家可以创作出当代人无法理解的作品，等到社会发展到一定程度，人们对某种特定的表现形式有了普遍的理解，方能理解艺术家之前创作的作品。换句话说，艺术作品可能会在当代被埋没，而在未来被人理解。这种作品在诞生的时候，可以说引领了受众。设计师的作品同样也有引领受众的作用。在界面设计诞生的头几年，设计师会在界面里模仿真正的物体，画出令受众容易理解的图标，这就是设计作品引领受众去联想实际生活中的物体，从而帮助其理解界面设计的含义的例子。在受众被引导和"教育"了一段时间以后，设计师又会发展出新的设计方式，受众就这样被一点点引导，进而被"教育"成成熟的受众，设计师作品的易用性也会变得越来越强。

界面设计是为人服务的，对于设计师所设计的界面，最基本的要求就是人们可以轻易地去理解并应用。下面左图所示为早期的计算机操作系统中的桌面图标，其中，用"垃圾桶"图形来表示"回收站"功能，用"文件夹"图形来表示"文件夹"功能。这些直观的图形表现方式都是为了让初次接触图形操作界面的人们去联想实际生活中的物体，从而降低其对界面的理解难度。下面右图所示为更现代的扁平化设计，通过对受众进行长期"教育"，诸如底部的 3 个抽象按钮这样的图形也能被受众很好地理解。但是为了尽可能地降低受众对复杂操作层级的理解难度，还是保留了不少如阴影、模拟现实滑块的设计。

而且，从情感化表现的层面上讲，艺术家和设计师的目标是一致的，那就是通过图形、颜色等美术元素的组合来表达具体的情感。只是艺术家的情感化表现更为复杂和抽象，设计师的情感化表现则更为直接、明确和具体。

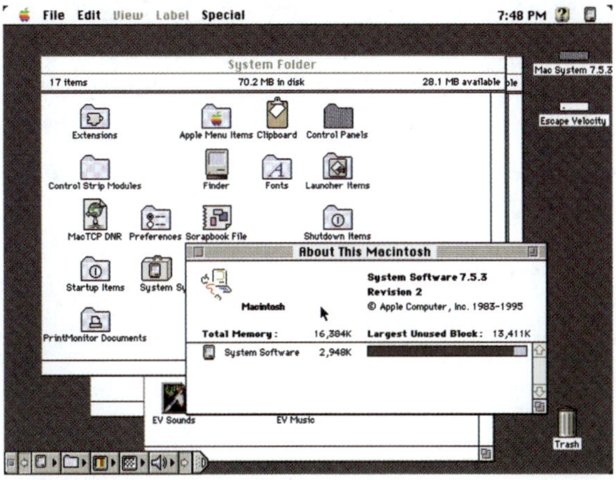

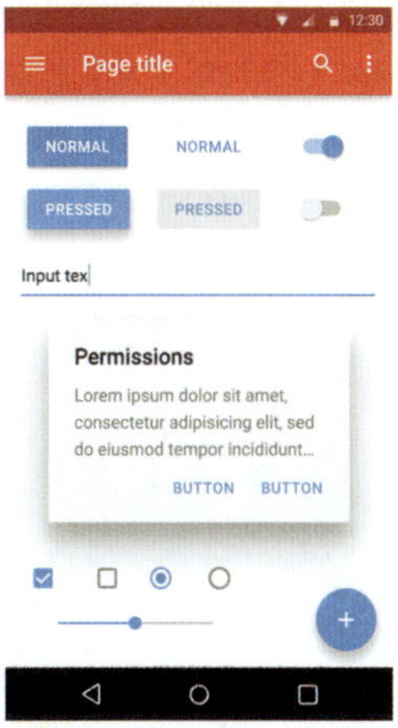

综上所述，设计师在表现具体细节的美感方面有着同艺术家一样的创作思路。但从产品全局来讲，这种艺术化的创作需要遵守整个产品的设计目标，满足交互层面的需求。也可以说，游戏界面设计是一种适当"妥协"并"戴着镣铐跳舞"的艺术。

1.3 关于做好游戏界面设计的一些建议

关于如何做好游戏界面设计这个问题，笔者将从游戏界面设计的整体原则、掌握合适的学习方法、界面的表现效果，以及培养较强的沟通与表达能力这 4 个方面进行分析并提出建议。

1.3.1 游戏界面设计的整体原则

游戏界面除了具有媒介功能以外，它的"涂装"同样有很重要的意义。不同色彩所暗示的情绪信息、不同材质所烘托的环境氛围，都是界面的一部分并为所属的产品传达出特殊的信号。这些信号会潜移默化地传达给用户，通常我们将这个功能叫作界面的情感化功能。可以传达出情感的东西，必须是富有生命力的。"好的界面设计就应该是有生命力的设计"这句话说明，好的界面设计必须建立在设计师对产品有非常深刻的理解的基础上。在此基础上增加对视觉元素的合理提取与应用，才能设计出适合产品的界面，为产品取得商业化成功做准备。

以易用性为基础，恰当且准确地传达产品情感化内容的设计才是理想且成功的设计。

⊙ 以易用性为前提

在游戏界面设计中，界面设计师需要考虑的主要是基于易用性的设计思路，而不是将美观或功能这两者中的任意一个作为唯一前提。因为界面的主要意义就是作为传播信息的一种媒介。在用户使用产品和进行界面操作时，如果界面操作给人的感觉太复杂或太烦琐，就会引起用户的反感，这意味着设计不成功。而在具体执行时，界面易用性的表现会涉及诸多细节。界面设计师通常是需要去理解交互层面的易用性设计的，知其然并且知其所以然，只有理解了设计初衷，才能在这一范畴内更好地发挥自己的设计思路。

⊙ 准确传达情感化内容

在这里，我们借用民航客机来介绍设计中的情感化内容，如下面两张图所示。一架安全的、可以执行飞行任务的飞机类同于只有基本操作功能的界面框架。在此基础上，这架飞机或框架通过不同的外观来传达除了基本功能以外的内容。准确的"涂装"会给产品情感化内容的传达增加灵动性。要准确地传达产品的情感化内容，就需要从产品本身出发，提取可以代表产品特征的美术元素，并确认其应有的界面美术风格。一款武侠游戏里绝对不应该出现表现现代科技的美术元素（除非这款游戏的背景建构是古今结合的）。可见，界面设计中"美观"部分要有表现产品情感化内容的功能。对于如何准确地提炼一款游戏产品的界面表现元素，后文会详述，这里就不过多描述。

⊙ 恰到好处的设计

恰到好处的设计最为绝妙，过分设计或设计不足都不是好的设计。在设计中，有的设计师往往乐于给界面搭配很多的美术元素。虽然美术元素易找，但一个界面的美术元素越多，就越难以把控，也未必能达到好的效果。

1.3.2 掌握合适的学习方法

游戏界面设计对设计师最基本的要求就是技术基础牢固。除了前面说到的从产品角度全局考虑设计的思维方式，对基础技能的培养也十分重要。这些基础技能包括熟练应用设计软件、能把控各种设计风格。

熟练地掌握与设计相关的软件的操作方式是界面设计师必备的基础能力。在游戏设计中，常用的设计软件有Photoshop、Illustrator、After Effects、Animate、Unity、Unreal及Cocos等。界面设计师需要熟练掌握相关设计软件，了解其基本操作技能，理解其运行原理，这些都是有效开展界面设计工作的前提条件。与此同时，界面设计师还需要具备对设计风格的把控能力。对初学者来讲，培养这样的能力和习惯需要从两个方面做起：一是有效地临摹，二是作品浏览量的积累。

⊙ 临摹练习要有"道"

从专业性来讲，游戏界面设计对设计师本身的手绘能力有一定要求。而对于手绘能力的培养一般是要进行大量的临摹练习的，利用这个方式可以在短期内提高设计师的手绘能力。那么怎样的练习才是相对有效的呢？这里笔者有以下两点建议。

首先是要做到长期坚持。"冰冻三尺，非一日之寒"，要真正学会一项技能，往往是需要长期坚持并经过大量练习才能实现的。

其次就是正确选择临摹对象。对于临摹对象的选择，一般有两种方式。

（1）选择自己认为难度合适的、好看的且设计合理的作品去临摹。这样做的好处在于在练习的过程中自己不会因临摹难度太大而轻易放弃，弊端是容易限制自己的视野，从而让审美难以得到提升。

（2）选择当下流行且商业化产品中常见的一些作品去临摹。大多进入设计圈子的人，平时都喜欢去逛一些作品发布类的网站及与设计相关的一些论坛，当下流行的一些设计趋势也总会在这些平台上有所体现，设计师需要多加留意，并在练习过程中有意识地去进行设计。

⊙ 拥有自己的"参考作品库"

拥有自己的"参考作品库"不仅对初期的临摹大有助益，而且对设计师的长期职业发展来说也会起到一些潜移默化的正面影响。同时，创建"参考作品库"在设计师参与早期项目时也是一个不可小觑的提升自己的方法。

如何创建参考作品库？一般需要设计师将搜罗的参考作品按照作品的属性、风格或者按照自己容易检索的特有分类进行整理，并保持持续的更新，如下图所示。

ASHEN	丛林地狱GREEN HELL	剑网三·新	其他
	大航海之路	剑与家园	爵迹龙睡
CS: Go	大话西游online	桃仙collection	倩女幽魂
Dungeon Hunter Arena	大话西游热血版	京门风月	
Farcry 5 Dead Living Zombies	大话西游手游	九阴真经	
FateExtella Link	大唐无双	九州海上牧云记	
	大唐游仙记		全面战争 三国
	代号M		热熔岩 (Hot Lava)
	刀锋战士2 (Blade II)		热血传奇
	虎视谍影：变人 Detroit Become Human	卡片怪兽	荣耀战魂
	地平线：零之曙光		塞尔达
	地平线零之曙光	开心消消乐	塞尔达荒野之息
	地铁 离去(Metro Exodus)	掘墓人 (Graveyard Keeper)	赛博朋克2077
	电击文库：零境交错	碳研磨·风起长林	三国如龙传
		恋与制作人	森林 (The Forest)
Tunic	斗战神	药火如歌	闪耀暖暖
WarFareZ	飞刀又见飞刀	建筑党题	少女前线
	非人学园	灵妖记	深海迷航
	风暴英雄	流放者柯南(Conan Exiles)	神都夜行录
	封印者：CLOSERS	龙纹战士Z	神秘海域4：失落的遗产
	疯狂动物城	炉石传说	神佑OL (Bless Online)
	蝰蛇行		神之浩劫 (SMITE)
异种法师 (Mages of Mystralia)	梅罗亚传奇	蛇围决	生化奇兵无限 (BioShock Infinite)
八方旅人 (Octopath Traveler)	孤岛惊魂4	螳螂国舞曲	圣歌
保卫萝卜	孤岛惊魂5	马蹄莫与疯兔	失踪的方舟 (智慧, Lost Ark)
墨垒之夜	古墓丽影：暗影 (Shadow of the Tomb Raider)		
暴战机甲兵 (BattleTech)	怪物猎人	明春学园ArpieL	嗜血代码 (CODE VEIN)
管蓝轨械	光明大陆	梦幻花园	守望先锋
壁中精灵 (Concrete Genie)	归于沉寂 (Fade to Silence)	梦幻西游手游	双点医院 (Two Point Hospital)
飙酷俱乐	鬼泣4	梦境 (DREAMS)	死或生5
飙酷赛车2 (The Crew 2)	鬼泣5 (Devil May Cry 5)	迷雾求生	泰坦陨落
冰河时代	黑色沙漠手游	秘境对决	泰坦陨落2 (TITANFALL2)
彩虹六号围攻	呼吸边缘 (Breathedge)	命运2	汤姆猫跑酷
亲杯头	胡闹厨房2 (Overcooked 2)	命运2：遗落之族 (DESTINY 2 FORSAKEN)	坦克世界
差不多英雄		魔侠世界：争霸艾泽拉斯	特技摩托：崛起 (Trials®Rising)
		尼尔机械纪元	天龙八部手游
		逆水寒	天下·天下
沉没之城 (The Sinking City)			亮变元宇：伊甸西之翼
狙贤君			
寡廉先生 (Mr Shifty)			亡灵设计(Deaths Gambit)
			王牌猎手
			王者荣耀
	极限竞速：地平线4		网易MT2
	剑网3		

总之，一个成熟的设计师在学习过程中应该持有两个基本素养：一个是敏锐的观察力，另一个是持续学习的心态。

1.3.3 界面的表现效果

在1.2.4小节中，我们分析并讨论了游戏界面设计是艺术还是产品。最后我们得到一个结论，那就是界面设计既有产品设计的属性，又有美学艺术的属性。界面的表现效果，在很大程度上左右着人们对它的评判。

从美学表现的层面上讲，既然界面设计属于美学艺术的范畴，那么表现效果是否会成为判断界面设计好坏的一个重要评判标准呢？事实上未必如此。在这里，我们可以从以下4个方面去分析。

首先，审美是一个主观的标准。每个人都会有自己独有的一套审美观，同样地，对于同一个界面，每一个人都会有自己的评判标准。因此，界面的表现效果不能作为界面设计好坏的重要或唯一评判标准。每一个界面在理想的情况下都应该是依据一定的需求进行设计的。在对界面设计进行评判时，其表现效果仅是给人的第一印象，但其核心却是功能性设计。

🐝 提示

所谓功能性设计，就是指一个界面的设计是否能容易地被使用，从而满足某种功能需求，并在一定的时机给予用户适当的引导。

其次，界面设计在项目开发进程中并不是静态的，因此单独评价还处于某一迭代阶段的界面的表现效果是片面的。界面设计的过程是不断变化的，这点在后文中会有详细讲解。简单地说，这个过程包括两部分，即研发和迭代。研发指的是项目初期设计师们对特定项目界面风格进行探索到最终敲定的过程。在研发结束后，界面的风格也就基本确定了。但是从美术角度来讲，这个时候的界面仍然是粗糙的，需要进行后续的迭代优化。界面迭代和项目版本迭代是相辅相成的，但它们又具备一定的独立性。界面设计迭代要做的工作包含3项：（1）根据产品系统设计的增多而逐渐增加控件类型；（2）根据逐渐完善的游戏背景建构来微调界面中美术表现的细节；（3）建立和完善界面设计规范。综上所述，并不是风格设计结束就意味着全部界面设计结束了，界面设计是一个逐渐完善的动态过程。在这个过程中，有一些版本的界面或许在很多人看来其表现效果不佳，但仅因为这样就判定这个界面设计是一个不好的设计，那就太过片面了。

如果项目已经到了很成熟的阶段，那么界面的观感自然而然就会变得更加理想。这不仅是因为设计师对一些问题进行修复后界面呈现理想状态，而且是因为这些经过了锤炼的界面，此时理应符合操作逻辑、节奏感和美学逻辑。符合逻辑的设计本身就具备美感。

为什么说符合逻辑的设计会自然拥有美感？看下面两张图，其中左图所示为树枝，右图所示为芯片，一个是自然生成的，另一个是人造物体，但都富有美感。其实人类判断某个事物是否具有美感所依据的是生存的本能。那些让人能生存下来的事物会让人感觉舒适，人会对这些事物产生好的感觉，这种感觉与这些事物的视觉观感结合起来被保存在人类的基因里，它们给予人的感觉在视觉上被描述成美感。这些有美感的事物最基本的属性是符合自然规律。因而越符合自然规律的事物，在人类看来也就越美。完全由自然生成的事物，如自然景色，很容易让人有美的体会。人类的逻辑最初也是来自对自然的研究和认同，这也就是为什么符合自然规律、符合逻辑的设计会给人以美的感受。

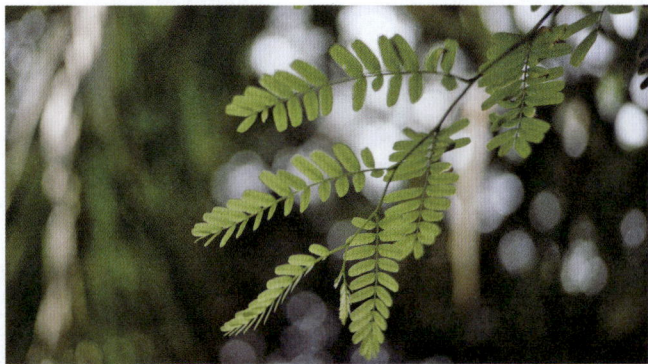

再者，游戏项目的管理人员也会极大地影响一款产品界面的表现效果。我国的大部分游戏公司一般采用制作人制度，在这种情况下，一款游戏可以说就是制作人风格的作品，因而制作人的审美倾向会极大地影响一款游戏的美术表现。在这其中，虽然不乏有一些非美术专业出身的制作人，但一般并不会因此而出现设计效果与预期效果偏差太大的情况。在每个项目的与美术相关的决策者中，除了全面把控产品的制作人，在美术等细分层面上还有主美等专业人员去把控相关美术品质，这些工作都是围绕制作人的意志进行的。但即便如此，设计效果不尽理想的情况依然有可能会存在。项目组会通过合理的人员构成和工作流程尽可能地避免这类情况的发生。

最后，有的略显"特别"的设计其实是刻意设计出来的。主要原因在于，不少游戏主打下沉市场，这类市场人群的审美比较特别，设计师为了迎合这类玩家的需求，也习惯将很多游戏设计成类似这样的效果。不过无论如何，笔者也相信，随着时间的推移，这些玩家的需求也会有所变化，进而可能追求更简洁的设计。

下面第 1 张图展示的是 QuestMobile 2017 年 Q2 夏季报告的数据，从数据中我们可以看出腾讯游戏《王者荣耀》的玩家群体分布情况。《王者荣耀》取得了极大的成功，其数据的代表性极强。西方国家游戏的界面设计趋近于简约（见第 2 张图），更加提倡让玩家从画面去体验游戏核心玩法；我国大部分游戏是通过大量的界面信息来操作的（见第 3 张图）。西方国家的游戏尤其是主机平台游戏，其界面设计往往能给玩家带来更好的观感体验。我国游戏的界面虽然也不错，但往往充斥了大量的信息，且这些信息以花哨的颜色和大量图标、按钮的形式存在，整体观感往往不大好。究其根本，并不是设计师水平的问题，而是玩家的不同及审美倾向的不同。第 4 张图所示为中外设计师都比较喜欢的设计分享平台 Dribbble 的 Popular（译为最受欢迎的作品，即一定时间内点赞数最多的作品）页面。目前，这个页面中也有不少中国设计师的作品出现，这也从一定角度说明了我国的设计师和外国的设计师在设计水平上并没有太大差别，只是由于不同地域的玩家需求不同，设计师会给出与需求相匹配的界面设计。

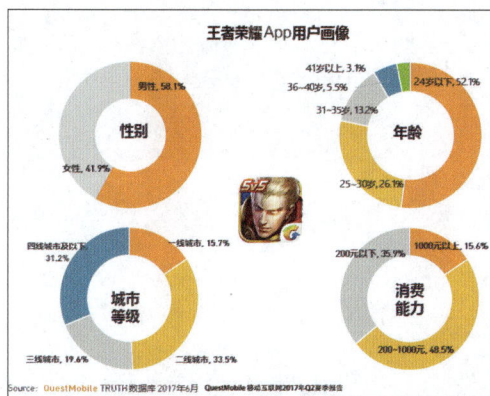

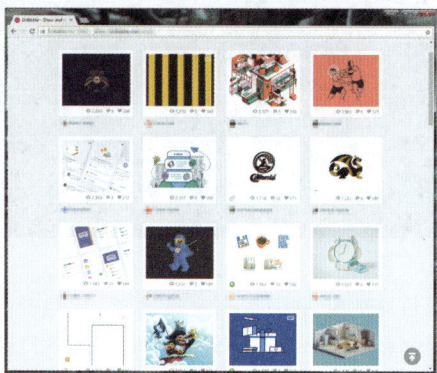

因此，如果设计师在日常工作中看到自己认为表现效果不佳的作品，第一反应不应该是将其全盘否定，而应该仔细思考产生这种设计的原因。要知道，每一个设计师在设计时其实都是在"戴着镣铐跳舞"的，服务的对象是用户，而不是自己。

1.3.4 培养较强的沟通与表达能力

设计师的工作不仅限于绘制设计稿，还需要推行自己的设计方案。在这个过程中，不仅要求设计师的作品要经得起品质的考验，还要求设计师能通过强有力的沟通与表达能力去展示自己的作品，令自己的作品有说服力。虽然设计师面对的最终对象是用户，需要产出的作品是简单易用的，但是设计的过程却是专业且复杂的。把这个专业且复杂的设计过程展现出来，是一个作品有说服力的重要保障。

设计师在执行一个游戏项目的过程中，在沟通方面需要注意的问题有以下 3 点。

（1）对于设计原因的沟通，即设计的基础，为什么而设计。例如，在做一款武侠类的游戏时，设计师就可能需要对中国风的界面进行分析，从而得出结论并去引导设计方向。

（2）对于设计目的的沟通，即设计的最终功能性目标。例如，针对一排按钮的设计，设计师可能需要分析一下这些按钮的排布原则，它们有没有功能上的先后之分，然后基于这种功能性的目标去设计。

（3）对于设计的总结沟通。这实际上是对前两点的复盘和整理。既然是总结设计，那就需要很多设计过程图，且应该确保设计过程图多图少字，并呈现出足够的设计感。这种方式最终的产出物可以是长图，也可以是 PPT。下图所示为笔者在主导的项目"Fexgame"中期所做的一部分设计总结，这是一种典型的静态展示设计思路和设计过程的方式。

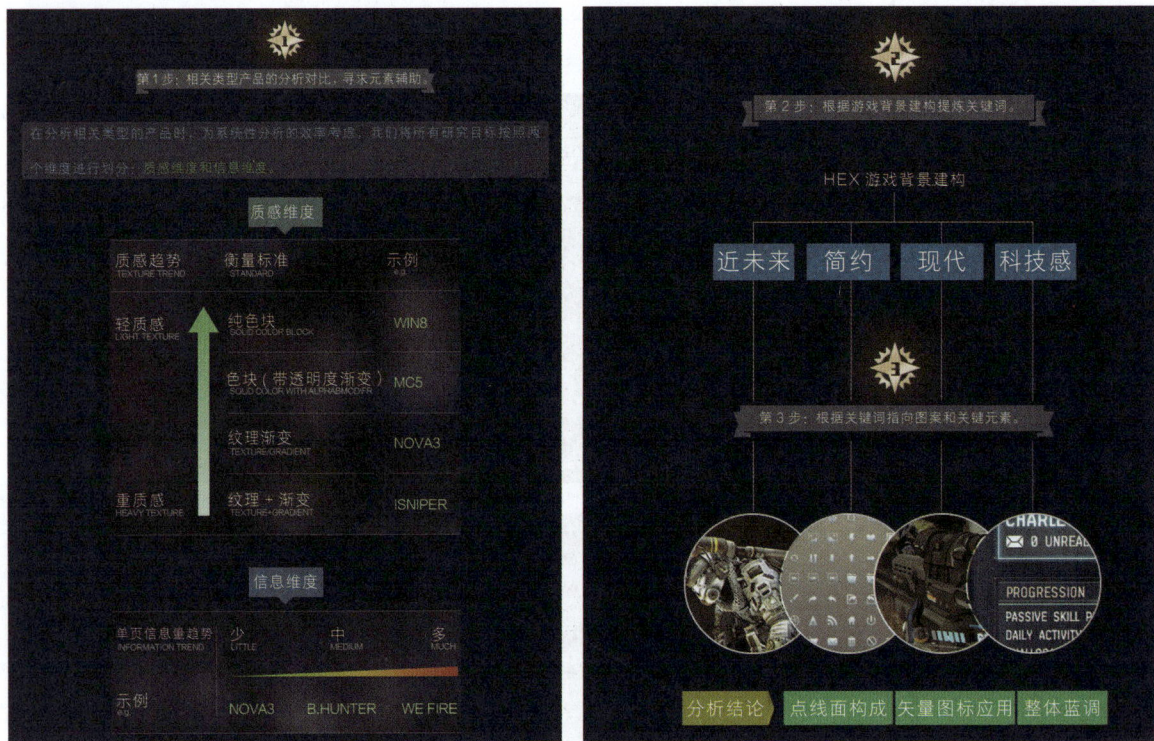

日常项目工作中有一个"工作流"的概念。工作流的本质就是信息的流动。例如，当信息从策划人员那里流动到设计师那里时，设计师需要充分理解策划人员想要表达的信息，避免盲目地开始设计。如果设计师已经和策划人员对接沟通了，但策划人员并没有明确表达出自己的真实目的，那么设计师就需要像研究用户一样去分析策划的根本目的，进而做出更精准的设计。

　　无论是一对一、一对多，还是多对多的沟通，都是一种信息流动的过程。人类需要通过语言来描述自己大脑中的想法，而语言的接收方是需要通过编译语言来理解对方的想法的。我们的信息流动的过程就是"想法→编译成语言→接收语言→编译并理解"的过程。在这个过程中如果丢失了传输的信息，就会导致沟通无法进行。

　　在这里，笔者将依照这个逻辑过程演示一下接收方无法编译语言的情景。

　　A（美术人员）：我这里有张图片过大，你看通过什么方式能压缩一下？

　　B（程序员）：％￥#％￥％##％￥#％（描述了一整段这张图片的实现逻辑）。

　　A：我不是很明白，我怎么做才能让你这边的损耗降低一些？

　　B：……％&……￥％￥……％……（仍然是实现逻辑）。

　　A：……

　　这是一个失败的沟通过程。至于为什么失败，我们来分析一下。A 发现了图片过大的问题，他的目的是想知道怎么做才能让图片有一个比较好的展现方式，然后通过更改设计来减小游戏安装包的体积抑或降低损耗。但是提问的过程显然是以自己的理解为出发点来进行的，他没有描述清楚问题，却试图直接用思考结果去提问。而 B 的回答是直接从 A 的提问出发的。可能 B 的回答的确是在说这张图片的压缩方式，但对非专业人士来讲，A 理解不了，所以 A 无法编译 B 的回答。至此，沟通实际上已经被阻断了。但 A 仍然试图让 B 提供一个能让自己理解的回答，所以再问了一遍，这次的提问实际上是一个比较合适的方式。但是 B 仍然陷在自己的"世界"里，也就彻底阻断了这次沟通。

　　在实际生活中，我们和其他人对话时，就是一个把自己的想法编译为语言，对方在接收到语言之后将其编译成自己的语言并进行理解的过程。如果每个人都按照自己的理解去组织语言并试图让别人理解，那这是很难的一件事情，这也是造成很多沟通失败的原因。

　　知道了沟通的本质之后，在设计工作中我们怎么样才能做好沟通呢？就笔者看来主要需注意以下 3 个方面的问题。

⊙ 营造共同的语言环境

　　在项目沟通与表达的过程中，设计师尽量不要从自己的理解出发，而要试图按照对方的理解方式或事先约定一种共同的理解方式，让双方在一个语言环境里进行沟通。

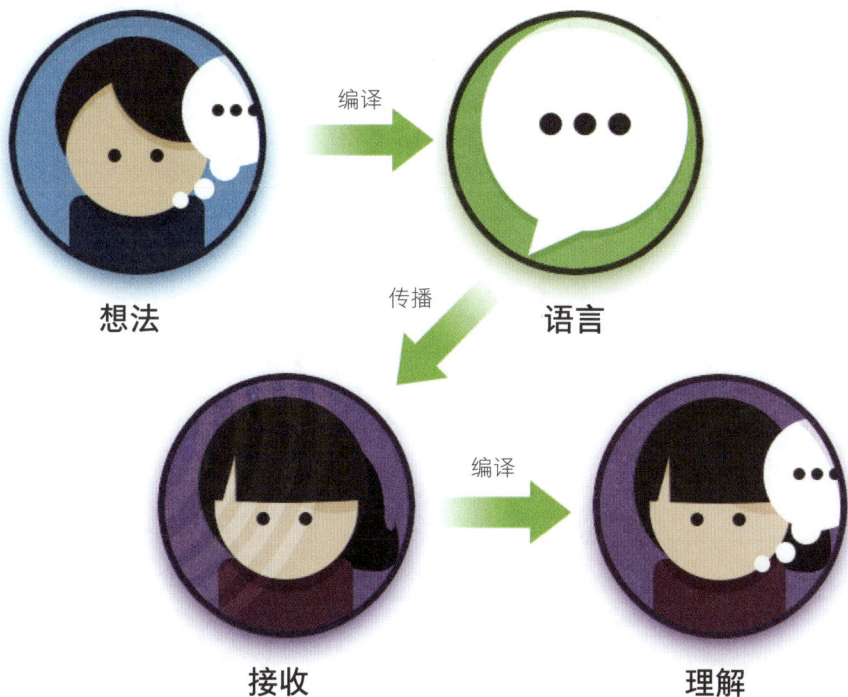

想法　　编译　　语言

传播

接收　　编译　　理解

⊙ 良好的语言组织能力

在日常工作的沟通过程中，我们要学会培养自己的语言组织能力。对于设计方案与思路要快速、有逻辑地传达给另一方，避免让对方误解，从而导致设计失误且造成时间浪费。

⊙ 专注于话题进行表达

在项目实践中，我们会遇到很多会议，且有些会议往往会非常漫长。而会议之所以漫长未必是因为有太多的事情需要被讨论，更多的可能是大家都陷入了各种细节或漫漫无期的讨论当中。这种"捡了芝麻，丢了西瓜"的沟通方式，很可能会导致会议长时间没有一个核心议题，即使是有，也会被各种分叉的细节性话题所替代或湮没。

"一对一"的小型沟通也是这样的，当你就一些问题去找其他设计师沟通时，你们就只需要针对这些问题进行讨论。如果有其他的问题，那么也应尽量在讨论并解决完当前问题之后再讨论，万万不可把话题岔到分支结构上，那样问题是很难得到快速解决的。

02
第 2 章

游戏界面的设计流程

本章概述

一个完整的游戏界面设计流程一般为"界面布局设计→界面信息设计→整体颜色设计→细化和输出"。这个流程遵从的是由整体到局部的设计方式,与绘画流程"绘制草图→提线稿→铺色→最终细化"类似。本章笔者将以代号为"LEgame"的项目中的一个排行榜界面为例,分析和介绍游戏界面的完整设计流程。

本章要点

» 界面布局设计
» 界面信息设计
» 界面的细化
» 质感的强化表现
» 最终资源输出

基础篇 ▶

2.1 界面布局设计

界面布局指的是界面内视觉元素和信息元素的分布与排列方式。界面布局是游戏界面的“骨架”，界面内所有的元素都依附于这个“骨架”。

2.1.1 解读需求文档和交互稿

在完整的游戏界面开发流程中，游戏界面设计师一般是按照策划人员和交互设计师输出的交互稿来设计与控制游戏界面的布局的。但在实际操作过程中，游戏界面设计师有时候可能无法完全理解策划人员与交互设计师的需求，这时候游戏界面设计师一般需要与策划人员和交互设计师进行沟通，避免在不理解需求的情况下，设计出错误的设计稿，造成时间的浪费。

一些比较简单的需求文档，可以由策划人员直接输出交互稿。如右图所示，这是一个功能、页面结构相对比较简单的需求文档，下面笔者为大家解读一下。

“LEgame”排行榜 by Erikayng

一、整体说明

需要一个全服的排行榜。

需要衣服收集数量排行和点赞排行。

二、详细说明

场景中增加一个荧光屏（需要美术人员确定元素摆放的具体位置，在远景中作为大广告牌出现也行）。
荧光屏会轮播收集榜和点赞榜的排行信息（前 3 名）。

此处更改入口方案为主界面的功能图标。
点击排行榜，进入排行榜详情界面。

点击可以打开对应玩家的详细信息。

列表可以滑动，最多查看 100 名。

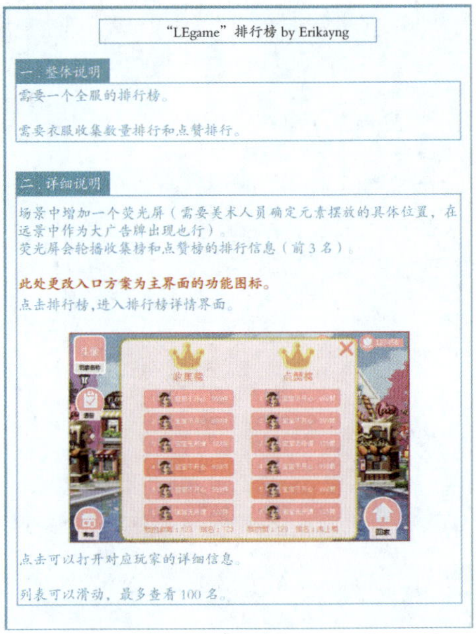

需求目的。游戏界面中需要有一个将全服玩家数据对比后列出的排行榜。这个排行榜会涉及两个维度：一个是收集数量，另一个是获得的点赞数。

交互结构。在游戏过程中，每一个需求的功能都需要有一个闭环操作。而这个需求文档的闭环操作可以梳理为“入口→界面主体→关闭”。对应“入口”的是需求文档中提到的“荧光屏”，因为在策划阶段对这个需求进行了评估后认为实现成本过高，所以放弃而改为主界面的排行榜图标。对应“界面主体”的是排行榜弹窗（也是后文要重点说明的）。而“关闭”就是对应该弹窗右上角的“关闭”按钮。这 3 个关键点构成了一个完整的操作闭环，也是合理的交互结构。

2.1.2 将交互稿转化为界面布局

在理解了需求的基础上，游戏界面设计师就可以着手开始进行这个界面的布局结构设计了，即将交互稿转化为界面布局，这里主要涉及以下两个环节。

⊙ 搭建大纲式框架

排行榜的需求文档中展示了这个界面的交互稿。从原则上讲这个交互稿并不十分准确，因此可以依照交互稿将这个界面从整体到局部划分为 3 层结构，即弹窗、左右列表区域及底部附属信息。

（1）弹窗。这层结构包含了弹窗框体内的内容，也是整个界面的主体信息。

（2）左右列表区域。由一左一右两个列表构成的子集单位区域，包含了“收集榜”和“点赞榜”两个列表。这里对列表单元做一下说明：列表单元中是两个列表内的信息，从左到右包括名次、头像、ID 及数据等图文信息。这些信息非常重要，它们直接关系到指定界面的空间与尺寸规划。在交互稿和需求文档中都需要对此进行明确的说明，否则就需要设计师和策划人员进行详细确认。列表单元的作用是使玩家快速识别列表的属性，从而明确其内容所包含的意义，因此它具备很强的识别性。

（3）底部附属信息。每个列表的底部都有一个展示玩家数据的附属信息区域，在界面设计中这个部分也需要有一定程度的强化表现。毕竟在游戏中排行榜这一类界面的底部附属信息还是比较容易受关注的。

有了这些结构之后，游戏界面设计师就可以对界面内的信息、区域大小及各个信息的视觉强度进行比较明确的定位，并进行比较准确的框体绘制了。

⊙ 绘制较准确的框体

这里所说的"较准确的框体"指的是与界面设计最终效果图中的尺寸、位置和布局比较接近的框体设计稿。通过这一环节，我们可以对上一环节中规划好的大体框架做进一步的细化，为后续的页面信息设计做准备。在必要的情况下，我们也可以在这一环节中将框体尺寸、位置和布局设计得与最终效果图完全一致。

不过，在进行这一环节的操作之前，我们需要再次明确需求文档中的界面的交互结构，以清楚这个界面在整个系统中的位置。已知排行榜弹窗需要点击主界面中的排行榜功能图标来打开，因此该弹窗应该是以主界面作为底图的，如右图所示。观察图片，我们可以在图中右侧偏上的位置看到排行榜功能图标。如果排行榜界面需求包含了入口图标的需求，那么入口图标也应一并在这个需求中进行处理，之后输出提交。

为了让弹窗部分的设计效果更加丰富，我们需要在底图上覆盖一层半透明的黑色。这里需要注意的是，根据项目类型、界面设计风格和实现能力的不同，每个游戏中的弹窗的效果也不尽相同。目前手机游戏里的主流处理方法是在弹窗后层或背景上层覆盖一层半透明的黑色，其透明度一般保持在40%~80%（此处使用的透明度为60%）。之后，按照上一环节中划分出的大体框架，可以绘制出右图所示的框体。

在框体设计中，通常需要注意以下3个原则。

（1）框体的大小要接近最终效果图中的尺寸，例如弹窗框体一定是较大的，而列表框体则要小一些，同时弹窗框体要嵌套标题框体和列表框体。

（2）图片、文字和图标这些界面中的信息要有比较高的可识别性。这样做的目的是让设计师能够快速、明确地看到界面中的所有信息，为后续的设计提供依据。示例图片中出现的文字都被设置成白色，并且表示头像的框体也都比较亮。

（3）根据框体代表的不同控件或图形，需要使用明度或饱和度不同的颜色。同时，比较重要的信息要有所凸显，以为后续的设计提供参照依据。示例图片中标题框体的颜色的饱和度和明度都较高，并且列表单元框体的颜色的明度要比列表框体的颜色的明度高一些。

🐝 提示

为了保证在后续的设计中界面颜色不出现太大的偏差，在设置框体颜色时建议使用与界面设计规范中设定的常用色相近的颜色。

2.2 界面信息设计

针对界面信息的设计，这里笔者主要分两个方面进行讲解，一个是设定基本颜色，另一个是增加情感化内容。

2.2.1 设定基本颜色

界面信息中比较重要的就是颜色。颜色不仅是体现整个界面风格的一个比较直接的元素，还是区分信息时常用的视觉元素。在界面信息设计的过程中，基本颜色的设定由整体到细节可分为框体颜色的设定和文字颜色的设定。

⊙ 设定框体颜色

在选择排行榜列表框的框体颜色时，需要考虑到颜色与这款游戏整体的界面风格是否协调一致。本界面中采用了玫红色作为主色、紫色等颜色作为辅助色来表现框体。框体是弹窗的主体元素，它的颜色被设定之后，界面整体的风格就很明显了。这时候可以先不管其他部分框体的颜色，等后续主体风格确定下来之后再进行调整。

⊙ 设定文字颜色

文字颜色的设定受两个方面因素的影响，一个是框体颜色，另一个是文字的可识别性。为了使文字的阅读性更强，这里需要把文字颜色的色相调整为和所在框体接近或完全相同。同时，为了让文字具备较高的可识别性，除了要注意字体和字号，还要注意把控文字颜色。如果文字颜色过于接近所在的框体或背景的颜色，其可识别性就会降低。

例如，本界面中的文字均分布在列表单元中，并且用列表框进行分隔。在一开始进行文字颜色设定的时候，可以将文字颜色设定为与框体一致的颜色。

到这里，界面雏形就形成了，如右上图所示。从这个雏形可以看到界面大致的颜色，这时候界面设计师可以对界面中存在的一些基本问题进行优化和调整，如色调与主风格不一致、信息区分不明显和重点信息不够突出等问题。如果有一些不确定的基本细节问题，可以与其他设计师、策划人员一起商讨、处理，尽可能地把一些基本问题都解决掉，以降低后期的修改成本。

2.2.2 增加情感化内容

界面雏形形成之后，就需要考虑为界面增加一些情感化的内容了。情感的体现对界面设计来说是比较重要的一环，将这一块做好，可以为后续的完善设计做更充足的准备。

在增加情感化内容的过程中，我们需要着重考虑以下 3 个方面。

⊙ 基于游戏背景建构限定元素范围

针对游戏界面的情感化设计，其基本元素需要基于游戏整体的背景进行考虑与设定。

这是一款偏少女风格且以换装玩法为核心的游戏。界面内大量采用了与服装相关的一些元素，如纽扣、布纹及缝线等。而这些基本元素限定了情感化内容的选择范围。

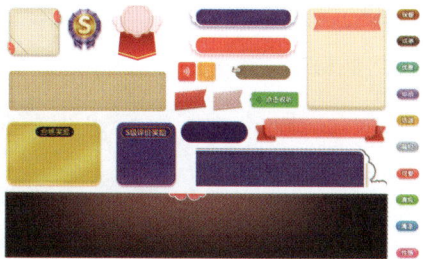

确定基本元素之后，考虑到这款游戏与服装相关，以此想到"晾衣架"这个元素。该元素满足 3 个特征：（1）它与"服装"这个主题密切相关；（2）它的轮廓整体上呈现为矩形，可以很好地与"弹窗"这一概念相吻合；（3）它具有"跟衣物晾晒相关"的情感化元素，与这款游戏的背景建构相契合。

⊙ 根据必要性添加或删减元素

有了设计想法后，还需要考虑这些元素存在的必要性。虽然情感化内容在游戏界面中属于界面视觉的重要组成部分，但这并不代表它们出现得越多越好。和游戏界面内的其他元素（如动效、特效及一些别致的交互效果等）一样，它们都应以恰当的方式并且在需要的时候出现，这也是设计这类元素的初衷。

在这里，笔者围绕以下 3 个问题明确分析对界面使用情感化设计的必要性。

首先，这个界面重要吗？我们都知道，在界面设计中增加了视觉元素后，界面的视觉强度会或多或少地得到增强。在为基本功能完善的界面添加额外的元素时，首要考虑的是这个界面在整个系统内或某一个功能系统内的重要性，并且是不是值得拥有更强的视觉强度。

示例界面在整个游戏中的权重是很高的。在这个项目中，排行榜可以作为单独的一个系统，并且与"换装"和"商城"这些系统并列。同时，对一款具备社交属性的游戏来说，排行榜功能非常有利于玩家与玩家建立某种竞争关系。在大多数具备社交属性或强调社交玩法的游戏中，我们都可以看到排行榜，而且在这个界面中，情感化表现也是比较强烈的。

其次，这个界面目前的设计有足够的吸引力吗？在界面设计中，不同界面的视觉强度是有差别的。而一般有复杂视觉元素的界面的视觉强度也会强一些。

在设定排行榜这个界面的基本颜色时，其整体的视觉强度仍然是不够的。此时的界面仍然处于只实现了基本功能的状态。这时候，就需要在界面中增加一些情感化内容，以此来增强对玩家的吸引力。

最后，这个界面对交互和功能的影响有多大？在一个界面中，无论是增加视觉元素还是减少视觉元素，如果这些设计行为降低了界面的视觉强度，则都是不可取的。如果情感化的内容适量，那么对交互体验与功能强化来说是一种提升，并且两者的关系处于一种动态的增益和减益的状态。

在排行榜界面的设计中，我们选择在简单的框体上添加"晾衣架"这个形象化的视觉元素，在增加界面情感的同时，并没有对交互体验和功能强化产生影响。之所以会这样，具体是因为以下 3 个方面。

（1）晾衣架本身的形体趋近于矩形，和弹窗的形体是基本一致的，所以在视觉上不会产生大的差异。

（2）有了晾衣架这个元素之后，弹窗内部的其他构件的设计方式也需遵从这样的视觉逻辑。例如，原先的列表框就需要被设计成晾在晾衣架上的毯子，而排行榜标题则需要被设计成搭在毯子上的物件。

（3）这些设计并未让原本的交互体验降低，反而使其提升了，具体表现在将原来抽象的框体设计成具象的、带有游戏特色的视觉元素。

⊙ 对美术元素进行合理体现

基于前面讲的设计理念，在情感化内容的添加与设计的过程中，我们需要考虑的是美术元素的合理性。针对这一点，我们基本上可以从纯美术的角度去进行考虑，如物体的写实程度、空间关系及相互之间的影响和联动等。

在排行榜界面设计中，弹窗已采用了"晾衣架"这个元素，所以在其衔接结构上要体现出塑料质感，而在支撑结构上则要体现出不锈钢质感。

在将晾衣架框体结构绘制完成后，需要将其和弹窗主体的其他部分组合，以尽早规避可能产生的错误。

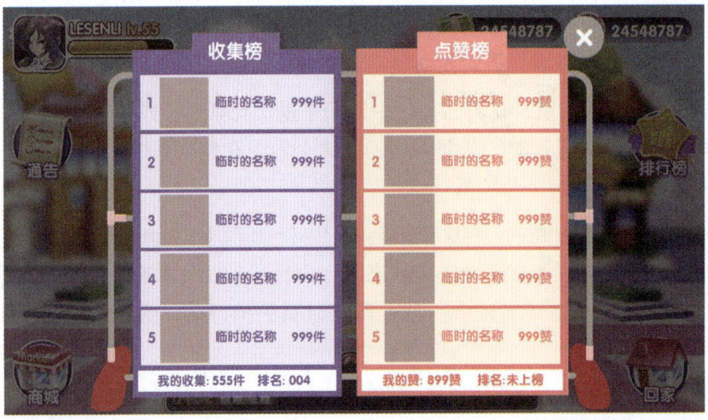

接下来做进一步的思考：如果弹窗的基本框架是基于晾衣架构建的，那么两个列表框就如同晾在衣架上的两条毯子。基于这样的思考，需要对两条"毯子"和"晾衣架"的组合方式进行细微的调整，让"毯子"呈现为被夹子夹在"晾衣架"上的状态。

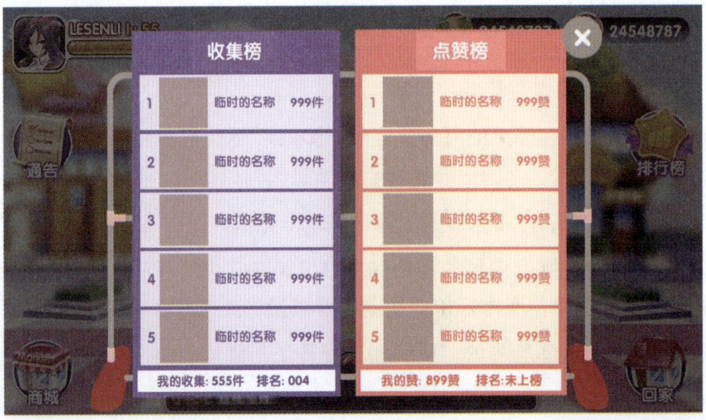

2.3 界面的细化

在对界面进行进一步细化的过程中，界面设计师需要不停地关注界面整体的颜色，在保持整体基调不变的同时，对细节进行优化。

2.3.1 细化颜色

在框体的基础上，界面设计师需要继续细化界面上的一些元素细节，具体表现为以下两个方面。

⊙ 细化框体颜色

框体颜色的细化不仅包括矩形实体框体颜色的细化，还包括列表框、虚拟框体内具体形体颜色的细化。在矩形实体框体颜色的细化过程中，主要对直角矩形框体进行优化。在列表框颜色的细化过程中，笔者将左右两个排行榜的衬底（即图中紫色和玫红色的框体）调整为旗帜状。同时，将列表单元的衬底改为圆角矩形，使其整体上看起来更加圆润、舒适。将底部附属信息区域改为飘带状，并且让衬底贴在列表框下边缘，同时对列表单元的颜色进行差异化设计（具体表现在将玩家的列表单元的颜色稍微提亮一些）。

接下来，我们需要对两个排行榜的标题颜色进行细化。首先，在"收集榜"中加入星星元素，在"点赞榜"中加入心形元素。两个标题的基本结构均以表示各自含义的图形为基础，然后将文字设置成接近下图这种表达高品质的颜色，这里另外用了缎带衬底进一步区分。其次，为了将标题与列表框明显区隔开来，各自标题的下层都设计了一个明度较低且接近黑色的衬底。在形态上，这个衬底类似一块垂下来的条状物，如此与晾衣架整体的设计构思相吻合。

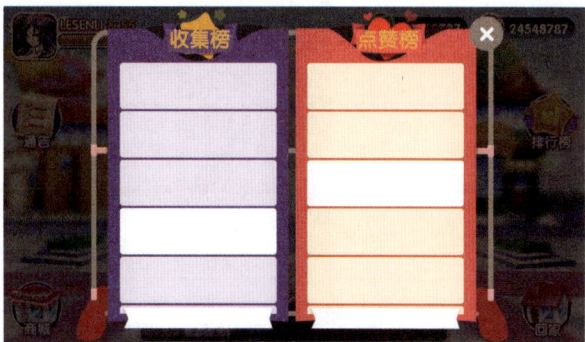

⊙ 细化文字颜色

在将框体颜色细化好之后，根据文字的功能属性，将未细化颜色的文字显示在框体颜色的细化稿上。

文字颜色的细化主要包含两个方面的内容。首先，针对文字颜色进行细化处理，要尽量参考一些真实情况，避免做出的效果与真实环境不相符，如玩家 ID 的文字颜色的处理、ID 中的特殊符号造成文字效果迥异时的文字颜色的处理等。其次，根据文字的属性权重做合理化的提亮处理。每个条目中的文字内容从左至右依次为名次、头像、ID 和数量。其中，名次是可以直接在列表中看到的。除了前 3 名以外，其他的名次并不需要做过多的区分。不过，根据本案例的实际需求，前 3 名不需要突出表现，所以文字效果可以保持不变。ID 具备一个天然的属性，那就是每个玩家都不会使用相同的 ID，从内容上就可以区分开，所以这一块无须更改。数量是排行榜中较重要的部分，是玩家在整个排行榜中的比拼基准，因此毫无疑问地需要得到增强显示。

之后，按照同样的方法，对底部附属信息文字进行调整。

2.3.2 细化内部结构

基于"做一步检查一步"的原则，设计进行到这里，界面设计师就需要对内部结构进行检查，之后再做进一步细化。

在这一步中，主要需要细化的是晾在晾衣架上的两个旗帜状的"毯子"。它们目前的形体结构与别的元素相比过于单薄，因此需要在这一点上做一些细化处理。经过考虑，笔者在两个旗帜状的"毯子"的内部增加了一个结构，这种带有滚边的结构可以让"毯子"整体看起来更加厚实，且界面层次显得更好。

2.4 质感的强化表现

不同风格的游戏对界面的质感表现有不同的要求,但从整体上来说,都可以从细化纹理材质和调整并完善形体结构的细节这两个方面着手。

2.4.1 细化纹理材质

在界面设计中,根据基本的构思和想法的不同,需要添加的纹理材质也会有所不同。就排行榜界面设计案例而言,其纹理材质的细化主要从以下两个方面着手。

⊙ 细化列表框质感

根据"晾衣架""毯子"的基本元素构想,晾衣架部分保持不锈钢和塑料相结合的质感,然后在列表框内添加布纹和缝线元素,以体现出布料质感。其中,布纹的添加主要通过叠加混合图层来完成,缝线的添加主要通过对矢量图形进行线段描边来完成。在添加好缝线之后,还需要有针对性地给部分缝线增加一些微弱的投影,让其看起来更加真实。

处理前后的对比效果

整体效果

🐵 **提示**

在进行纹理材质细化的时候,应注意相应的形体结构的处理。在示例中,排行榜界面列表框的顶端是搭在后层的晾衣架上的,需要有一个弯曲的形体表现。而这里具体的处理手法是在距离顶部很近的地方增加横向的高光,如此即可使其呈现出弯曲的效果。

之后,按照同样的方法给底部附属信息的飘带衬底添加缝线。这里之所以没有添加布纹,是因为衬底在画面中的尺寸本身较小,添加布纹的意义不大。

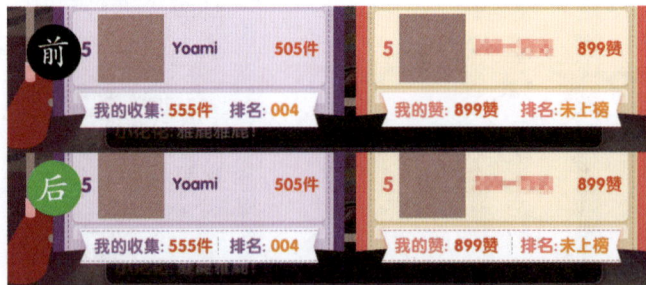

处理前后的对比效果

整体效果

⊙ 细化晾衣架质感

晾衣架的材质有两种：一种是支架部分的不锈钢材质，另一种是接头元件和底座的塑料材质。这两种材质的反光性能不同，不锈钢材质是典型的金属材质，其高光较强，高光与暗部的交接比较明显，且层次感较强。而塑料材质则是反光度比较低的材质，其高光与不锈钢材质的高光相比较弱，且与暗部的交接不够明显，可以呈现出高斯模糊的效果。

通过对两种材质的反光性能进行理解，我们就能很容易地表现出晾衣架的整体质感了。不锈钢材质因为高光与暗部的交接比较明显，所以可以处理得硬朗一些。而底座塑料材质的光感较弱，因此只需要表现出整体明暗效果之后，在结构最突出的地方增加一个模糊边缘的高光即可，如下面的第 1 张图所示。在制作过程中可以遵守一个规则：绘制反光度越高的物体，明暗图形之间的边界越明确，反之越模糊。经过这样的处理之后，细节展示效果如下面的第 2 张图所示，整体的展示效果如下面的第 3 张图所示，完整的效果如下面的第 4 张图所示。

2.4.2 调整并完善形体结构的细节

在对界面进行质感的细化处理之后，并不意味着设计就完成了。这时候需要先仔细观察界面，然后对界面的形体结构做适当调整，并完成一些细节元素的添加。

就排行榜界面设计案例而言，进行到这一步，我们还需要对界面进行以下两个方面的处理。

⊙ 完善标题细节

仔细观察界面，可以发现标题部分的基本设计（包括基本图形和固有色的设计与处理）已经完成，但其并没有表现出立体感，在这一步需要着重处理。其中，"收集榜"的结构从三维空间的角度来说，从上到下依次为文字、缎带和星星。其中，文字需要被处理成有光泽度的效果，缎带需要被处理成光泽度较弱的布艺质感，星星的处理可以直接沿用主界面上排行榜图标的处理方式，即呈现为类似硬币且周围有包边的立体结构。

之后，用同样的方式对"点赞榜"标题进行处理，完成前后的对比效果如下图所示。

最后，表现出标题板块与列表框板块之间的暗色衬底的质感，增加一些高光、面板对其产生的反光，以及衬底在面板上的投影。

⊙ 添加夹子元素

对于要添加的夹子，笔者选定了常见的淡黄色竹子质感的夹子。这个夹子有两种材质，一种是夹子本身的竹子材质，另一种是夹子上的元件的金属材质。不过夹子在界面中占的面积比较小，因此其结构可以处理得尽量简单一些。另外需要注意的是，针对"毯子"与夹子接触的部位，需要设计一圈高光来将夹子夹住"毯子"时产生的压力效果表现出来。

完成单个夹子的设计之后，将其复制出多个，然后放置在相应的位置，并适当旋转个别夹子，让界面具有更多细节，也让界面整体看起来更加活泼和自然。

完成以上操作之后，给每个玩家都添加上不同的头像，并将提前设计好的"关闭"按钮拖到右上角，适当调整位置。到这里，整个界面就设计完成了。

2.5 最终资源输出

在将整个界面都设计完之后，接下来要做的工作是资源输出。资源输出包含两种情况，一种是切图的输出，另一种是标注图的输出。

2.5.1 切图的输出

游戏界面设计稿的切图需要尽量以"经济"的方式输出，即在保证输出效果理想的情况下，以尽量小的尺寸输出。那么如何做到这一点呢？在后续的讲解中笔者会详细描述。而在这里，笔者只以排行榜界面为例介绍输出切图的基本方法。

先在 PSD 文件中将新增的样式控件单独复制到一个空白的新文件中，然后将文件命名为"控件"或其他设计师可以快速识别的名称，切图和保存好的"控件 .psd"文件如下。

提示

从原则上来说，纯色的图形在这里需要被调整为尽量小的尺寸进行输出。但是从左图可以看到，有很多图形并没有被缩小，其中最大的就是弹窗的衬底。这个衬底包含了晾衣架、列表框、标题及"关闭"按钮等元素。这些元素被合并在一起并进行整体切图的原因在于列表框中有布纹及缝线这样的图形，这种图形无法先输出为小尺寸切图，然后用"九宫格拉伸"（指划分矩形图片为棋盘状的 9 个区域且除 4 个角外的其他区域可变形拉伸的适配方式）去实现比较大的尺寸效果。所以，即便这里有钢管材质的晾衣架这样的连续图形，最终也需要将其合并在弹窗衬底上进行输出，否则将增加切图量。同样地，底部附属信息的飘带也是因为带有缝线元素而被整体切出。为了减少前端人员的工作量，甚至可以将文字合并后一起切出。

如果沟通后得知前端人员可以用连续平铺图形的方式来实现缝线和布纹这样的效果，那么这些切图就可以被进一步切分为更小的部分，如此可以做到用更"经济"的切图方式去还原效果。

在这个 PSD 文件中需要根据规划预先对切图进行命名，切图的命名主要和不同的切图方式有关。就笔者而言，一般是先将每个预计要单独切图的图形都规整在同一个图层（无论是合并图层，还是将多个图层转化为一个智能对象图层都可以），然后再分别对各个图层进行命名。

在实际的操作过程中，界面设计师可以使用任何自己觉得合适的命名方式。不过在命名时，通常需要注意以下 3 个方面的问题。

（1）对切图进行命名时必须全部使用英文或拼音，而不要使用汉字或别的字符。这样做可以避免前端人员在游戏引擎的编辑器中引用切图时产生问题。

（2）在对切图进行命名前，可以和前端人员沟通并确定固定的命名方式，以便后续在资源管理器中可以快速找到所需的切图。一个游戏项目中会有海量的切图，固定的命名方式会使管理效率或寻找切图的效率倍增，而具体采用哪种命名方式可以通过协商来确定。

（3）可采用界面设计师自身、相关部门同事或合作方容易记住的命名方式进行命名，避免因为名字太复杂，后续无法快速或正常寻找到需要的切图资源。

将图层命名好之后，在 Photoshop 的"图层"面板中全选图层，然后单击鼠标右键，在弹出的快捷菜单中选择"导出为"选项。

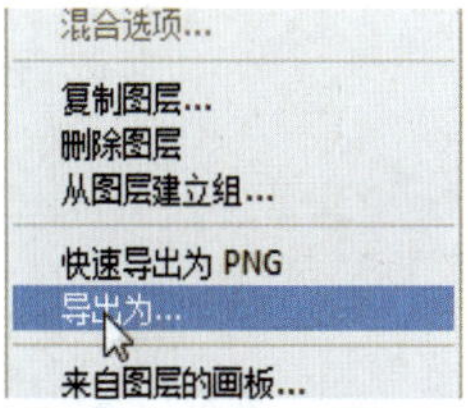

在弹出的"导出为"对话框中进行下面第 1 张图所示的设置。之后单击"全部导出"按钮，选择合适的保存路径，并单击"确定"按钮，就可以将这些图层导出到指定的位置，导出的最终切图效果如下面第 2 张图所示。

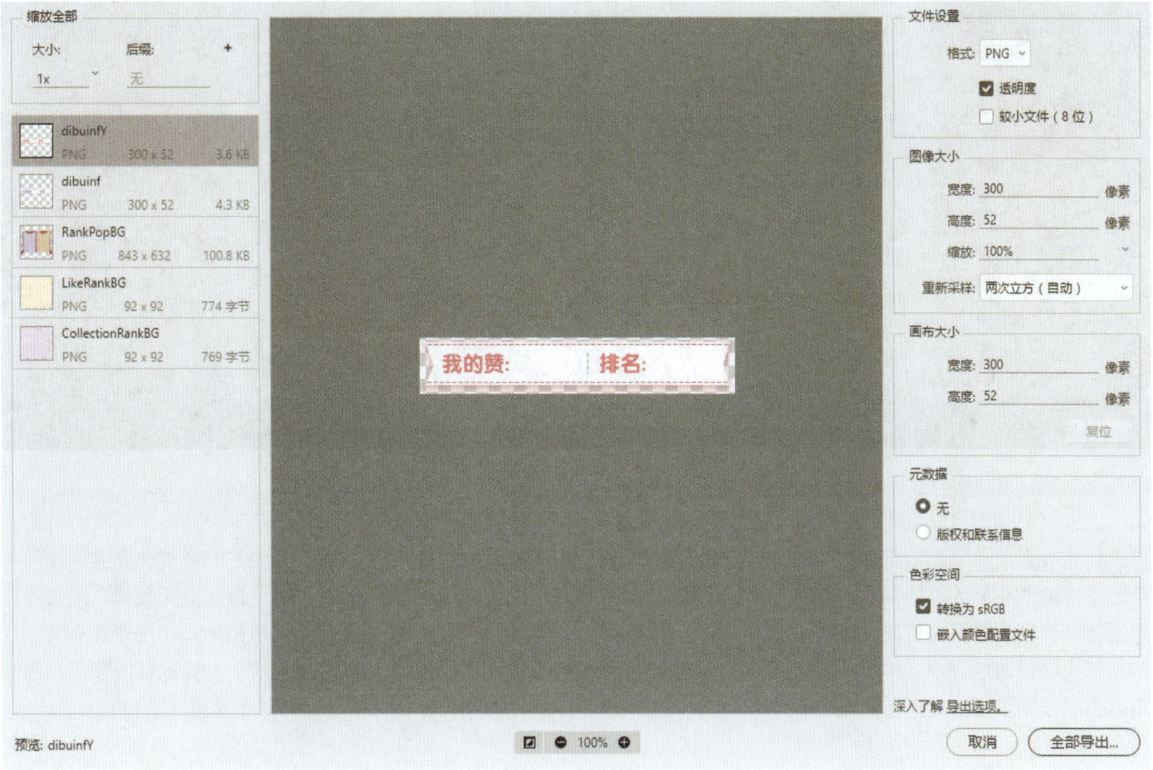

CollectionRankBG.png　　dibuinf.png　　dibuinfY.png　　LikeRankBG.png　　RankPopBG.png

2.5.2 标注图的输出

标注图是界面设计师提供给前端人员且在重构时使用的辅助性文件，可以通过工具"马克鳗"来进行制作。在一个处于稳定开发阶段的游戏项目中，一般只需要在界面设计稿上标注出切图名称、文字的字号和颜色等信息。在极少数情况下才会标注界面中各个部件的尺寸。在实际工作中可以根据具体需要进行具体的操作。例如，针对一些非常复杂的、需要多个层级去合成的效果，就需要界面设计师与前端人员一起在编辑器内一点点地去拼接实现，也就不需要过于复杂的标注。同时，针对一些常用的效果，如果前端人员已经非常熟悉，那么也不需要标注。此外，一些团队会专门配备重构设计师。重构设计师一般需要把界面设计师制作好的 PSD 文件重构为游戏引擎界面编辑器（如 Unity）内的界面。在这样的情况下，界面设计师就不需要进行标注，甚至连切图工作都可以省略掉。下页图所示为案例的最终标注效果（为了保证阅读效果，这里笔者对原设计稿进行了压暗处理）。当切图和标注工作都完成之后，就可将文件分类打包给前端人员，然后进行后续的开发工作。

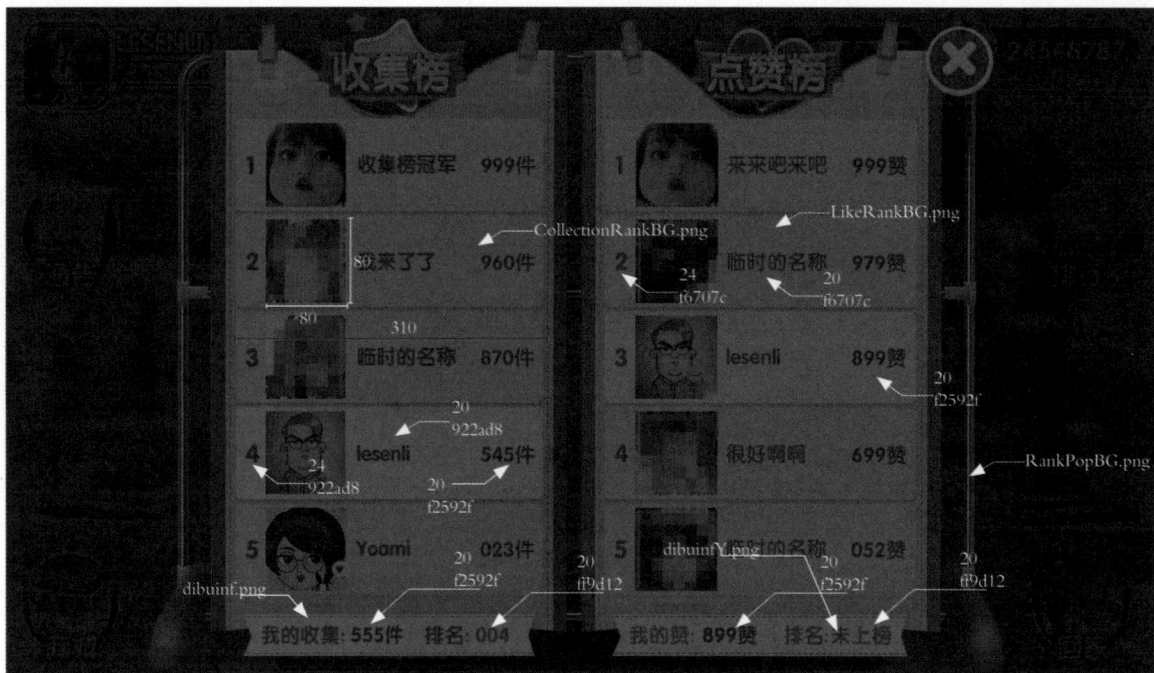

以上就是整个界面完整的设计流程。这个流程从讲解上来看比较流畅，但在实际工作中未必如此。本章所讲的一些设计步骤在实际操作中可能并不是一蹴而就的，而需要界面设计师（尤其是初学者和经验并不丰富的界面设计师）经过多次尝试和修改才能达到理想的效果。这些反复的尝试有且不限于图形的设计、颜色的指定和搭配等。不过对界面设计师而言，只要能将产品成功地设计出来并最终落地，这些精力与时间的消耗就都是值得的。在这些反复尝试且不断与人沟通的过程中，界面设计师处于不断地接近理想化的设计和接近需求内核的过程中。这样的经历多了，经验自然也就丰富了，能力也会得到进一步的提升，之后在处理更多更有难度的需求问题时，效率也会大大提高。

03

第 3 章

游戏图标设计基础

本章概述

图标的英文名称为 Icon。从广义上来讲，图标包括了所有有指示作用的标志，如路边的交通图标、公共场所的图标和垃圾桶图标等。人是视觉动物，一般来说，人脑处理视觉内容的速度要比处理文字内容的速度快很多，因此在界面设计中设计师习惯使用大量的图形元素去表达一些特定的含义。图标作为比其他元素更加精练的图形化元素，是游戏界面中非常重要的一部分。基于此，本书将用 3 章的篇幅对图标进行讲解。本章介绍的是设计游戏图标前需要了解的一些基础内容。

本章要点

» 图标在界面中的重要性
» 游戏图标的应用场景
» 游戏图标设计的基本原则
» 图标的种类划分

图标篇 ▶

3.1 图标在界面中的重要性

图标作为一种特别的图形化元素，除了同界面中的其他设计元素一样是一种对现实的模拟之外，还具有一些其他的作用，具体包括情感化的表现、强化视觉引导、完善界面节奏 3 个方面。

3.1.1 情感化的表现

在图标的造型设计过程中，其细节上的一些美术元素都不是孤立存在的。这些美术元素之所以被需要，是因为它们都具备一些特定的用途。而这些用途，我们可以将其称为"情感化的需求"。在游戏界面中，抛开易用性层面的要求，图标最需要表现的就是对应游戏的情感了。例如，在一个科技感十足的游戏界面里，其图标的造型等也是要有科技感的。

下图所示为拟真赛车游戏《跑车浪漫旅竞速》（又名《GT 赛车》）的界面。这款游戏对玩家的操作要求较高。从图中可以看出界面整体风格简洁且很有科技感，配色上也较为淡雅，因此界面中的图标也需要尽量扁平化、抽象化和简约化，且配色也要尽量保持淡雅。

下图所示为某拟真飞船驾驶游戏的界面。这款游戏的界面极为简约，界面文字信息排列紧密。同时，界面中出现的图标较少且都呈线形和面片状，线条几乎都是直线，图形的角几乎都是硬折角，这一设计风格高度匹配了该游戏的"硬核"和"高科技"的情感化需求。

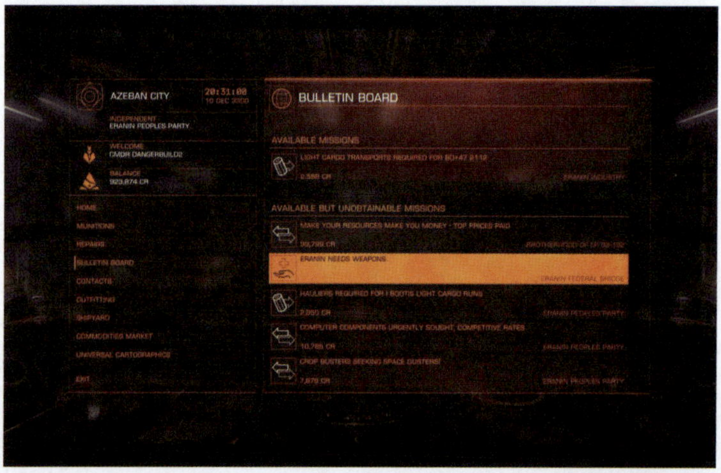

下图所示为客户端游戏《暗黑破坏神 3》的界面。这是一款极具代表性的"暗黑"风格的游戏，这款游戏的界面对中世纪暗黑风格的界面设计的发展影响较深远，整体呈现厚重、暗调的效果。其图标也严格按照这种基调进行设计，有些图标看似为矢量图标，实际上都有厚重质感和材质的体现。

下图所示为游戏《汤姆猫跑酷》的角色升级界面。该游戏是一款以"汤姆猫"IP 形象为基础的竖版跑酷类游戏，游戏风格轻松愉快，且为典型的卡通风格。游戏界面多用明亮的色彩和圆润的造型进行设计，界面中的信息普遍较少，这是卡通风格界面的特色。界面中的图标也严格遵守了这一风格的特色，造型圆润，且色彩明快。

3.1.2 强化视觉引导

在游戏界面设计中，可以将图标中的"标"理解为特定的锚点或一种符号标识。在游戏界面中，尤其是在我国的游戏系统设计得比较复杂、信息量较大的情况下，界面中需要额外强调或需要引导玩家的点就需要用图标、美术字（指的是经过特殊处理，加了特别的质感或颜色的图形化文字。由于游戏引擎的功能限制，这种文字在界面效果实现时通常用切图的形式呈现，因此其本质上是图片，而不是文字）及大号字体等特别的设计手法。

在这些设计手法中，相对于美术字和大号字体，图标能占据一些额外的优势。美术字一般会出现在公告宣传图、特别的称号（这种美术字实际上可以归类为图标）及显眼的动态信息（如升级、获得物品等，本书将这类信息归类为奖励类型控件，后续会在界面设计的规范知识中详细讲到）中，是一种比图标还要显眼的元素。在一些较细节的地方使用美术字强调某些信息，所呈现的效果会过于强烈，并且在有些特定界面的空间对控件的尺寸要求有限制的情况下，使用美术字容易导致控件超出限制尺寸，这就限制了美术字在这些地方的使用。大号字体一般出现在都是信息的界面中，通常表现为纯文字，因为这些界面对于文字的颜色、字号都有比较严格的设计规范，所以使用大号字体所能达到的效果也比较有限。大号字体在特定的需求下使用较合适，但是人们对于文字的解读是需要一个反编译过程的，因此一般纯文字的信息大概率会被忽视。

右图所示为游戏《飞刀又见飞刀》中的一个特殊样式的弹窗。该弹窗界面采用红色配黄色且偏传统、喜庆的色彩搭配方式，以"普天同庆"这 4 个美术字为设计核心，渲染了特殊的活动氛围，并起到了非常强烈的视觉引导作用。

右图所示为游戏《神都夜行录》的最佳助战弹窗。设计这个弹窗界面是为了展示玩家在游戏中的最得力的宠物。为了强调这种助战玩法，以及凸显特有的助战角色，这个弹窗界面做了有别于这款游戏中其他界面的一些设计。除了异化的弹窗外形之外，最明显的是弹窗顶部标题的设计，用鲜亮的黄色及通用样式的底纹专门设计了美术字形式的弹窗标题。

🐸 提示

在这里，美术字主要用在特殊的系统标题的设计上。由于这个标题在系统中自成一个控件，且兼具信息传达与情感表现这两个作用，因此可以将这种美术字看作图标的一种表现形式。

右图所示为游戏《天下又天下》的设置弹窗。观察弹窗可以明显看到，设计师将"省电模式""灵宠对话""脚印特效"这些类目标题与类目标题下的注释内容进行了有效区分。同时，每一个类目下的选项中将选中状态与非选中状态的文字用不同颜色来进行区分，在视觉上起到了强化引导的作用。

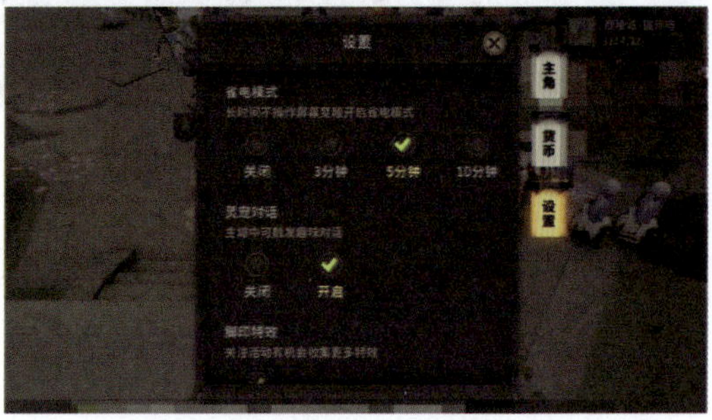

右图所示为游戏《永远的 7 日之都》的神器使选择界面。这款游戏的界面偏"二次元"风格，设计上简约时尚，且多利用折角、直角和细线等设计元素。在这个弹窗列表中，关于"神器使"的各项属性（如好感度、巡察力等），除了列表标题用文字标识外，列表内的内容均使用图标来指代。这种设计方式充分利用了标题中文字的说明功能和列表内图标的概括、指代功能。这也是很多游戏界面常见的列表信息设计方式。

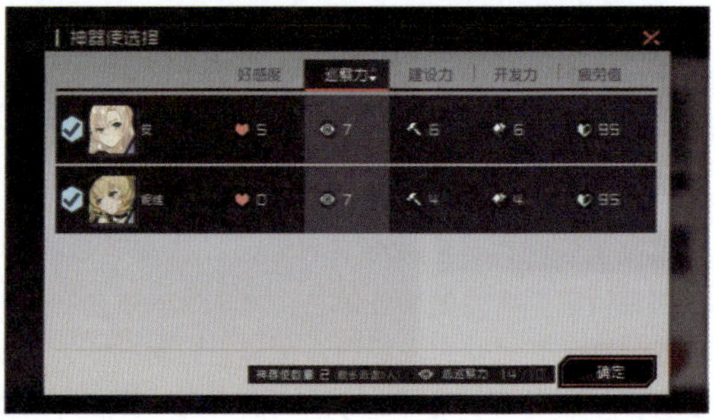

3.1.3 完善界面节奏

无论是什么设计风格的界面，都需要保持良好的节奏。这种"节奏"指的就是单界面或动态转换的几个界面中，所有元素组合排列时给人的布局感受。界面的节奏感会在后面详细讲解，这里笔者主要讲解的是图标在界面中的节奏感的体现。

图标节奏感的体现主要通过协调界面质感来达成。众所周知，界面的设计风格林林总总，但大致可以分为重质感、轻质感及位于轻重质感之间这 3 种风格倾向。重质感的界面，并不意味着其中所有的控件和构成元素都会被设计得质感厚重。反之亦然，轻质感的界面也并不意味着其中的每个控件都是轻薄化、扁平化的。元素质感的轻重主要由两方面因素决定：一方面是界面的设计需要考虑其功能性，板结的设计方式会使界面信息没有轻重之分，用户也无法快速找到需要的信息，从而无法体现界面的易用性；另一方面就是界面设计的节奏感需求。节奏感是美感的一种，是合乎逻辑的设计在美学上的直观体现，且与易用性是相辅相成的关系。板结的、平的设计仅从美学上讲并不是什么好的设计，而图标在界面节奏感的控制上起到了非常重要的作用。

　　下面笔者针对图标节奏感的体现，用两种风格的界面来举例说明，一个是重质感风格的界面，另一个是轻质感风格的界面。

　　右图所示为卡牌游戏《炉石传说》的界面。这款游戏的界面偏中世纪重质感风格。从这个界面中可以看到，在重质感风格的界面中，图标对界面节奏感起到辅助的作用。

　　右图所示为经过处理后的示意图，从这个示意图中可以看到，这里出现的大部分图标都跟随整体的重质感设计，但是在不重要的操作或信息区域，图标的质感必须被减弱，以起到平衡页面设计节奏感的作用。从 A 点所在的红色区域到 E 点所在的绿色区域，所分布的图标的质感是逐步减弱的。减弱的方式有降低色彩明度、逐步减小图标的尺寸及逐渐扁平化等。这些变化正好对应了界面中需要被设计得让玩家容易注意到的区域和不希望被玩家注意到的区域。

　　右图所示为游戏《荒岛求生》的合成材料界面。《荒岛求生》是一款冒险游戏，其界面设计极为扁平化和简约化。但是在这种属于游戏玩法核心的合成材料界面中，一些合成所需的材料图标却用了写实的表现方式。

提示

　　这里需要注意的一点是，图标只是界面的一部分。图标在界面中虽然起到了非常重要的作用，但是从整个界面的角度看，它也仅是界面的一部分。界面中所有的元素，如窗口、文字、图标、按钮等都是为了特定目的而存在的，都是为了完善整个界面的功能。在设计界面时，设计师需要时刻秉持"奥卡姆剃刀"原则，即"如无必要就去掉"。一个合格的界面中不应该存在不需要的元素，或者至少应该把大部分不需要的东西去掉。这一点对图标本身来讲也是如此。当然，本书从图标入手来讲解并分析整个游戏界面的设计，并不是因为图标可以脱离界面而存在。最根本的原因在于，图标的设计蕴含了很多界面设计必要的技术和理论原理。一个好的图标设计需要设计师考虑游戏的背景建构和界面的设计风格，同时也考验着设计师的整体造型能力。但不管怎么说，图标也只是界面的一部分。在实际的界面设计过程中，我们不能因为重视图标而忽视了界面中别的元素的重要性。

　　下面左图所示为一个单独的图标，在这里它并没有图形描绘之外的任何意义。但如果把它作为一个元素放入下面右图所示的界面中，它就会被赋予"代币"的含义。在设计界面中的图标时，需要从整体去考虑图标的视觉表现，如大的还是小的，是精细的还是扁平的，以及是静态的还是动态的等。

3.2 游戏图标的应用场景

游戏图标的应用场景常见的有3种：第1种是指代整个游戏，第2种是作为功能系统入口，第3种是作为功能性的装饰。

3.2.1 指代整个游戏

PC平台和手机平台的游戏都会有一个应用入口图标，这种图标指代了整个游戏。这种图标需要被设计得可以指代游戏内容、风格或玩法，本质上它是对游戏进行高度概括的一种图形。

3.2.2 功能系统入口

在游戏界面中，功能系统的入口通常会被设计成图标。这种图标在形式上比较通用时一般不搭配文字，如下面左图中右上角的"设置"与"好友"图标。如果图标属于比较定制化的入口，则大多会附带文字，如下面右图中右侧及右上侧的一些图标。

3.2.3 功能性的装饰

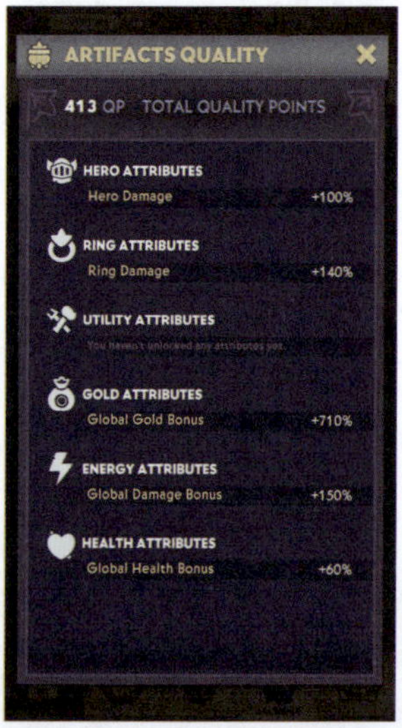

对于界面中需要吸引用户注意的一些位置，设计师通常会刻意设计一些图标，且图标会与文字同时出现，这样既可以吸引用户的注意力，又可以凭借标识文字来帮助用户理解只靠单纯图形无法理解的功能，如右图所示界面中文字左侧的图标。

作为一种图形元素，图标同时具备了抽象化所指代的信息和形象化可吸引人注意的特质。如果设计得当，会让人记忆深刻。例如，一些图形会在图标内被使用多次，以至于成为业界习惯表达某一类型信息的代表。

右图所示为游戏《天天酷跑 3D》中的结算界面。这个界面中最为显眼的是一个以翅膀盾牌为主要构成元素的结算图标。这种图标是我国游戏中比较常见的奖励类型界面的表现元素。在日常设计中，对于此类图标，我们除了可以用翅膀盾牌来表现，还可以用星星、缎带及一些抽象化的图案来表现。这些元素构成了游戏界面中用于表达“成功”“奖励”等情感化内容的视觉元素系统，且装饰功能性十足。

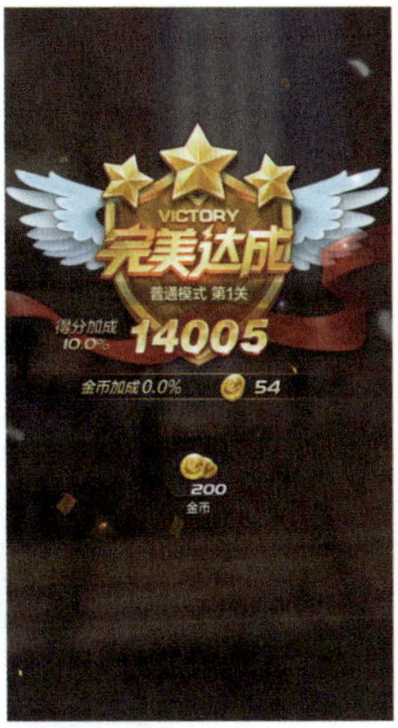
VICTORY
完美达成
普通模式 第1关
得分加成
14005
金币加成 0.0%
54
200
金币

3.3 游戏图标设计的基本原则

图标在游戏界面中非常重要，而且有着极为丰富的应用场景。基于图标的这些特性，我们可以提炼出一些经过实际项目检验的游戏图标设计原则，主要包含以下 5 个方面。

⊙ 普适性

在一个界面中，一个图标可能会被快速注意到，但又有可能不会被快速识别与理解。基于此，在设计图标时我们需要注意一点，那就是图标的普适性。一些常用的图标，如“公共厕所”“设置”“搜索”等图标在所有文化环境下都可以被准确地识别出来，这是因为在设计它们时本身就是以普适性作为前提的。在设计这种类型的图标时，如果设计师强行进行大的修改，反而会适得其反。正确的做法是赋予其更多的能代表产品风格的元素，如特有的质感和线条装饰等。

不同游戏中的“设置”图标的差异很小，这是因为“设置”图标是具备普适性的，且可以被轻易识别与理解，如下图所示。观察这些图标可以发现，由于这些图标“服务”的产品不同，所以其质感和色彩的表现也会有所不同。

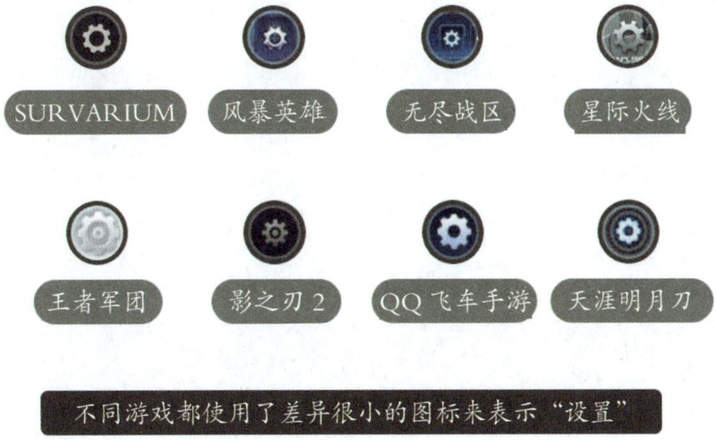
SURVARIUM
风暴英雄
无尽战区
星际火线
王者军团
影之刃 2
QQ 飞车手游
天涯明月刀
不同游戏都使用了差异很小的图标来表示“设置”

不同游戏产品中“设置”图标的对比示意图

⊙ 可识别性

对一些非普适性的或在普适性的基础上增加了含义的图标，玩家不容易识别，且容易产生误解。在这种情况下，最好辅以文字说明。在附加文字前需要注意的是，先对图标进行一定的优化，以最大的可读性为基准，再辅以文字说明，就能让图标具备更强的可识别性。这种情况在游戏的图标设计中经常出现，且通常表现为游戏界面中出现得非常多的特有的设计，如特定的任务图标、特定的活动图标等。

下面左图所示为手机游戏《天龙八部》的主场景界面，其顶部靠右和右下角的写实图标都具备非常强的独有性或半独有性。在这里，如果仅保留图标而将文字去掉，那么玩家理解起来就会有困难，因此文字标识是有必要的。与之形成对比的是下面右图所示的图标，它们具备普适性，故而即便是在没有文字标识的情况下也可以很快被玩家识别出来。

⊙ 节奏感

图标在整个界面中的设计样式和布局结构会影响整个界面的设计表现。界面设计和所有的美术设计一样，需要讲究特定的视觉节奏。在特定位置上的图标除了带有较强的可识别性外，其本身的功能性设计，还需要从整体界面去考虑，例如这些特定的设计方式是否符合整体界面的节奏感。不符合特定节奏感和美感的设计都应该想办法规避。

下图所示为腾讯游戏《王者荣耀》的任务界面。图中黄色虚线所框定的任务图标单从任务信息的交代功能上来讲是可以被去掉的。但这些图标显然不只这个功能。任务系统的目标是让玩家将足够的注意力转移到任务信息上，这其中有常见的任务，也有一些特别的游戏活动。在游戏的任务系统中，这些特别的游戏活动就有必要在视觉表现上有一定的强度。而视觉强度是通过界面里不同区域的强弱对比来实现的。具体到下图中的这些任务时，就会通过每个任务条栏左侧的重质感图标来凸显任务的重要性。读者对比这个界面中的其他部分，就会发现这些图标的存在与否会对它们所在的界面及条栏所代表的任务产生很重要的影响和作用。这种作用直接体现了特定区域在整个界面内的重要程度。这种重要程度是通过视觉上的节奏感并利用视觉强度的轻重对比来体现的。

⊙ 概括性

一些特定的界面需要有大量的说明文字。而当界面中没有足够的空间去容纳这些文字时，用图标指代特定的文字，可以起到概括或收纳信息的作用，这也是一种比较可取的设计手法。

下面两张图所示为手机游戏《神都夜行录》的主场景界面。左图中标示的是界面中可以展开的图标组处于收起的状态，右图中标示的是界面中可以展开的图标组处于展开的状态。这种设计的好处是概括性强，可以给界面节省出很多空间。

右图所示为游戏《小米枪战》的任务界面。该界面的信息较多，空间较为紧张，因此若图中被标示出来的图标改用文字替代，则可能会挤占大量有限的界面空间。同时，它们作为这个界面里表示奖励物品的信息，用图标表示要比用文字表示更有视觉冲击力。此外，图标本身的配色和质感会使得"奖励"的视觉冲击力更强。

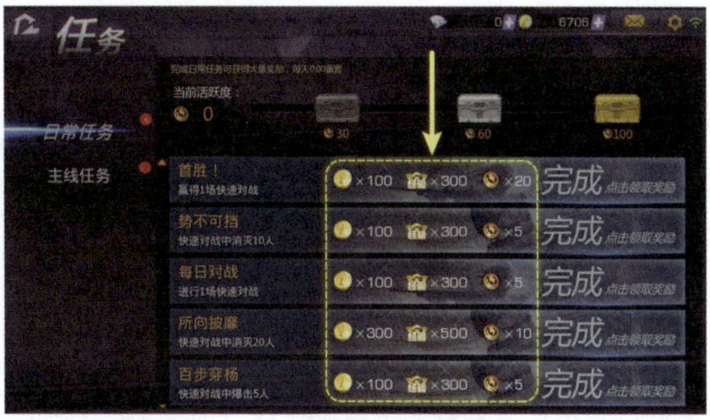

⊙ 情感化

对于图标的情感化设计，还是要回归到图标本身的最大功能，即图形化表现。图形化表现除了具备快速阅读和理解的表层特性，还有一个就是情感化的表现。就如界面中的一些修饰性元素一样，图标本身可以作为纯修饰性的元素出现。这一特性在需要突出图标所要表达的含义的情况下表现得尤其明显。这时候的图标就偏向于大尺寸、大精度的设计，目的就是通过情感化的图形元素来加深玩家对各种元素的印象。

右图所示为腾讯游戏《王者荣耀》的段位展示界面。段位是玩家之间比拼的一个重要元素，需要在视觉上满足玩家"尊贵"或"优秀"的情感化需求，因而在整个界面中，"段位"图标的尺寸极大且细节很多。

3.4 图标的种类划分

本节主要讲解图标的分类与不同图标的特征和应用场景，以便大家能更有条理地对后续更细节的设计内容进行学习与研究，并设计出真正匹配产品与用户需求的图标。

3.4.1 从美术风格上划分

按照最直观的分类方式，即从美术风格上可以将图标简单地划分为 3 种类型，即写实图标、矢量图标和其他图标。其中其他图标指的是写实图标和矢量图标的中间态。

⊙ 写实图标

写实图标指的是那些添加了较多细节，且具备立体化的形体及有丰富的色彩和材质表现的图标。其"写实"特质主要体现在材质、形体和色彩等方面，同时是相对矢量图标而言的，并非指代照搬现实的写实风格。同时，写实图标因其形体刻画和色彩表现的不同，可能会表现出不同的风格。

下图所示为俄罗斯某社交平台游戏的界面。这款游戏的整体风格是中世纪题材的卡通美术风格。界面的设计饱含"俄式"写实主义风格。这款游戏界面中出现的图标就属于重质感写实图标。

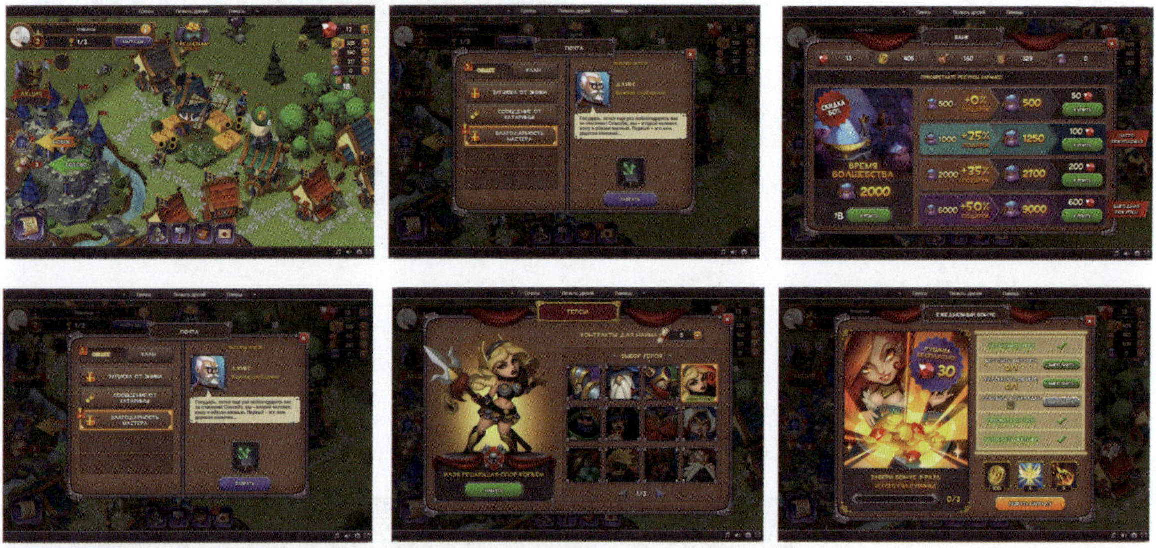

⊙ 矢量图标

矢量图标指的是那些主要通过平面化的轮廓来进行视觉表现的图标。但当我们说一个图标是矢量图标时，并不代表它在视觉设计上不能有任何的形体和材质的表现。只要其在主体上是通过非常概括、抽象的面片甚至是线条来表现主题含义的图标，就可以被认为是矢量图标。同时，这里所说的矢量图标在绘制手法上并没有具体限制。虽然大部分矢量图标是通过图像软件（如 Photoshop）中的矢量工具绘制的，但那些通过手绘的方式绘制出的拥有这种表现手法的图标也在其所属的范畴之内。

同时，矢量图标也可以被称为扁平化图标。如果一款游戏的界面风格是扁平化的，那么界面内的图标绝大部分都应该是矢量图标。

下页图所示为某回合制卡牌游戏的界面。这款游戏以欧洲中世纪为时代背景，但是却大胆地采用了矢量插画的界面风格。

界面设计更是采用了棱角分明的直线条和折角的扁平设计风格，因此这款游戏的界面中也出现了大量矢量图标。

⊙ 其他图标

　　游戏的设定可能千变万化，因此游戏界面和界面中图标的设计风格也是千变万化的。在实际工作中，我们见到的大部分游戏界面内的图标都属于写实图标和矢量图标的中间态。这种图标兼有写实图标对材质与形体的精细化表现和矢量图标的概括、简约表现。在一些特定风格的游戏内非常常见。

　　右图所示为手机游戏《猎魂觉醒》的成就界面。这款游戏以西方中世纪架空魔幻世界为背景，界面采用简约设计和质感化设计相结合的形式。这个界面中出现的几个图标不仅带有轮廓化的扁平图形元素，还带有材质质感的图形元素，即属于写实图标和矢量图标的中间态。

　　综上所述，我们可以从美术风格层面上将所有游戏界面中的图标划分为写实图标、矢量图标与其他图标。这些图标在视觉表现上存在一种演变关系。随着构成这些图标的图形、颜色所表现出的质感的不同，我们可以灵活地控制图标的美术表现类型。右图所示为这几种类型的图标之间的演进关系。在实际工作中，我们可以利用这种因构成美术表现的元素（如图形、颜色等）的变化而发生的美术风格的变化来灵活控制所要绘制的图标的风格类型。对于界面中的其他元素，如框体、按钮等也可以采用类似的方法。

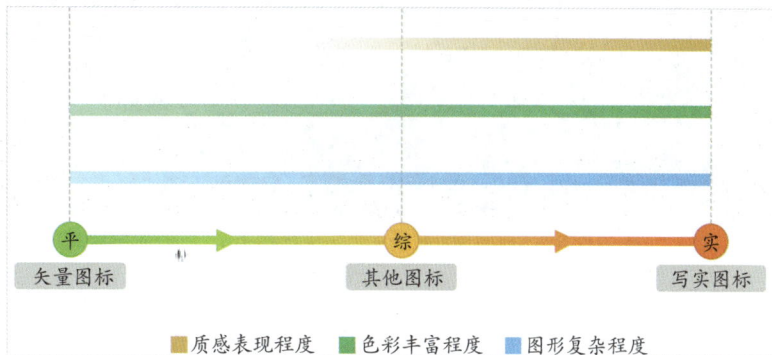

质感表现程度　　色彩丰富程度　　图形复杂程度

🐝 提示

　　虽然这里笔者对图标进行了分类说明与分析，但这并不代表本书认为图标是可以独立存在的一种美术元素。无论在何时，我们都要明确一点，游戏界面中的图标始终都是界面的一部分，它们在需要的位置以特定的风格和形态存在。脱离了界面的图标是没有"生命"的，它们始终需要为界面的功能而存在，并且和窗口、页签及按钮等界面元素在本质上并没有什么不同。

3.4.2 从功能上划分

游戏界面内的图标都是有着特定的用途的。它们除了承担着在美术风格上体现整个游戏界面的设计风格的功能，还承担着各自不同的功能，同时它们因功能的不同而被设计得不同。在游戏界面中，按照不同图标在功能上的差异，可以将其分为重情感型图标、快速使用型图标和强调型图标。

⊙ 重情感型图标

重情感型图标指的是需要极大地强化视觉冲击力的图标。常见的"段位"图标、"奖励包"图标等都属于这类图标。它们需要用尽量大的尺寸和尽可能多的细节去表现"尊贵""价值高""珍稀"等特征，因此往往在质感描绘上也应极尽所能。这种特有的情感化特征使得它们具备很强的视觉冲击力，能够很好地吸引玩家的注意，在大部分情况下被用于游戏内的付费点和某些特定功能的激化点上。

下图所示为腾讯游戏《王者荣耀》的历史最高段位纪念册界面。段位在这款游戏的玩家心中是一种很重要的"社交货币"，代表着玩家在游戏中的能力水平，且在玩家交流和互相展示时是一种价值极高的"物品"。这些属性都使得"段位"这一概念必须在视觉实体上表现得极为"贵重"。因此，它们需要被设计成用贵金属材质和高级色彩制成的"勋章"。基于此逻辑，针对类似玩法系统的游戏，对应的图标都可按照这样的方式去设计。

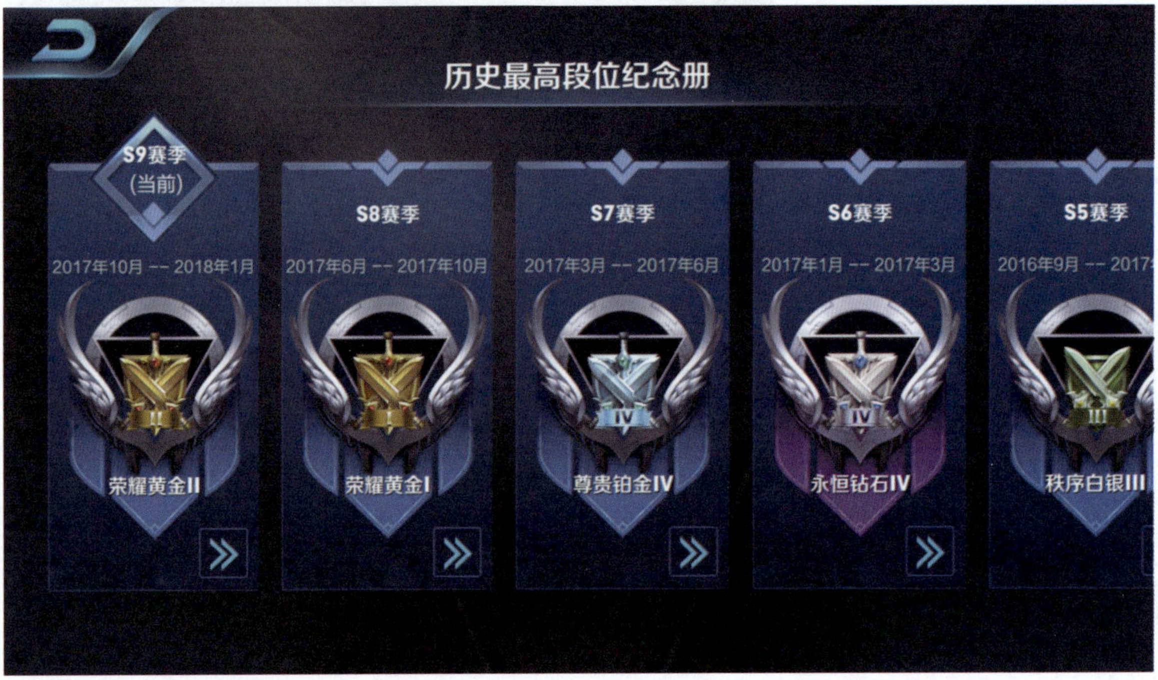

⊙ 快速使用型图标

快速使用型图标是一种几乎只承担了功能的图标，它们需要被快速识别，且在界面操作中会被快速切换掉。这类图标在游戏界面的图标中占比较大，且经常被用到，但是从视觉表现上来说，它们尺寸较小，质感较轻，因此很容易被忽略。即便如此，其从功能上来说依然是比较重要的一类图标。

下图所示为手机游戏《三国如龙传》的排行榜界面。从这个界面可以很明显地看出重情感型图标和快速使用型图标在设计方式上的区别。图中标注为 A 的旗帜状图形及其上面的若干图标组合而成的大型控件可以被视为一个完整的大图标,也是一种重情感型图标。其设计目的是凸显排行榜的前 3 名玩家,表现出他们的"无与伦比"及"尊贵"等。标注为 B 的几个图标在视觉上要明显简单很多,它们分别是左上角的"列表展开"图标、左下角的"信息"图标、右下角的"更多"图标和右上角的"关闭"图标。这些都是典型的快速使用型图标,具体表现在两方面:一是不需要特别强的视觉效果去引起玩家的注意,二是只承担了这个界面里属于次要操作的功能。但是简单的设计和通用性的图形让它们非常容易被识别和快速操作。

⊙ 强调型图标

强调型图标本质上是重情感型图标的一种,但是其在视觉表现上比重情感型图标更为强烈。这一类图标在表现这种强烈的视觉效果时通常不会借助于增加尺寸,而是主要通过添加动效与光效来吸引玩家的注意。其存在的目的是在重情感型图标的基础上传达某一个阶段性任务或成就的信息,本质上是一种动态的界面信号。因此,在大部分情况下,此类图标会自动出现且在传达完本身所携带的信息之后自行退场。

下图所示为游戏《QQ 飞车》的等级提升界面。该界面左侧有一组风格化的美术字"等级提升"和位于其下方的以翅膀为主体的"升级"图标。除此之外,这个界面的入场是以升级提示区块的文字和图标动效为主体的。但是这个界面的出场需要玩家执行"点击屏幕任意位置继续"这个操作才能完成,因此是一种被动的出场方式。而这里的"升级"图标就是一种典型的强调型图标。

下图所示为游戏《西游记之大圣归来》的一键精炼成功提示界面。界面中的提示控件是由上层"一键精炼成功"美术字和底部的金箍与红色缎带等元素组合而成的大图标，其在界面中自动出现后又会自动消失，也属于一种强调型图标。

综上所述，重情感型图标、快速使用型图标及强调型图标的尺寸和质感的表现情况为重情感型图标和强调型图标在呈现上往往尺寸更大、质感也更厚重。在此基础上，部分强调型图标会在同等尺寸和质感的基础上增强动效，快速使用型图标往往会被设计成质感轻、尺寸小的样式。

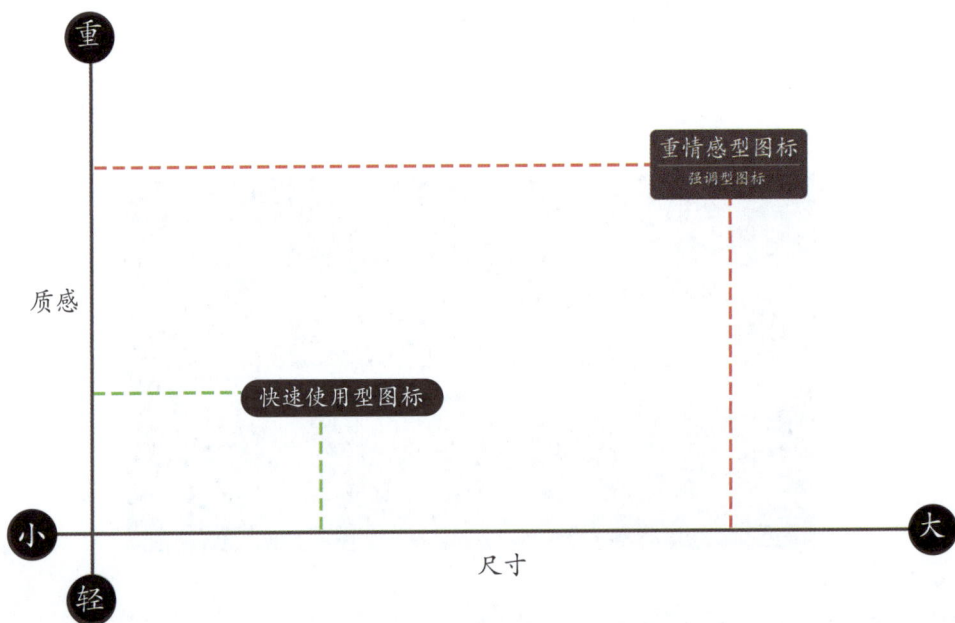

重情感型图标、快速使用型图标及强调型图标的尺寸与质感分析示意图

04

第 4 章

矢量图标的设计方法解析

本章概述

前一章中，笔者针对图标设计的一些基本知识进行了详细介绍与分析，想必大家对不同类型的图标的特征和设计要点已有所了解。从本章开始，笔者将围绕常见的且主要的矢量图标和写实图标的具体知识及设计方法进行详细的讲解。而本章主要讲解的是矢量图标的一些具体知识和矢量图标的制作方法。

本章要点

» 矢量图标的分类与设计要点
» 矢量图标的统一设计规范
» 矢量图标的应用场景分析
» 矢量图标线条美感的把控
» 绘制一个矢量风格的相机图标

图标篇 ▶

4.1 矢量图标的分类与设计要点

矢量图标具体细分下来主要有线性图标、负形面片图标及多色扁平化图标这3种类型。下面笔者将针对不同类型的矢量图标的设计要点进行分析与讲解。

4.1.1 线性图标设计要点

线性图标仅通过线条来表现形体，其表现方式极为轻量化，且能准确表达我们所需要表达的含义。其一般适用于界面中比较常用但又不太过于凸显的操作。

在设计这类图标时，应注意以下3个方面。

⊙ 保持线条刻画一致

在设计线性图标时，同一个界面中的图标的线条粗细、宽度的变化规律应该保持一致。作为构成这种类型图标的基础元素的线条也应该保持同一种表现方式，且保持其粗细一致是较基本的表现规范。同时，在实际设计中还有一种会根据图形部位的不同而有粗细变化的线条，这种线条也应该按照同一规范来进行设置，否则将造成风格混乱的现象。

右图所示为游戏《赛博朋克2077》的背包界面。其中表示道具的线性图标保持了一致的线条风格（具体表现为同样粗细的外部线条和同样粗细的内部线条）。

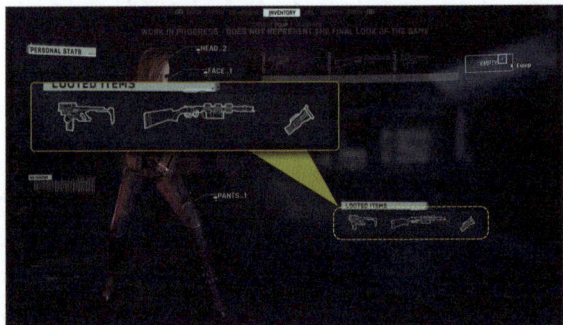

⊙ 保持线条走向风格一致

在设计图标时，如果某处使用了圆角样式，则建议其他地方就都使用圆角样式；如果某处使用了尖角样式，则建议其他地方就都使用尖角样式。如果是针对两者需要混合使用的特殊情况，混合比例也要保持一致。这也是为了使相同批次和性质的图标能在风格上保持一致的做法。线性图标的风格主要从图形逻辑层次的表现方式和线条本身的风格特质来体现。通过控制这两部分的特点，我们就可以保证相同批次的图标的风格保持一致。

右图所示为某游戏角色的性格分析界面。该界面中出现的线性图标除了线条粗细有严格控制和逻辑形体表达方式一致以外，最重要的就是线条的走向风格一致。同时仔细观察可以发现，这些图标大多都使用了直角拐角的样式，严格限制了弧线的使用。

⊙ 确保形体描绘合理

针对图标的形体描绘，要注意的是，在交叠的处理上不要用影响整体形体的表现方式。在有上层形体结构的基础上，如果有表示形体结构的线条，则两者就会产生交叠。由线条构成的结构实际上是一个面片，要表示合理的上下逻辑关系时，需要隐藏被盖在下层的面片的线条，如果未隐藏，将产生整体形体表现失真和结构不合理的问题。

这里举一个简单的例子，如下图所示。针对图中的信封图标，有 3 种表现情况：①是信纸的线条和信封的线条在结构上有重合，但是没有隐藏交叠部分的任意线条；②是隐藏了信纸盖住信封的线条部分；③是信封盖住信纸，并隐藏了交叠部分信纸的线条。由此可以得知，不同的线条隐藏方式会对图标所要表达的含义产生不同的影响，具体表现在以下几个方面。①中没有隐藏交叠部分的任何线条，使得信纸和信封的图形重叠，并在交叠部分产生了复杂的图形。在这种情况下，一旦缩小图标，就会影响图标的可识别性。②中将交叠部分的信封线条隐藏了，形成了信纸在信封上层的结构，层级表现明确，并表示了"打开信封，抽出信纸"的图形含义，能让人明确地看出这是"邮件"图标。③中隐藏了交叠部分所有表示信纸的线条，形成了信封在信纸上层的结构，层级表现同样明确。但和②大不相同的是，③有"将信纸从信封中拿出并放置在信封之下"的图形含义，不能让人明确看出这个图标所要表达的含义。

综上所述，针对线性图标的设计，只要改动其中几根线条的表现方式，就可以使图标的可识别性和所要表达的含义变得不同。

4.1.2 负形面片图标设计要点

负形面片图标是通过面片来表现形体的。其形体中会有多个面片，且面片因为图标结构的关系，互相之间会有交叠。但显示时只会显示交叠部分的上层面片，下层面片被盖住的部分不显示。上层面片和下层面片的交叠部分周边有一定宽度的间隙。这种表现方式将被交叠的下层面片以镂空负形的方式进行表现，因而被称为负形面片图标。

在设计这类图标时，应注意以下 4 个方面。

⊙ 确保上下层逻辑结构明确

负形面片图标同样讲究形体描绘合理，否则同样会出现线条交叠的情况。而针对负形面片图标，其形体描绘合理主要体现在面片的上下层逻辑结构是明确和清晰的。

这里，我们将上一小节的信封图标按照正负形的表现方法进行设计，会出现下图所示的 3 种情况。①展示的是没有把逻辑上下层应该隐藏的部分隐藏，也没有为交叠部分周边留出间隙的情况。在这种情况下，所有的面片没有由间隙和正负形构成的区域，整体板结为一个面片，因此也就没有办法明确图标的含义。②展示的是将信纸上半部分作为逻辑上层，其面片与信封打开部分的面片产生了交叠，且对交叠部分的信封做了隐藏，并沿着信纸的边缘为两者交叠部分留了间隙的情况。在这种情况下，信纸上半部分的面片遮盖了信封打开部分的面片。且信纸的下半部分和信封的下半部分也做了类似处理，是信封下半部分的面片遮盖了信纸下半部分的面片。层级逻辑关系明确，图标形体表达恰到好处。③展示的是信封整体都被作为逻辑上层面片，且遮盖了信纸几乎全部区域的情况。在这种情况下，信纸只露出未被遮盖的区域。对于信封本身，则通过镂空的中间区域来表现信封打开后露出的内里。

⊙ 保持面片的轮廓线条走向风格一致

负形面片图标的风格从本质上来讲是由构成面片的轮廓线条所决定的。因此，轮廓线条走向风格的把控是决定负形图片图标风格保持一致的根本因素。与对线性图标的线条走向风格的把控有相似之处，面片的轮廓线条也都要有一致的线条走向风格，如统一的圆角和锐角的使用、统一的弧度拐角的处理等。与线性图标不同的是，面片的轮廓线条并不直接在线条粗细上有直观体现，它们只影响面片的造型，因而不必像线性图标那样处理线条本身的粗细。

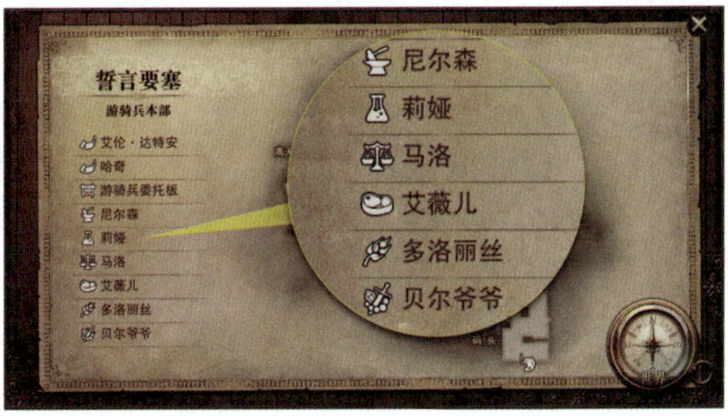

⊙ 保持面片间隙一致

面片间隙指的是负形面片图标中起到分隔面片作用的缝隙。在一些单色样式的负形面片图标中，除了需要在相邻的面片之间保留一些间隙，还需要在结构上有上下层关系的面片上，沿着上层面片边缘在上下层面片的交叠部分留出间隙，如此才能从视觉上区分出图标的层级结构。这种间隙在负形面片图标中形同"线"，它可以被视为负形面片图标的线条，因此需要对其进行与线性图标中类似的保持线条粗细一致的处理。在一整套负形面片图标中，间隙宽度的控制对风格的统一来讲显得格外重要。

右图所示为游戏《巫师3》的界面。该界面中出现的矢量图标采用了典型的入侵式面片设计手法，且所有图标均使用统一的间隙来表现物件的内部结构。同时，作为轮廓写实的图标，在多个图标同时出现的情况下并没有造成风格上的混乱，而之所以能达到这样的效果，是因为面片间隙保持一致。

⊙ 避免用形状相交的方式来表现

形状相交指的是图标内部的两个面片交集的部分镂空显示，主要通过两个面片相交部分的负形表现来分隔面片。这种处理方式看起来似乎合理，但在实际操作中却要尽量避免使用。

就笔者而言，之所以会避免使用这种处理方式，原因主要有以下两点。

（1）这种处理方式对于面片的交代会比较混乱。这类图标中的面片都被用来表示图标内部某个连续的结构（可理解为连续面片），但这种处理方式使得连续面片上出现了负形，中断了这种连续面片的连续性。

（2）这种处理方式是一种比较偷懒的方式，制作呈现上会显得比较粗糙。在 Photoshop 或类似的设计软件中，对两个矢量图形进行"与形状区域相交"或者"排除重叠形状"处理都可以很轻松地做出这种效果。

负形面片图标的图形逻辑基础是上层显示而下层隐藏。实际上，其原理就是通过镂空来表现层级的顺序，而形状相交则会使同一个面片上同时出现镂空和显示这两种形态，这对于面片的层级结构来说是一种双重标准的显示逻辑，这种设计方式是不可取的。

下图所示为游戏界面中常用的负形面片图标。从中间经过处理的图标可以看到构成这个图标的两个面片是上层的"剑"与下层的"盾"，且两者在上下各有一处重叠部分。最简便的且能在单色图标内区分出二者的方式如左侧图所示，使用"排除重叠形状"的方法来设计。显然，这种方式破坏了居于上一层的"剑"面片的连续性。最好的处理方式如右侧图所示，在上层面片与下层面片交叠的部分镂空出一个均匀的间隙来。这样既交代了两个面片的层级逻辑，又不破坏主体或上层面片的连续性。

4.1.3 多色扁平化图标设计要点

多色扁平化图标可视为负形面片图标的一种延伸。其主要通过不同颜色的面片来表现结构。由于表示各个结构的面片的颜色和明暗度可以改变，而无须通过正负形和缝隙来进行区分，因此这类图标很少存在面片的分隔设计，如镂空负形、间隙等。如果这类图标的内部结构有明暗区分，那么可以衍生一种扁平化写实图标。再者，对面片的颜色进行渐变化处理，可以模仿光影的颜色变化来产生一种弱写实的效果。

在设计这类图标时，应注意以下两个方面的问题。

⊙ 确保颜色把控合适

多色扁平化图标是去除了各种表现质感的视觉元素后对设计本身的直接表现，在信息传达上也较为直接，但因为其颜色在表现上比较丰富，所以需要特别注意颜色的把控问题。通常来讲，这类图标的颜色应根据产品颜色进行延伸和设定。对于同一套图标，其颜色一般不会超出 3 种，以尽量保留图标本身应有的干净利索的视觉效果。

下图所示为游戏《地平线：零之曙光》的界面。该界面中出现了部分多色扁平化图标（见黄框部分）。在具体设计时，这些图标都遵循一定的设计原则，整体上呈现出统一、和谐的效果。这些原则包括每个出现了颜色的图标必然是一种彩色搭配以白色为骨架的图标主体、所有图标内的颜色饱和度和明度保持一致，以及颜色渐变的程度保持一致。

⊙ 明确光源方向

多色扁平化图标具备弱写实效果，即在纯色的基础上，针对局部区域会添加一些仿矢量化的阴影。这种阴影能让扁平化的设计更具立体感（但要注意其和典型的写实图标不同）。从视觉上来讲，这也是把人眼对现实的认知映射到抽象图形中去的一种模仿方式，所以就应该考虑美术上的合理性，而其中最基本的一点就是光源的设定。在同一系列的图标中，光源的方向应该一致。

下图所示为游戏《逆水寒》界面中出现的一些多色扁平化图标。这些图标通过明暗色块进行刻画，全部为左上角色块的明度高于右下角色块的明度的样式，保持了光源的一致性。

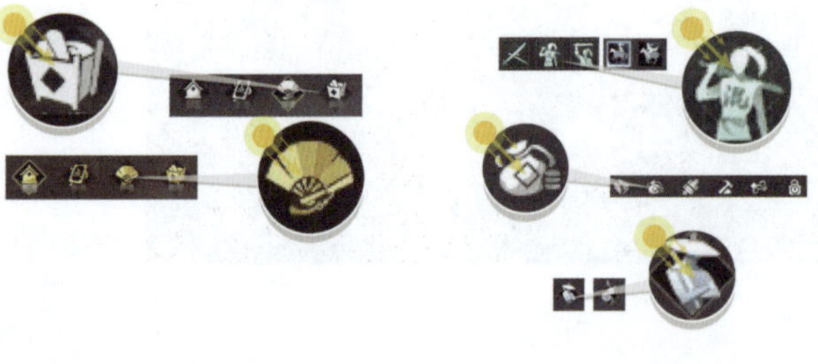

🐵 **提示**

此外，在具体的设计工作中，我们还可以在以上 3 种类型的图标的基础上设计出一些更具独特性的图标。例如，将线性图标与负形面片图标相结合，再融合颜色及渐变效果等，制作出一些新的图标。

4.2 矢量图标的统一设计规范

针对矢量图标的设计规范,这里主要从 4 个方面进行分析,包括尺寸规范、线条规范、像素规范及基本形的使用规范。

4.2.1 尺寸规范

在界面和图标的设计过程中,设计师自始至终需要秉持精确的设计观念。精确的设计观念指的就是对尺寸、间距等方面的高、精、准要求。这也是在视觉上对图标进行规范化管理的最基本的要求,它可以有效地提高实现时的还原度。

右图所示为笔者在代号为"Fexgame"的项目中对主界面上的活动图标所做的设计规范,其严格规定了图标的大小、占有位置、面积及扩展位置逻辑,对一系列的相关设计与实现起到了极其重要且基本的指导作用。

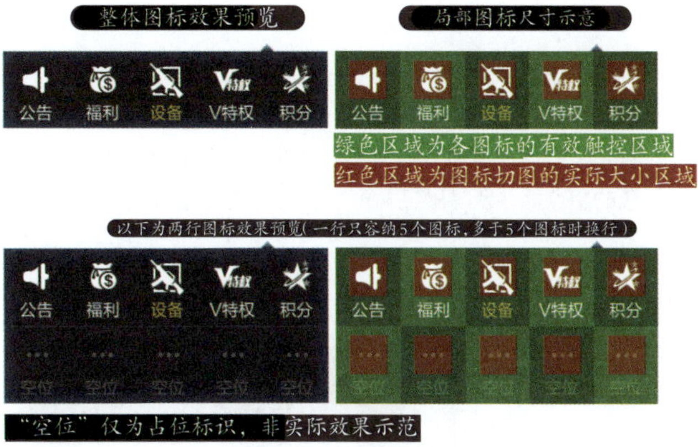

同时,针对不同类型的矢量图标,也是有一些特定的尺寸规范需要设计师注意的。以负形面片图标为例,负形面片图标包含两个方面的尺寸:一个是视觉尺寸,即人眼看到视觉影像后按照视觉习惯认定的尺寸;另一个是实际的切图尺寸,这是切实存在的尺寸,也可以被称作物理尺寸。为了达到视觉规范上的统一,无论是单个的负形面片图标的制作,还是成套的负形面片图标的制作,都需要保持视觉尺寸基本一致。而物理尺寸则是实际输出切图时的切图尺寸。这两个尺寸不一致是经常会出现的问题。

基于还原性的考虑,设计师通常会保持一种类型的图标在输出时的切图尺寸一致,即采用标准的物理尺寸规范。视觉尺寸的一致性受图标本身像素的影响,没有严格的限制标准,所以就不能很容易地把握它。图标本身的形体可能遵守了物理尺寸规范,但在视觉上可能会显小,从而造成视觉尺寸不一致。

以下图为例。图中的两个图标因为造型的问题,以及两者在有效像素(即图标本身的像素,物理尺寸上除此之外的透明区域则视为"无效像素")和物理尺寸上的比例不同而导致视觉尺寸不一致。左边图标的有效像素过于集中在中间区域,四周无效像素区域过大。右边图标的有效像素则过于分散,在右侧和下侧逼近物理尺寸边缘的地方显得过于拥挤,但在左下偏中间的区域和左上角处则显得太空,导致整体架构过大又过空。以上这些原因直接导致两个图标的视觉尺寸上不一致。

下图为修正后的两个图标,除了在设计上为它们各自增加了趣味性的元素之外,最重要的是对它们做了将有效像素撑满物理尺寸的处理。也就是主体造型更大,四边与物理尺寸边缘的间隙更一致。做了这样的处理后,两个图标的视觉尺寸更接近,也就更统一。

视觉尺寸一致　　　物理尺寸一致

💡 提示

当然,由于矢量图标本身存在一些限制因素,因此在具体设计矢量图标的过程中,我们不可能在每一个图标上都将这种规范做到尽善尽美,只需要在限制的表达和风格范围内尽量做到一致即可。

视觉尺寸不一致　　　物理尺寸一致

4.2.2 线条规范

线条规范在前面的内容中我们已经提到过。简单地说，不同的线条走向风格会给人不同的感受，而针对同一个界面的同一种类型的图标，其线条走向风格需要保持一致。

例如，右图所示为负形图片"定位"图标。左边显示的是图标在视觉上的效果，右边显示的是图标内部的形状构成。通过该图我们可以直观地看到，这个图标是由两个简单的同心圆和一个等腰三角形组合而成的。但是从左边的图可以看出，这个图标似乎有哪里不对。

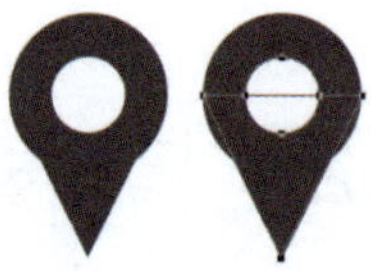

基于以上考虑，笔者对图标进行了适当调整，得到了下面第 1 张图所示的效果。从下面第 2 张图所示的形状组合来看，可以发现并没有改变图标的基本构成，只是调整了等腰三角形两侧的锚点，但从图标的视觉效果来看，整个图标看起来协调了很多。把调整后的其中一个锚点放大（见下面第 3 张图），可以看到调整的细节：把锚点放在外围圆弧线的切点处，使等腰三角形的左边腰成为过该点的外层圆的切线。右侧的锚点也做同样的调整。

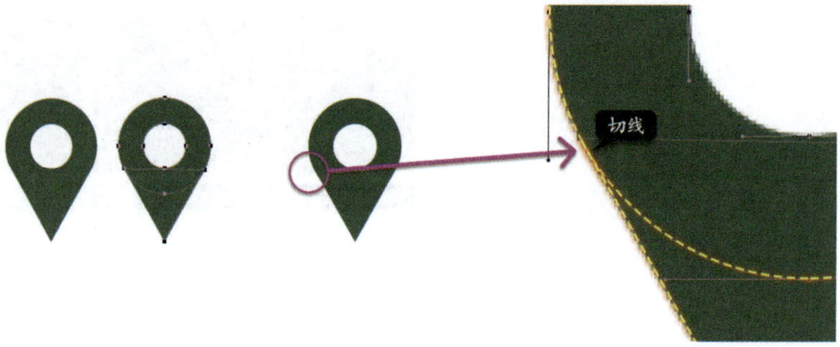

会出现以上这样的情况，仅从这个图标来说，除非对这个图标有另外的理解，否则这个图标本身应该是一体的。从同心圆部分到等腰三角形部分应该是一个自然的过渡。经过分析，这种过渡应该表现为等腰三角形的腰是同心圆外边缘的切线，如此，过渡才会自然，给人以舒适的观感。

这就是线条带来的几何美感。在众多矢量图标的设计过程中，把对几何美感的理解融入进去，会极大地提升图标本身的设计感和用户的视觉体验。

4.2.3 像素规范

界面设计作为一个以像素为单位的设计形式，要求设计师对设计的细节应该控制到像素。在前文我们介绍过多种风格的图标，其中矢量图标是最为直接展现本体含义的一种图标。这也就意味着它的每个细节都会几乎不加修饰地展现在受众的眼前，像素也就暴露得最为明显。如果一个图标因为像素没有对准而导致视觉上出现了问题（如可识别性、品质等基础问题），那么在其他方面做再多工作都是徒劳。随着科学技术的发展，虽然目前我们所接触的显示设备的像素颗粒越来越密集，人眼越来越无法直接区分像素级的问题，但对像素的精确控制，无论是从技术实现的要求来说，还是从美术层面的要求来说，都潜移默化地影响着设计师对品质管控的基础水平。

针对像素规范，主要需要注意的就是像素对齐。如果像素不对齐，则会出现以下两个问题。

一个是品质较低。在日常工作中，一般像素是否对齐这种问题是最常见也是最不容易被业外人士直接指出的。在设计稿提案的过程中，如果策划人员或产品经理在看了设计稿后针对图标提出了诸如"这个形状不是很好看""这个图标看起来怪怪的""要不你再调调看"等问题与建议，则可能就是图标在像素对齐上出了问题。

右图所示为游戏项目"Fexgame"界面中的一个下拉菜单控件。其中，左边显示的是图标像素对齐了的效果，右边显示的是图标像素没有对齐的效果。在很多人看来，这两者似乎并没有差异，但对设计师来讲，差异则是非常明显的。当然，在这种差异达到一定程度时，会出现一些非专业人士感到不满意的情况。

另一个是无法精确控制图标的线条、细节及结构。没有落在像素上的锚点和曲线是很难被控制并且调整成理想的样子的。

当然，这里我们所说的严格控制像素并不意味着在设计图标时每个锚点都需要精确地落到整像素上，主要应该从整体造型给人的感受出发，在保证整体造型的美感没有问题的前提下，可以允许图标内部的某些锚点在非整像素上。在一些经过复杂组合的图标上，其实有很多边角图形是没有落在整像素上的，在保证整体均衡、图标清晰的基础上，这样的设计方式是被允许的，如右图所示。

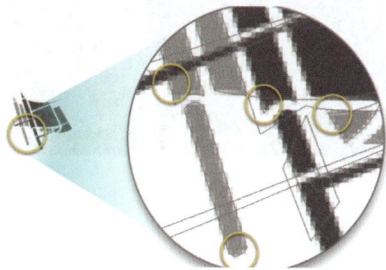

4.2.4 基本形的使用规范

在设计任何类型的矢量图标时都需要注意一个共通的问题，即形体都是通过基本形的组合来构成的。这里所说的基本形指的是一些标准图形，如圆形、矩形及正多边形等。对基本形进行不同方式的组合，可以制作出各种各样的图标。

可能有人会产生疑问，无论是简单的还是复杂的矢量图标，用 Photoshop 中的"钢笔工具"直接绘制不也可以做出来吗？答案是可以做出来。但与此同时会存在一个根本性的问题，那就是造型控制上的问题。

从造型维度上来讲，我们可以把矢量图标细分为狂放型图标和规整型图标这两种类型。如果把造型趋势形象化为一条轴线，那么这两种图标分别存在于这条轴线的两端，而其他所有的图标都在这两端的中间分布。

狂放型　　　　　过渡型　　　　　规整型

接下来，我们先对不同类型的矢量图标进行分析，让读者对整个维度内的造型设计有一个全面的认识，之后再回过头来讲如何用基本形组合造型。

首先，看一个狂放型的图标例子。狂放型的图标比较典型的应用就是游戏《羞辱2》的升级界面，如下面左图所示。该界面中出现了很多狂放型的矢量图标。这种造型的矢量图标贴合了整个游戏的蒸汽朋克、架空的魔法科技的游戏背景建构。但是如果我们对界面中的某些图标进行提炼、解析就会发现一些被隐藏的细节，如下面右图所示。

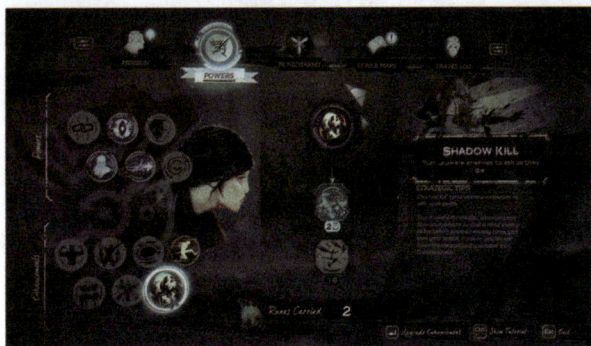

通过上面的图可以发现，这些图标的绘制基本上都是在基础图形的组合基础上加入少量手工绘制的图形。只是越抽象化的图标，对基本形的依赖度越高；而越具象化的图标（如一些带有人物头像元素的图标等），对手工绘制的依赖性则越高。

🐾 提示

但是对于对手工绘制的依赖性较高的图标，需要注意的一点是，其轮廓线条需要与整个游戏界面的美术风格相搭配。《羞辱2》这款游戏整体的美术风格中较多地使用了刚硬的线条，且较多都采用了比较锐利的拐角元素。因此其矢量图标中形象化的那部分线条的走向也遵循了这种形式，极少使用圆润的线条和拐角元素。

其次，看一个过渡型的图标例子。右图所示为游戏《巫师3：狂猎》的角色技能界面。该游戏的时代背景是欧洲中世纪，带有魔幻色彩，界面整体风格偏简约和扁平，因此界面中出现了大量矢量图标。虽然是矢量图标，但是这些图标的造型都显得比较写实，多使用较纤细的结构，因此整体上呈现出既不狂放，又不抽象的感觉。

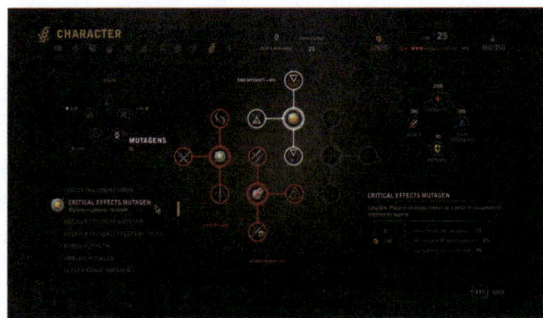

最后，看一个规整型的图标例子。右图所示为游戏《永远的7日之都》的界面，这个游戏界面由大量的直线、折线构成，构成界面的图形中很少出现曲线。因此在这个游戏中出现的图标尤其是矢量图标就全部延续了这种造型风格。图中左侧的页签选项图标就是一种典型表现。虽然有些图标描绘的是现实存在的物品，如礼盒、衣服乃至人的侧面头像等，但是它们都用了抽象化的手法，全部用了折线边缘的描绘风格，和上一例中较为写实的手法的差异非常明显。

从前面 3 个例子可以看出，所有类型的矢量图标都需要使用基本形。其中，有的图标是直接由基本形构成的，而有的图标则是在基本形的基础上添加了一些手工绘制的图形。为什么会出现这样的情况呢？这涉及人对于界面的审美需求的问题。

基本形作为一种最基础的标准几何形体，是构成所有几何图形的基础，而几乎所有的几何图形都会给人以规整的美感。自然界中很少有标准的几何图形，但是它们都存在一定的几何造型和比例。作为人造物，几何图形会给人以特殊的美感。可以再回头看一下之前提到的狂放型图标和规整型图标示例，通过其轴线图可以发现，狂放型图标的造型是人对自然物的视觉映射，而规整型图标的造型则是人对人造物的视觉映射。人类通过抽象化的形体可以去隐喻更多的含义，也就有了抽象化的表达。

在用到矢量图标这种高度抽象化的视觉语言符号时，人内心对应的就是人造物、抽象化及信息含量高等暗示。这时候使用规整的几何图形就更符合人对这一视觉语言的预期。在符合预期的情况下，人的心情会更愉悦，这里的预期是从人对自然物的认知中产生的。我们通过设计来模仿自然中存在的比例和几何造型，也就产生了美感。

4.3 矢量图标的应用场景分析

矢量图标在游戏界面设计中的应用范围极广。其中常见的应用场景有轻量化位置、扁平化位置、需弱化用于平衡画面的位置及需使用业界通用型设计的位置。

4.3.1 轻量化位置

在游戏界面中，轻量化位置指的是需要被快速理解、快捷且频繁操作的轻量级操作位置。在这种位置出现的矢量图标会根据界面风格的不同而呈现出不同的表现形式，可能是纯扁平化的表现形式，也可能是扁平化带写实化的衬底等表现形式。在需要玩家快速理解图形的含义时，扁平化设计是一种非常好的选择，它具有简洁又直观的图形外观，也去除了过多的纹理质感修饰，使图标本身所代表的含义能直接体现出来。在需要频繁出现的一类操作控件中（如全局出现的操作按钮、图标等），都会倾向于使用矢量图标。

右图所示为策略手机游戏《迷雾世界》的弹窗。该弹窗在整体设计上给人的感觉质感较重，弹窗的"关闭"按钮采用了矢量图标和带质感衬底的组合设计方式。

右图所示为腾讯手机游戏《捕鱼来了》的操作界面。该界面在整体设计上给人的感觉质感较厚重，但界面中出现的"更多操作""加减道具"等图标因为操作比较频繁且需要玩家能够迅速理解其含义，所以使用了简洁、明快的矢量图标设计风格。

4.3.2 扁平化位置

矢量图标在一款整体风格设定是扁平化的游戏界面中会被大量使用到。

下图所示为游戏《狂野飙车9：竞速传奇》的赛车界面。由于这是一款背景建构为现代时尚运动，且节奏极快、操作对抗极为激烈的游戏，因此其界面风格为扁平化风格，界面中的绝大部分位置也都使用了矢量图标。

4.3.3 需弱化用于平衡画面的位置

针对一些信息量比较大的界面，设计师会通过对界面中的美术元素进行差异化处理（如质感差异、色调差异等）来引导玩家操作。如果界面整体风格设定为扁平化风格，那么在界面设计中，除了可以通过对质感进行处理（扁平化风格的设定并不代表界面中不可以出现写实风格的美术元素），还可以通过改变透明度、明度等来表现美术元素之间的差异。而其中一些需弱化的操作元素往往会选择用矢量图标来表现。相比之下，矢量图标比写实图标看起来更简洁，且信息表达也更直观，因此也会被应用于简单和相对不重要的视觉表现上。

右图所示为网页游戏《王者之路》的技能弹窗。这款游戏的风格设定为陈旧的中世纪风格，界面质感很重。但是这个弹窗中依然有几处使用了矢量图标：第1处是"关闭"按钮的"关闭"图标，第2处是技能图标。在这款游戏的设计过程中，技能图标的数量较多，需要被直观化地呈现出来。

4.3.4 需使用业界通用型设计的位置

需要使用业界通用型设计的位置类似于轻量化位置，但是其包括的范围要比轻量化位置包括的范围大。游戏作为软件的一种,其界面设计需要遵循的东西有很多是整个软件设计行业中默认遵循的。这里以上一小节中提到的"关闭"图标为例。基本上所有的游戏界面都需要使用"关闭"图标，其一般呈"×"状，且这些图标之间的形体差别都不大，只是在具体设计时会根据具体的游戏风格设定而做出细节上的改变。类似的设计还包括表示"菜单"的"汉堡"图标、表示"退出"或"返回"的箭头图标等。笔者将这类设计称为"业界通用型设计"。而对于这类设计，矢量图标就很适用。这种形式的设计除了可以节约设计师的时间，还可以减少玩家玩游戏的认知成本。

下图展示的是一批比较典型的业界通用型图标。这些图标是笔者在不同项目中所设计的，除了一些造型、细节的差别之外，它们之间其实可以互通使用。这正是业界通用型图标的最大特征。

🐵 **提示**

扁平化的设计本身就是一种去除了过多视觉元素修饰的设计，相对比较抽象，在考验设计师能力的同时，也比较能够激发设计师的想象力。对矢量图标进行绘制训练，可以极大地提高设计师的抽象思维表现能力，对表现产品功能的核心大有助益。从整个艺术史来看，早期人类对工具的设计是从功能性出发的，随后才跟着技术的发展和内心的好奇逐渐发展出有着华丽外在表现的写实主义。但随着时间的推移，设计越来越回归到功能性的本质，也就是抽象化艺术的发展。从界面设计这个诞生时间很短的美术和技术结合的门类来讲，其自身的美术风格发展也如同胎儿发育一样，有一个漫长的过程。用最少的视觉语言精准且不失优雅地把产品功能表现出来，是一个非常具有挑战性的工作。矢量图标的设计作为抽象化表现的一个极小部分，对设计师来讲，同样有着很大的挑战性。

4.4

矢量图标线条美感的把控

设计矢量图标需要特别注意的是把控线条美感。这个内容在前文已经大概地分析和介绍了，但限于篇幅，所以还不够全面。因此将这个内容单独列为一节，以进行更完整的阐述。

在矢量图标线条美感的把控上需要注意以下 5 点。

4.4.1 不同弧线的交接处过渡要融洽

在设计矢量图标时若要使用弧线，则需要注意不同弧线之间的交接处要有自然的过渡。

下面第 1 张图中的黄色箭头指示区域为经过重新提取之后的路径效果。仔细观察该区域，会发现这里的曲线融洽柔和。其中右侧箭头指示处是一段弧度比较大的弧线，而左侧箭头指示处是一段弧度比较小的弧线。这种线条如果无法一次性绘制完成，那么可以分多次来绘制，直至线条与线条之间的交接处融洽且过渡流畅，如下面第 2 张图所示。而下面第 3 张图中的图标只保持外轮廓圆角角度一致，并没有融洽的弧线进行交接，因此整体看起来会让人感觉比较凌乱。

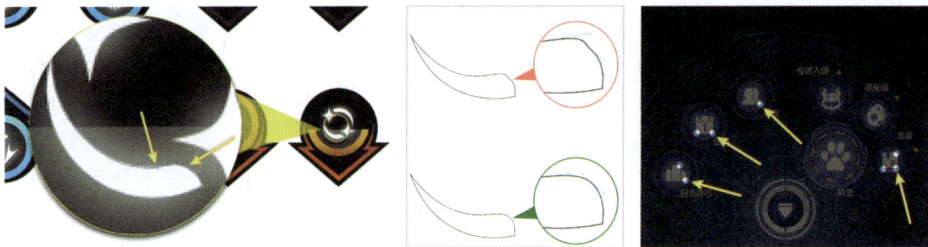

4.4.2 保持合理的结构安排

在游戏界面中，不同的矢量图标在结构安排的方式上应保持一致，例如在绘制图形结构时构建的面片间隔在不同的图标里是相同的。

下面左图所示为在不同的图标、不同的图形结构中，面片的间隔都保持了一致的宽度。下面右图所示的图标结构设计得不合理，面片的表现形式没有统一，因此造成了风格上的紊乱。

4.4.3 保持足够的留白

在设计同一界面的矢量图标时，应该给予图标一个合理的物理尺寸和视觉尺寸，并且两者之间有足够的留白，同组的图标应该保持同样的物理尺寸与视觉尺寸之比。

下面左图所示为经过处理之后的一组图标。图中红色区域表示的是这组图标的物理尺寸，绿色区域表示的是这组图标的视觉尺寸。仔细观察可以看到这组图标保持了视觉尺寸的高度一致，且视觉尺寸与物理尺寸之间有足够的留白，也为人眼识别留出了足够的空间，使得图标主体放置在衬底上时给人的视觉感受更舒服。再看下面右图，这张图中的个别图标有一定的留白，但并不是所有的图标都有同样的留白，因此就会导致视觉上给人的感受不一致。

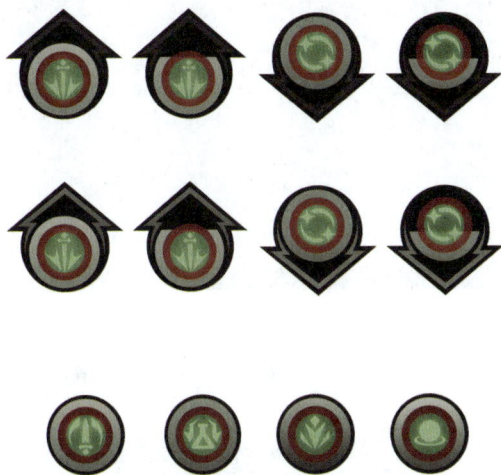

4.4.4 保持合理统一的线条走向

在设计矢量图标时，同一组的图标保持同样的造型，如果是硬拐角的风格就应尽量使用硬拐角。

下面左图所示为笔者对部分图标中的部分线条进行的抽离标示。玫红色标示的是弧线线条，绿色标示的是折线线条。这组图标通过合理的弧线与折线的配比、走向，让图标的造型变得特别，也塑造出了这款游戏独有的风格。下面右图标注为 A 的图标明显要偏向通用型，标注为 B 的图标相对更独特一些，图标的线条走向没有保持统一，留白也比较不足。

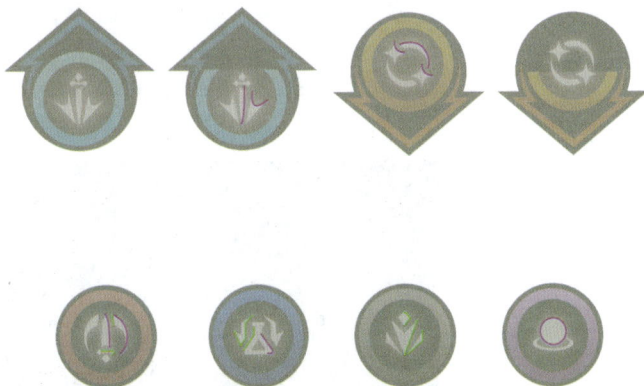

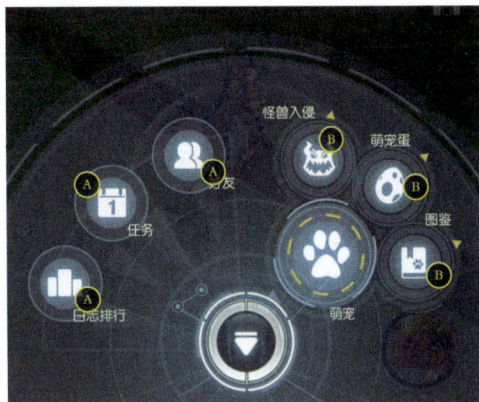

4.4.5 体现情感化内容的处理方式

矢量图标通过细节设计所体现出的情感至关重要。在大部分游戏界面中，矢量图标自身扁平化、纯色及通透的特质决定了它们在界面中都充当着比较次要的角色。但是在一些情况下，矢量图标也会担当一些比较重要的角色，这时设计师就需要在追求图标的基本品质的基础上增加一层情感化内容的表现。而这个时候图标的线条造型会起到至关重要的作用。不同的线条造型决定着图标完全不同的情感化特征。

在一些科技感十足的界面中，矢量图标在造型上的情感化表现就是尽量使用直线、折角等线条。

右图所示为游戏《圣歌》的地图界面。该界面中的图标都使用了很多折线、点及直线段的图形设计，使科技感情感化内容表达得非常充分。

在魔幻风格的界面中，直线和折角也经常被使用到，但图标在造型表现上更多的是流线型，以体现出魔幻的浪漫主义等感情色彩。

右图所示为游戏《光明大陆》界面中的一部分图标。这些图标经过了去色和适当的放大处理并被提取了一部分线条。图中玫红色标示的是弧线部分，绿色标示的是直线和折角部分，这些线条造型和它们的组合图形具备极强的魔幻风格色彩。

在卡通风格或轻松休闲的游戏界面中，图标往往更倾向于使用弧形、更圆润一些的线条，配上活泼应景的色调，使得图标看起来亲和力极强，且呈现出浓浓的轻松氛围。

右图所示为游戏《地球游戏》的设置界面。此图经过了处理，左侧为原图，右侧为经过处理后的图片，以此凸显出9个设置图标。这些图标虽然并不是扁平的样式，但它们以矢量图标为基础增加了颜色和层次表现。同时，这些图标造型圆润，几乎没有使用折角和直线，明确了卡通风格的情感化表达。

在快节奏和竞技性比较强的游戏界面中，无论是界面、矢量图标还是一些写实图标，都会更多地使用较细、折角锐利的造型。这些造型的特点是轻快、沉稳且有锐气，比较符合竞技性较强和快节奏的游戏的情感化特征。

右图所示为游戏《英雄联盟》的选择界面。图中黄色箭头指示的4个游戏模式图标，体现了这款游戏在图形造型上的典型特征。暗金色的双层镶边、直线折角和圆弧线的组合，以及宽细各两条镶边的设计样式，使得整个界面显得既具备魔幻特色，又干净利落。

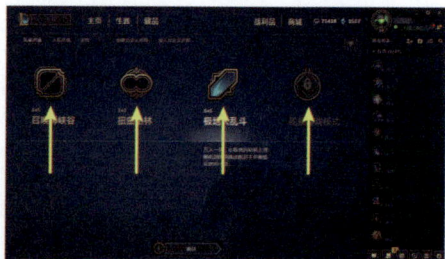

在有特定文化背景设定的游戏界面中，矢量图标的造型风格非常多变。例如在中国风的游戏中，中国风图标会高频率地出现在界面中，而中国风营造的是恬静、柔和的氛围，延伸出来的元素也多以弧线、柔和折角造型来体现。这与相应的文化特征有关。

右图所示为网易游戏《楚留香》的首充弹窗。为方便读者理解，笔者对该图做了适当处理。图中标示的玫红色图案为这个弹窗中使用到的具备中国古典风格特点的图形，结合弹窗主体的圆形，构成了中国古典风格鲜明的设计特点。

综上所述，在矢量图标的线条美感的把控上需要注意以下 3 点。

（1）操作层级和视觉层级比较低的矢量图标可以设计成通用一些的造型，没有任何的特征，但是基本的线条走向、基础的设计要符合规律。

（2）在需要矢量图标去表现界面情感化内容时，需要考虑具体要表现的内容是什么。情感上比较激进、冷酷的矢量图标，造型设计上会更多地使用直线，造型风格上更偏硬朗、锐利。情感上比较柔和、温暖甚至颓废的矢量图标，造型设计上会更多地使用弧线，造型风格上更偏圆润、柔滑。

（3）矢量图标的线条造型非常重要，它直接决定了矢量图标所要表现的含义及情感。因此在具体设计时，需要根据矢量图标的属性及情感需求来决定是用直线、折线还是弧线。

4.5 绘制一个矢量风格的相机图标

本节将通过矩形与圆形的组合来绘制一个矢量风格的相机图标。通过对本节的学习，读者可以了解和掌握如何应用基本图形去设计一个矢量图标。

教学视频：绘制相机图标 .mp4

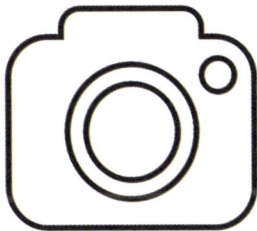

操作步骤

01 新建一个"宽度"与"高度"均为900像素、"分辨率"为72像素/英寸的画布，然后使用"矩形工具" 在画布上绘制一个矩形。

🐾 **提示**

本书所有案例均使用 Adobe Photoshop CC 2018 来完成。

02 保持矩形处于选中状态，按住 Shift 键并使用"椭圆工具" 在矩形的中央绘制一个圆形，得到一个圆形和一个矩形的组合路径。

03 使用"路径选择工具" 选中圆形，在选项栏中单击"路径操作"按钮 ，在下拉菜单中将矩形与圆形的组合方式切换为"减去顶层形状"，得到一个中间镂空的矩形。

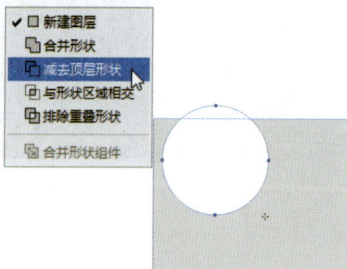

04 在选中矩形的状态下，同时按住 Alt 键和 Shift 键，用"椭圆工具" 在矩形的中央绘制一个镂空圆形，并调整圆形到合适的位置。

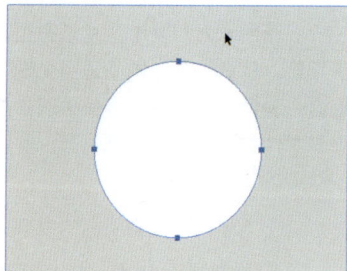

提示

这一步操作中要注意的是，当只按住 Alt 键绘制形状时，相当于只定义了要绘制的形状与已有形状之间的关系是"减去顶层形状"，并不影响该形状的长宽比。当需要在定义"减去顶层形状"组合方式的同时，绘制一个长宽等比的形状，则需要在绘制形状的同时按住 Shift 键。同时，Alt 键对形状组合的定义发挥效用的条件是只需在绘制形状开始的瞬间被按下，而无须在整个绘制期间一直处于被按下状态。但是绘制长宽等比的形状需要 Shift 键在绘制期间总是处于被按下状态。因此，在绘制该步骤中的镂空圆形时，只需在绘制开始前按住 Alt 键，在绘制开始后即可放开该键，同时按住 Shift 键，直到绘制完成。

05 用"路径选择工具" 将圆形移动到矩形的中央，然后按住 Shift 键同时选中两个图形。

06 在选项栏中单击"路径对齐方式"按钮 ，在下拉菜单中选择对齐方式为"水平居中"和"垂直居中"，得到一个完全对齐的组合图形。

07 按住 Shift 键，使用"圆角矩形工具" 在原有图形的基础上绘制一个圆角矩形。

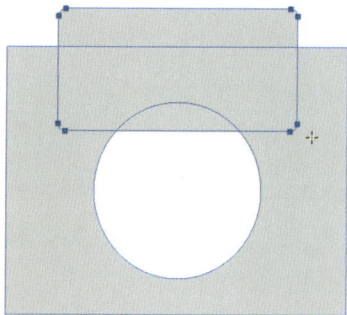

08 在圆角矩形被选中的状态下，通过"属性"面板将圆角矩形的 4 个角调整到合适的状态。此时，我们发现新绘制的圆角矩形有一部分盖住了原先镂空的圆形。这是因为新绘制的图形在这个组合图形中的层级为顶层。如果要保持图形始终处于完整镂空的状态，那么需要把圆形调整到顶层。

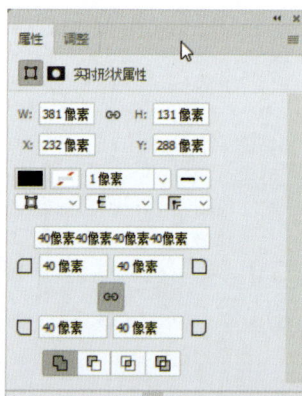

09 选中圆形路径后，按 Ctrl+X 组合键剪切路径，然后按 Ctrl+V 组合键原位粘贴路径，得到下图所示的图形效果。

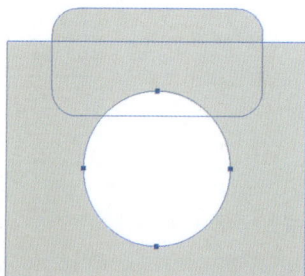

10 按 Ctrl+T 组合键执行"自由变换"命令，并同时按住 Shift 键和 Alt 键，拖曳定界框的一角往圆心方向移动，将该圆形进行等比例缩小，之后按回车键退出操作。

11 在选项栏中单击"路径操作"按钮，将图形的组合方式切换为"合并形状"，这时相机图标的雏形就产生了。接下来在这个雏形的基础上对图标做进一步的细化与优化。

缩小前　　　　　缩小后

提示

注意，在这一步的操作中，按住 Shift 键满足的是对对象进行等比例缩放的需求，而按住 Alt 键则满足的是对对象进行中心式缩放的需求。

12 框选圆角矩形的顶部锚点，按左、右方向键微调一下锚点的宽度。

13 在按住 Alt 键的同时，用"路径选择工具"拖曳并复制相机中间的圆形路径，并将复制的圆形路径调整到合适的位置和大小。这样，一个负形面片式的相机图标的路径就绘制好了。按 Ctrl+S 组合键将文件保存为"面片相机图标 .psd"。

调整前　　　　　调整后

14 确定绘制好的图标路径处于选中状态，在选项栏中设置"填充"为"无填充"、"描边"为黑色（R:0，G:0，B:0）、"形状描边宽度"为 10 像素，将路径图形处理为一个线性图形。这样，一个矢量风格的相机图标就绘制完成了。按 Ctrl+Shift+S 组合键将文件另存为"线性相机图标 .psd"。

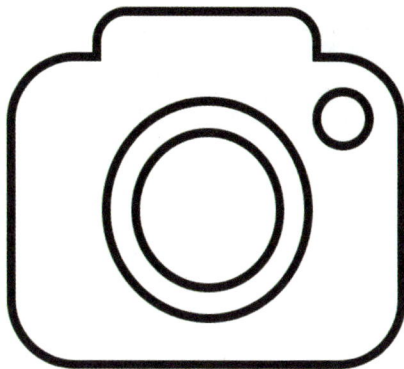

15 在 Photoshop 中打开刚才保存的"面片相机图标.psd"文件，然后打开随书附赠的"相机图标所在的整个界面.psd"文件，将"面片相机图标.psd"文件中的图标拖曳至"相机图标所在的整个界面.psd"文件中。

16 双击相机图标所在图层的图层缩览图，在弹出的"拾色器（纯色）"对话框中修改图标颜色为白色（R:255，G:255，B:255）。

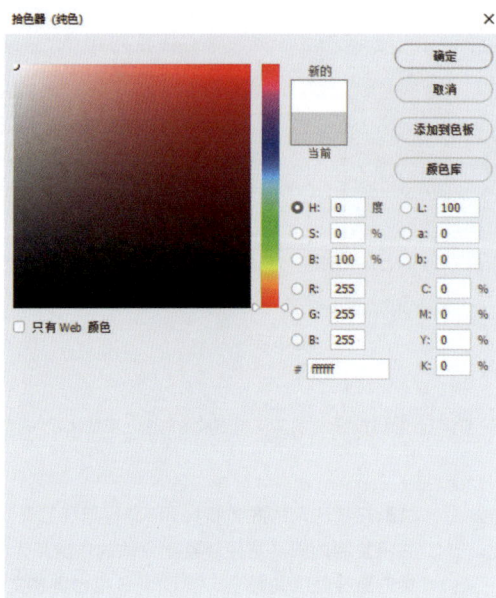

17 选中"相机"图层，单击鼠标右键，在弹出的快捷菜单中选择"转换为智能对象"选项，将图层转换为智能对象图层。

18 在画布中，按 Ctrl+T 组合键执行"自由变换"命令，将相机图标调整到合适的位置与大小，并按回车键确认操作。

🐝 **提示**

如果想将这个相机图标设置为渐变效果，那么只需双击该图标所在图层的图层缩览图，然后在弹出的"拾色器（纯色）"对话框中选择一个合适的颜色，再在"图标"图层的空白处双击，在弹出的"图层样式"对话框中添加想要的渐变样式或描边样式，之后单击"确定"按钮即可。

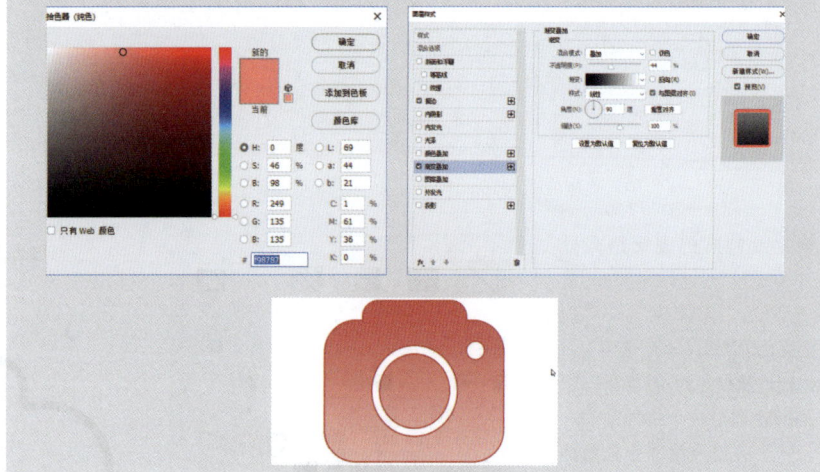

05

第 5 章

写实图标的设计方法解析

本章概述

写实图标依照现实物体的光影表现原理，无论是在形体、质感的刻画上还是在色彩的表现上都极为精细。矢量图标是一种无论是在应用界面中还是在游戏界面中都会存在的界面元素，因此它并不能完全代表游戏界面的特质，而写实图标就是一种可以代表游戏界面特质的设计元素。本章将从写实图标的功能与特点、分类与应用场景分析、设计原则及设计实战这 4 个方面来讲解写实图标的设计方法与技巧。

本章要点

» 写实图标的功能与特点
» 写实图标的分类与应用场景分析
» 写实图标的设计原则
» 绘制一个写实风格的"邮件"图标

图标篇 ▶

5.1 写实图标的功能与特点

写实图标作为游戏界面的有机组成部分，在功能上和矢量图标相似，但它也有一些自己的功能与特点。

5.1.1 写实图标的功能

一般来说，写实图标的功能有3个：（1）写实图标作为界面中较基本的操作元素而存在，它是界面中的跳转枢纽（如按钮功能）；（2）写实图标旨在满足游戏的情感化表达需求；（3）写实图标是界面节奏设计的重要组成部分，在扁平化且界面信息较少的情况下使用较多，它不仅可以增强界面的视觉冲击力，还可以填补视觉信息。

5.1.2 写实图标的特点

写实图标的特点可以从以下3个方面来进行说明。

⊙ 特定的应用范围

写实图标的应用范围主要包含两个：一个是需要表达特定信息的地方，另一个是特定风格的界面中。

在界面信息较多且界面空间有限时，小尺寸的写实图标凭借着细节较多、包含的信息量较大的特点成为一种很常用的视觉表现方式。但小尺寸的写实图标不能像大尺寸的写实图标那样做得非常精细，否则会不容易被识别，正确的做法一般是以原有的同类图标为基础做一些简化处理。

下图所示为网易手机游戏《迷雾世界》的英雄选择界面。这款游戏的整体界面风格偏厚重与写实，界面中出现的图标也基本上继承了界面整体的写实风格。但其中也有应用不当的情况。A 处的图标是高精度写实风格图标，但是其在界面中却以很小的尺寸存在，同时又没有做简化处理，因此其可识别性大打折扣。B 处的属性技能图标属于带有质感和厚度描绘的写实图标，与 F 处的图标相比，可以看出设计师希望 B 处的图标比 F 处的图标看起来更明显

一些，这个目的显然已经达到了，但是就 B 处的图标放置位置和尺寸来看，其质感显得有些偏厚重了，也同样存在可识别性不够强的问题。相对而言，C 处的图标则处理得恰到好处。D 处和 E 处的图标指代的都是"领队"徽章，可以看出尺寸相对较小的 E 处的图标的细节被简化了一些，看着也是比较合适的。

写实图标通常只允许在一些特定风格的界面中使用,而不是在每一种风格的界面中都可以使用。相对而言,矢量图标却几乎适用于所有风格的游戏界面(虽然并不一定每个图标在界面中都占据显著的位置)。之所以会这样,主要有两方面的原因。一方面,近年来的扁平化设计趋势使很多游戏界面也倾向于使用扁平化的表现方式。有一些传统上使用写实风格的游戏,如魔幻风格、欧洲中世纪风格的游戏也在尝试用扁平化的方式表现界面。但是写实风格却不见得能够在传统扁平化设计风格的游戏界面中普遍适用。但这也不是绝对的,少量比较冷门的游戏中出现过写实风格,但是这种风格的界面总会给人以守旧、沉重的感受。当然,有些游戏正是想用这种风格去表达这种感受。另一方面,写实风格在美术层面上表现出的风格化给人的感觉比较厚重。传统的界面有很大一部分都是用写实的方式去表现的,在信息展示越来

越直接和扁平化的时代,游戏界面也越来越倾向于用更扁平化的视觉语言来表现,这使扁平化本身代表了一定的现代、新颖及轻快的感受。从这一层面上来讲,目前写实风格显然不如扁平化风格受欢迎。

右图所示为游戏《巫师 3:狂猎》的界面。这款游戏是魔幻中世纪题材的游戏,但是却没有用传统厚重、写实的手法来设计界面。与之相反,它的界面采用的是简约扁平化的设计风格。

下图所示为近年来诸多中国风手机游戏界面的示意图。按照质感由重到轻的顺序,笔者将这些界面进行了从左往右、从上到下的排布。由此我们可以得知,同样是写实图标,如果需求不同,则其质感的轻重表现也是不一样的。

大话西游热血版 / 网易

倩魔曲 / 网易

逆水寒 / 网易

九州海上牧云记 / 网易

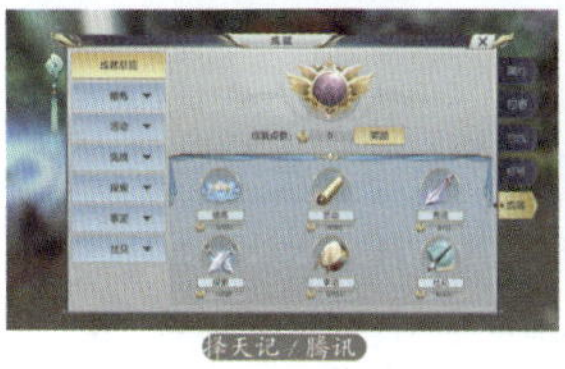

诛天记 / 腾讯

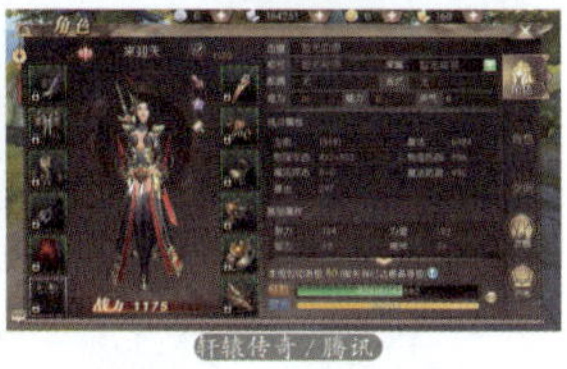

手镯传奇 / 腾讯

大唐游仙记 / 网易

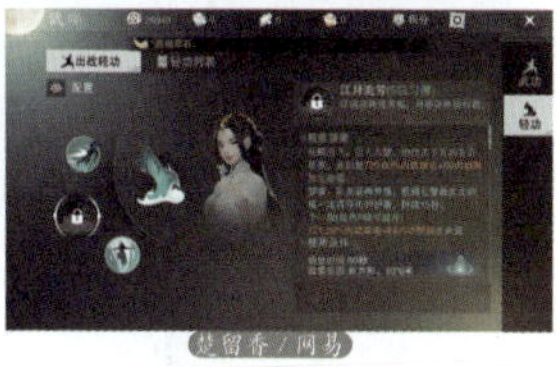

念留香 / 网易

☉ 较强的视觉吸引力

写实图标是一种比矢量图标更具视觉吸引力的界面控件。在界面设计中,写实图标的这一特性具有很多重要的作用,如尊贵感的表现(具体表现在利用一些带有奖励性质、活动性质的元素,如道具、代币及勋章等),这是矢量图标所无法做到的。

右图所示为游戏《战国志》的官职界面。在这个界面中,表示"官职"的图标都采用了金属、布料等材质来进行表现,且均为写实风格。

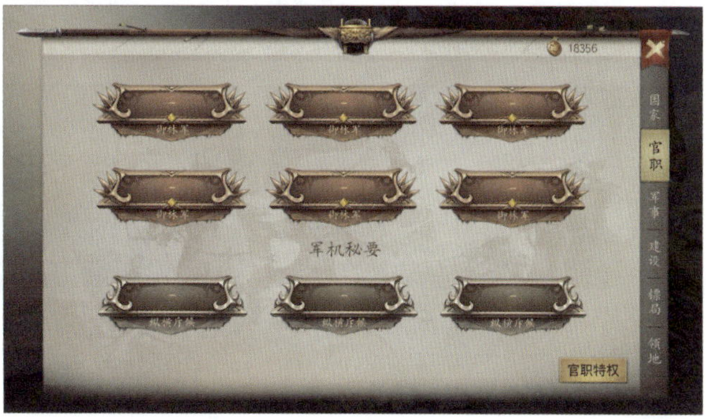

⊙ 特定的情感化表现

写实图标的视觉信息较丰富，因此能尽可能清晰地传达特定界面设计风格中的情感化内容，如厚重的欧洲中世纪风格、装饰性的暗黑风格等。这种带有较多色彩、光影及形体表现的写实图标，无论是在视觉冲击力上，还是在风格表现形式上，都要比矢量图标更强一些。

下图所示为网易游戏《光明大陆》的交易行界面。交易与代币是这个界面主要表现的内容。从图中可以看到，这些内容并非简单地罗列排布，而是通过场景化的方式进行表现，整体氛围的烘托比较到位。同时，对于一些需要着重体现的内容，都是采用写实图标进行表现的，例如靠近界面底部的一排紫色水晶代币图标和右下角用来体现游戏背景建构的图标，采用的均是厚重质感的表现方式。对于需要把情感化内容表现得非常强烈的界面，用这种写实的美术手法往往能起到非常好的作用。

下图所示为游戏《天锻》的一系列界面。这款游戏的界面在扁平化的基础上，在界面中有限的几处（见 A 标示的区域）使用了质感化的设计。这些地方（见 A 标示的区域）要么是层级较高的系统标题，要么是很重要的操作按钮。而设计师也正是通过这种设计手法来凸显扁平化设计中的重点的。

🐣 **提示**

实际上，日常设计中并没有纯粹的扁平化设计和纯粹的写实化设计。综合利用二者的特质，在需要的地方加以呈现才是设计师应该熟练掌握的技能。

5.2 写实图标的分类与应用场景分析

具体细分下来，写实图标可以划分为多种类型。本节，笔者主要从美术风格和功能这两个层面来对写实图标进行分类，并分析不同类型的写实图标的应用场景。

5.2.1 从美术风格上划分

游戏界面中的写实图标从美术风格上具体可以划分的种类有很多，并且在用于不同的题材时又会延伸出更多的细分化风格。为了方便大家理解，这里笔者按照写实图标被设计出来后呈现的感觉将其划分为 3 种类型，即严肃类写实图标、重质感类写实图标和轻质感类写实图标。

⊙ 严肃类写实图标

所谓严肃类写实图标，指的就是在刻画手段上基本遵照现实的写实图标。这种类型的图标应用得相当广泛，并且在形体、颜色与质感表现上基本都严格遵照现实中物品的效果，同时其在游戏界面中大部分充当的是物品和道具。

右图所示为游戏《古墓丽影：暗影》的换装界面。其中左侧表示服装道具的若干图标一般是采用 3D 渲染的方法制作出来的。

在大多数情况下，制作这类图标都无须界面设计师承担过多的工作量，而只需要设置一下尺寸规范即可。但是在风格化表现的游戏界面中，特别是对于一些风格比较别致的游戏的图标，界面设计师都需要进行特定的设计和绘制。

右图所示为游戏《呼吸边缘》的背包界面。这款游戏虽然画面全是写实风格，但它的故事比较荒诞，界面使用的是老式美国招贴画的风格，因此其图标也就需要进行一定的风格化设计，而不能直接使用 3D 渲染的方式去制作。

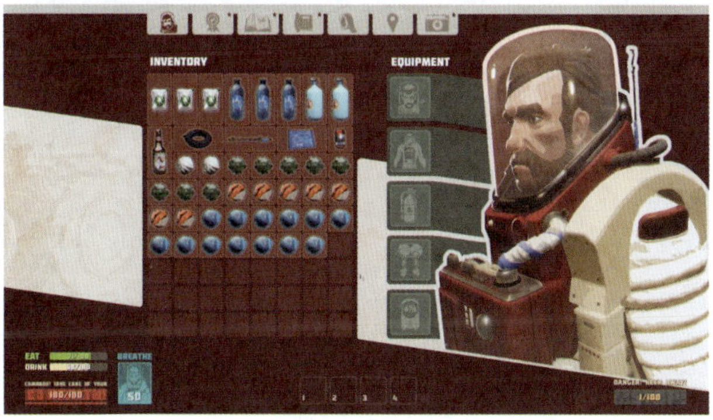

⊙ 重质感类写实图标

重质感类写实图标是在严肃类写实图标的基础上演变出的一类为了凸显某种氛围或表现某些风格化的特点的图标。这类图标所表现的物品一般要比现实中的更夸张，如更大的体积、更厚实的材质等。这类图标有时也用于表现一些现实中不存在的物品。

这种类型的图标主要用于一些特殊题材的游戏中，如魔幻题材的游戏，为了表现某种含义而在界面中使用非常厚重的材质，相应界面中的图标也就使用了相似的质感来描绘对应事物的特征。

右图所示为游戏《王者荣耀》中的金牌下路勋章界面。该界面中出现的"金牌下路"图标使用了很多金属材质和与界面特征一致的闪亮光效。

事实上，重质感类写实图标不仅在这种全部是重质感的界面中广泛使用，在一些轻薄质感的或扁平化风格的游戏界面中也有相当多的应用。

右图所示为游戏 Blade II: The Return of Evi（《刀锋战记2：邪恶回归》）的商城界面。虽然该游戏的背景建构偏西式魔幻，但是它的界面设计却整体偏扁平化。在右图所示这样的界面内，一些需要引导玩家付费的界面控件上就用了画面中间偏右的宝箱这种典型的重质感类写实图标，以此来凸显商品贵重、稀有的特性。

⊙ 轻质感类写实图标

写实图标不一定都需要非常多的细节刻画和材质表现。那些省略了很多细节刻画，但是其表现的物体的形体又比较接近于现实物体的形体的图标也属于写实图标，同时也被称为轻质感类写实图标。

游戏界面中的图标大部分情况下需要跟随界面的风格。而大部分轻质感类写实图标也就存在于这类轻薄化或扁平化的界面中。

右图所示为游戏 Maguss 的主菜单界面。这款游戏的界面进行了很多矢量化处理，线条明确清晰，多折角和细线条的应用。整体界面风格轻盈而又具备很强的魔幻风格色彩。其主菜单中的这些图标跟随整体界面的风格，在保持了写实图标原有的结构基础上使用了较低对比度的色彩，形体上也使用了较多的镂空设计，并配合界面中同样的细线条托底，整体呈现出轻质感。

🐵 提示

需要注意的是，轻质感类写实图标和矢量图标之间并没有明确的界限。当矢量图标的材质表现或细节刻画足够多时，其也可以被认为是轻质感类写实图标。这两个概念之间有一种过渡的关系。这里我们对图标做类型划分，只是为了在整体上对它们有一个比较明确的认知，而概念本身是否足够清晰并不影响实际操作中的取舍。一般来说，界面设计师需要根据具体情况去对图标风格进行选择和使用。

5.2.2 从功能上划分

写实图标同样也是因为具体的功能而被设计出来的，功能是它们存在的根本原因。从功能上，我们可以把写实图标划分为引导类写实图标、激励类写实图标和修饰类写实图标。

⊙ 引导类写实图标

顾名思义，引导类写实图标就是指在界面中起引导作用的写实图标。当然，我们可以认为游戏界面内所有的图标都是引导类图标，但引导类写实图标的引导性一定是更强的。这种引导一般包含两个层面的含义：一个是视觉上的引导，另一个是功能上的引导。

视觉上的引导是写实图标的强项。写实图标本身具备的质感和丰富的细节决定了它必然有着强于界面中别的视觉元素的吸引力。

右图所示为游戏《大唐无双》的角色创建界面，界面右侧顶部的"门派"图标在这个界面中所起的作用就是让玩家在进入界面后能第一眼看到，然后可以顺着界面设计师设计好的布局，按照一定的阅读路线来顺次阅读界面内的信息。通过这个图标的视觉引导，整个界面的设计功能可以很好地被呈现出来。

功能上的引导很大程度上依赖于视觉上的引导，但同时具备功能引导和视觉引导的图标需要在结构设计或形体设计上与纯视觉引导的图标有所区分，它需要与界面内的其他元素联动来实现自己的功能引导作用。其中一个最简单、直接的例子就是动作类手机游戏中常见的"攻击"按钮。

右图所示为游戏《光明大陆》的战斗界面。界面中右下角的"弓箭"图标的特征不仅在于它是整个界面内视觉强度最大的一个图标，还在于它本身被设计成弓箭的样子，与玩家控制的游戏人物的装备相同。这暗示了该按钮带有攻击功能。这样的图标不仅起到视觉引导作用，同时通过特别的形象设计还起到功能引导的作用。

⊙ 激励类写实图标

激励类写实图标指的是游戏界面内表示升级、胜利、失败或获得某种排位等一切单纯表示奖励或惩罚的写实图标。这类图标在很多情况下需要配合动效，以便从视觉上起到激励玩家的作用。由于这类图标需要传达给玩家很强的激励感受（如果这种激励是负面的，则需要适当减弱），因此从本质上来说，它们也属于引导类写实图标。

右图所示为游戏《神都夜行录》的结算评价界面。这里最为明显的一个图标就是左侧的"超凡"图标。这个界面需要传达给玩家的是结算后的评价级别及其他相关信息。设计师通过把图标设计成黄色书法字体加托底的样子来传达"很棒""很有调性"的信息。配合界面内的其他信息与视觉元素，外加图标本身入场时的动效，整个界面所要表达的正向激励信息就被表现得淋漓尽致了。

⊙ 修饰类写实图标

修饰类写实图标的主要作用是烘托气氛，即增加界面的情感化表现。在这类图标被设计出来之前，界面内实际上是有一定的情感化表现的。用界面功能本身去表现所需的情感其实没有问题，只是多了这些图标后，整个界面的视觉节奏会更完整，整体气氛也会更浓厚一些。

下图所示为游戏《光明大陆》开启新任务支线时的界面。界面主体为一个带文字的故事标题控件，它由两个部分组成：一个是文字及其托底，另一个是托底后层的图标。当玩家接取新的任务时，这个控件会自动出现并很快消失。假设后层的这个图标不存在，虽然该界面的功能和整体氛围不会受什么影响，但是总会给人"缺了点什么"的感觉。这种感觉其实就意味着整个界面的视觉节奏不够完整。有后层图标给人的感觉是这个界面更"完整"，无论是界面所在画面的氛围，还是界面本身的使用体验，都要比没有图标时好很多，这也是修饰类写实图标在界面中所能产生的最大作用。

5.3 写实图标的设计原则

关于写实图标的设计，图标的尺寸不同，需要的细节特征的多少也会不一样。本节，笔者将从大尺寸和中小尺寸这两方面对写实图标的制作进行分析与讲解。

5.3.1 大尺寸的写实图标

大尺寸的写实图标在界面中占有比较大的视觉比例，且具有尺寸大、细节多和形体结构复杂的特点。在设计过程中，对材质、颜色和形体的表现会比较多。在具体设计的过程中，需要注意以下 3 个原则。

⊙ 大设计小输出

所谓的大设计小输出，是指在设计和绘制图标的过程中，要使用较高的分辨率和较大尺寸的画布，然后在设计完成之后需要将图标按照小尺寸输出。这种方法不管是在大尺寸还是在中小尺寸的写实图标的设计中都适用，只是最后在对细节的取舍上，两者会有所不同。

之所以要这样做，原因有以下两个。

（1）大尺寸图标可以应对多种尺寸的需求。如果一开始只设计一个小尺寸图标，在处理后期新增大尺寸需求时会增加工作量。

（2）在大尺寸的图标上能设计出更多的细节，将其缩小后可对细节进行取舍。大尺寸图标对细节的增删有比较大的可操作空间，但小尺寸图标就没有这个优势。而且对于有些细节的刻画，在小尺寸图标上直接进行，其表现效果也不够理想。

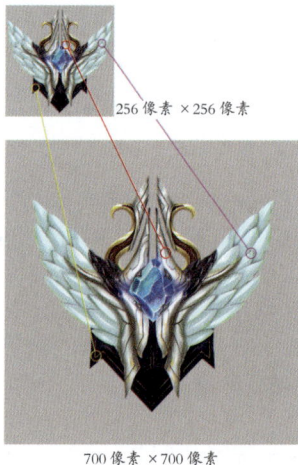

256 像素 ×256 像素

关于细节的不同表现，例如，我们需要设计一个尺寸为 256 像素 ×256 像素、分辨率为 72 像素 / 英寸的图标，就应该建立一个比这个尺寸大一些（如 700 像素 ×700 像素）、分辨率高一些（如 300 像素 / 英寸）的画布，然后再在这样的画布上进行设计。

观察右图，会发现在大尺寸画布内，一个高光可能是若干像素的粗笔刷呈现的效果，但在缩小后的效果图上，这个高光明显要细很多，也精致很多。

700 像素 ×700 像素

⊙ 注意细节取舍

将图标以大尺寸的形式设计完成，但以较小的尺寸输出时，图标的有些细节会损失掉。这意味着在设计过程中，设计师要明确地知道需要对哪些细节进行取舍，以避免不必要的细节刻画，从而减少无谓的工作量。

右侧上方图显示的较大的图标是在大尺寸画布上绘制的有较多细节的图标，下方图显示的是一个较小的图标。虽然两张图都为同一个图标，但小图中的图标的一些细节基本上已经看不清楚了。对于这种情况，就需要在大尺寸图中的相应位置省略一些细节的刻画。

右侧上方图显示的是一个在大尺寸画布上绘制的图标，看起来并不是很精致。下方图显示的是缩小版的同一个图标，在视觉上它就要比大图标精致得多。

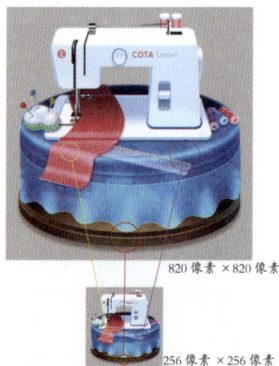

820 像素 ×820 像素

256 像素 ×256 像素

提示

在设计游戏界面时，如果设计师想要在设计大尺寸图标的同时，正常浏览小尺寸图标的效果，则可以使用下面的方法。

首先，确保需要绘制的图形在 Photoshop 中已被打开。

其次，在菜单栏中选择"窗口 > 排列 > 为'tubiao.psd'新建窗口"选项，如下面第 1 张图所示，这时图像编辑窗口中会出现相同文件的两个窗口。拖曳其中一个窗口的标题栏，使它变成独立窗口，如下面第 2 张图所示。拖曳后界面显示的状态如下面第 3 张图所示。

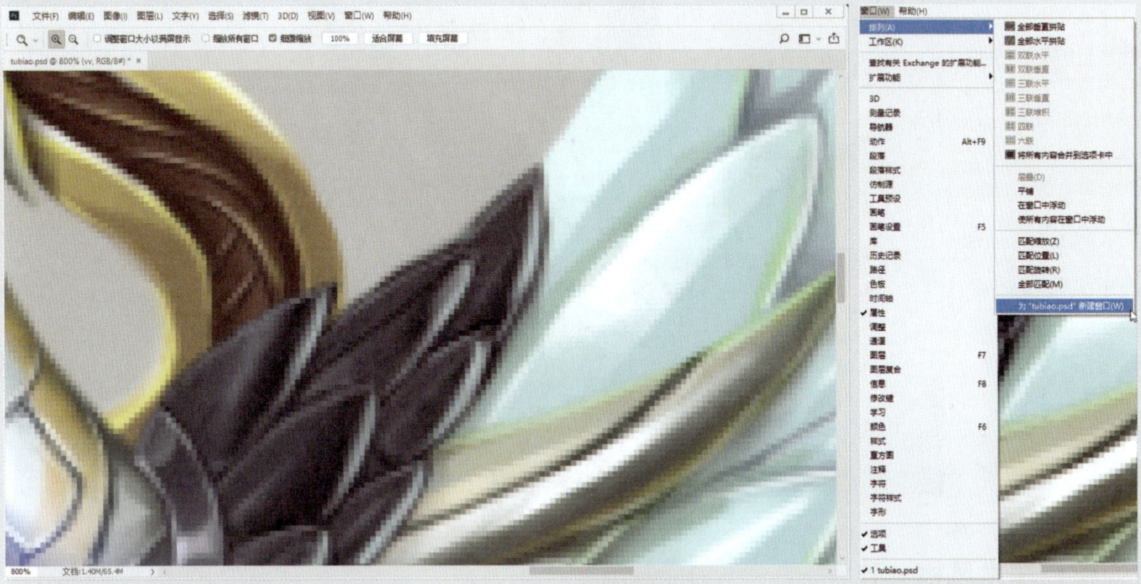

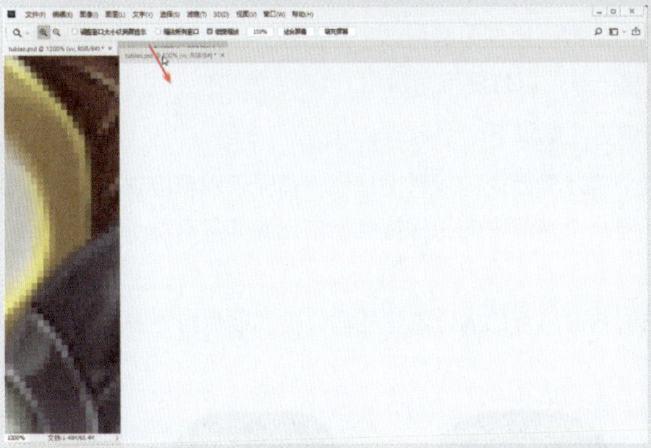

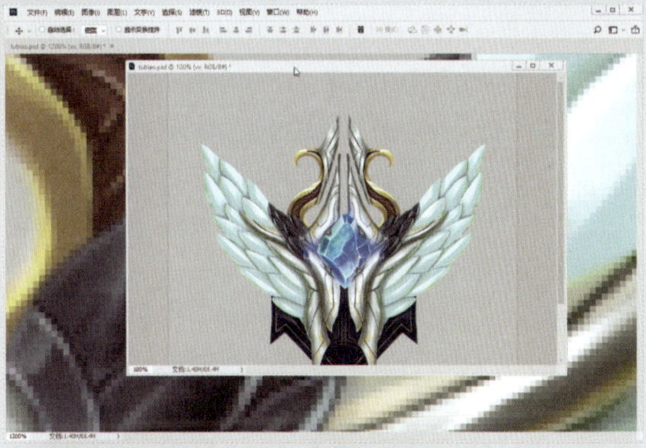

接着，在新打开的窗口中，在按住 Alt 键的同时使用"缩放工具"🔍将图标缩小到接近最终输出所需的尺寸。

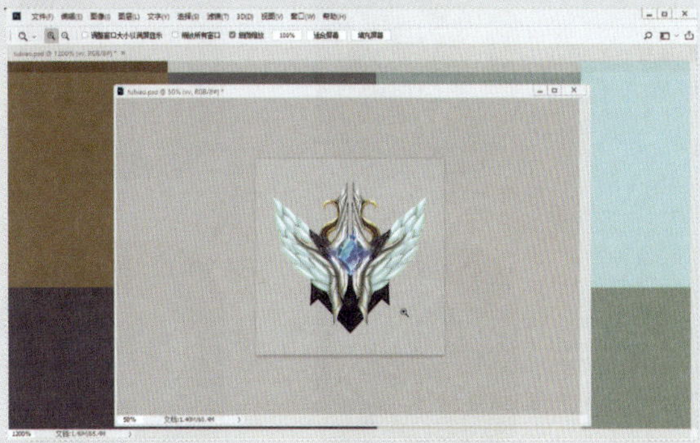

最后，将新打开的窗口置于界面内的一角并调整到合适的大小，就可以对照着小尺寸图标的效果继续在之前的画布内进行图标的绘制。这时，每一个操作都会在两个窗口内同时生效。这就意味着设计师可以不用缩放正在绘制的窗口中的图标，也能预览到小尺寸图标整体的效果了。

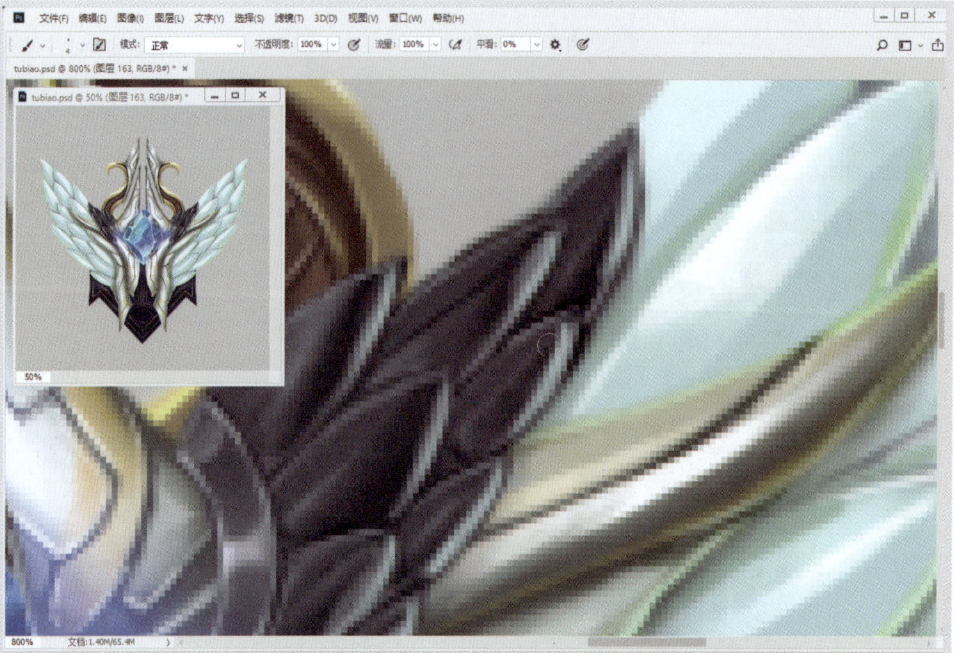

⊙ 保持美术风格一致

虽然大尺寸图标在界面内通常是单独存在的，少有其他同类型的图标同时出现，从而缺乏横向对比，但是从界面整体来看，大尺寸图标依然需要保持同系列层面上的美术风格一致，以方便玩家辨识。

在设计大尺寸图标时，如果想使其美术风格保持一致，需要注意以下 3 个方面。

首先，要保持统一的光源。同一个系列的图标，乃至整个游戏界面内的所有图标和界面元素，都应该保持一致的光源。只有这样，才能使所有的美术元素看起来像是存在于同一个空间内的。保持统一的光源非常有助于在很基础的美术层面上保持一系列图标的风格统一。

下图所示为游戏《大唐无双》中的一系列图标，虽然它们各自展示的内容不尽相同，但其以保持光源的一致性和构图的相似性为基础，做到了风格上的统一。

其次，要保持统一的配色体系。将一个系列内的所有图标保持在一定风格内的最基础的做法就是使用统一的配色体系。而这个统一主要表现在颜色的明度、饱和度上。

下面左图所示为手机游戏《天下义天下》的晋级成功界面，这个界面内有一个大图标。通过对比下面右图所示的同款游戏的其他界面的图标可以明确得知，这个图标的配色是跟随着主界面的配色的。因此它才能保持同样的淡雅质感，给界面整体营造非常融洽的感觉。如果图标没有使用主界面的配色体系，则会给玩家带来视觉上的干扰。

最后，要保持统一的形体透视和轮廓线条。同一个系列内的图标需要在形体透视和轮廓线条上保持统一，也就是说，它们需要使用同一个透视角度、同一个倾斜角度和同一种线条风格。

右图所示为手机游戏《无尽战区：觉醒》的充值界面。该界面中最明显的是 3 个面板上的两个大图标和一个图案。在前边两个面板中，两个箱子的图标通过造型的相似和透视的一致来保持风格的统一。而最后的面板中的图案虽然没有类似箱子的造型特点，但是使用了一致的透视特征来和前两个图标保持一致。同时，这 3 个底部透视一致的圆形托底也进一步保持了视觉上的一致性。

5.3.2 中小尺寸的写实图标

在游戏界面中，大部分的图标都可以被归纳为中小尺寸图标。它们的设计原则和大尺寸图标的设计原则一样，它们也可以通过"大设计小输出"的原则来进行设计。在缩放过程中，对细节进行取舍的处理方式与大尺寸图标对细节进行取舍的处理方式相似，在美术风格上也需要通过统一的光源、统一的配色和统一的形体透视、轮廓线条来规整。除此之外，中小尺寸写实图标有一些区别于大尺寸写实图标的特性，因而形成了它们特有的设计原则，主要包含以下3 个方面。

⊙ 视觉尺寸一致

这一点和笔者之前在矢量图标中提到的"物理尺寸与视觉尺寸一致"的原则是相通的。在写实图标的设计过程中，若视觉尺寸不一致，其修复成本更高，因此需要在设计之初就加以规避。写实图标具有更多的细节，因此在对其轮廓和形体进行设计时，就应该注意结构中的收缩和镂空等可能会因为有空白像素区域的存在而造成视觉尺寸不一致的问题。我们可以通过增加一些衬底、附属的视觉元素来进行修正，以保持同一系列的图标有相同的视觉尺寸。

下图所示为笔者在实际工作项目中绘制的一套代币图标。这套代币图标中需要描绘的物品比较多，非常容易出现物理尺寸一致但视觉尺寸不一致的情况。为了规避这种差异，笔者为这套代币图标制订了两条设计规则：一条是尽量使用接近圆形的物品，如金币、银币及没有实体意义的圆形托盘；另一条是在物理尺寸中间设置一个固定的圆形区域。图中玫红色的区域即为固定的圆形区域，这个圆形区域和第 1 条规则中的圆形物品保持同样的尺寸，如果实在无法用圆形的物品去进行设计，而需要用不规则图形（如钞票）进行设计，则不规则图形不应超出这个圆形区域太多。这样可以尽量规避过多的突兀图形和镂空图形，并在视觉尺寸上确保一致。

90 像素 ×90 像素

⊙ 细节结构简化处理

在中小尺寸图标的设计过程中，有些图标可能在界面中有多个不同的尺寸。在设计这种图标时，一般会从比较大的尺寸着手，然后逐一输出较小的尺寸。对写实图标来说，每缩小一次尺寸，就会有一定的细节损失。如果多个不同的尺寸中有尺寸变化比较大的情况，就需要注意细节损失的程度。当损失程度比较大时，需要针对小尺寸图标进行优化设计。如果优化设计仍然不足以还原大尺寸的细节表现，那就需要针对小尺寸重新设计一个图标。这种情况较多发生在所描绘物体的透视角度较大的图标上，在尺寸比较大的情况下会使用特定的透视角度去进行设计，但缩小尺寸后就只能用平视角度去进行设计。在有些情况下，设计师甚至会将小尺寸图标上原先的表现手法缩减到最少，将其变成矢量图标。这些处理方法的最终目的是保持各个尺寸的图标在视觉表现上的含义不变的同时满足各自的尺寸需求。

下图所示为一个结构比较复杂的大图标逐步被缩小的过程示意图。仔细观察图片可以看到，像这样一个结构复杂的图标，如果缩小后没有及时调整其细节上的表现，就会出现某些尺寸的图标的可识别性下降的问题。针对本图中的这个图标，它的尺寸在 32 像素 ×32 像素以下时，它就已经无法被识别了。在手机游戏中确实很少会用到这么小尺寸的图标，但如果用到这个尺寸，也不会选择写实图标，而会选择矢量图标去表现对应的内容。

256 像素 ×256 像素　　128 像素 ×128 像素　　64 像素 ×64 像素

512 像素 ×512 像素　　32 像素 ×32 像素　　16 像素 ×16 像素

⊙ 托底细节一致

在中小尺寸写实图标的设计过程中，有时为了能够让图标更易被玩家识别或者让其风格更明显，我们会为某些系列的图标设计特别的托底。如果托底在设计过程中直接使用描边、外发光等样式，则在图标尺寸变化的过程中托底的效果会发生变化，导致不同尺寸下的图标的最终表现效果不同。针对这个的问题，笔者总结出以下两个解决方法。

第 1 种解决方法是直接将托底与图标本体分离。下图所示为手机游戏《妖神记》的主场景界面。这个界面底部有一排图标，这些图标的图形和所表现的内容都较为复杂，放在同样有不少细节的界面上时可能会"湮没"，从而使可识别性降低。同时，为了和界面底部的条栏衬底进行区分，设计师为图标设计了一个统一的托底，这些托底遵循了统一的水墨风格。如此一来，如果有图标需要扩展，或者需要进行单独设计或修改，就只需要考虑图标本身，而不需要再设计或修改托底了，即提高了图标的可扩展性。而且统一托底是一种强制性的统一风格的方法，有助于让界面整体的风格保持统一。

第 2 种解决方法是当托底不是单独分离的元素时，将图标的托底置于最外层。下面左图所示的图标托底描边为 2 像素。设计师在处理该系列图标时，将它们统一转化成了智能对象，以便绘制完之后有效率地进行大小变化。如果将描边样式置于图标内部，再对图标进行缩放，就会出现下面左图中的状况，即在大尺寸效果中，图标的描边是足够的，但是将图标缩小到小尺寸后，其描边就会随着变细。这是因为描边样式位于智能对象内部时，其粗细是随着智能对象的缩放而变化的。我们都知道，图层样式上的描边是不随着图层本身大小的变化而变化的。但是当图层样式被合并在智能对象内部后，这个图层样式就变成了图层本身的一部分，并且会随着图层本身的大小变化而变化。而把这个统一的样式置于智能对象的外层，仍然使它保持为图层的样式而非图层本身的一部分，那么不管图标如何缩放，其 2 像素的描边样式始终保持不变，也就规避了前面所说的问题，如右图所示。

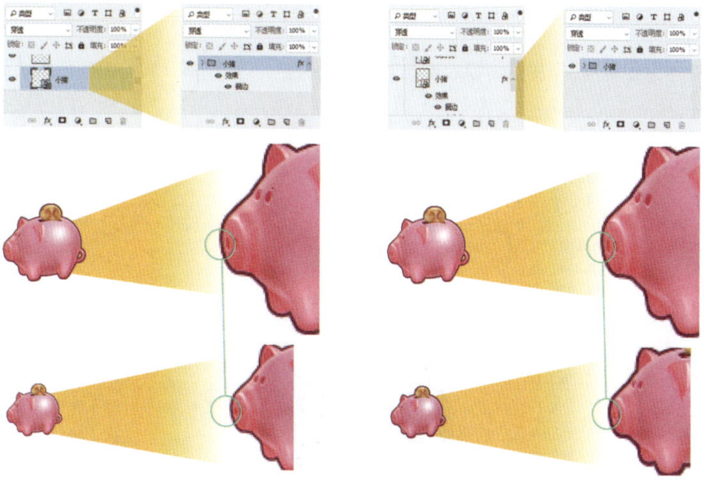

5.4 绘制一个写实风格的"邮件"图标

本节将结合使用"画笔工具" ✐ 和"钢笔工具" ✐ 来绘制一个写实风格的"邮件"图标。

教学视频：绘制写实图标 .mp4

操作步骤

01 新建一个"宽度"与"高度"均为 500 像素、"分辨率"为 72 像素 / 英寸的画布，并将画布命名为"Mails"。

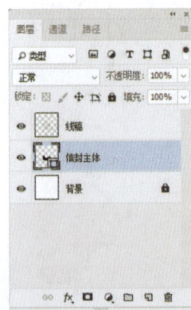

02 在"图层"面板上新建一个图层，并将其重命名为"线稿"。选中"线稿"图层并选择"画笔工具" ✐，设置"前景色"为黑色，在画布中绘制出所需的草图。

💡 提示

绘制草图时，最好在设定的光源位置画一个光源标识，以便时刻提示自己这个图标对应的光源方向（注意，这个光源是被想象出来的，只起到辅助识别光源方向的作用，并非图标的一部分，在绘制完图标后就可以将其删除）。此图中绘制了两个光源，左上角的是主光源，直接影响整个图标的高光位置、阴影位置和颜色变化。默认将主光源想象为日光，即现实中不带任何颜色的透明光，不会影响所照射物体的色相。右下角的是环境光，它处于主光源的相反方向，起到提亮图标部分边缘的作用，一般会选用明度和饱和度都比较高的颜色进行表现。

03 将"线稿"图层的混合模式更改为"正片叠底"。选择"钢笔工具" ✐，在选项栏中设置工具模式为"形状"、"填充"为黑色。接着新建一个图层，在图层中绘制一个图形，并将新生成的图层重命名为"信封主体"。

04 依照上述方法，绘制出图标各个部分的图形，并按照部位属性给各个图层重命名。

05 选中"信封主体"图层，双击其图层缩览图，在弹出的"拾色器（纯色）"对话框中设置"颜色"为黄色（R:229，G:215，B:177）。之后隐藏掉信封其他部位的图层，方便后续对信封部分的细节做进一步处理。

06 选择"钢笔工具" ✐，在选项栏中设置工具模式为"形状"、"填充"为黑色。在"信封主体"图层被选中的状态下绘制一个图形，并重命名其所在图层为"滚边"。双击"滚边"图层的图层缩览图，在弹出的"拾色器（纯色）"对话框中设置"颜色"为红色（R:183，G:55，B:55）。

07 将鼠标指针移动至"滚边"图层和"信封主体"图层的中间，按住 Alt 键，待鼠标指针形状改变后，单击，"滚边"图层会以"信封主体"图层为蒙版。

08 选择"钢笔工具" ✐，在选项栏中设置工具模式为"形状"，在"滚边"图层被选中的状态下绘制一个图形。

09 双击上一步绘制好的图形所在图层的图层缩览图，在弹出的"拾色器（纯色）"对话框中设置"颜色"为红色（R:236，G:114，B:114），并将该图层重命名为"hl"，同时打开"属性"面板，设置"羽化"为 2.3 像素。

10 选择"钢笔工具" ✐，在选项栏中设置工具模式为"形状"，并在"滚边"图层被选中的状态下绘制一个图形。

11 双击上一步绘制好的图形所在图层的图层缩览图，在弹出的"拾色器（纯色）"对话框中设置"颜色"为红色（R:255，G:177，B:177），并将该图层重命名为"hl2"。之后将"hl"和"hl2"两个图层转换为以"信封主体"图层为蒙版的状态。

12 双击"信封主体"图层的空白处，在弹出的"图层样式"对话框中勾选"内阴影"复选框，设置"混合模式"为"叠加"、"阴影颜色"为白色、"不透明度"为61%、"角度"为75度、"距离"为2像素、"阻塞"为0%、"大小"为0像素，其他选项保持默认状态。勾选"渐变叠加"复选框，设置"混合模式"为"叠加"、"不透明度"为27%，渐变颜色可单击"点按可编辑渐变"按钮 ▆▆▆ 来设置，设置"样式"为"线性"，勾选"与图层对齐"复选框，设置"角度"为120度，其他选项保持默认状态。将"线稿"图层隐藏，会看到信封部分的最终效果。

😊 提示

如何使用"渐变编辑器"窗口创建渐变？可分为以下 3 步来完成。

第 1 步。打开"图层样式"对话框，勾选"渐变叠加"复选框，在"渐变"右侧单击"点按可编辑渐变"按钮 ▭▾ （见下面左图中鼠标指针所指位置），会弹出"渐变编辑器"窗口，如下面右图所示。在"渐变编辑器"窗口中，上方为"预设"栏，会有一些默认的渐变样式供用户选择。选择相应选项，下方的渐变条会变为指定的渐变样式，这时我们可选择想要的渐变效果来创建渐变。

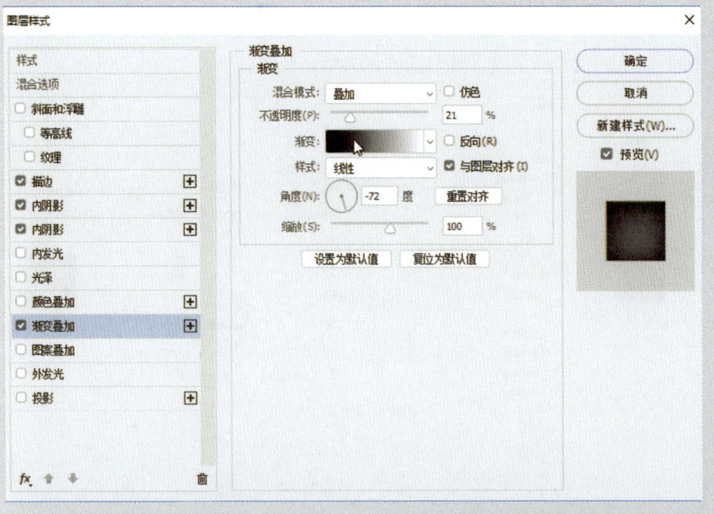

第 2 步。渐变条的 4 个角上各有 1 个色标，这些色标有不同的用途。其中，位于渐变条上部两端的色标用于定义渐变样式的透明度，单击色标会激活下方的"色标"栏。这时，我们可以自由设置"不透明度"选项。同时，在移动色标时，可以改变该色标所定义的透明度在渐变条上的位置。

第 3 步。渐变条下部两端的色标用于控制色值，也是单击特定的色标来激活"色标"栏中的选项，从而定义其色值的。也可以双击色标，在弹出的"拾色器"对话框中定义色值。将鼠标指针移动到渐变条的下部空白处时，鼠标指针会变成"手掌"形状，这时单击可以创建一个新的色标，往下拖曳色标即可删除色标。在渐变条的上部也可以用同样的方法创建新的色标或者删除已有色标。这些色标都可以移动，以便重新定义颜色和透明度，我们可以通过这种方法来创建更丰富多样的渐变。

13 选中"信纸主体 1"图层和"信纸主体 2"图层，分别设置"颜色"为淡黄色（R:244，G:238，B:220）和深一些的黄色（R:242，G:233，B:204）。

14 选中"信纸主体1"图层，打开"图层样式"对话框，勾选"描边"复选框，设置"大小"为1像素、"位置"为"外部"、"混合模式"为"正常"、"不透明度"为100%、"颜色"为深黄色（R:178，G:158，B:105）。按照从上到下的顺序，为图层创建其他样式。先创建第1层"内阴影"图层样式，勾选"内阴影"复选框，设置"混合模式"为"叠加"、"阴影颜色"为白色（R:255，G:255，B:255）、"不透明度"为47%、"角度"为107度、"距离"为2像素、"阻塞"为0%、"大小"为0像素，其他选项保持默认状态。创建第2层"内阴影"图层样式，设置"混合模式"为"叠加"、"阴影颜色"为黑色、"不透明度"为100%、"角度"为107度、"距离"为0像素、"阻塞"为0%、"大小"为29像素，其他选项保持默认状态。勾选"渐变叠加"复选框，设置"混合模式"为"叠加"、"不透明度"为21%，设置想要的渐变颜色效果，设置"样式"为"线性"，勾选"与图层对齐"复选框，设置"角度"为-72度，其他选项保持默认状态。

🐝 **提示**

如何在同一个图层上创建两个相同的图层样式呢？以创建"内阴影"图层样式为例。在创建完第一个"内阴影"图层样式后，单击该图层样式名称右侧的"+"按钮，即可在该图层样式上层创建一个相同的图层样式。需要注意的是，如果要创建如同本例的从上到下的两个"内阴影"图层样式，则需要先设置位于下方的那一个图层样式，因为新创建的图层样式会默认位于原图层样式的上方。

15 选中"信纸主体 1"图层，单击鼠标右键，在弹出的快捷菜单中选择"拷贝图层样式"选项。选中"信纸主体 2"图层，单击鼠标右键，在弹出的快捷菜单中选择"粘贴图层样式"选项，为"信纸主体 2"图层创建相同的图层样式。双击"信纸主体 2"图层的空白处，打开"图层样式"对话框，取消勾选"渐变叠加"复选框，设置第 2 个"内阴影"图层样式的"不透明度"为 64%。

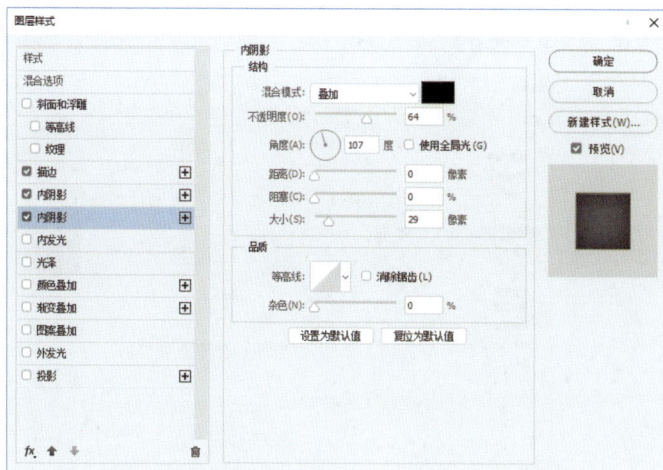

16 选中"信封主体"图层，在按住 Alt 键的同时，将该图层向下拖曳到"信封主体"图层和"信纸主体 1"图层之间，之后松开鼠标左键即可复制这个图层。

17 将新复制的图层重命名为"信封主体 sd"，然后将该图层右侧的"fx"标记拖曳到"图层"面板底部的"垃圾桶"图标上，删除该图层的图层样式。

18 将"信封主体 sd"图层的填充颜色修改为黑色，设置图层的"混合模式"为"叠加"、"填充"为 50%，并将其移动到画布中的合适位置。之后在"图层"面板上将其转换为以"信纸主体 1"图层为蒙版的状态。

19 使用与上述相同的方法，复制"信纸主体1"图层和"信封主体sd"图层，并将复制的图层移动到"信纸主体2"图层的上方，转换成以"信纸主体2"图层为蒙版的状态。将复制的"信纸主体1"图层向右和向下移动一定距离，并将图层重命名为"信纸主体1sd"。将复制的"信封主体sd"图层向右和向下移动一定距离，并重命名为"信封主体sd2"，然后设置"羽化"为0.5像素。

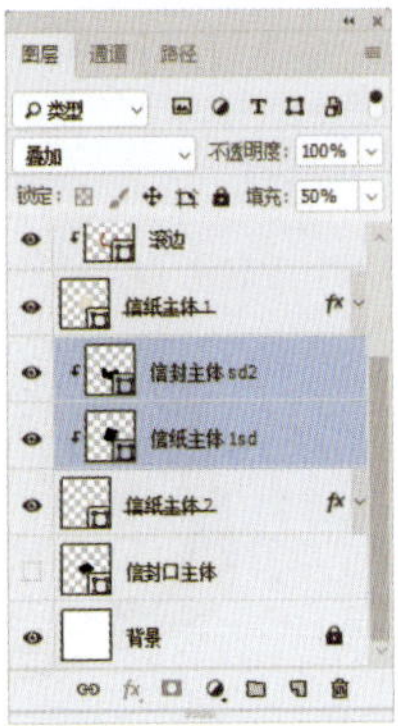

20 选中"信封口主体"图层，为图层填充红色（R:147,G:31,B:31）。打开"图层样式"对话框，勾选"内阴影"复选框，设置"混合模式"为"正常"、"阴影颜色"为红色（R:228,G:125，B:125）、"不透明度"为57%、"角度"为77度、"距离"为2像素、"阻塞"为0%、"大小"为0像素，其他选项保持默认状态。

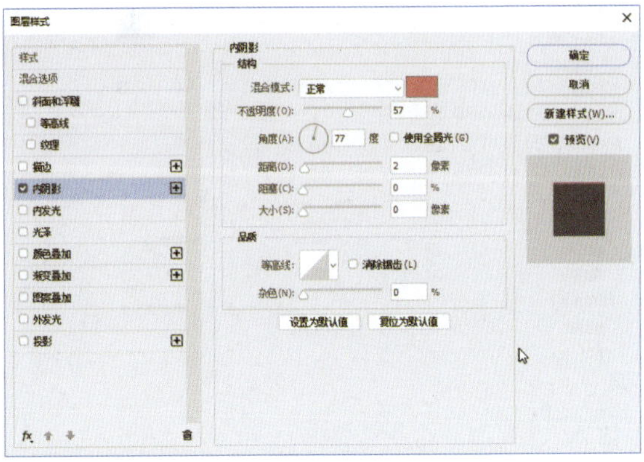

21 选择"钢笔工具"，在选项栏中设置工具模式为"形状"、"填充"为红色（R:213，G:85，B:85），并在"信封口主体"图层被选中的状态下绘制一个图形。将所绘图形所在的图层重命名为"亮"，同时打开"属性"面板，设置"羽化"为3.2像素。将"亮"图层转换为以"信封口主体"图层为蒙版的状态。

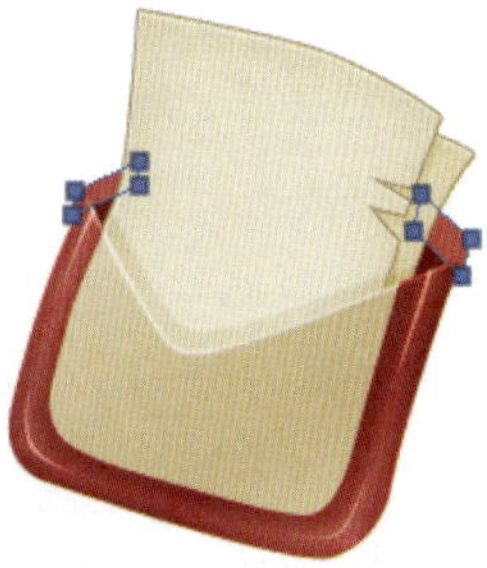

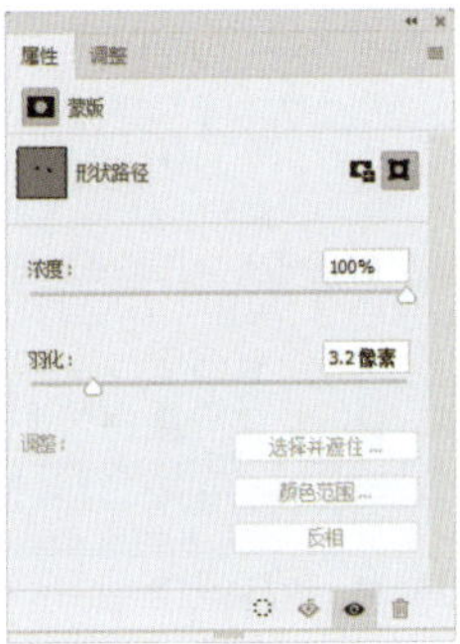

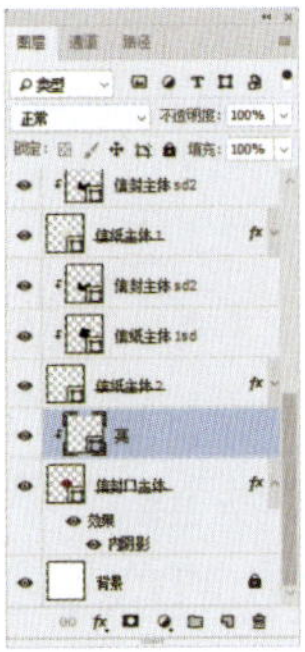

22 使用与上述相同的方法，复制"信封主体2"图层到"亮"图层的上方，将其填充为黑色，并设置"混合模式"为"叠加"、"填充"为30%。然后将复制的图层重命名为"信纸主体2sd"，并将其转换为以"信封口主体"图层为蒙版的状态。

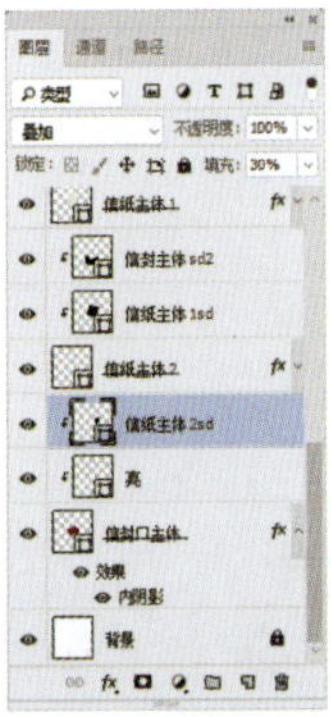

23 将"印形"图层、"印凹"图层、"印"图层及"印飘带主体"图层设为可见状态，为"印形"图层填充深红色（R:129，G:19，B:19）、为"印凹"图层填充较深一些的红色（R:174，G:42，B:42）、为"印"图层填充较深一些的红色（R:186，G:44，B:44）、为"印飘带主体"图层填充更深一些的红色（R:188，G:52，B:52）。

24 为各个图层创建图层样式。创建"描边"图层样式，设置"大小"为 1 像素、"位置"为"外部"、"混合模式"为"正常"、"不透明度"为 100%、"颜色"为红色（R:142，G:26，B:26）。创建第 1 层"内阴影"图层样式，设置"混合模式"为"叠加"、"阴影颜色"为白色、"不透明度"为 33%、"角度"为 –60 度、"距离"为 1 像素、"阻塞"为 0%、"大小"为 2 像素，其他选项保持默认状态。创建第 2 层"内阴影"图层样式，设置"混合模式"为"叠加"、"阴影颜色"为白色、"不透明度"为 76%、"角度"为 120 度、"距离"为 2 像素、"阻塞"为 0%、"大小"为 5 像素，其他选项保持默认状态。创建"渐变叠加"图层样式，设置"混合模式"为"叠加"、"不透明度"为 27%，渐变颜色可自选，设置"样式"为"线性"，勾选"与图层对齐"复选框，设置"角度"为 112 度，其他选项保持默认状态。创建"投影"图层样式，设置"混合模式"为"柔光"、"不透明度"为 52%、"角度"为 112 度、"距离"为 4 像素、"扩展"为 0%、"大小"为 2 像素，其他选项保持默认状态。

25 为"印凹"图层创建图层样式。创建"内阴影"图层样式，设置"混合模式"为"叠加"、"阴影颜色"为黑色、"不透明度"为15%、"角度"为120度、"距离"为2像素、"阻塞"为0%、"大小"为1像素，其他选项保持默认状态。创建"渐变叠加"图层样式，设置"混合模式"为"叠加"、"不透明度"为25%，渐变颜色可自选，设置"样式"为"线性"，勾选"与图层对齐"复选框，设置"角度"为-75度，其他选项保持默认状态。

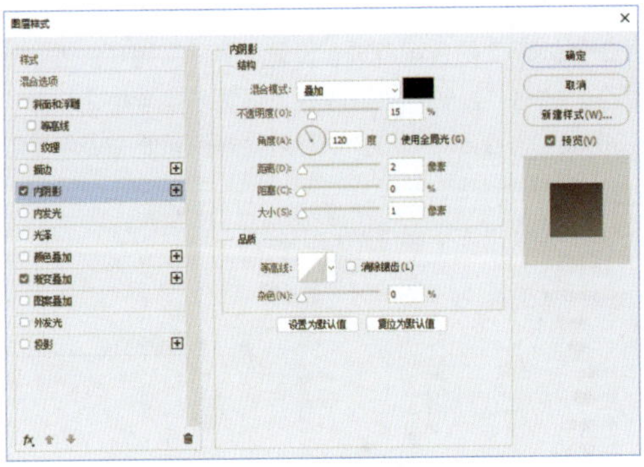

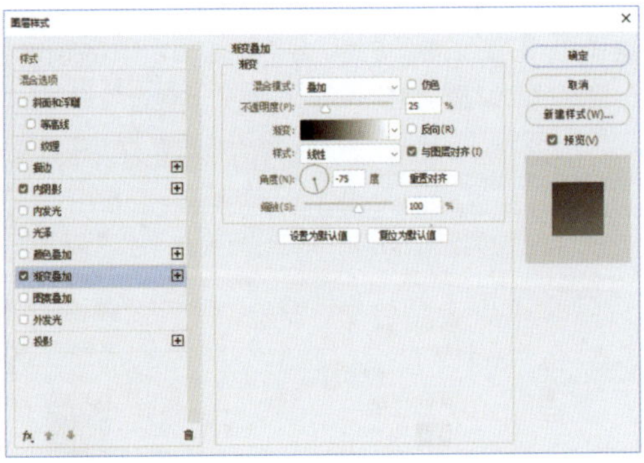

26 为"印形"图层创建图层样式。创建"描边"图层样式，设置"大小"为1像素、"位置"为"外部"、"混合模式"为"正常"、"不透明度"为100%、"颜色"为红色（R:203，G:49，B:49）。创建"渐变叠加"图层样式，设置"混合模式"为"叠加"、"不透明度"为10%，渐变颜色自选，设置"样式"为"线性"，勾选"与图层对齐"复选框，设置"角度"为111度，其他选项保持默认状态。到这里，印泥雏形已经形成。

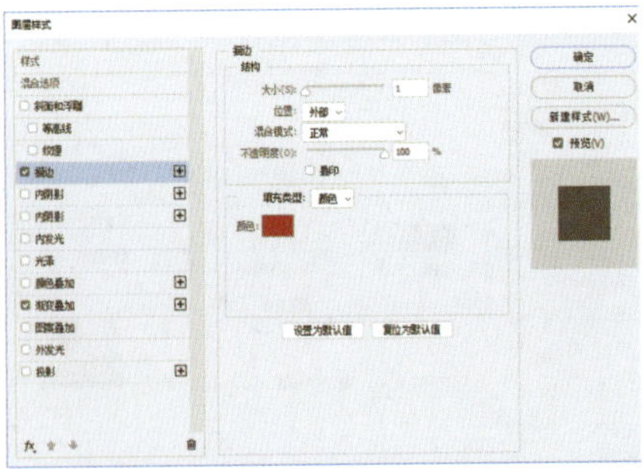

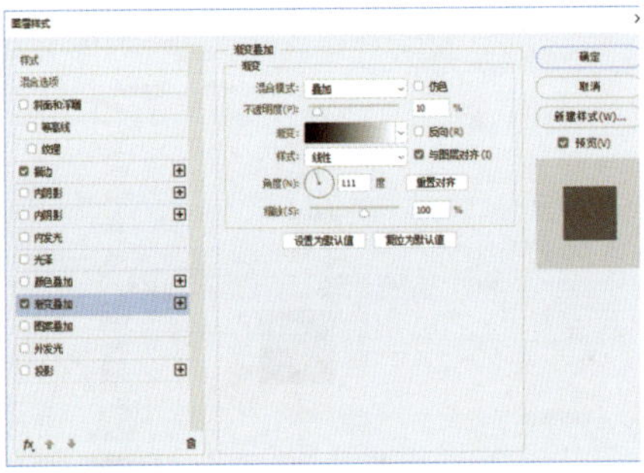

27 为"印飘带主体"图层创建图层样式。创建"描边"图层样式，设置"大小"为1像素、"位置"为"外部"、"混合模式"为"正常"、"不透明度"为100%、"颜色"为红色（R:142，G:26，B:26）。创建"内发光"图层样式，设置"混合模式"为"叠加"、"不透明度"为40%、"阻塞"为100%、"大小"为1像素，其他选项保持默认状态。创建"渐变叠加"图层样式，设置"混合模式"为"叠加"、"不透明度"为27%，渐变颜色可自行设定，设置"样式"为"线性"，勾选"与图层对齐"复选框，设置"角度"为112度，其他选项保持默认状态。创建"投影"图层样式，设置"混合模式"为"柔光"、"不透明度"为52%、"角度"为112度、"距离"为4像素、"扩展"为0%、"大小"为2像素。至此，印泥的整个结构已绘制完毕，但是印泥主体部分的光泽和质感，以及下部飘带上的光泽和质感还需要做进一步的细化。

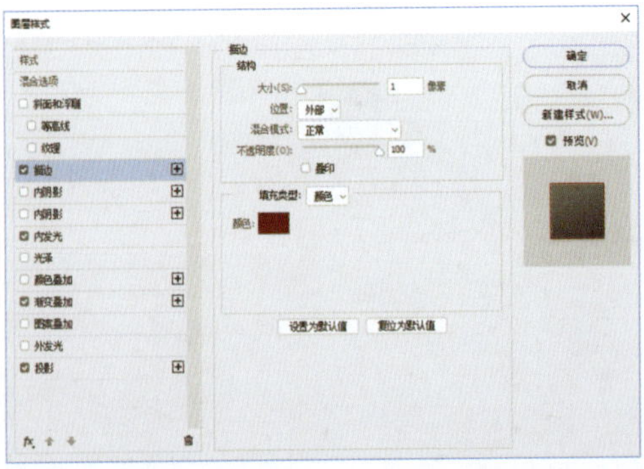

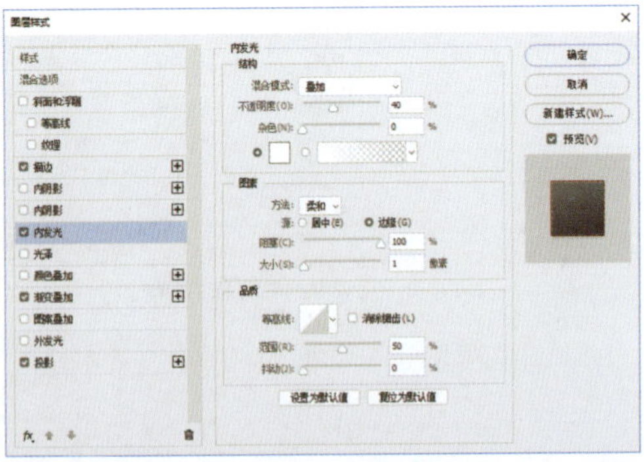

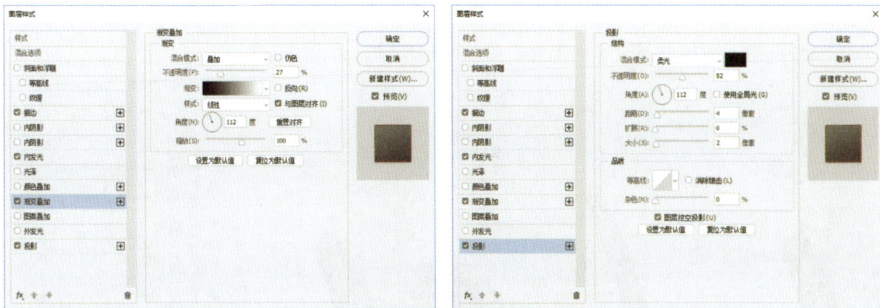

28 保持"印形"图层处于选中状态，然后选择"钢笔工具" ✐，在选项栏中设置工具模式为"形状"、"填充"为白色，并在"印形"图层的上层绘制一个图形。

29 将上一步绘制的图形所在图层的图层名称修改为"thl"，然后选择"钢笔工具" ✐，在选项栏中设置工具模式为"路径"，继续在这个图层上添加一系列的矢量图形，并打开"属性"面板，设置"羽化"为1.6像素。设置"thl"图层的"混合模式"为"亮光"、"填充"为72%。

30 确保"thl"图层处于选中状态，在"图层"面板下方单击"添加图层蒙版"图标 ▢，为该图层添加图层蒙版。

31 选择"橡皮擦工具" ✐，在画布上单击鼠标右键，在弹出的"设置"面板中选择任意圆形笔刷，并设置笔刷的"大小"为35像素、"硬度"为0%。

32 保持"前景色"为白色，使用"橡皮擦工具" ✐对"thl"图层的效果进行适当的修改，让印泥左上角的高光稍微变淡，右下角的高光也同样变淡，但程度稍弱一些，使高光效果更柔和。

🐝 **提示**

在这几个操作步骤中，我们可以发现，常用的物体高光效果的表现手法有3种：（1）给形状图层添加图层蒙版，然后使用"橡皮擦工具" ✐进行涂抹；（2）改变图层的混合模式，让原来是白色或黑色的图层与下方图层叠加出想要的效果；（3）通过"属性"面板中的"羽化"选项把原来边缘硬朗的图形变得柔和，而且这种调整是可逆的。关于以上说到的这3种表现手法，在设计图标时可以单独使用，也可以配合使用，还可以连续叠加使用。

33 为印泥的主体部分添加光泽效果。使用"钢笔工具" ✐ 在画布中绘制一个图形，然后为其添加图层蒙版，并使用"橡皮擦工具" ✐ 将图形擦掉一部分作为高光，使其看起来更自然，再将图形所在的图层重命名为"thl2"。

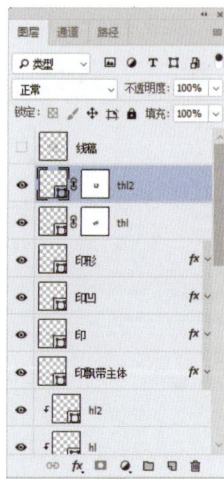

34 给飘带部分增加光泽效果。选中"印飘带主体"图层，选择"钢笔工具" ✐ ，在选项栏中设置工具模式为"形状"、"填充"为红色（R:240，G:83，B:83），接着在"印飘带主体"图层中绘制一个图形。选中该图形所在的图层，打开"属性"面板，设置"羽化"为5.5像素，并将该图层重命名为"phl"，同时将该图层转换为以"印飘带主体"图层为蒙版的状态。

35 保持"phl"图层处于选中状态，选择"钢笔工具" ✐ ，在选项栏中设置工具模式为"形状"、"填充"为红色（R:255，G:124，B:124），在"phl"图层中绘制一个图形。将这个新绘制图形所在的图层重命名为"phl2"，并将其转换为以"印飘带主体"图层为蒙版的状态。至此，"邮件"图标的主要部分就已经绘制完成了。接下来，我们需要对图层进行适当的整理，并根据结构对各个部分的图层进行打组。

36 对印泥部分的图层进行打组。在按住 Ctrl 键的同时，一次选择多个图层（如下面的"图层"面板所示），然后按 Ctrl+G 组合键进行打组，接着双击图层组名称，将图层组重命名为"印"。

37 按照上一步的方法，依次将其他部分的图层分门别类地打成 3 个图层组，同时从上到下依次将图层组命名为"信封""信纸""信封口"。

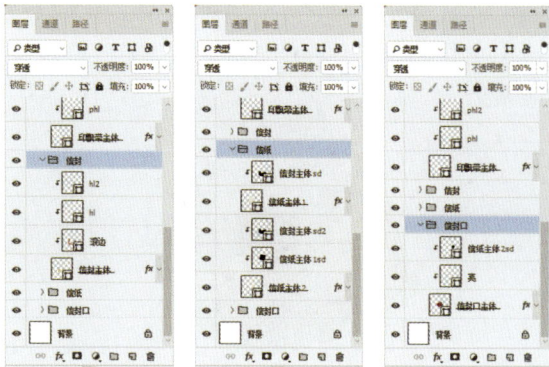

38 给信纸添加文字细节和环境光效果。打开"信纸"图层组，选中"信纸主体 1"图层，并将其重命名为"文字"。由于在它的上层已经有一个以"信纸主体 1"图层为蒙版的图层，因此这个新建的图层将自动处于以"信纸主体 1"图层为蒙版的状态。

39 选择"画笔工具"，在画布中单击鼠标右键，在弹出的"设置"面板中选择任意圆形笔刷，并设置"大小"为 5 像素、"硬度"为 100%。使用"画笔工具"在"文字"图层中绘制图形。

40 由于直接使用笔刷绘制出的线条的边缘都会有一定程度的虚边，因此需要对刚绘制出来的图形进行锐化处理，使它的边缘看起来更加硬朗。在菜单栏中选择"滤镜 > 锐化 > 锐化边缘"选项，对图形边缘进行锐化处理。如果锐化一次的效果不够理想，那么可以按 Ctrl+F 组合键重复上一次的锐化效果进行叠加，直到效果令人满意。

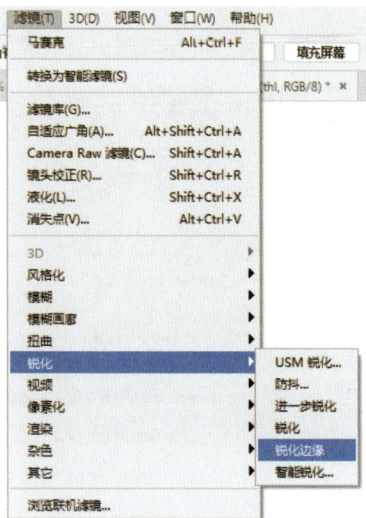

41 将"文字"图层的"填充"设置为 0%，然后为它创建"颜色叠加"图层样式，设置"混合模式"为"正常"、"叠加颜色"为深棕色（R:127，G:97，B:75）、"不透明度"为 100%。

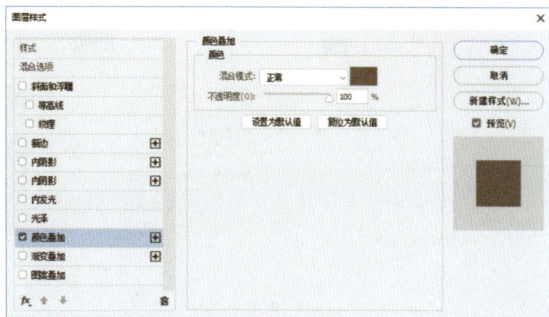

42 将所有图层组选中，按 Ctrl+G 组合键将其打成一个图层组，并将这个图层组重命名为"Mail"。选择"钢笔工具" ，设置"填充"为亮绿色（R:78，G:255，B:5），在画布中绘制一个图形，并将该图形所在的图层置于"Mail"图层组的上方，同时将其重命名为"环境光"。

43 将"环境光"图层转换为以"Mail"图层组为蒙版的状态，然后为"环境光"图层添加图层蒙版，并使用"橡皮擦工具" 将环境光效果擦掉一部分，使远离光源部分的光照效果更柔和一些。

44 同时选中"环境光"图层和"Mail"图层组，单击鼠标右键，在弹出的快捷菜单中选择"转换为智能对象"选项，将已完成的图标以一个整体的形式转换成一个智能对象。将这个智能对象图层重命名为"Mails"，并保存文件。打开"示例所在的整个界面 .psd"文件，将刚才准备好的"Mails"图层拖曳到这个文件的画布中。

45 按 Ctrl+T 组合键执行"自由变换"命令，在界面中将图标调整为合适的大小，拖曳到右下角的合适位置。为"Mails"图层创建"描边"图层样式，设置"大小"为 2 像素、"位置"为"外部"、"混合模式"为"正常"、"不透明度"为 100%、"颜色"为黑绿色（R:20，G:26，B:12）。为这个图标加上文字，操作完成。

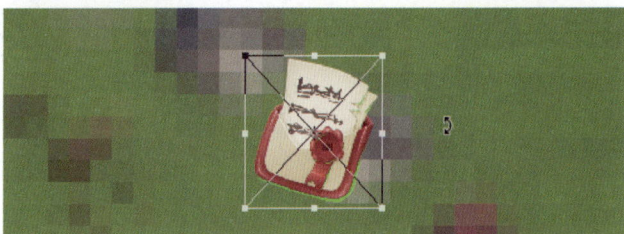

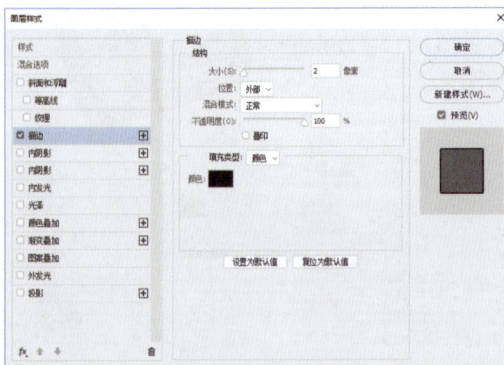

06
第6章

游戏界面设计基础

本章概述

游戏界面设计需要遵循游戏界面的特点来进行。本章先分析游戏界面设计的特点,然后以这部分内容为基础逐步展开游戏界面设计知识的讲解。

本章要点

» 游戏界面设计的特点
» 游戏界面的结构划分与元素构成
» 界面情感化内容的表现
» 游戏界面风格如何形成

界面篇 ▶

6.1 游戏界面设计的特点

在日常设计工作中，游戏界面设计有着各种各样的特点。而明确游戏界面设计的特点，是设计游戏界面的基础。

游戏界面就是指游戏类软件的界面。游戏界面与非游戏类软件界面的不同之处在于，游戏界面的主要功能是满足人们对娱乐竞技和休闲的需求，这类需求我们可以统称为娱乐化需求。游戏界面设计主要围绕这个需求来进行。在具体的设计过程中，玩家的这种需求主要通过美术设计来得到满足。美术设计是游戏的外在表现形式，需要能够传达出游戏要传达给玩家的视觉感受。需要注意的是，游戏界面是游戏美术的一部分，但是它承担的绝不仅限于对游戏情感化内容的美术层面的表现，它还承担着游戏的每一步操作、每一个具体的反馈，而所有的这些操作和反馈便构成了完整的游戏体验。因此，游戏界面的设计对游戏来说至关重要，游戏界面中的美术表现的好坏则直接决定了游戏界面设计的成败。

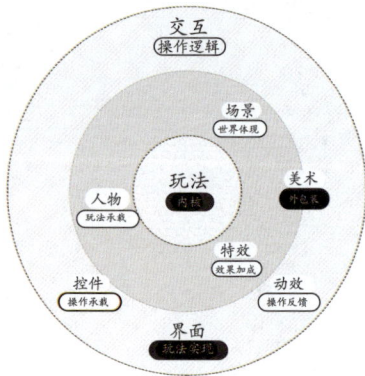

总的来说，游戏界面的设计在美术表现上需具备以下 4 个特点。

6.1.1 趣味性

娱乐化的元素决定着游戏界面的趣味性，这实际上是情感化需求的一种细分特征。游戏开发商总是在追求更好玩的游戏体验，以便吸引更多的玩家接受自己的产品。

一般来说，游戏界面的趣味性表现为以下两种形式。

第 1 种形式是承担主要功能的。这种形式的趣味性不仅是对视觉或情绪的一种表达，还是对功能的一种表达。实际上大部分的趣味性设计都是功能性的直接体现。因为富有趣味性的界面功能会使界面效果生动，并且调动玩家情绪。直白地表现界面功能会使情绪在表现上显得刻板，在加入了一定的趣味性后，就会起到主动引导玩家情绪到界面功能中的作用。

例如，网易游戏出品的手机游戏《神都夜行录》的登录奖励界面就摒弃了传统的框体式界面样式，而采用以中国传统民间艺术剪纸为载体的界面样式。玩家每签到一天，相应地，代表那一天的区域就会被"剪掉"，露出镂空的剪纸图形，极具趣味性地表现了该界面的功能。

而生存类游戏《绿色地狱》则直接用场景内的物品结合鼠标操作来完成界面的设计，这种设计不仅直接表现了游戏内某些操作的功能性（如果想要从背包中取出物品，则可直接按住鼠标左键在左侧的背包中间物品"取"出），还能增强代入感。

第 2 种形式是承担辅助功能的。这种形式的趣味性从理论上来说只是一种点缀元素,将其去掉之后不会对界面的功能理解和使用产生影响,仅起到趣味装饰的作用。

例如,游戏《迷雾求生》的主场景界面的模式选择按钮就结合了背景的设计样式,其主要的功能入口都以该画面内物品的形式呈现。其中不仅模式选择按钮采用了这样的设计形式,而且一些其他功能入口,如"排行榜"功能入口(见下图靠左的公告栏)、"聊天"功能入口(见下图右上角的气泡信息)和"好友"功能入口(见下图右下角的对讲机)都采用了这样的设计形式。唯有"角色外貌"和"设置"功能入口被单独设计为扁平化的图标放置在界面的左下角。这种设计形式可以将"末世""阴冷"等场景氛围自然地融入界面中。虽然每个功能入口所对应的场景物品都有功能上的暗示,如对讲机暗示着"沟通",因此点开后是好友界面,"排行榜"张贴在一个公告栏里,表示排行信息等,但是这些情景化的设计并没有直接使这些物品具备某种功能,因此它们完全可以被设计为与"角色外貌"和"设置"一样的图标,且不会影响使用。我们通常称这种类型的设计为"场景化设计"。

💡 提示

如果场景化设计既能承担相应的功能,又不会在操作方式上对玩家造成误导,就会是比较合适的设计了,但过度融入的设计反而会有"玩家无法理解"或"无法快速定位操作点"的问题。类似的设计在很多应用中也存在,如一些别致的 Loading 设计,菜单和别的功能图标切换的动效设计等。这种趣味性的表现被称为应用软件界面设计的情感化表现,其在整体表现"平淡"的应用软件界面中会是个亮点。但是在游戏界面中,由于设计的主题就是情感化表现,这种趣味性的表现在某些情况下就会显得多余,因此大可依据"奥卡姆剃刀原理"(如无必要,勿增实体)将其删除。

总的来讲,游戏界面的趣味性是整体性的,不是硬添加进去的,并且在大部分情况它都是对功能性需求的一种情感化表现。同时,游戏界面的趣味性需要在合适的时机和位置去表现,如果仅是为了表现而表现,那么最终只会适得其反,使玩家对设计感到反感。

游戏界面的趣味性不一定表现为恶搞和欢乐,也可以是"用心"和"彩蛋"的体现。

例如,《战国志》这款游戏在界面元素的使用上就不同于其他中国风游戏。使用春秋战国这个时代背景的游戏在市面上是少有的,这款游戏使用了一些与传统中国风游戏所不同的设计元素来体现界面的风格。下图所示为某游戏的地图界面。可以明显看出,这个地图本身呈现的是中国古典山水画的画风。同时,在常见的中国古风界面设计中,这种界面通常会是纸材质的卷轴,而这里的整个地图是被"绘制"在粗布上的,"绘制"地图的粗布通过穿过画布打孔的绳子,再交叉绑定在金属加固的木质框架上。这些都是春秋战国时期常见的材质,这种木框结合金属的"装帧"方式也是春秋战国时期常见的"装帧"方式。此外,两侧木框和地图前方的油灯、界面中精心选择的字体都迎合了这款游戏所特有的以春秋战国时期为背景的风格。在这里,界面设计的趣味性不仅可以使功能达到易用的目的,还可以更进一步地让玩家沉浸在整个界面所营造的情景氛围内。

游戏界面设计的趣味性不仅体现在静态的画面设计中，还依赖于动效的表现。例如，在游戏中与 NPC（非玩家角色或非操控角色，是角色扮演游戏中非玩家控制的角色。在游戏中，非主角的陪衬人物通常用来辅助完成一些游戏任务等）对话时，让 NPC 的立绘（可理解为角色画像）动起来，可以让整个游戏更加生动有趣。在现实生活中，很多游戏也将这种趣味性体现做到了极致，即采用电影化的镜头和情节表现，如右图所示。但是在一些手机游戏中，由于手机硬件的限制和玩家群体的不同，这种趣味性被折中体现，常见的就是在故事情节中放置游戏人物的 3D 动画，辅以对话框来表现。

在一些传统的 2D 游戏中，玩家与 NPC 对话时看到的是静态的人物立绘，如游戏《梦幻家园》的 NPC 对话界面（见右图）。这种实现方式是比较节省游戏资源的。静态的图片不会占用太多的游戏包量，也没有多余的动效来消耗手机硬件的性能。在很长时间里，静态的人物立绘在大部分 2D 风格的游戏里得到了广泛的应用。动态的 2D 立绘的应用实际上只增加了很少的机能损耗，但却带来了更加特别的视觉感受，在新的手机游戏中也越来越多见。

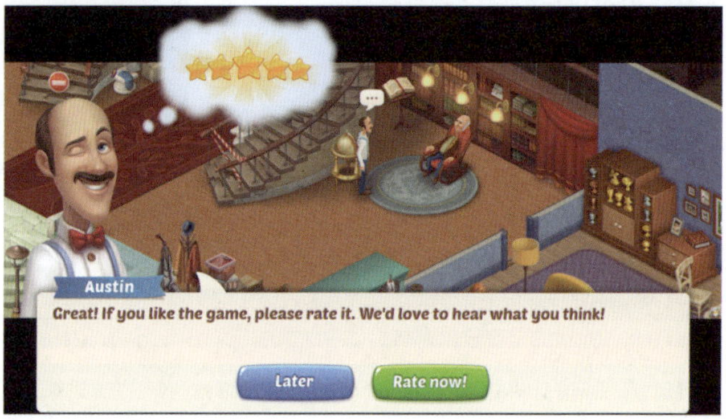

相比静态的人物立绘，还有一种实现方式更显别致，甚至可以被认为是一种新风格的动态表现，那就是动态的立绘。右图所示为游戏《乱世王者》中出现的动态立绘人物静帧图。在这里，我们可以通过后期添加在每一帧上位置完全相同的参考线来看出帧之间的差别。

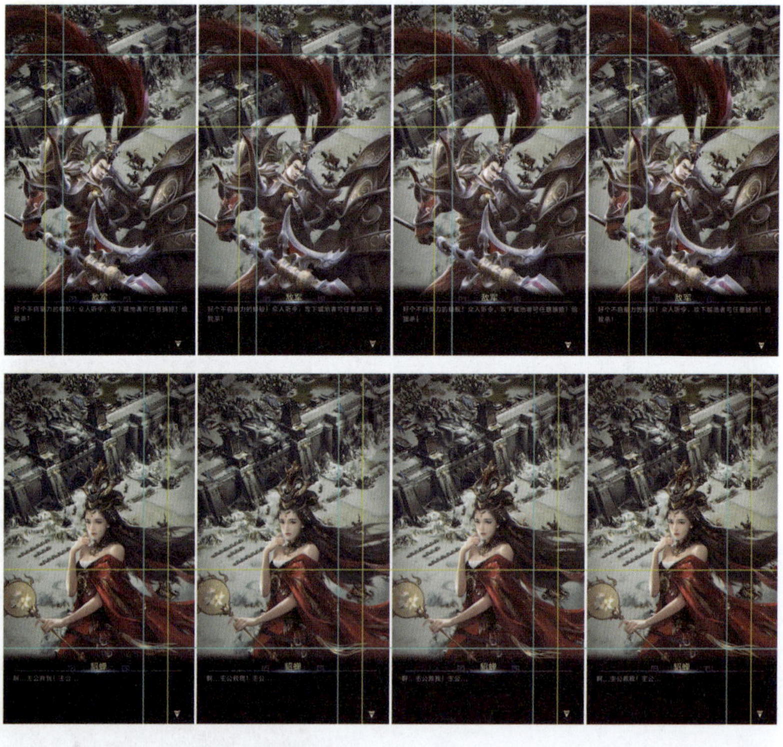

6.1.2 情感化追求

游戏界面设计在情感化层面有更高的追求。游戏界面需要包含的内容包括游戏玩法、游戏背景建构及具体的操作与反馈。这些内容可以给玩家传达直观的视觉感受。相对于工具性质的应用来说,游戏界面在情感化的设计上更为丰富。所有游戏中设定的背景建构内容、玩法内容,其本质都是抽象的,它们无法直接展现给玩家,需要通过界面设计等去进行间接展现。

6.1.3 较强的迭代性

游戏界面设计是迭代完成的。一方面,项目进展过程是对风格进行探索的过程。这个过程会逐渐增强设计师对风格的理解能力。另一方面,游戏界面的设计是为功能服务的。设计时需要考虑游戏里的众多使用情景,游戏界面需要设计的情景非常多且复杂,还会碰到虽在界面之外却影响着界面设计的因素,如不同的场景、状态等。这些因素导致设计师需要在设计之初就将具体控件的适配考虑到位,但游戏界面的控件是"活"的物件,在不同的功能需求下有着丰富的变化。这一特性决定了我们无法在游戏界面设计之初就预先设计出后期会用到的所有不同类型的控件,也无法预知同种控件是否适用于多重情景的不同表现形式。

6.1.4 丰富的表现力和实用性

基于游戏的背景设定,游戏界面设计要有丰富的表现力和实践的可能性,并且需要更多地与动效相结合。这是游戏界面设计区别于其他软件界面设计的最大特点。由于游戏界面在美术层面的表现是基于游戏背景建构的,并且游戏中的世界观在大部分情况下都是现实中不存在的,因此游戏界面在设计上有着比其他软件界面更多的可能性和更丰富的表现力。在游戏所设定的风格范围内进行设计,这非常考验游戏界面设计师利用特定美术元素去表现特定事物和概念的能力,这也是游戏界面设计中较富有乐趣的一部分。

同一种元素,可能是同一种操作的控件,也可能是造型类似的图标。通过一些变化,它就可能有完全不同的风格化表现,去适应不同游戏的背景建构甚至玩法。以更合适的美术元素去体现丰富的内容,这是游戏界面设计师在界面设计中经常会面临的挑战。

例如,下面两张图分别展示的是游戏《地平线:零之曙光》和游戏《荒野大镖客:救赎》的切换武器界面。这两个界面的展现形式和交互逻辑都极其相似。它们因需要迎合不同的游戏背景建构而有着不同的质感表现和风格特点。其中,游戏《地平线:零之曙光》的切换武器界面使用的是主打原始特点的材质。而游戏《荒野大镖客:救赎》的切换武器界面先用像草稿一样的墨色线条构成基本的界面框架,呈现荒蛮气息,然后用类似 20 世纪初期黑白招贴画风格的图标来体现年代感。

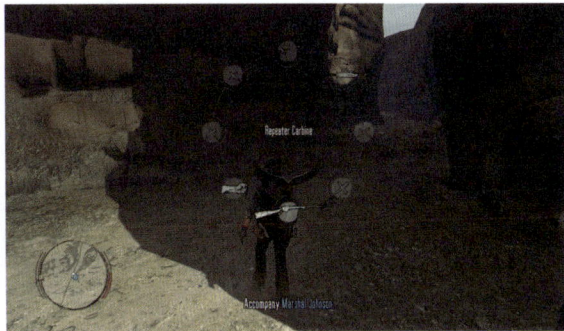

6.2 游戏界面的结构划分与元素构成

游戏界面的特点是通过游戏界面特有的层次结构来表现的，且同一类游戏的界面一般都由一些特定的元素构成。在这种情况下，任何元素或结构的缺失都可能导致游戏界面不完整。

6.2.1 界面的结构划分

游戏软件是由底层逻辑（后台、服务器这些实现功能的部分）、界面及界面和底层逻辑所构成的玩法这 3 个部分组成的。游戏界面的逻辑结构从下到上可以划分为 3 层，包括底层结构、中层结构和顶层结构。其中，底层结构负责玩法的实现，中层结构负责操作反馈的实现，顶层结构负责美术效果的实现。

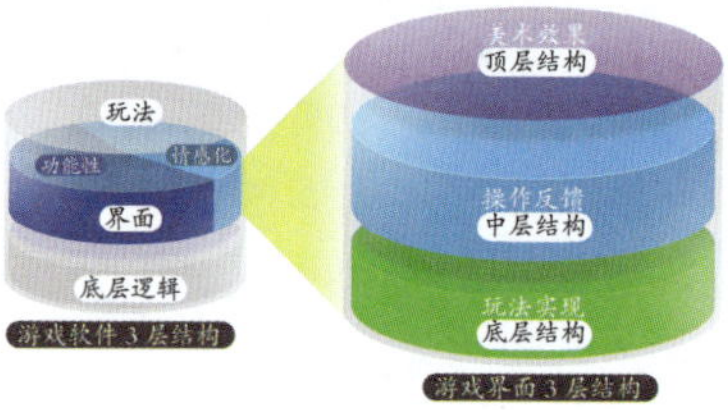

⊙ 底层结构

设计师在设计游戏界面的时候是从底层开始，然后到顶层收尾的。而玩家接触和操作游戏界面则是从顶层开始接触，逐步到底层去感受的。游戏界面的底层设计是关于游戏玩法的设计，需要基于玩法的顺畅度进行交互设计。

下面，笔者将以手机游戏界面底层结构的构建为例，介绍游戏界面底层结构的构建方式有哪些。

首先是基于触摸屏幕的操作热区来合理控制常用与不常用的操作控件的分布情况。下图所示为智能手机的操作热区分布示意图。

● 易达区　● 过渡区　● 难至区

下面 4 张图所示为几大主流游戏的战斗界面中的控件布局，从左到右、从上到下依次为游戏《轩辕传奇》的战斗界面、游戏《神都夜行录》的战斗界面、"Fexgame"的战斗界面和游戏《王者荣耀》的战斗界面。

其次是减少对于手指操作来说误操作概率比较大的设计，增大操作按钮，合理分配不同操控区域，以及采取一些取巧措施，确保界面中不会出现过于接近或密集的操作区域。有些需要较大操作区域的控件的实际尺寸应比其有效操作区域的尺寸小，要防止玩家根据视觉上的印象而对某些控件的功能做出误判（如尺寸太大会有比较重要的暗示），进而出现误操作。例如，当实际操作区域的尺寸和控件的物理尺寸一样，并且控件的物理尺寸远小于手持设备所需的可供操作尺寸时，将使玩家无法执行操作。

下图所示为"跳伞跟随"控件区域示意图，其中，"跟随"和"邀请"按钮的尺寸过小，并且排布过于密集，导致了它们很难被准确点击。同时，玫红色区域表示这些按钮的实际触控区域，它们的尺寸与按钮的物理尺寸一致，这是这些按钮难以被快速又准确点击的第 1 个原因。如果在此基础上将按钮的触控区域扩大为绿色区域大小，则相关操作会容易很多。但这会导致几排按钮的触控区域重叠，原因在于 3 排按钮之间的间距过小。这是它们难以操作的第 2 个原因。总的来说，这个控件的布局犯了两个错误，即按钮本身的尺寸过小和排布得过于密集，使得保持按钮大小不变扩大触控区域成为不可能。解决办法是放大整个控件或使用一定的设计手段，使按钮的排布不那么密集。

提示

视觉表现功能的前期规划涉及最终界面设计的节奏感体现。如果想从设计上体现功能的重要性，那么视觉表现就需要更抢眼，且控件需要居于更明显的位置。反之则视觉表现相对平淡，控件居于更偏僻的位置。在前期进行底层结构的规划时可以只制订一些粗略的规划，然后在后期的视觉细化过程中逐渐修改和完善。

右图所示为网易手机游戏《猎魂觉醒》的副本结算界面。该界面被规划出了明显的视觉重点和分层级的次要信息点。右侧的大奖杯是整个结算的成绩表现，是一个大的写实图标，是整个界面中的视觉焦点。在左侧的玩家评分列表中，评分最高的玩家的信息条栏用光效和特别的头像框来提升视觉层级。这种严格区分了视觉层级、具备自然的视觉节奏的设计必须是在界面设计之前就被规划好的，需要设计师去理解好整个界面的核心功能、次要功能等信息。

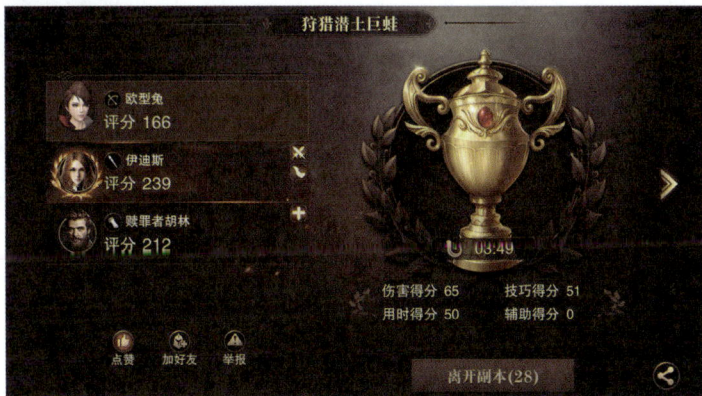

⊙ 中层结构

中层结构的操作反馈是一个很重要的部分，因为界面的操作反馈直接关系到玩家对游戏的操作感受。在设计静态的界面设计稿时很容易忽略反馈部分的设计，造成这种失误的大部分原因在于界面的反馈通常是动态的。有时，动态展现还会涉及几个界面之间的切换。如果想要尽量规避这种问题，除了后面将提到的在设计走查过程中进行纠正，还需要在游戏界面的中层结构设计阶段就对其加以考虑，以降低后期修改的成本。

这种前期构思需要通过理解操作反馈所具备的形式来进行。游戏界面的操作反馈大致可以分为以下 3 种方式。

第 1 种方式是无关联反馈。这种反馈方式只针对单个控件的反馈，按钮的按下状态就可以被理解为一种简单的无关联反馈设计。有这种反馈的控件往往能够单独执行某一个功能。常见的此类控件有点击反馈效果、滚动操作、展开及收起框体等。这种类型的反馈设计比较独立和直接，通常在静态设计稿中都不会被遗漏。例如，有两态设计的按钮会在设计稿中的不同位置同时进行展示。

下面两张图片所示为游戏《恶果之地》的主菜单界面。该界面中存在着较普通的按钮，单击这些按钮，会出现一些更复杂且无关联的反馈设计，具体表现在当鼠标指针经过主菜单按钮时，主菜单按钮会变色，并有一个动画弹出，动画结束后会变成带有卡通人物的状态（见下面右图）。

第 2 种方式是关联性反馈。关联性反馈即操作一个控件后，反馈发生在界面中的另一个或多个控件上，或者发生在游戏界面里的其他元素如人物或场景上。游戏玩法可以被看作一系列复杂的关联性反馈。这类反馈设计离激发反馈的控件比较远，所以非常容易在静态设计稿中被忽略。

在游戏的核心玩法中，这种关联性的反馈应用得非常广泛，很多情况下会和游戏场景中的相关内容产生联动。例如，右图所示为网易手机游戏《战国志》的战斗界面，在该界面中我们可以看到两个相关联的反馈：（1）玩家点击右下角的打击技能按钮后，游戏场景中玩家操控的游戏人物就会产生出招的反馈（见图中的紫色弧形）；（2）被打击的人物会产生掉血反馈，具体体现在界面中敌人的血条变化（见界面顶部位于人物头像控件右侧的红色血条）。这些关联性的反馈是游戏界面中非常重要的部分，它不仅体现了游戏的玩法，还切实地在每一个玩家进行操作后给予即时反馈，是玩家对游戏手感进行感知的直接来源。

第 3 种方式是界面跳转反馈。这种反馈严格来说是关联性反馈的一种，但是由于涉及多个界面的反馈，并且在设计静态设计稿时往往容易陷入只考虑单独界面反馈的问题中，因而此处选择单独列举。

界面之间的跳转是界面系统中框体之间的衔接和转场。同一个游戏内的界面跳转一般都会被设计成统一的动效，如模仿电影镜头转场的渐入渐出、滑入滑出等。作为保持游戏界面风格一致的一部分，界面跳转的动效都会在一个基本的动作样式上保持统一，但是也会有一些特别的界面衔接方式，它们是基于特别的展示功能而被设计出来的。界面设计师通常不会考虑界面跳转的动效，但由于整个界面的风格走向是由界面设计师来把握的，因此一些对动效具备基本感知能力的界面设计师也需要参与到特殊的转场设计中，这样一方面可以为动效设计提供静态视觉上的灵感引导，另一方面也便于为复杂的动效设计留下静态的接口。

🐝 提示

"静态的接口"指的是界面设计师在设计静态的设计稿时提前考虑好动效的设计，从平面或立体的设计元素的逻辑结构上给予动效设计师暗示或明示。图形结构如果被设计得明显，则是可以以某种确定的方式来设计动态动作的，并且是可以以某种显而易见的形式进行拆解的。没有给动态设计保留接口的静态设计（如静态图形结构在逻辑上不可拆解、没有考虑静态图形被动态设计后引起的问题等）是不友好的。

　　游戏界面之间的转场衔接在大部分游戏里会被做成统一的动作样式，这些动作样式通常是抽拉入画、渐隐渐显等。它们和界面设计中的其他必要细节一样，虽然必不可少，但通常不会被玩家明确感知到。不过一旦缺少了必要的转场动效，就会给玩家带来很明显的卡顿、丢帧的视觉感受。不是每个玩家都是动效设计的"专家"，未必都清楚这种感受是由前后场景或界面之间的衔接出现问题而造成的。但无论是对开发者来说，还是对玩家来说，这种感受都会让使用者产生"未成品"和"低劣"的认知，因此应尽量避免缺失转场动效。

　　界面的转场除了给界面操作反馈一个完整的衔接过程外，还会有特别的气质化体现。例如，下图所示是游戏《女神异闻录5》的界面。这款游戏的界面属于日式赛璐珞风格，它在界面的设计上参照了很多日式漫画的表现手法，包括模仿漫画的气泡设计、漫画的氛围烘托等。人物对话界面自然也选择了类似的表现方式。从下面这些图中，我们可以明显地看出这种对话转场的关联跳转方式实际上正体现了这个游戏的漫画式风格。

　　游戏界面设计师在对有关联跳转的界面进行设计时，一定要考虑静态设计和动效的配合。与动效配合最关键的一点就是留出动效的接口。

　　在游戏《楚留香》中，有一个"萌新"好礼特殊弹窗。该弹窗是为了吸引新玩家充值而专门设计的，毫无疑问，它不仅需要在设计上有所不同，还需要有动效的加成。下图所示为游戏《楚留香》的"萌新"好礼弹窗入场动效界面，界面中所体现的动效对静态设计的理解就透露了这个弹窗的静态设计所暗示的动效信息。静态设计中用孔明灯来配合作为弹窗主体的月亮图形，孔明灯的分布和它自身的特质表明了两个动效设计信息，一个是孔明灯自带向上的趋势，另一个就是孔明灯漂浮不定。这两个明显可以被感知的动效信息都被动效设计师在最终的效果里表现了出来，具体表现在整体入场前，先有若干个孔明灯逐渐显示，随着出现的圆形光效，月亮由下而上以极快的速度出现。光效也伴随着月亮的出现而变亮，在月亮的透明度达到最高之后，光效也变得最高。随后伴随着光效的消失，月亮内部的界面信息逐渐显示。到这里，整个入场动效就干脆利落地完成了，整个弹窗内只剩下几个半透明的孔明灯在渐隐渐现地漂浮着。在整个入场动效中，动效设计师对整个动效的节奏感把握得很好，并通过光效和位移的配合，让主体月亮有升起和亮起的效果，完美阐释了静态设计中对整个弹窗的动态趋势进行的设计。

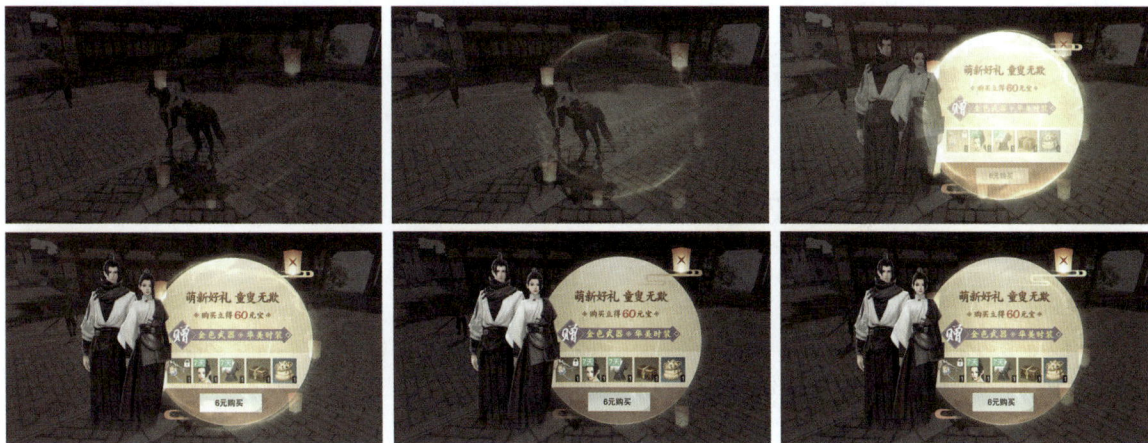

如果动效接口不那么明显，那么界面设计师就需要做出一些让动效接口更明显的设计。

例如，游戏《烈火如歌》的福利界面中展示了这个弹窗的入场动效。动效主体被设计成带有穗子的折子书，有明确的封面和内文设计。它的展开动效也相对比较简单，折子书右侧的封面往右移动，拉开底图，在这个拉开动作没有完成之前，就有扫描的光效自底图从左往右扩散。光效动画的目的在于"扫描"出底图的界面信息。扫描光效结束后还有几个与它同时出现但较晚消失的光束动画。这个界面的整个入场动效非常干脆利落、节奏也很紧凑。对于这种结构非常明显的静态设计，动效设计师很容易就能看出它所暗示的动效。如果界面设计师和动效设计师的配合还没有达到默契的状态，那么界面设计师最好能够先设计出这类结构逻辑非常明显的动效接口。

⊙ 顶层结构

游戏界面的顶层结构就是最直观的游戏界面视觉表现层。顶层美术效果的存在目的是给予玩家最直接的视觉感受。它直接体现游戏的风格和情感，也是游戏界面设计中最容易被人感知的部分。

关于游戏界面的设计风格、类型划分及美术表现等内容，前文已经介绍过，因此此处不再过多描述。需要注意的一点是，设计界面的过程是从底层结构开始，逐渐往上完善中层结构，最后才落脚到顶层结构的。这个过程说明了一个问题，即游戏界面的视觉表现实际上是界面功能表现与易用性综合评估后的均衡化产物。单纯去做视觉化表现的界面对于商业化项目是没有意义的。但是，单纯地将视觉化表现设计作为一种练习或设计师之间交流技术的媒介，则是非常有意义的。

6.2.2 界面的元素构成与设计分析

游戏界面主要由两个部分组成，即广义上的框体和按钮。广义上的框体可以细分为典型框体、弹窗、半透明框体、全屏框体及浮层等。

当在含有多重信息的界面中需要区分同一功能或同一类型的信息时，通过框体可以提高信息的辨别度，进而促使玩家的操作更加高效。典型框体即指传统形态的框体，会以固定在界面中的某一区域的形式存在。

　　若框体脱离界面边缘且浮动在界面中间，并覆盖在界面中所有其他信息的上层，则其被称为弹窗。弹窗并非常态化的存在，通常在提示某种重要信息时使用，一般由"关闭"按钮或手机游戏中比较通用的点击弹窗外区域等方式进行关闭。弹窗关闭后消失，其下层信息重现。如果是比较弱化的信息，弹窗则简化成通称为 Tip 的控件。Tip 控件的特性为快速展示并自动消失。框体的形式非常多样，除了弹窗、Tip 这样的形式，还有通过降低框体背景的透明度呈现的半透明框体或几乎撑满界面的全屏框体。还有一种和弹窗类似的框体称为浮层。浮层的表现形式类似 iOS 中的 Assistive Touch 界面（字面含义为"辅助接触"），它的入口以不透明或半透明的小控件形式浮动在所有界面的上层，可以任意挪动其位置，但它一般会自动吸附在其最靠近的界面边缘，被点击后会展开更多内容以供用户进行操作。浮层起到了垂直到达重要功能的作用，但也有一定的缺陷，如遮挡其他控件、容易造成误操作等。浮层在不少游戏中都有应用，但不是很广泛。有些游戏甚至利用这种特征设计出了位置固定的浮层控件。

iOS 中的 Assistive Touch 界面

　　下图所示为游戏《银河特攻队》的清单界面。该界面中有位置固定的浮层控件，界面的右上角有个蓝色按钮，被点击后会变为下面右图中的样式。它弹出了整个游戏的所有系统入口，这样的设计免去了玩家在很深的层级之间跳转的麻烦，是一种垂直抵达的交互模式。

　　广义上的按钮可以分为典型按钮、页签按钮、标签按钮、图标按钮及其他可以点击跳转且承担着枢纽功能的按钮。由于页签按钮通常情况下不具备跳转衔接的作用，仅在静态页面中进行信息的替换和刷新，与按钮的典型意义有所差别，因此将其单独列为一种控件来分析。

　　除了广义上的框体和按钮，还有一些非主流的辅助控件，包括滚动条、复选框、滑动条、血条类控件及下拉菜单等。

　　下面，笔者将对常见界面元素的概念进行分析与讲解，这些概念包括框体、弹窗、按钮和页签。

⊙ 框体

　　框体的根本功能是承载成块的信息，在界面设计中，需要把某些同类型或相关的信息聚合在一起，使其既能实现操作和识别上的便捷性，又能被用到框体控件中。前面提到，框体有多种表现形式，如弹窗、Tip、浮层等，无论这些外在的表现形式是什么样的，其本质上作为承载器的功能都是同样的。理解了框体的本质，才能做出适合具体情况的设计。框体包含以下两个根本特征，需要在做框体设计的时候谨慎考虑并将其作为设计的出发点。

第 1 个特征是框体需要与非框体进行分隔。

框体与非框体的分隔分为框体与同一界面中的其他信息（主要是界面中的控件、文字等表现界面内容的元素）的分隔和框体内部的分隔。框体存在的根本目的是聚合，而聚合的关键要素是边界。没有边界的聚合在逻辑上就没有分隔，在视觉表现上也就没有可识别性。

右图所示为网易游戏《天下又天下》的主场景界面。当界面中出现了很多玩家，玩家的 ID 呈现重合状态时，会让人感觉比较混乱。

框体与界面中（特指在同一界面，下文同此意）其他信息的分隔方式有两种：一种是利用视觉上可见的线条或衬底，另一种是利用排版布局上的隐形区域。弹窗就是一种典型的视觉化分隔方式，也是较常见的分隔方式。通过排版布局上的隐形区域来进行分隔，本质上是省略了视觉化框体的一种设计。这种设计方式通过对界面进行栅格化的分隔，把界面从信息排布上分隔成几个区块，所有元素按照这种规划好的区块进行排布。虽然并没有存在实体上的线条或衬底，但由于人脑对视觉的自动补足功能，玩家在看到界面时会在脑中自动绘制出设定好的区块。这种设计方式的灵感来自出版物的排版，不是很常见于大型框体中，尤其是框体内部还承载有很多操作功能的情况下，如需要滚动、拖曳或点击等。但是随着界面设计整体水平的提升，设计师们越来越追求界面设计的易用性，尤其注重信息的直达性与易于辨识和解读，隐形的框体也越来越多见。究其原因，隐形框体通过其他方式省略掉原本需要用视觉元素来表现的分隔，节省了玩家在看到界面时需要耗费的额外的解读图形的精力，使得界面所要表现的信息能直观且轻盈地展现在玩家面前。掌握这种分隔方式，除了需要极强的设计能力，还需要设计师能从界面整体的排版上去考虑，这意味着它是一种比视觉化分隔更难做到的设计。

某杂志内页效果　　　　　　栅格结构示意图

下图所示为游戏 Dungeon Brawlers（《地牢争霸》）的弹窗。该弹窗中包含 3 种颜色的边框，这 3 种颜色的边框分别对应着这个弹窗中 3 个层级的框体。这 3 个层级的框体均通过视觉化分隔设计而成，由外到内层层嵌套了 3 个层级的视觉区域，界面次序完整且清晰。

游戏《巫师 3》的界面整体给人以简约、干净的感受，最大的原因就在于它省略了很多在其他游戏界面中常用的视觉化分隔设计。游戏《巫师 3》的界面中随处可见隐形框体的设计，如下面左图所示的怪物详情页界面。下面右图所示为游戏《巫师 3》怪物详情页界面中的隐形框体，图中提取了一部分这个界面里原本可能会被视觉化设计的框体，这些框体虽然在实际设计里被省略掉了，但不会给玩家造成困扰。

框体作为内容的聚合控件，其内部也是需要逻辑的。这种逻辑主要表现在信息的排布和分隔上。其中，信息的分隔起到了很重要的逻辑引导作用。框体可以被看作有头部、身部和尾部的完整个体。这 3 个部分在视觉上形成了完整的阅读路径，在操作逻辑上是按照先后顺序排列的操作序列。通常来讲，框体都需要一个标题部分作为头部，这个部分应根据功能的需要来决定其是否有特殊的设计。承载内容的就是身部，这部分可以是文字、图标，并且文字和图标可以混排，也可以嵌套到另一层框体中。身部是每个框体必不可少的。尾部通常是一些相关的操作，在逻辑上是整个可操作框体的退出路径，如"关闭"按钮、帮助信息及提示信息等。有一些框体会省略头部和尾部，只保留身部。

右图所示为玩家在一个典型的框体中的体验路径。带箭头的红色虚线为该路径的大致走向。玩家被头部标题吸引，从 A 点进入框体，随之滑向身部，完成阅览或放弃阅读后，从 B 点进入尾部，进行相关操作后退出框体。这就是一个完整的框体信息展示路径。这种路径顺序的形成，除了因为现在的玩家有从上到下、从左至右的阅读习惯，还因为这种框体特定的引导式设计。如果框体中的信息杂乱，没有头部、身部和尾部的设计布局，那么即便玩家有约定俗成的阅读习惯，也大概率会被混乱的信息扰乱视线。

下页图所示为游戏《崩坏 3》的活动界面。该界面是一个结构完整的框体，图中标示的位置分别为完整框体的头部、身部和尾部。与典型框体模型的不同之处在于，这个框体中的人物立绘比标题更吸引人，但它实际上从属于框体的身部，它与头部标题明显的色调和特别的图形设计相配合，起到了吸引玩家注意的作用。位于尾部的"前往"按钮则是这个框体的退出路径之一，玩家点击它即可跳转到活动界面。这里的特别设计在于，玩家还可以通过点击框体之外的空白区域来退出这个框体。这是一个在视觉层面上没有明显提示的操作（只有界面底部不明显的小字提醒）。如果没有注意到提示，则玩家很容易被这种设计所引导，去做游戏设计者想要玩家做的事，即参加活动。"促使玩家被引导着去参与活动"这一游戏设计目的再明显不过了。这非常明显地体现了框体的进入和退出机制设计在游戏功能设计中的应用。

框体的 3 个部分需要视觉化的表现，其表现方式就是框体内部的分隔。在设计框体的时候，先分析框体逻辑，再对其进行视觉化的分隔是比较正确的操作流程。具体的分隔方法是使用视觉化元素、线条及衬底等或排版布局上的隐形区域，类同于框体与界面其他元素的分隔方法。两种方法可以根据具体情况选用，有时候还会混用。

第 2 个特征是框体需要考虑动态变化。

关于动态变化，这里可以从 3 个层面去进行分析。

第 1 个层面是框体需要根据不同的适配状况去呈现不同的尺寸，但是内容的展现不受影响。

在游戏界面的实现过程中，对于可变尺寸的界面控件的适配方式是需要在设计稿阶段就加以考虑的。实现游戏界面对不同尺寸屏幕的适配主要有两种方式。一种是依据一定的原则进行变形拉伸。这种拉伸一般用在视觉表现不重要或拉伸后效果影响不严重的地方，如模糊的大背景、纯色部分等。另一种是九宫格或三宫格拉伸。这种拉伸方式的原理是为切图定义一个可变形拉伸区域和若干个（九宫格拉伸时是 4 个，三宫格拉伸时是两个）不可变形拉伸区域。这样，一个很小的切图就可以被拉伸到很大，却不影响关键区域视觉元素的形状，以及整体的设计表现。这种拉伸理论可以高度适配多种尺寸。由于这种特性，拉伸时只需要很小的切图，非常节省游戏软件打包后的包量（即游戏软件整体打包后准备分发给玩家时的安装包），因此这是游戏开发中常用的切图方式。由于在九宫格拉伸或三宫格拉伸时需要定义特定的不可变形拉伸区域和可变形拉伸区域，以及拉伸方向（九宫格拉伸时，可变形拉伸区域是四向平铺的，应避免出现纵向和横向拉伸从而影响图像品质，如变形、拉扯等效果。三宫格拉伸时，以横向三宫格为例，可变形拉伸区域是横向的，应避免图形被竖向拉伸变形的情况），因此在设计稿阶段就应该考虑具体控件的实现方式，避免出现影响特定切图方式的设计。游戏界面中有非常多的视觉元素，被设计在框体上的视觉元素也有很多，这就需要设计师灵活地考虑这些视觉元素在实现框体时，尤其是实现框体的动态变化时的设计方式。变形拉伸和宫格拉伸是需要结合在一起进行考虑的，像在 Photoshop 中分层那样对各种不同拉伸方式的切图加以分层，有些是不能变形的，有些是宫格拉伸的，有些是可以任意变形的，都需要提前考虑到位，避免造成后期的修改成本过高。

在"Fexgame"项目中，有很多描述 PVP（玩家对战玩家）游戏模式的图片被用于选择 PVP 模式时的界面中。这些图片有两个特点与控制游戏包量相矛盾：（1）均为全屏图片，尺寸较大；（2）游戏中有很多个 PVP 模式，对应这些模式的图片也一样很多。针对这样的问题，为了避免大量图片造成的不必要的包量"臃肿"，我们采用了变形压缩的方式对图片进行处理，例如将原尺寸为 1136 像素 ×640 像素的图片变形压缩成尺寸为 512 像素 ×512 像素的图片，然后在程序实现时将尺寸为 512 像素 ×512 像素的图片变形拉伸回全屏状态。虽然这个背景需要适应多种移动端尺寸，但它们的比例大致都接近于 1136 像素 ×640 像素的

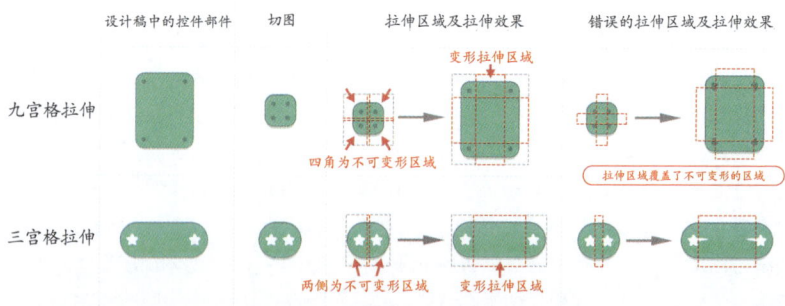

尺寸比例，图片虽然变小但可以被接受。这样变形拉伸的变化过程所造成的图片质量损失，因为这些图片的很多区域被界面控件遮挡而变得可以接受。512 像素 ×512 像素的尺寸也可以被打入图集，进一步节省游戏包量。

右图所示为代号为"Fexgame"的项目的背景界面效果（界面已做处理以便查看），界面中背景图的输出尺寸为 1136 像素 ×640 像素。

在 Photoshop 中打开下面所示的图片，然后按 Ctrl+Alt+I 组合键，在弹出的"图像大小"对话框中设置图片的"宽度"与"高度"均为 512 像素，即可将图片缩小为指定尺寸。

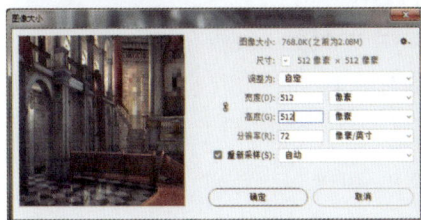

🐝 **提示**

需要注意的是，移动操作系统（iOS 和 Android）对图片进行编译所支持的图片格式是不同于我们常见的在 PC 端预览图片时所用的 JPG 格式或 PNG 格式的，因此必须要在 Unity 编辑器中将图片格式转换为移动操作系统编译可识别的图片格式，而这些格式要求图片的尺寸必须为 2 的 n 次幂像素。这也就是 Unity 编辑器使用的图集为 1024 像素见方或 512 像素见方这类尺寸的原因之一。虽然可能存在无法忍受有些图片的像素损失而将其单独放置于图集之外去实现的情况，但是图片品质依然会在一定程度上被 Unity 编辑器所压缩，尤其是一些暗色调的图片，它们会因为压缩丢失一些颜色通道而出现波纹状的纹理。iOS 中还会强制所有可被编译后传给显卡设备的图片都为 2 的 n 次幂像素，这导致一些超过了某些单位边界的图片被强制加入大片的空白像素。例如一个 600 像素宽度的图片会被强制变成 1024 像素宽度的图片，因为有效像素区域的宽度只有 600 像素，所以 601~1024 像素的宽度区域内均为空白像素。这样的强制措施使得大量未放入图集的图片变得大了很多。这也是 iOS 版本的游戏包量普遍高于 Android 版本的游戏包量的原因之一，由此可见大尺寸图片的处理在游戏包量优化中的重要程度。

例如，下页图所示为笔者制作的代号为"LEgame"的项目的商城购物车界面。通过界面中标示出的两处元素，我们基本可以看出它们是如何被切图和实现的。其中红色箭头标示的两个部分分别是靠上的物品区域和靠下的"结账"按钮，红色箭头指向的是它们对应的切图方式，在左侧界面效果图中可以看见界面中对应切图的理想实现效果。右侧靠上的切图由九宫格拉伸方式实现。而下边的按钮则分为两层，即文字层和按钮层。其中，按钮层以三宫格拉伸方式实现。这两种不同的拉伸方式是由切图上图案的不同所决定的。图中物品区域是一个纯色的圆角矩形，它在保持四角的圆角不变的情况下，在横向和纵向上都可以被划定为一个区域，区域内均为纯色像素，纯色像素可以被任意变形拉伸而不影响视觉效果。但是对图中的按钮来讲，纵向上我们无法找到纯色或可以拉伸后不变形的区域，横向上我们可以找到拉伸后不变形的区域，虽然是非纯色。因此，它失去了纵向上可以拉伸的可能但保留了横向上可以拉伸的可能，拉伸方式也就由九宫格变为三宫格。

纯色背景和按钮的不同之处如下面两个切图的横向、纵向拉伸效果示意图所示。图中①和②分别是物品区域切图的纵向与横向拉伸样式。由此可见，将可拉伸区域定义在圆角范围外的位置时，无论哪个方向上的三宫格拉伸都不会导致这个切图上的图形变形，横向与纵向拉伸区域的叠加也就不会产生破绽。③和④则分别是按钮切图的横向与纵向三宫格拉伸样式。在④所示的状况下，由于按钮的设计方式特别，导致我们无法找到一个纯色或者纵向上拉伸不变形的区域，因此就产生了难看的图形，这是这个按钮切图无法应用九宫格拉伸的根本原因。

🐵 **提示**

横向和纵向两个区域的叠加在切图上产生了 9 个区域，这就是"九宫"名称的来源。三宫格拉伸也是因为定义了一个可拉伸区域，无论是纵向的还是横向的，在切图上形成了 3 个区域才被称为"三宫"。

从设计界面的设计稿到实现游戏的过程中会产生大量的切图。这些切图中存在不同的图形设计，它们可能会适应不同的拉伸方式。因此，一个完整的界面框体在实现时可能会被拆分为很多部分，各个部分依据不同的拉伸方式进行实现，最终再拼合回来，形成我们最终在游戏中看到的样子。就上面的表示某游戏项目的购物车弹窗界面而言，它内部就包含了分别可以适应九宫格、三宫格和不可拉伸（但接受等比例放大或缩小）的切图。在实现的时候，需要根据它们可接受的不同的拉伸方式来分层切图，而不是根据美术设计的逻辑来分层。

将右图所示的弹窗按其不同部分可以接受的拉伸方式来进行拆分。这里应按能降低切图面积的原则进行拆分，将可以三宫、九宫拉伸的图形都单独拆出来，能有效减小最终的总切图面积，上图中两个切图的处理方式正属此列。还有在美术设计上一体化图形的进一步拆分。在该图中对弹窗底图（即面积最大的"购物车"图形的切图）的处理就是使用的这种方式。在整个"购物车"的设计里我们发现，只有顶部的"把手"上因为设计了无法被拉伸变形的纹理图案而没办法应用三宫格或者九宫格拉伸，位于物品区域的是大面积的纯色，购物车前方位于图形底部区域的图形是在横向上可以被拉伸而不变形的。

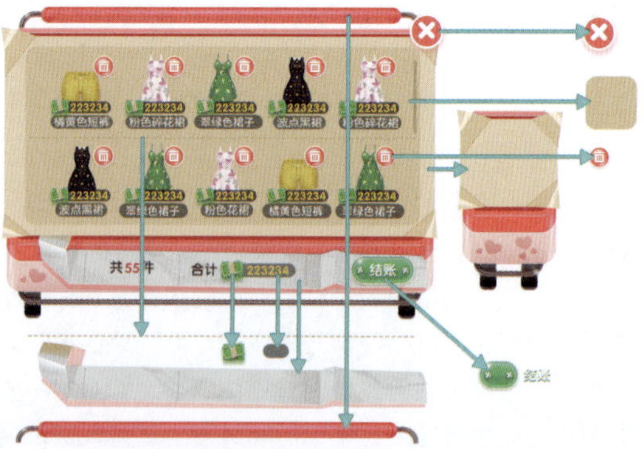

基于以上所述，笔者对弹窗进行了右图所示的拆分（其中青色透明的部分为可拉伸区域），即将顶部把手单独分离，其他部分按照九宫格拉伸的方式进行缩减。如果此处没有将把手分离，那么就只能输出一个原尺寸的切图，这样大尺寸的切图显然是应该避免出现的。这种处理方式避免了过大尺寸切图的输出，从而节省了切图体量。

第 2 个层面是框体在实际情景中一般会保持尺寸不变，但是它作为一种视觉语言，体现在游戏的不同界面中时，可能有不同的尺寸，所以其在内容呈现上也大相径庭。

关于这一点，就涉及通用型控件的相关内容。通用型控件的设计和使用是界面体系化设计中很重要的一环，具体表现在设计规范的建立和维护。这些内容在第 10 章中有详细的介绍和分析，这里不再赘述。而框体在这一层面中的应用方式，是基于框体所承载内容的不同，以及内容所表现的功能特征（主要体现在重要或不重要这个层面上）的不同而变化的。如果设定某个完整的样式为一款游戏中某一类框体的通用标准，那就意味着在大部分情况下，这种样式应该得到严格执行。但也会有一些例外，且这些例外多是由框体本身功能的强弱变化所产生的。

例如，下图所示游戏《大话西游热血版》中的几个弹窗就是一种比较典型的同类型弹窗在不同应用情景下的对比。从 A 到 D 的几个弹窗很明显属于一个风格，且有着明显的由重到轻的变化。变化的方式主要有两种。一种是尺寸的变化。A 和 B 是同一种样式、不同尺寸的两个弹窗。C 和 D 则是样式稍微简约的更小尺寸的两个弹窗。另一种则是样式上的轻微变化。除了 A 和 B 基本是同一种样式外，C 和 D 都在外围边框上做了比较大的改变。C 弱化了弹窗顶部条的纹理尺寸和形状，在底部边缘增加了一个窄的条状物，使框体边缘的设计更对称，也更轻量级。D 则完全去除了边框，仅保留了这个风格设计中弹窗衬底的色调（稍微增加了一些纹理），从质感上传达出更轻的视觉感受。它们可以被看作同一种框体在不同的重要程度、不同的信息传达和不同的功能表现上的适应性变化，这是同一种风格的动态变化结果。

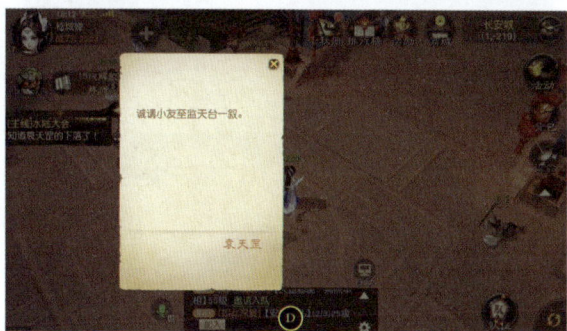

🐵 **提示**

相同样式的框体可以根据框体本身所承载的具体内容的特性而采用不同的尺寸样式，避免死守规范，犯教条主义的错误。

第 3 个层面，我们可以把框体看作界面的主要组成构件。界面可以被认为是由不同形式的框体有机构成的。一个界面可以被认为是一个大型的框体，而界面中的信息会根据不同的逻辑和关联关系被划分到不同的子框体内。框体之间的关联枢纽是承担操作功能的控件，如手持设备上的手势操作、体感设备上的体感操作等。理解了框体的这一层含义，界面的本质也就更好理解了。

从这一层含义出发，在设计框体时我们应考虑到以下 3 个方面。

首先，一个界面内的排版设计应作为一个完整框体去考虑。一个界面内的内容是互相关联、互相影响的，而不是机械式地堆砌呈现的。完整的界面是信息的集合，有可能非常复杂，但是这种复杂需要被设计得有逻辑，才可能被玩家理解和使用。框体在组织界面信息的过程中起到了维护底层逻辑的作用，我们可以称之为归集信息。在此基础上，才有上层逻辑中对信息的有效协调和应用，即相关信息的跳转、刷新及链接等。没有框体作为信息的容器，上层的逻辑设计将成无根之木，无法得以施展。因此设计一个界面的第 1 步应该是在界面中归集信息的基础上对信息进行逻辑划分和构架处理。

框体设计时的信息归集与划分步骤示意图

其次，一个界面的设计应该按照由整体到局部的顺序来进行。设计界面的顺序与绘制一幅画的顺序是一样的，应该先有大的基调、整体节奏的把控，以及色调分布和操作布局的合理规划，再有局部且进一步的细节规划，局部的细节规划也是以同样的顺序进行的，直到最后一个层级的框体设计完成。

右图所示为三级嵌套结构的框体的规划次序示意图，其不同描边色的框体区域按照数字顺序进行设计与规划。

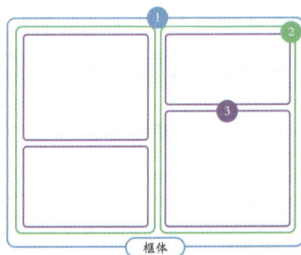

下图所示为三消类手机游戏《疯狂动物城：筑梦日记》的签到奖励弹窗界面。从图中我们可以看到在设计这个弹窗时的规划次序。其中，在蓝色线框标示的第 1 层级中，需要规划出由绿色线框标示的第 2 层级内容的排布方式，它们分别是从上到下排布的标题、签到奖励区和附属信息区这 3 个部分。在紫色线框标示的第 3 层级中，框体明显地分隔为每天签到的视觉内容。除此之外，还有一些诸如头部标题与出口叉号的层级并没有在图中标示出。从中我们可以发现，如果没有这种由整体到局部的框体信息整合规划，这么多的信息在设计时一定会显得非常混乱。

　　最后，界面的设计应该做一些动态化的考虑。界面是可以交互的，具体表现为界面之间可以互相切换、在一个界面内的有些操作（如拖曳、滚动及放大缩小等）可能会唤出弹窗等。在日常生活中，我们会看到一些为了展示比较特别的提示信息或功能的弹窗，具体表现为基本的信息归纳和框体之间的跳转，以及链接、刷新等，或者同一界面内不同层级的框体的关系处理。从空间上讲，弹窗在被唤醒之后独占屏幕空间，因此就不用也没必要考虑在原有界面上专门腾出永久性空间给弹窗；从时间上讲，弹窗只有需要展示提示信息或功能的时候才出现，节省了玩家同时阅读多个界面的信息所耗费的精力。

　　例如，下图所示为网易游戏《猎魂觉醒》中的料理制作完成提示弹窗。该弹窗是一种没有明显视觉边框的弹窗。这种弹窗相较于典型的框体弹窗更加轻量，更能体现出弹窗这一类型控件作为临时提示信息载体的本质。这个图里的弹窗在出现时还会有压暗背景的效果，起到了聚焦的作用。一些游戏还会在类似效果的基础上再加上背景模糊的效果，这些都体现了弹窗在时间上临时展示和在空间上全屏展示的特征。

　　同时，一些排行榜也会有动态设计，具体表现在平时收起，为别的界面控件腾出展示空间，而在玩家需要查看详细信息时通过玩家点击展开按钮展开，展开后它浮于其他界面上层，或直接占领全屏空间。这样做的目的是从时间和空间上避免与其他控件产生冲突。从时间上，不同时与其他界面展示所有的详细内容；从空间上，不挤占常态时其他更重要的控件的空间。

　　下面两张图所示分别为腾讯游戏《王者荣耀》主界面上排行榜面板收起和排行榜面板展开的状态。从这两张图中可以看出，主界面中的排行榜面板有两个状态，即收起和展开。当排行榜面板收起时，界面左侧只展示了 3.5 个（第 4 个被遮去一半，是一种"可滑动"的视觉暗示）好友玩家的头像和简略的排名信息。点击图中黄色箭头指示的展开按钮，会触发展开排行榜面板的动作，并展开排行榜面板。排行榜面板这两个状态的转换过程表现了框体在时间和空间维度上的动态性。

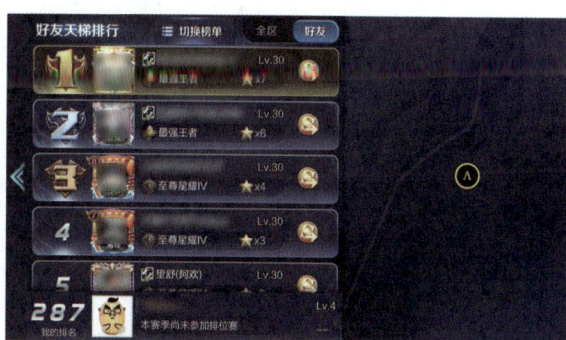

提示

　　虽然上面第 2 张图右侧标识的 A 区域中有专门设计的背景图遮盖了原来的主界面的其他内容，使得展开的排行榜面板看似是一个全屏界面，但事实上这只是这个面板的一种临时形态。玩家在迅速预览了信息之后会马上返回到原来的排行榜面板收起的界面。这种设计使得排行榜面板的完整形态成为一种临时的覆盖在主界面上层的遮蔽层，是在动态空间上的一种短暂展示，既灵活地容纳了更多的信息，又节省了紧张的主界面空间。不过，如果只是静态单维度地考虑框体的设计，那么这种形式是没有可能被设计出来的。

⊙ 弹窗

弹窗是一种比较特别、也非常常见的框体设计元素。典型的弹窗通常承载的是某个重要提示或某个功能界面，从操作上会给玩家以打断的感受，但是其造成的打断感受并没有直接切换界面带给玩家的那么强烈。

下图所示为弹窗操作流和界面切换操作流之间的差别。该图分别假设了一个最基本的简单操作模型，并以"玩家在界面上的注意程度"为衡量标准来判断两种操作流之间的"打断感受"差别。在该图的上半部分，玩家对界面甲的注意力产生变化主要出现在弹窗出现时。此时弹窗覆盖了界面中的很大一片区域，加上弹窗里内容的吸引力，导致界面甲的"存在感"降低，但不是绝对没有。玩家对界面甲的注意程度约等于界面尚存的面积减去弹窗的面积。与之相比，在该图的下半部分，玩家对跳转点进行操作并切换到界面乙后，由于界面甲完全"消失"，因此玩家对界面甲的注意力就完全没有了。同理，再次从界面乙切换回界面甲后，玩家对界面乙的注意力同样没有了。这就造成了比弹窗更强烈的"打断感受"。而且界面的切换在物理上给人以"换场景""过了一个镜头"的视觉感受，相对弹窗给人以"临时覆盖了一小片区域""还没离开目前界面"这样的感受来讲，刷新和切换给人的感受更为强烈。

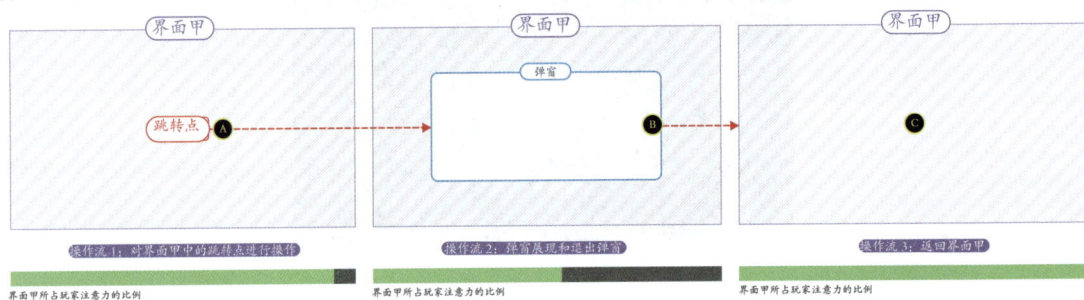

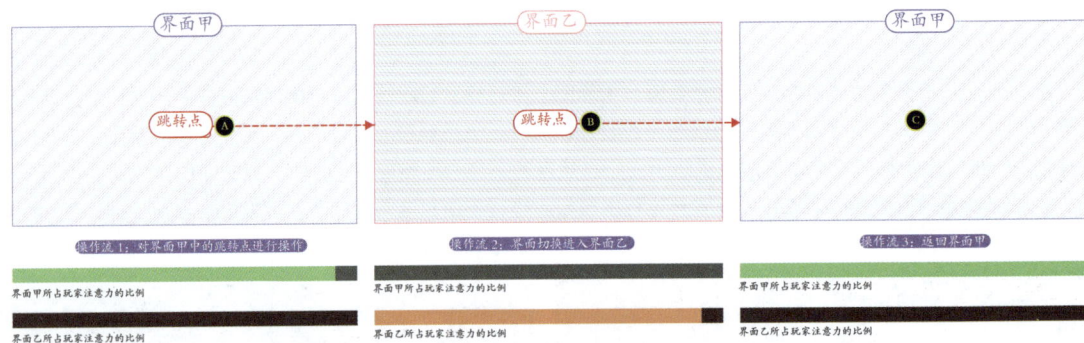

通常来说弹窗会有几种形式，分别是全屏弹窗、贴边弹窗及提示弹窗（即 Tip）。全屏弹窗和贴边弹窗实际上是普通弹窗在尺寸上的变种，两者操作稍有不同但本质几乎一样。提示弹窗则是与普通弹窗差异比较大的。根据种类的不同，提示弹窗承担着的功能也不同，总体上都要比弹窗的重要性低。

全屏弹窗也分多种形式，典型意义上的全屏弹窗和界面的形式非常接近，都以屏幕边缘为边界且没有物理上的明显界限。它们之间的差别在于全屏弹窗是弹窗的一种，是临时跳出的，其出口以"关闭"按钮的形式存在，表明其操作逻辑上的"出现→展示→消失"的过程。而全屏界面必然衔接了别的界面，一般以"返回"按钮为出口，表明其操作逻辑上的"跳转衔接"的过程。右图所示为网易游戏《大话西游热血版》中出现的全屏弹窗，其右上角的"关闭"按钮是弹窗的一个典型特征。

　　同时，有一些尺寸非常大的弹窗，虽然从视觉上看其边界并没有贴到屏幕边缘，且有效内容也并没有占据整个屏幕，但是其附属的背景和修饰却利用了整个界面。这样的弹窗也可以被认为是全屏弹窗，如下面所示的游戏《神都夜行录》的等级提升弹窗和游戏《王者荣耀》的活动弹窗，这类弹窗一般以下方的按钮为出口。

　　贴边弹窗是因为某些功能性的目的而被设计贴在屏幕边缘的框体。前面在讲到框体的动态化设计时所列举的很多框体就是贴边弹窗，如下图所示的游戏《无尽神域》中出现的玩家与 NPC 对话的弹窗和游戏《大话西游热血版》中出现的任务对话弹窗。

　　提示弹窗是一种比较轻量级的框体，其所承载的信息比较简单，其重要程度也要比其他弹窗的低一些。提示弹窗可以粗略地被分为两种类型，一种是主动式提示弹窗，另一种是被动式提示弹窗。

　　主动式提示弹窗通常提示一些简单但是重要的信息，而且为了强调信息，其在视觉上和动态表现上的效果往往被设计得比较强一些，如一些游戏中的主角升级、击杀信息等，都会在特定的时刻和位置出现、停留和消失，并且都是自动的。被动式提示弹窗则要"低调"一些，通常是对界面内的某些元素如道具图标、宝箱内容物等进行解析，往往需要玩家长按或点击后才会出现，相对于其他控件来讲，其功能上的重要性是非常低的。

　　右图所示的游戏《大话西游热血版》中出现的获得新功勋提示弹窗是一种主动式提示弹窗，在玩家达到某个条件后会自动触发并自动消失。

在游戏 Z Warfare 的商店界面中点击"Sell！"按钮会弹出一个物品列表框体，这个框体可被视为被动式提示弹窗。

以下是笔者针对被动式提示弹窗模拟的一个情景。假设玩家所在的界面是一个房间，切换界面相当于走到相邻的房间，而弹窗就相当于房间里的服务生。在这里，服务生会主动观察并发现玩家遇到的问题。当玩家遇到问题时，服务生会主动对玩家说话或告知玩家解决问题的办法，玩家需要进行相关操作后才可退出。主动式提示弹窗与被动式提示弹窗的区别是，主动式提示弹窗相当于房间内的闹钟，到了某个特定时间点或者操作点就会主动响起，一段时间后又会主动停止。被动式提示弹窗就像某个抽屉里的信件，需要玩家主动发现，将其打开阅读后关闭。

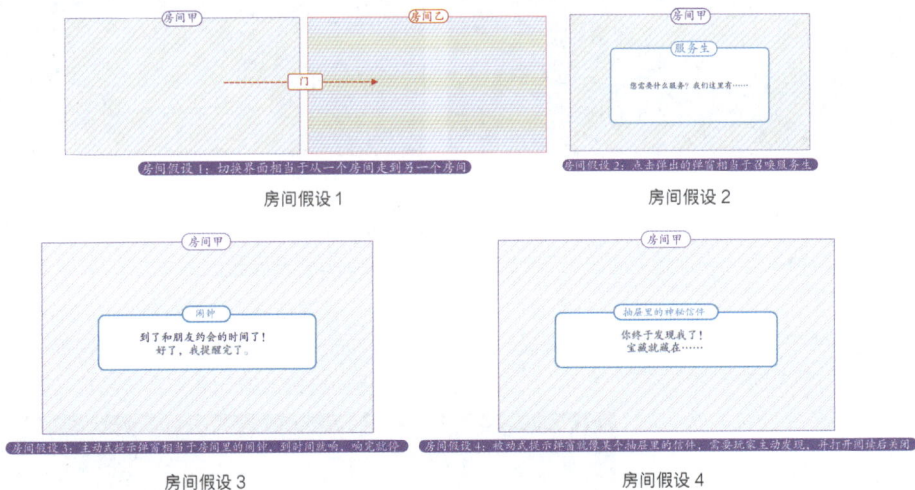

房间假设 1

房间假设 2

房间假设 3

房间假设 4

从广义上来讲，弹窗是框体的一种，具备框体的所有属性，但是也有一些特属于弹窗自身的性质，需要在设计的时候加以注意，主要包括以下 3 点。

首先，弹窗是不常驻的框体。这一特性决定了设计师在设计时不需要在原有界面内设计出特定的空间来容纳弹窗。但是需要考虑弹窗信息的动态展示效果。如果是提示弹窗，则还需要考虑它与原有界面中控件的时间和空间关系。

下图所示为游戏《无尽神域》中出现的两个主动式提示弹窗。它们因为各自属性功能的不同而被摆放在了不同的位置，显而易见且并没有被界面内其他物品的位置所影响，而是盖在了其他所有控件的上层。这是提示弹窗所具备的提示性所决定的。顶部的提示弹窗一般被认为是级别高且比较显眼的，正因为如此，这个提醒玩家前往参加活动的提示才会以旗帜的样式摆放在这样的位置。很多游戏也利用了这个位置的特点，在这里摆放主角升级等类型的提示弹窗。与此同时，位于中间靠下位置的提示弹窗则更显眼一些。它刚好遮挡了玩家人物的一部分，但没有太靠屏幕底部，设计的样式也比较夺人眼球。这样的样式设计和位置摆放都是基于它作为"成就达成"的功能体现而考虑的。

其次，弹窗是提示性信息的容器，在视觉上可能会有强化表现，表现方式有两种。一种是设计强化，如更多的质感表现、更强的色彩对比等。这种强化一般体现在典型弹窗的文字设计和提示弹窗的特殊设计上。另一种是动态表现强化，主动式提示弹窗便是如此。这两种方式有时候会共存，以达成更强烈的效果。

例如，从下面游戏 Z Warfare 的 PVP 模式队伍调整的弹窗和进入 PVP 模式前的弹窗对比来看，PVP 模式队伍调整的弹窗样式属于这款游戏的通用样式，而进入 PVP 模式前的弹窗样式属于这款游戏的特殊强化样式。

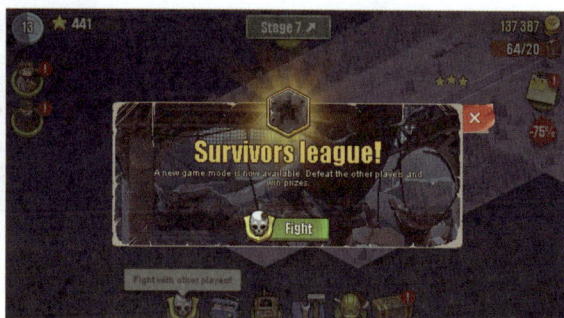

最后，弹窗是短暂停留的控件，需要有出口。一般来说，主动式提示弹窗不用考虑此问题，它们通常是自动弹出、停留，然后自动退出的。而被动式提示弹窗则需要玩家主动将其唤出，在玩家进行相应操作后退出。主要需要在典型弹窗上注意这个问题。一般的典型弹窗会有以下 3 种退出方式。

第 1 种是二选一型的弹窗。二选一型的弹窗展示给玩家的退出信息样式是二选一的，玩家做出选择之后即退出弹窗，然后继续原先操作逻辑中的下一步操作，如右图所示。该图展示的是网易游戏《遇见逆水寒》中的提示弹窗。两个按钮都是这个弹窗的出口，但操作后的后续逻辑会有所不同，具体表现在玩家要么接受故事剧情继续往下历险，要么就中断这个过程。

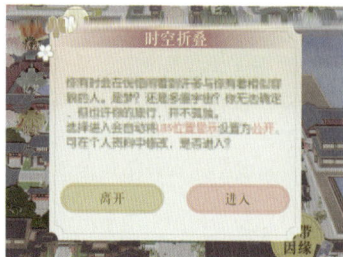

第 2 种是直接点击"关闭"按钮，这种退出弹窗的设计方式比较经典。通过鼠标关闭弹窗或窗口时都会用到这种方式。这一点击"关闭"按钮来关闭弹窗的操作方式被自然延伸到了手机游戏的操作界面中。即使现在有非常多的弹窗退出方式，但绝大部分情况下，依然保留了弹窗中的"关闭"按钮，如右图所示。该图所示为腾讯游戏《疯狂动物城：筑梦日记》中的小型弹窗，在该弹窗中，玩家只能点击右上角的"关闭"按钮实现弹窗的退出操作。否则只能点击"立即开始"按钮通过花费代币进行下一步操作。

当然，有一些弹窗会考虑将"关闭"按钮从传统的弹窗右上角移动到弹窗的底部或底部一角，并使其尽量靠近手机屏幕的操作热区。但无论怎么改变，从本质上讲"关闭"按钮还是一种经典的出口设计方式，只是降低了玩家的误操作概率，如下图所示。

第 3 种是专门适用于手机操作的方式——点击弹窗外部空白区域以关闭弹窗。手机的操作需要完全依赖手指，手指却没有计算机里的鼠标那么灵敏，对于需要精确定位的操作它会显得有些"笨拙"。因此，在计算机中通过"关闭"按钮关闭弹窗的这种需要灵敏的鼠标操作的方式，在手机游戏里会显得不合适。而点击空白处这种对灵敏性要求很低的操作就极其具有优势。右图所示为游戏《神都夜行录》中的变身说明弹窗，这个弹窗中没有视觉化的"关闭"按钮，玩家只能通过点击弹窗外部的空白处来关闭弹窗。

在一些非手机平台的游戏中，弹窗有着完全不同的退出方式。例如在 XBOX 这样的主机平台上，游戏的界面中几乎不会出现按钮，而是用提示性的标识来替代别的平台上原来设计了的按钮，这也是主机平台的特殊操作方式所决定的。在 XBOX 中，玩家操作游戏和游戏界面是通过手柄或体感设备等硬件设施来完成的。这些硬件设施上有实体按键可以映射到界面中的相关操作。例如，在 XBOX 平台上的游戏中，设计师用手柄上的实体按键 B 来表示"否认"操作，用 A 来表示"确定"操作，而其他更多的操作则由手柄上的其他实体按键来执行，如右图所示的游戏《飙酷车神 2》的XBOX 版本的编辑照片弹窗。这个弹窗的退出方式在界面底部靠近右侧的位置有提示，即按手柄上的实体按键 B。

⊙ 按钮

在游戏界面中，按钮是普遍存在的。想要全方面地理解按钮，则需要从界面整体开始说起。

界面是框体按照一定的逻辑和规律有机组合在一起的信息集合。框体和框体之间是有操作逻辑上的关系的，如框体之间的跳转、界面之间的切换等。这些跳转和切换在大部分情况下都是需要玩家进行一定的操作才可能完成的。而玩家的操作要实现这些框体间逻辑关系的转接，除了需要一些特别的手势，还需要有枢纽性质的控件来配合。按钮就是这种有枢纽性质的控件，它是实现框体之间关系转接的重要节点，如下图所示。

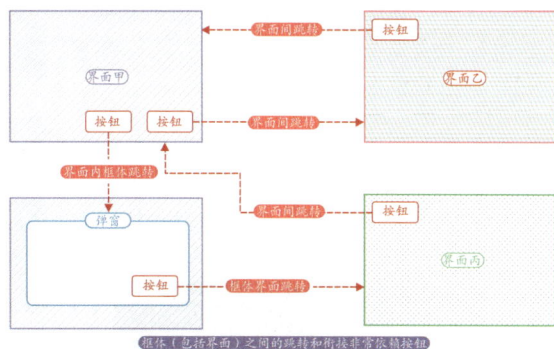

框体（包括界面）之间的跳转和衔接靠非常依赖按钮

界面中的按钮实现框体衔接的方式是被点击。这意味着按钮的设计需要模仿实际生活里的实体按键。这种按钮与现实中的按键有一些相似之处，这些相似之处主要表现为以下 3 点。

第 1 点是在视觉上给使用者带来"可点按"的暗示，这些视觉上的暗示具体来讲就是从色彩、形体和质感上都与周围的物体形成鲜明的对比，看起来是可活动的且凸出的物件，如下图所示。这一特征可以被称为示能。

 提示

示能，英文为 Affordance，是唐纳德·A.诺曼（Donald Arthur Norman）所著的《设计心理学 1：日常的设计》中提到的一个概念，意为一个物理对象与人的关系是一种关系而非物理对象或人的一种属性。

现实中存在的按键是实体的，因此从设计上来讲都是以"写实主义"的方式存在的。游戏界面中的按钮大多数也都有着明显凸起的"仿实体"风格，其示能表现非常明显，如下图所示。

第 2 点是会在点击之后产生反馈。现实中的按键，例如计算机键盘上的按键被按下之后会在计算机的屏幕上反馈出结果；按下电视机遥控器的按键，电视机会切换频道或变化音量。在游戏界面中点击按钮的反馈则更直接，点击任何一个按钮界面上都会即时发生变化，要么是在点击"关闭"按钮之后关闭某个弹窗，要么是在点击某个菜单按钮之后切换进入某个系统界面。

右图所示为腾讯手机游戏《QQ飞车》的主界面。玩家用手点击界面上没有任何界面控件的地方，这个界面就会发生变化，具体表现在主界面全部消失，代表玩家的人物和车辆被推到"镜头"前，这个新出现的界面上只留下少数功能性按钮，包括左上角的"返回"按钮和右侧的"拍照"按钮。这时，点击"返回"按钮，一切又都复原，主界面重新出现。如果这个过程中的"返回"按钮没有任何操作反馈，或者没有"返回"按钮，那么玩家将无法返回到主界面中去。

第3点是有明显的多态显示。现实中的按键在被按下之后，无论是视觉上、物理上，还是触感上，都会有"被按下"的相关体现。按键即使在物理结构上没有真的被按下，有时候也会通过别的手段去模仿它已被按下的状态。例如，在iPhone7 Plus的Home键上，苹果公司做了新的设计，使得Home键不会被真的按下，而是利用手指按下后手机里的某种震动来模拟旧版本iPhone上Home键的真实按下反馈，以规避旧版本中Home键的机械结构易老化磨损的问题，如右图所示。

🐻 提示

为了让界面中的按钮模仿现实的反馈，每个按钮都被设计了至少两个状态，即一个正常态和一个按下态。在计算机中，按钮甚至需要至少有3个状态，其中多出来的一个是"鼠标指针经过的状态"即Hover态。这个状态是对鼠标指针经过按钮时的一种反馈。这种就连按钮本身的反馈也都被精心设计的行为恰恰说明了按钮反馈机制的重要性。这一切的原因就在于，按钮作为可交互的对象，必须对相应的交互动作有所反馈，没有反馈的对象是不能被称为可交互对象的。

除了以上与现实世界按键的相似之处，游戏界面中的按钮还有一些独有的特征，这些特征与前面讲的特点一起构成完整的界面中的按钮。

首先，界面中的按钮不受现实物理规律的限制，有更多、更灵活的变化。例如，按钮可以在不能操作时置灰，同时也可以是任意的形态，有变成图标的，也有变成"幽灵"按钮的。

右图所示为手机游戏《神都夜行录》中的探索活动界面，界面右下角为因为条件未满足而被置灰的"进入迷宫"按钮。

其次，游戏界面中的按钮必须带有文字，除非按钮本身以图标的形式存在，有些按钮甚至只有文字。

右图所示为手机游戏《楚留香》的登录界面。界面右下方黄色箭头指示处为几乎只用了文字设计的"踏入江湖"按钮。这个按钮对应了一般游戏中带底框的"登录游戏"按钮。配合动效表现，这种没有边框的按钮并没有因此而显得单薄。

但是也有按钮上不存在文字的例外情况，如下图所示。当按钮是图标时，其可以不带文字。这是因为图标本身已经具备与文字相同的示意功能，尤其是一些简单、易理解的图标。一些带有不具备普遍理解特征的图标按钮仍然是需要文字的，以便玩家能一目了然地理解按钮功能。

最后，游戏界面中的按钮不仅需要有基本的跳转功能，还需要能够从视觉表现上表明操作按钮的重要性。正因如此，对于游戏界面，通常需要系统地设计几个层级的按钮，以及同一层级内有不同情绪倾向的按钮。这些情感化的内容需要从颜色、形体等视觉表现上去设计。例如，一般质感相对比较厚重、色彩对比相对比较强烈的按钮都属于比较重要的按钮，对这些按钮进行操作将产生很重要的反馈。而对于在质感和色彩方面都相对弱化了的按钮，对其进行操作后产生的反馈则相对不那么重要。如果是再低一层级的按钮，则其反馈的重要性按照这种规律依次递减。游戏中有一些按钮的操作是正向的，如"确定"按钮、"好"按钮及"OK"按钮等；有些按钮想要引导玩家去做操作，如"购买"按钮、"立即进入"按钮及"马上开始"按钮等，这些按钮都会用正向引导颜色来设计。反之，则会把按钮设计得很普通（相对于整个游戏界面的风格来讲）。更有甚者，对于操作后可能会导致玩家删除敏感的资料、进行消费或发生不可逆的损失时，就会使用警示色系来设计按钮。常用的正向引导颜色有绿色、蓝色及黄色等。常用的警示色一般是红色，而普通的按钮则按照游戏界面风格中的主色调去设计。

在这里，我们可以从以下示例游戏界面中看出这些设计特征。下面第 1 张图所示为游戏《轩辕传奇》的登录界面，界面中居中靠下的"开始游戏"按钮非常显眼，而且其视觉特征要比内部界面的按钮的视觉特征更突出。下面第 2 张图所示为游戏中的背包弹窗界面，在黄色箭头指示的地方可以看到视觉特征有明显差别的"随身商店"按钮和"出售"按钮及未标出的"分解"按钮。下页第 1 张图所示的界面同背包弹窗界面一样，黄色箭头指示的"立即购买"按钮与第 2 张图中的"出售"按钮相似，但不尽相同。下页第 2 张图所示游戏《王者荣耀》中获得勋章的提示界面底部的两个按钮通过不同的颜色传达出了不同的情绪倾向。其中黄色按钮相对于蓝色按钮来说视觉吸引力更强，玩家更容易被引导着去点击黄色按钮。这种设计透露了游戏设计者倾向于让玩家点击"炫耀一下"按钮，以实现增强游戏社交影响力的目的。

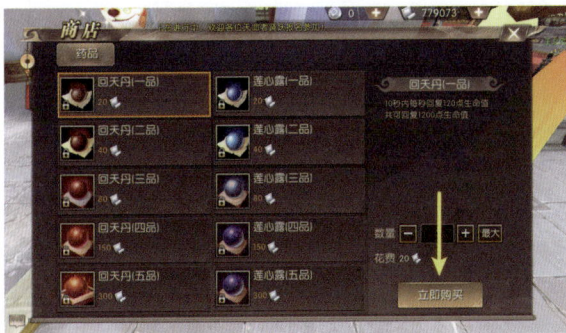

🐻 提示

　　一般来说，关乎消费类操作的"立即购买"按钮和"随身商店"按钮都会被刻意设计得"高级"一些，而系统内普通的操作按钮则要"朴素"得多。

　　在了解完按钮的完整特性之后，接下来介绍在设计按钮时需要注意的 3 个方面。

　　首先，按钮最重要的作用是跳转（包括界面之间的跳转和同一界面内部不同框体的跳转）。实现在界面之间跳转的按钮分为入口按钮和出口按钮。入口按钮就是进入某一界面时需要点击的按钮，它有时需要代表整个系统。简单的按钮无法传达太多含义，因此按钮有时就会以图标的形式存在。出口按钮则是退出某一界面时需要点击的按钮，很多时候它们以"返回""关闭"这样的状态存在。"返回"按钮通常是全屏界面的出口按钮，"关闭"按钮则是弹窗的出口按钮。同一个系统内部会包含很多界面，这些界面的跳转也需要按钮来衔接。由于通常是平级跳转，需要传达的含义比较少，因此这种按钮在样式上就会普通很多，在大部分情况下也不会是图标的形态。

　　入口按钮根据承载的信息量不同其表现形式也有所不同，有时候需要是图标，如右图所示界面中的入口按钮。界面中出现的车辆配件按钮具备非常强的独特性，如"引擎""传动"等按钮，并且需要在视觉上与场景配合烘托出临场氛围和实现特定的功能。同时，由于要配合科技感强烈的车辆模型透视场景和需要表示出装配数量，因此这些按钮被特意设计成了个性化十足的图标形式。

　　相比而言，常见的平级跳转按钮的样式会普通一些，也是我们能见到的绝大部分按钮的设计样式。

　　其次，按钮的样式应该依据其所代表的操作的重要性来决定。按钮的基本构成一般是文字和衬底，在不同的情况下，两者有不同的演化规律。在复杂到一定程度时，衬底会演化成类似框体的控件，用原画作衬底，文字也会做出更强质感的美术字表现。在简单到一定程度时，衬底可能会消失，只保留文字，也会出现两者都不存在而按钮变成图标的形式。

　　一般来说，表现按钮重要性的维度包括颜色、大小及形体复杂程度。颜色与界面整体对比越强烈代表按钮所代表的操作越重要。按钮的大小直观地表现了按钮所代表的操作的重要性，有些按钮甚至被放大到与框体一样大来表明其所代表的操作无比重要。形体的复杂程度越高，也表明按钮代表的操作越重要，有些按钮被设计为图标这种非常生动的表现形式来表明其所代表的操作的重要性，而有的按钮则直接被简化为只有文字的形式来达到弱化按钮的效果。

　　按钮的形态也能直接表现出按钮的功能性。例如，具有拍照功能的按钮采用"相机"形状，具有返回功能的按钮会采用"箭头"形状，具有关闭功能的按钮会采用"×"形状。

在下图所示的游戏界面中，按钮的视觉层级表现为较为突出的形式，即框体化的按钮。这里这样表现正是因为这些玩法模式是该游戏里最为核心的部分。

下图所示为游戏《决战平安京》中填写个人的性别信息之后弹出的二次确认弹窗。这里显示的弹窗是一个非常经典的二次确认弹窗，带有"确定"和"取消"两个按钮。这两个按钮在视觉效果上做出了明显的区分，使得玩家在快速操作的过程中能迅速辨别出所需点击的按钮。

下图中 A 和 B 两处的不同按钮有着不同的功能，A 处的按钮起到了调整购买物品数量的功能，而 B 处的按钮则用于执行购买操作。相对于调整数量，购买操作的权重更大，而且游戏设计者更期待玩家去点击"购买"按钮，因此才有了下图所示的视觉表现差异。

下图所示为游戏《楚留香》中的一个弹窗。该弹窗右上角的"关闭"按钮采用了常用的"×"形状。这样的设计和"拍照"按钮用"相机"形状表示或"返回"按钮用"箭头"形状表示一样，都是一种约定俗成的表示通用含义的图标设计。

💡 **提示**

一般来说，设计师在不需要明确引导玩家去做哪个选择时，就会习惯性地去设计二次确认弹窗。一般表示肯定的按钮都会被设计得比较鲜亮，而表示否认的按钮则会被设计得比较"低调"。但这并不意味着代表肯定的按钮就会更重要，而是代表着普遍的一种操作习惯。如果做了反习惯的按钮设计，则反而会引起玩家的误操作，造成不必要的麻烦甚至是无法挽回的损失。

最后，按钮基本的关联形式起到不同框体之间跳转的枢纽作用。除此之外，还有一些关联形式是相对静态的。这种静态关联形式成了按钮在界面中的大小、位置和样式受限的一种因素，也是需要在设计按钮的时候加以考虑的，一般按照关联形式将其分为以下两种形式。

第 1 种是周围关联形式，即与按钮的操作有关系的信息排布在紧连按钮的周围区域中。例如有些游戏通常会规定玩家需完成指定的几个任务后才能领取奖励。这时就会把已完成和需要完成的任务的比例或者进度条放置在领取按钮的旁边，一般是上边。这样设计的目的是让玩家在意欲执行"领取"操作的时候注意到任务的完成状态。这种设计方式是典型的将关联信息紧密排布在一起的一种设计排版方式，对玩家理解游戏设计意图有很好的协助功能。

例如，下页两张图所示为游戏 Z Warfare 中的角色升级弹窗。右下角的升级按钮和周围的信息就属于"周围关联形式"。左图所示是升级按钮不可用的状态，右图所示为"升级"按钮可用的状态。可以注意到，右下角的升级按钮直接关联了其上"数字 + 代币图标"的信息。这些信息和按钮左侧的升级材料明确了该按钮的可用条件。其上方的角色形象图及升级前后的属性数字信息则属于与升级按钮操作行为相关的外围关联信息。这个按钮和其周围的信息组成的"周围关联形式"实际上占用了整个弹窗的框体区域。

第 2 种是直接关联形式。这种形式是将与操作按钮有关系的信息直接放置在按钮上面，通常会出现在商城界面的"购买"按钮上，在商城界面的"购买"按钮上会直接放置代币图标和所需花费的数量。这种关联形式比上一种更加直接，起到了跟上一种关联形式区分的作用，即在购买前提示玩家需要花费的成本而不是该按钮的操作所需的条件。

例如，下图所示为游戏《QQ飞车》中的商城界面。图中箭头所指的按钮（及该区块内所有相似的按钮）和其上部的代币信息就属于"直接关联形式"，代币的数量并不会影响"购买"按钮是否处于可操作状态。

🐝 **提示**

> 需要注意的是，上面所说的两种关联形式的差别除了关联程度不同，还有一些操作细节上的差异。关于第 1 种关联形式，通常来讲，周边的关联信息会直接决定被关联的按钮是否处于可以操作的状态。以第 1 种关联形式中所举的例子来进行分析，如果玩家所持代币的数量小于按钮上方图标左侧标识的数量，抑或升级材料不足时，则升级按钮灰不可用（左图）。玩家可借由按钮周围的关联信息来理解按钮不可用的原因。这种逻辑也表现出周围信息对按钮的强制关系。关于第 2 种关联形式，直接放在按钮上的关联信息不会影响按钮的可操作状态。例如，商城里的"购买"按钮时刻是处于可操作状态的，但是操作之后是否有效则取决于玩家所持代币数量是否足够，关联信息和按钮之间并没有强制关系。
>
> 当然，两种关联形式有时候可能在设计形式上极为相似，但实质不会变。例如，第 2 种关联形式中的信息可以经由文字的颜色来表明可操作条件是否达成，也可以把原先放在按钮上的代币信息挪到按钮以外的区域。但是第 2 种关联形式中按钮的可操作状态并不被关联信息强制的特性所影响，它和第 1 种关联形式中的强制关系始终保持差异。第 1 种关联形式的表现形式会有很多，在某些情况下，与按钮相关的操作会非常多，以至于需要一个框体来容纳。但无论具体形式如何转变，只要这些关联信息具备对操作按钮的强制性，就都属于第 1 种关联形式。理解了这两种关联形式之后，对框体和按钮关系的理解和设计规划都会更有条理。

⊙ 页签

页签也被称为 Tab。由于页签的很多操作特性与按钮的相似，因此可将本书所说的页签看作另一种形式的按钮。但是，页签的操作效果和按钮的操作效果又有很大的不同，这里我们还是将其独立于按钮进行解析。

页签和按钮一样，是对现实物体的模仿。与按钮模仿现实中的按键不同，页签在现实中的参考物一般并不常见。现实中存在的较典型的页签是笔记本或文件夹里的页签，它们起到的是快速检索、分类信息和备忘的功能。界面中存在的页签控件虽然有相似的功能，但在操作方式上差别较大。

界面中页签的基本结构可以分为两个部分：一个是页签本体，另一个是关联框体。页签本体组成连续排列的可点击控件，其中每个页签本体的操作属性都和按钮的操作属性相似，具体表现在都有类似的设计结构和点击反馈，也都是由文字或文字图标混排与衬底构成的。由多个页签本体组成的连续排列控件，在有些情况下它们共用衬底，在有些情况下则是分开的。共用衬底时，一般需要用分割线来从视觉上对各个页签本体进行区分。在点击反馈上，页签与按钮的较大区别在于点击态的必要性，具体表现在手机游戏中的按钮甚少设计被点击的状态，它们往往在被点击的一瞬间就触发了跳转框体的展示，给"点击态"展示的时间非常少，也就没有设计的必要了。与此不同的是，页签的点击态属于被点击后的常驻形态，而且在若干个页签本体组成的连续排列控件中，同时只能有一个页签本体处于被选中（即点击后）的状态。基于以上原因，页签本体必须另有点击态。除此之外，页签区别于按钮较重要的特点在于其有关联框体。在页签本体处于被选中状态时，与该页签本体相关联的框体中展示的必然是与该页签本体相关的信息。当点击另一个页签本体时，前一个关联的框体（或其内信息）会被隐藏，刷新出被点击的页签本体所关联的框体（或其内信息）。前后切换的两个框体占用了同一个空间，却在不同的时间和条件下展示，这是页签的本质功能。页签的结构和操作特点如下图所示。

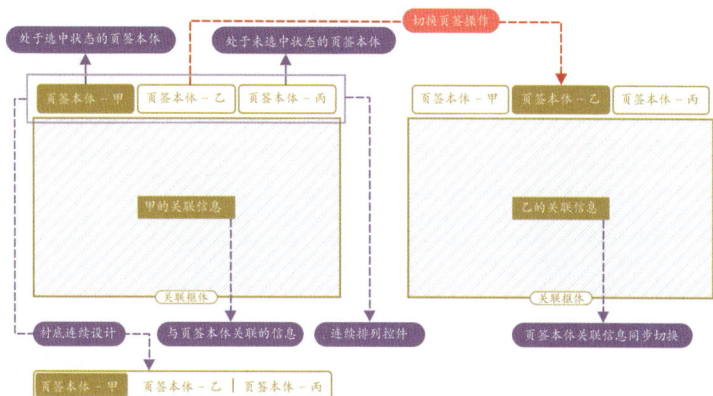

页签的主要特征包含以下 3 点。

第 1 点是归纳了相关的信息，并通过特有的切换操作方式来达到对同一空间进行重复利用的目的。

第 2 点是可扩展性强。需要添加新的关联信息框体的时候，只需新增页签即可，必要时页签甚至可以滚动。

例如，右图所示的游戏《光明大陆》福利弹窗左侧的一列页签是可以滚动的。这样的设计体现了页签良好的可扩展性能，可以在有限的空间内容纳更多的信息。

第 3 点是适应性强，可以适用于非常多的设计情景。这点在信息量大、需要整合关键信息及梳理明确逻辑的界面中表现较明显。页签本身具备较强的信息整合性和归纳性，在此基础上嵌套更多层级的页签，还可起到更强的归纳整合作用。

例如，游戏《镇魔曲》中的装扮弹窗就存在两层嵌套的页签。其中位于弹窗右侧的一列页签巧妙地将原来可能互相独立的弹窗归纳在了一个弹窗内（截图显示的是选中了"装扮"页签时弹窗的显示状态）。而在"装扮"页签的关联框体内又嵌套了第 2 级页签，并分别关联了装扮大类中的 3 个小类别，即头像框、冒泡框及步尘（截图显示的是选中"冒泡框"页签时的状态），如右图所示。在截图中我们可以清晰地看到这两级页签大致的关联区域。其中绿色框的区域对应了一级页签的关联区域，玫红色框的区域对应了二级页签的关联区域。

再看游戏《大话西游热血版》中的千秋册弹窗，如下图所示。这个弹窗中出现了另外一种形式的页签嵌套。该图中出现的页签嵌套属于树状归集嵌套。与上页图中出现的两级页签距离较远的样式不同的是，这里的两级页签是紧密地挨在一起的，并且次一级的页签在必要的时候可以被收起。图中 A 处为一级页签未被选中的状态，B 处则是一级页签被选中的状态。注意 B 处右侧的三角图标，这是展开的标识，也是有子级页签的标识。在一级页签展开和收起时，三角图标的指向会发生变化。C 处和 D 处的页签则为二级页签，它们分别处于被选中和未被选中的状态。这里可以明显看出树状嵌套的两级页签的设计特点有 4 个：（1）有子级和无子级的页签通过三角图标来区分；（2）三角图标在所在的页签处于不同的状态时，其指向也不同；（3）子级页签的样式和父级页签的样式不同，子级页签的样式往往更简单一些；（4）选中对应的子级页签会刷新关联框体的信息，选中没有子级的页签也会刷新关联框体的信息，但选中有子级的页签则不会刷新关联框体的信息，它们的关联窗体被拆分对应到其各个子级页签中了。

💡 提示

在游戏界面设计中，有很多地方涉及大量信息的整合和归纳需求，页签在实现这种需求的过程中可以起到非常重要的作用，因此在一些信息含量较大的界面中比较常用。由于页签的两个组成部分分别与按钮和框体相似，因此在设计时需要注意的要点也是和对应的控件的设计要点差不多的，此处不再赘述。

⊙ 其他

游戏界面除了包含前面提到的几种主要控件，还包含很多起到辅助作用的小型控件，如滚动条、复选框、切换按钮、滑动条、进度条及下拉菜单等。这些控件的构造比较特别，且其功能与前面几种大型控件的差别也较大，比较难进行归类。无论是从功能表现上，还是从视觉表现上，这些控件都给人感觉虽然很小，但是是界面中不可或缺的部分。

滚动条

在这些小型的控件中，较常见的控件是滚动条。滚动条在游戏界面中包含两个作用。一个是可以直观地标识显示区域与全部区域的比例关系。另一个是玩家可通过点击并滚动滚动条直接操作可滚动区域，并且滚动条的滚动方向和所映射的内容的滚动方向是相反的。

💡 提示

在计算机中，滚动条的两端会有箭头按钮，以及直达一端的按钮，这些按钮在移动端的软件和游戏界面中都被省略掉了。移动端对应的特殊操作习惯，也进一步省略了滚动条的可操作功能，仅保留了展示比例的最基本功能。

在手机游戏界面中，滚动条的设计需要注意以下 3 个方面。

首先，通常来说滚动条都只具备表示所映射的滚动内容与直接可视内容的比例的功能，没有实际的操作功能，因而在设计其尺寸时不必考虑可操作性，只需要滚动条可以被玩家识别即可。在这样的设计原则下，现在的很多游戏界面中的滚动条通常会被设计成非常轻薄的质感和细小的尺寸。

例如游戏《楚留香》珍宝阁弹窗中显示的一个完整的滚动条。这个滚动条显然是无法被直接操作的，它只保留了传统滚动条结构中的滚动条本身和滚动槽，起到的作用就是直观展现当前可见区域与全部区域的比例和位置关系，如右图所示。

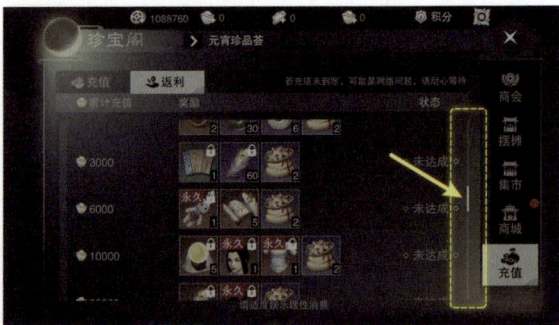

其次，滚动条的设计需要考虑可滚动区域和滚动条本身关系发生转变的情况。在滚动条的功能减少成只展示比例的情况下，如果不对可滚动区域进行操作，则为了整体界面信息尽量简洁，它通常会被隐藏掉。玩家在计算机中认知可滚动区域时，通常是通过永久性出现的滚动条来进行判断的。但是我们知道，计算机中的滚动条是一种"完整"状态，是具备可以被操作、可以直达滚动内容一端等功能的。这种可操作性使得滚动条必须被设计得有一定强度，在尺寸上需要达到可以被单击到的大小，在视觉表现上需要能被识别为可操作的控件。但是在手机游戏界面中，滚动条被简化到只表示比例且没有操作功能的程度，玩家将无法通过滚动条的存在与否来判断一个区域是否可以滚动。

针对此，目前比较常用的做法有两种。第 1 种是在可滚动区域加箭头，这个箭头可以是动态的。这种做法需要额外设计一个指示箭头，而且该箭头需要常驻，不论箭头的大小和位置是否会对其他视觉元素造成遮挡。这本身就是一种相对偷懒的做法，因而除了在需要额外增强指示的地方，如新手引导阶段，其他地方一般不会使用这种做法。第 2 种是一种比较高效的做法，具体表现为在可滚动区域边缘故意将滚动内容的一部分设计成被切割的样式。这种视觉表现使得玩家联想到现实中的完整物体被遮掩的状态，玩家潜意识会觉得"还有更多内容"。这种做法起到了"犹抱琵琶半遮面"的诱惑作用，"诱使"玩家不自觉地就去查看可滚动区域的内容。这个做法较早是在 Windows 8 的磁贴界面中使用的，摆脱了传统的需要依据滚动条来判断是否可以滚动的视觉暗示方式。

例如，游戏《镇魔曲》中精灵成长礼包弹窗的最后一行内容被设计成隐藏了一半的效果（箭头指示处），这在游戏界面中是一种非常常见的表示可滚动功能的设计方式，如右图所示。

最后，滚动条的长度不一定是严格按照表示比例的原则去设计的。传统滚动条的最基本功能是表示出直接可视内容与可滚动内容的比例关系。但是越来越多的游戏界面不再要求滚动条有这样的功能，原因主要在于很多的滚动内容被设计成了"瀑布流"的模式，内容会随着玩家操作而逐渐增多。如果可滚动内容与直接可视内容的比例过大，滚动条有向无限小的长度变化的趋势。同时，当滚动条尺寸过小时，部分滚动内容将无法被识别。而固定长度的滚动条设计可以解决这一隐患。

复选框和切换按钮

复选框和切换按钮在游戏界面中也比较常见。这两种控件都是从计算机中继承而来的。与按钮的演化类似，在计算机中，这两者会存在 3 种状态，即常态、经过态和点击态。在手机游戏中，这两种控件的状态都简化为两种，即常态和点击态。并且基于玩家的手机操作习惯，游戏界面中的复选框和切换按钮的尺寸会比计算机中的尺寸大很多。

复选框由底框和勾选态图标两个部分组成，并有"未勾选"和"已勾选"两种状态。在游戏界面设计中，设计师通常会为了提高设计效率和节省切图资源，而共用已勾选状态和未勾选状态的底框，只在选中时额外显示勾选态图标。同时，有时候勾选态图标是底框的同心圆（或方块），而不是"√"符号。此外，在绝大部分情况下，复选框右侧会排布与其相关的文字，复选框的勾选与否表示其右侧文字所代表的信息是否被激活。通常会用多个复选框来代表同一种属性的多个选择，且多个复选框会成排或成列地出现。

复选框的基本模型大致分为右图所示的两种样式。底框和勾选态图标的设计样式非常多，因此实践中的样式组合其实有更多样的变化。

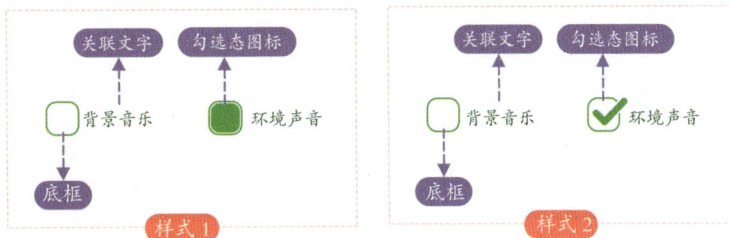

切换按钮的基本结构是底框和滑动按钮，滑动按钮有"开"和"关"两种形态。在一般情况下，这两种形态的底框被设计为不同的样式以表明不同的状态。其设计样式根据情况的不同而千变万化。切换按钮也通过关联右侧的文字内容来标识是否激活了某种信息。切换按钮是一种直观的"二选一"示能控件，也可以被认为是一种开关，只有"开"和"关"两种状态。切换按钮本质上和复选框是相似的，都表示有没有激活某种选项。

切换按钮的结构模型如右图所示。切换按钮有"n选1"的操作属性，无论是双模式切换，还是多模式切换，切换后都只能有一个选项处于被选中状态。

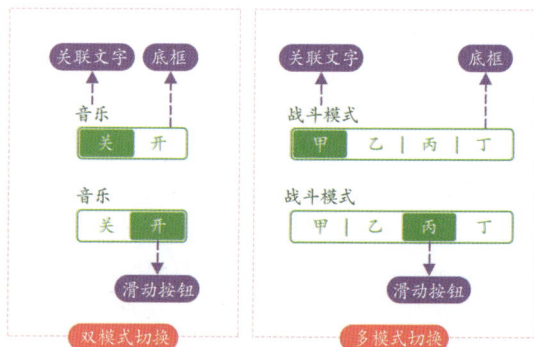

🐝 **提示**

复选框和切换按钮的根本差别在于，切换按钮一般只代表单一属性，不会用多个切换按钮来分别代表属性相同的多个选项。多个选项的激活与否是互相冲突的，当选中一个选项时，其他的选项则都不可选。而复选框的选中与否则通常用来代表同一种属性的多个选项是否生效，而且多个选项的选中与否并不互相冲突。

例如，在下面的游戏设置界面中，我们可以看到这两种控件共存的设计，也可以明显看出两者的功能差别。在游戏《镇魔曲》的个人设置弹窗中，对应的所有选项都使用了切换按钮（见第1张图），而自动准备弹窗中对应的选项则使用了复选框（见第2张图）。这里我们可以看出两者的差别：在表示单一概念的开启和关闭时使用切换按钮，在表示多个不矛盾的选项时使用复选框。在游戏《王者荣耀》的基础设置界面中，"角色描边""相机高度"等这些选项都属于单一概念，其切换按钮表现的是这一单一概念的启用与否。如果在这里使用复选框，那么界面上会列出诸如"相机高度高+复选框"和"相机高度低+复选框"这样极为累赘的设计方式，这样显然是不可取的（见第3张图）。同时，该界面中还有"画面质量"这样的三模式切换按钮的应用，它们同样是在单一概念下的多个选项，而且多个选项之间是有排斥性质的，只能多选一，这样使用是恰到好处的。游戏《王者荣耀》的操作设置界面的"技能释放方式"这一概念中的两个不同选项都使用了复选框的设计。这是因为虽然两个选项同属一个概念，但它们并不是完全排斥的选项，而且无法用简单的"是"或"否"来描述。事实上，它们的描述要复杂得多，毕竟"辅助轮盘施法"和"自动简易施法"这两个描述是没办法被融合在同一个切换按钮中的。

🐝 **提示**

对切换按钮和复选框的选择不仅在于"单一概念启用与否"和"多个不矛盾选项多选"的差别，还在于它们的第2点差别。第2点差别具体表现在同一概念可以用概括化的排斥性描述时（如"相机开启"的"是"和"否"）使用切换按钮，在同一概念下的不同选项无法用简单的描述来概括时则使用复选框。

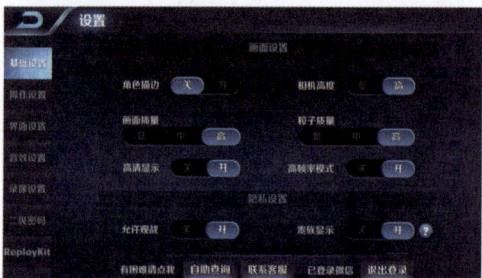

滑动条

滑动条是一种对特定的数据进行快速且直观调整的控件，其基本结构是底槽、进度条及滑动条按钮。其中底槽代表总量，进度条代表已选量，滑动条按钮承担滑动和视觉上标定已选量的功能。滑动条可看作进度条变种，也可以看作精细化的多模式选择切换按钮。有时滑动条的某一侧会有标识已选量的数字或描述程度的文字。这些可被调整的数据包括要购买或花费的代币、要转移的某种道具的数量、音量及操作灵敏度等。除了这种实现快速手动调整数据的类型，滑动条还有一些变种。例如，有时候底槽会演化为实体，去掉进度条，在底槽上加上刻度，滑动条就变成了大小调节工具，但这并没有改变它是一个调节数据的控件的本质。

滑动条的基本结构模型和操作模式如下图所示。

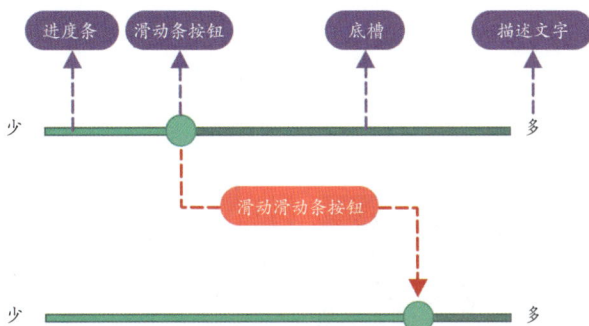

例如，游戏《决战平安京》的音效设置界面中有多个调整音量大小的滑动条，如下方左图所示。游戏《楚留香》的拍照界面左侧中间区域有一个调节镜头远近功能的滑动条，如下方右图所示。

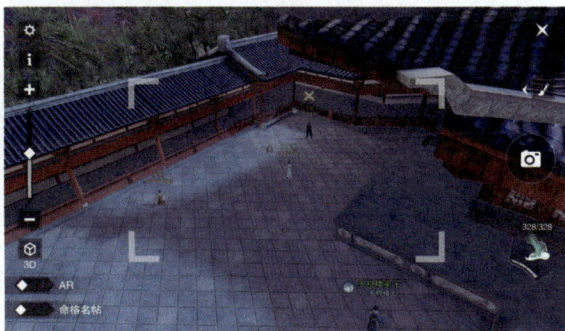

进度条

进度条也是游戏界面中非常常用的一类控件。其基本的结构是底槽和条带。其中底槽需要被明确设计为进度条可涨满的最大状态。通常进度条的上方或右侧会有数字标识百分比。进度条在游戏中被大量应用，用于表示游戏人物的血量、魔法值量及任务完成进度等。进度条本质上是一个直观可视剩余容量和进度的容器，表现形式上有直线形和环形两种。其中，直线形的进度条分有不规则和规则两大类，具体的视觉样式会根据指定游戏风格的不同而产生非常多的变化。

进度条的结构示意如下图所示。

在设计进度条的时候，我们需要注意以下 3 点。

首先，当进度条表示进度的时候，需要有明显的已充满部分和未充满部分的对比。这种对比通过两种形式来表现和传达。其中第 1 种形式是视觉上的，条带与底槽的对比要明显，一般会把底槽设计成凹槽的效果，条带则是鼓起的亮色。第 2 种形式是信息表现上的，例如在进度条上加数字或文字，标识出百分比和进度量（如更新游戏时，进度条一旁会有关于下载进度的具体数字）。

大部分进度条都可以表示可度量的进度，当表示不可度量的进度时，进度条会演化成别的形式，一般以循环动画的形式展现，如 iOS 中经典的"转菊花"Loading 动态、扫描效果的动态等。这些动态的 Loading 可视作进度条的变种，目的是让玩家明确"虽然看起来没有动，但我们正在运行，这不是卡顿"。确切地说这也是一种积极的反馈。

下面第 1 张图所示的游戏《猎魂觉醒》人物详情界面中有一个可度量的进度条（见黄色箭头标示所示），同时其附加的文字信息可以提示玩家距离升到下一个等级还需多少经验值。下面第 2 张图所示的游戏《QQ 飞车》道具训练场加载界面中的水平分割线附近的加载条也是一种可度量的进度条。下面第 3 张图所示为对游戏《重力眩晕 2》中的通用型 Loading 动画进行处理后提取的序列图片（播放顺序为从左至右，从上到下），这个 Loading 动画是一个循环动画，这是一种不可度量的进度条。

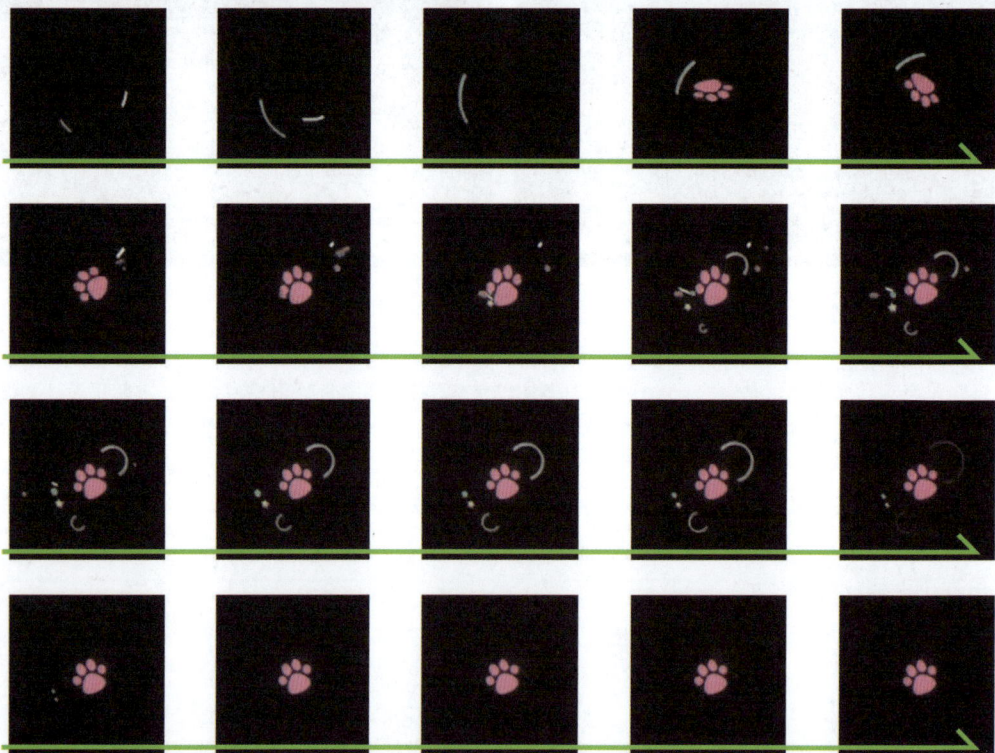

其次，在特别的情况下，当进度条表示容器时，除了明确的未填充部分和已填充部分的对比，还需要有全空和全满状态的提示。这些功能通常会体现在血条、魔法能量及技能 CD 上。进度条标识全空时的状态往往和按钮的不可用状态一样，通常为置灰或直接隐藏。进度条标识全满时的状态通常是一种达到释放技能或者"大招"的状态，这时除了进度条涨满，还需要额外的视觉表现和动态表现。这种表现除了能达到明显视觉提示的目的，还可以传达给玩家释放巨大张力的感受。

下面左图所示为游戏 *Splatoon 2*（《喷射战士 2》）多人游戏模式中的战斗界面，其右上角有一个进度条表示"炸弹 Buff"的冷却进度。而其"炸弹 Buff"冷却及冷却完成后的动效则为一个被当作容器的进度条样式。在加载完成后，进度条会变色并播放一个显眼的循环动画，如下面右图所示。

🐵 提示

《喷射战士 2》这款游戏采用的是第三人称射击玩法，其特点在于场景变化非常复杂和频繁，因此在这种游戏的视觉环境里，界面中的很多重要功能需要用比较显眼的设计方式。这种冷却完成的动效可以辅助玩家在这种视觉环境里依然可以注意到这一重要 Buff 的"可用状态"。

最后，对于不同形态的进度条需要根据具体的使用情景来考虑其设计方式。在不同的情景下，进度条可能需要考虑完全不一样的功能需求，从而影响其设计方式。最典型的条状进度条需要考虑的是拉伸方式，即三宫格拉伸。基于这样的考虑，设计条状进度条时就应该将不可变的图形置于条状进度条的两端，而中间的部分应该避免使用拉伸后会变形的图形。环状进度条是以饼状旋转的方式来实现动态进度展现的，在设计环状进度条时可以考虑将环状进度条上的纹理设计得各有不同，但这不会影响实现效果。除此之外，有些进度条还会与界面中的其他元素结合，同时还有一些别致的造型等，这都是需要依据具体情况具体考虑的。

条状进度条和环状进度条在切图上的差异如下图所示。从这个示意图中可以看出，条状进度条在设计和切图的过程中与环状进度条有着非常大的差异。条状进度条在设计的过程中要注意避让出一定的区域，以便设计出可以拉伸而不变形的图形：除了两端不能拉伸变形外，中间的区域最好可以拉伸，这种设计方式可以节省切图量，不然就需要变换别的设计方式。而环状进度条没有横向和纵向拉伸的可能，只能沿着顺时针或者逆时针方向进行延伸。这种情况决定了在设计环状进度条的时候可以不用考虑拉伸问题，环状进度条上也可以设计出多种多样的纹理图案。

下拉菜单

下拉菜单是一种收拢同类型入口或者选项的控件，在这里我们可以将它看作按钮的集合。常态下其只显示所有收拢的菜单项中的一个，在玩家点击这个菜单项之后，下拉菜单会展开，这时下拉菜单中的全部或部分菜单项会显示出来。此时玩家可以点击任意一个菜单项，将下拉菜单中默认显示的菜单项切换为所选的一个。同时，相应菜单项映射的区域里的信息也会刷新。

由于典型的下拉菜单是在被点击之后向下拉出一个"长条"来显示它收拢的所有菜单项的，且具备"菜单"中的选择概念，因此得名"下拉菜单"，但它不一定就是向下拉出一个"长条"。实际上，向上、下、左、右任何方向拉出一个"长条"的控件都可以被称为下拉菜单。下拉菜单的这种特性使得界面里的同类型的多个控件或选项操作有了极高的空间利用率，其操作逻辑简单，简化了原本可能比较复杂的界面层级，是一种很友好的操作模型，因此在游戏界面中得到了广泛应用。

下拉菜单的操作模型如下图所示。

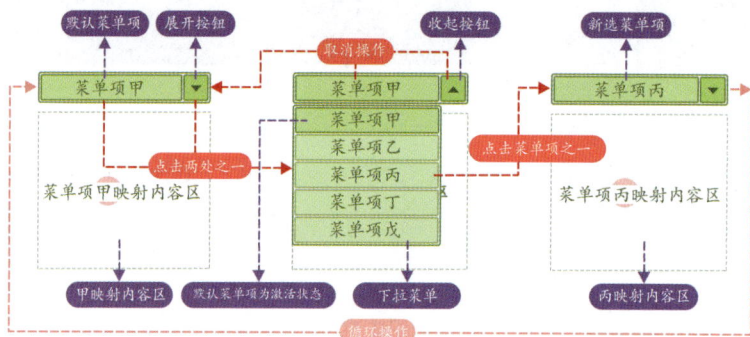

在实际的游戏界面设计中，下拉菜单有以下3种不同的类型，它们都是同一操作模型下的变种，不同的变种有着操作逻辑上的细微差别。

第1种是传统下拉菜单。传统下拉菜单在原始状态下显示默认菜单项，并在默认菜单项旁边有指向朝下的箭头按钮，该箭头按钮起到暗示玩家可点击唤起隐藏控件（即下拉菜单）的作用。玩家点击该箭头按钮之后，下拉菜单就会被拉伸出来，并显示所有或部分菜单项。这时默认选中的菜单项在所有菜单项中处于激活状态。同时，箭头朝向上方，暗示可通过点击该按钮收起下拉菜单。玩家也可在菜单中点击任意菜单项，下拉菜单会收起并显示刚刚选定的新菜单项。同时，相应菜单项映射的区域里的信息也会刷新。如果玩家并没有选择新的菜单项而是点击了收起按钮，则整个下拉菜单恢复原状。根据这个过程可知，箭头和菜单项状态的设计至关重要，因为它们起到了引导玩家操作的作用。

下拉菜单中的视觉引导如下图所示。

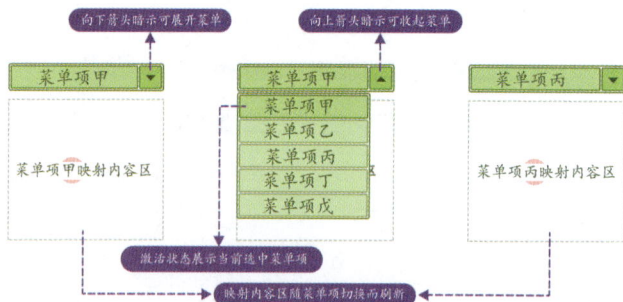

第2种是手机端的变种下拉菜单。上边说到的第1种下拉菜单在计算机和手机端游戏中都适用，但更适用于手机端游戏的是为手指触控操作而特意演化设计出的一种下拉菜单。这种下拉菜单的默认状态与经典下拉菜单的默认状态的不同之处在于，它没有带有箭头的视觉引导按钮，只是在玩家点击了默认状态下的可点击控件后弹出一个菜单，这个菜单中的默认菜单项是处于被选中状态的。玩家选定某菜单项之后，菜单会以某种方式收起，并在原来的默认位置显示已选定的菜单项。

这里用一个例子进行说明。在游戏《天下乂天下》的切换人物头像的流程操作中，玩家点击头像相当于在传统的下拉菜单中点击默认菜单项。更换天选者形象弹窗中的内容则相当于传统下拉菜单中的菜单项。其中保留了传统下拉菜单中默认菜单项的状态设计。而在此弹窗中选中某一个头像后，该弹窗会自动关闭，同时在原头像位置显示玩家选中的头像，这相当于传统下拉菜单中对新菜单项的刷新显示。整个头像切换流程可以看作对传统下拉菜单的一种手游化设计，如下图所示。

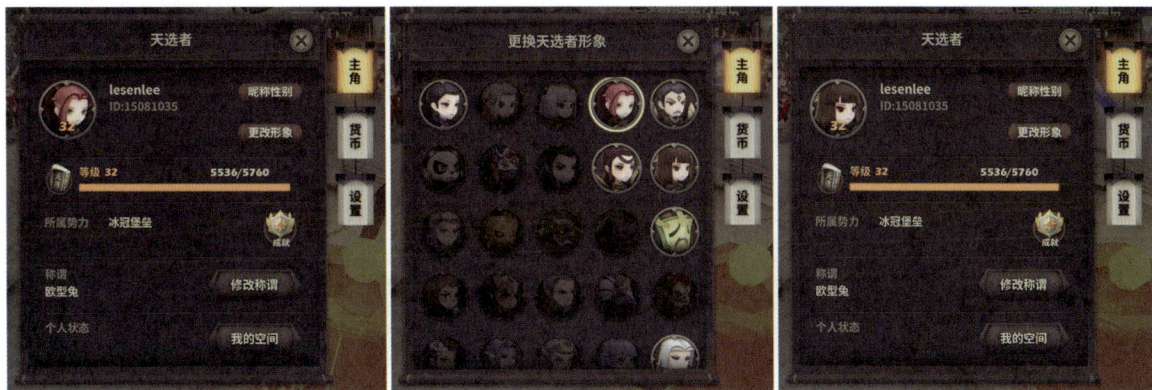

第 3 种是视觉设计上的变种下拉菜单。在经典的下拉菜单中，激活下拉菜单的按钮是一个带有箭头的按钮。但是在一些情况下，会通过把按钮放大、变换按钮上箭头图标的造型、改换下拉菜单的视觉样式等来使得这种操作模型在视觉外观完全不同的情况下依然有效。

右图所示为游戏 Z Warfare 的场景选择界面，其实质上就是一个下拉菜单。当玩家点击界面顶部中央带有文字"Stage 6"的按钮之后，就会弹出所有的"Stage"（场景），即右图的状态。然后玩家可以左右滑动选择要进入的场景。而且玩家无论在哪个场景中，都可以点击位于中央顶部的按钮进入右图所示的这个界面中，以切换到别的场景中去。

右图所示是笔者参与的代号为"Fgame"的项目中的一个设计界面稿。点击图左侧界面底部中央的"展开"按钮就可以展开图右侧的面板，面板中有游戏的几个系统和功能入口。但并不是进入每个系统都还能继续打开这个面板。这个操作流程继承了下拉菜单中的"点击→打开下拉菜单→进入某个功能"这一操作流程。在这个操作流程中，"下拉菜单"式的结构设计非常明显。例如，图左侧界面底部中央的按钮（带三角图标）就可以看成下拉菜单的展开按钮。点击它进入图右侧的面板时，按钮上的三角图标会转换方向。这一点和典型的"下拉菜单"模型是完全一致的。

下图所示为手机 3D 动作游戏《崩坏 3》的主线操作流程图。从中可以看出，该游戏的主线操作流程的设计也是下拉菜单的一个变种。其中红色虚线箭头指示的是进入主系统的路径，紫色虚线箭头指示的是返回主菜单的路径。在主菜单中点击任何一个主要的系统，进入该系统后，都可以在界面左上角"返回"按钮的右侧找到"主菜单"按钮，点击该按钮可以返回主菜单。这一操作逻辑与下拉菜单中选择任意菜单项显示该菜单项的关联信息后，依然可以在同一位置重新选择其他菜单项并显示其他菜单项的关联信息的操作逻辑完全一致。

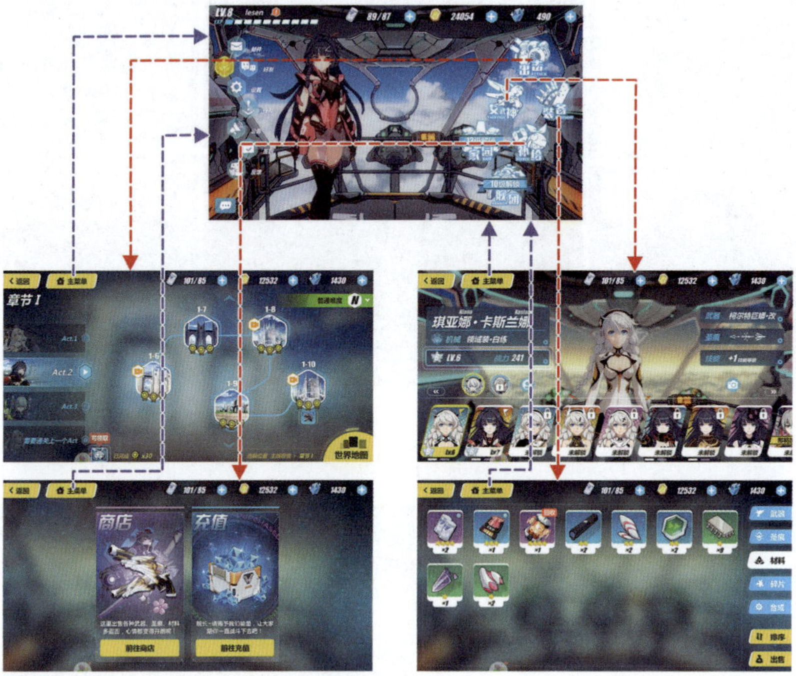

以上的变种下拉菜单都利用了下拉菜单经典操作模型中的操作路径最短的特性，本质上都是为了保障游戏有一定的可扩展性，提升游戏界面的空间利用率、操作效率和体验友好度。

关于游戏界面的构成，除了以上说到的这些控件，还有很多承担了各种细碎操作功能的控件，这里就不一一列举了。理解了典型控件的操作模型，设计师需要建立完整的控件类型操作模型库，以便在千变万化的实际工作情景中灵活运用各个控件，更好地为整个界面设计的质量和效率服务。做好这方面的工作，是做好游戏界面设计的重要基础。

6.3 界面情感化内容的表现

游戏界面设计中的情感化内容包括与游戏背景建构相关的美术元素和在此基础上能够体现具体功能的元素。在设计实践中，针对界面情感化内容的表现主要有以下 3 个典型的做法。

6.3.1 提炼并融入美术元素

提炼游戏背景建构中的典型要素，并将这些要素用关键美术元素的方式融入界面中。

例如，《轩辕剑龙舞云山》这类中国风题材的游戏的界面风格整体上偏唯美，同时该游戏采用了一种类似国画工笔的效果，配色恬淡、优雅，如下图所示的技能弹窗。在这样的氛围下，设计该弹窗时应用了一些可以代表中国古典文化的元素（见图中黄色箭头所指的甲、乙、丙、丁这 4 个点），如中式灯笼元素（甲点）、梅花装饰元素（乙点）、烟雾图案元素（丙点）及中式图案和吊坠元素（丁点）。

再如，游戏《冰汽时代》的界面是偏扁平化的美术风格，但其中的情感化内容并不缺乏。从下图可知，这款游戏的界面依然使用了一些可以代表现实世界蒸汽工业时代的欧式花纹（A 处）、装饰性图形（B 处）等美术元素及游戏背景建构中特有的"寒冷"元素（C 处）。这些元素贴合了这款游戏"蒸汽朋克"的题材。该游戏使用现实世界中类似时代（如维多利亚时代、蒸汽工业鼎盛时期）的相关美术元素将玩家带入了一个特定的情景。

又如，游戏《情热传说》的界面中大量使用了能体现典型魔幻风格的巴洛克装饰图案，很好地凸显了游戏的魔幻背景建构与情感。

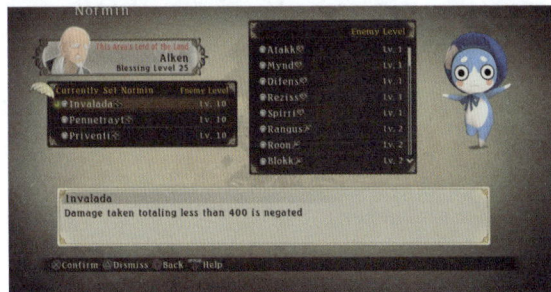

此外，在游戏《战国志》的楚国地图界面中，可以看到有很多如油灯、金属包边的木材等元素的运用，这些都是符合战国时期时代特征的元素。

6.3.2　利用特有材质

游戏背景可能设置在任意一个时代，如古代、现代或未来，题材可能是写实的或是幻想的，又或者是几个要素的混合。游戏界面中体现复杂背景建构，除了利用图形元素，还可以利用材质。在一些特有的文化、地域等设定因素中，材质会是表现特定特征的关键因素。而在界面设计中，我们则可以利用这一点表现一些特有的题材特点。

在游戏 LINE POP 2 的界面中，几乎所有的界面元素都使用了糖果、饼干等材质，而且结合了 LINE 公司所特有的 IP 元素中的动物头像。这种材质和动物头像的应用都贴合了游戏轻松、休闲的设定，这些美术元素本身也是 LINE 公司经营许久的"Line Friends"卡通形象的一部分，其可识别性和特异性极高。这些都是游戏能被特定玩家群体接受的关键因素。

在游戏《梦境》中，其界面给人一种神秘感，这种神秘感通过色彩和辉光来体现，也是一种特有的材质体现。这也可以说是通过极为巧妙的材质刻画来展现出特有的游戏玩法与背景建构的一种方式。

6.3.3 处理场景

游戏中主要展现的故事情节和操作方式基本上都是可以视觉化地在具体场景中呈现的。这里的场景就是字面上所谓的场景。一般的界面设计对场景也会有比较浅层的表现，如 Windows 操作系统中的"桌面"这个概念就是一种办公桌桌面的模拟概念。但是这种"桌面"在显示器上只是以二维的方式展现的。早年间有过一些第三方软件在操作系统中实现了 3D 的效果，但鉴于桌面操作系统的特性，过于个性化的场景反而干扰了用户正常的操作，并且也没有真正带来令人满意的操作交互体验。在追求视觉体验和故事体验更彻底的游戏中，界面设计往往能够更加直接地展现游戏操作的场景，并且这些场景展现往往可以被作为体现游戏背景建构的重要元素。

在游戏《QQ 飞车》中，界面基本是以画面中的人物和人物所在的场景为基础布局的。这种场景化的设计，不仅能体现出游戏的核心玩法元素，还能延伸平面画面所展示的空间，让画面更有氛围。

游戏《汤姆克兰西：全境封锁》中的地图界面是以全息影像的形式来展现的，地图会直接出现在场景中。这不仅满足了玩家在这一具体功能上对界面的操作需求，还在游戏世界中点明了这是一种高科技设备，可以被人物（对应现实中的玩家）打开并进行操作。这种界面设计方式完全吻合了该游戏世界内的技术水平高于现实世界的一种硬科幻写实派科技感背景建构。

这些方式都是在设计游戏界面的过程中体现游戏背景建构的情感化表现方式，可以看到很多方式都需要与游戏中的场景、人物等其他美术元素相配合，还会协调应用很多动效。表现形式千变万化，而限制表现的只有设计师的想象力。

6.4 游戏界面风格如何形成

游戏界面风格的设定是一个逻辑严密的设计过程，既需要有能够体现游戏风格的美术表现，又需要能够结合特有的游戏玩法来体现较强的功能性。

6.4.1 如何根据游戏背景建构设定游戏界面风格

特定的游戏界面需要有特定的界面风格。而这种特定的界面风格是需要根据特定的游戏背景建构去推导的，并非是根据设计师的个人喜好或项目中某人的喜好来定义的。游戏的背景建构是确定游戏界面设计的重要因素，但并不是唯一的因素。在考虑游戏界面风格的时候，主要需要考虑的除了游戏背景建构的限制，还有市场偏好和玩家习惯，这关系到一款游戏的界面风格是否能被市场所接受，并且会进一步地关系到游戏项目的商业成功性。

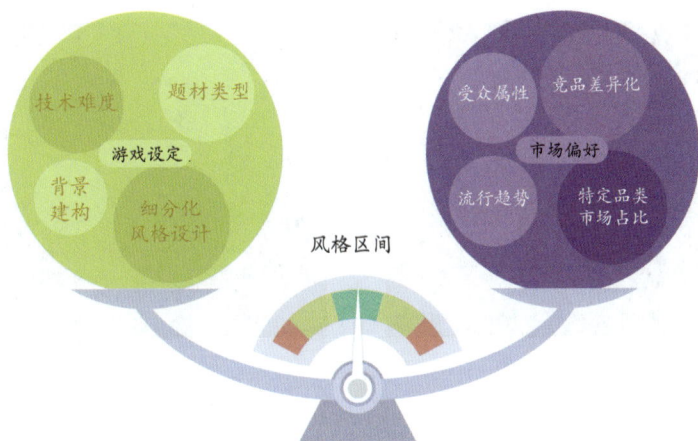

一个符合游戏背景建构设定的游戏界面风格不一定会获得市场认可。同时，迎合了市场和玩家品位的设计虽不一定是好的设计，但一定不会影响游戏项目的商业成功性。这是两个需要互相平衡的因素，设计师在设定风格的时候需要对市场商业成功性细加研究，考虑到玩家的需求和游戏本身特性的需求，而非"艺术家"式自娱自乐地创作和设计。

在游戏开发初期，最重要的事情是做好本游戏在市场中的定位。我们都知道，二维坐标系中的定位方式是根据坐标系中 x 轴和 y 轴的指标来进行的。在三维坐标系中，需要再加上 z 轴的指标。同理，在产品开发初期，产品也需要依据几个指标来实现精准的定位，这几个指标分别是竞品分析、背景建构和 CE 指标。

⊙ 竞品分析

竞品分析的目的就是在本产品没有形象化认知和实际产出的时候对同一类型产品在市场中的状况进行一个简单分析。

竞品分析主要分 3 步，即"确定类型→检索条目→筛选和罗列"。

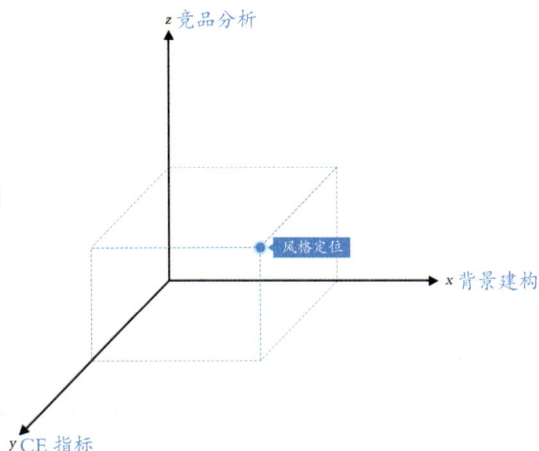

确定类型

这一步需要明确至少两个层面的类型。首先，需要确定游戏类型，如 MOBA（多人在线战术竞技，如《王者荣耀》等）、RCG（竞速游戏，如《极品飞车》等）或 RPG（角色扮演游戏，如《魔兽世界》等）。这个层面的类型的确定依据就是立项时的相关信息，这也是一款游戏较早会确定的属性。游戏类型被确定之后，鉴于目前游戏市场的饱和程度，游戏类型在大的类目上进行区分后的效果并不能使我们的分析可以直达最有效的区域。其次，需要确定第 2 个层面的类型，也就是细分方向。例如，有些看起来像 FPS（第一人称射击）类型的游戏，其内核实际上是 RPG 类型的游戏；有些 TPS（第三人称射击）类型的游戏实际却是"战术竞技类"的游戏。因此，也就要求我们不能仅盯着游戏表面的类型去分析，还需要确定游戏内核的类型，然后进行分析。

例如，游戏 FarCry5 中有很多剧情任务系统、支线任务系统和人物属性通过采集资源提升的系统，该游戏实际上是 RPG 类型的游戏，而非表面上看起来的 FPS 类型的游戏。

网易游戏《王牌猎手》表面上看起来很像远景视角的 ARPG（动作角色扮演游戏）类型的游戏，但实际上它是 MOBA 类型的游戏。

检索条目

一般来讲，分析目标应该定位于市场排名的前几位产品，数量越多，分析的结论也就越丰富和准确。同时，我们需要摘取游戏市场免费榜或销售榜至少前 20 的产品（针对手机游戏）和销售榜至少前 10 的产品（针对客户端游戏）作为分析对象（注意，都是同一种类型的游戏，而非全类型排行榜中的游戏）。除此之外，设计师平时也应该有所积累，对于已商业化的但是没有取得较大成功，不过在设计上的确有亮点的游戏也可以拿来当作分析对象（其不成功的因素也可以被当作反面教材予以规避）。

筛选和罗列

筛选是针对类型和品质的鉴别。所有分析对象都需要被设计师试玩和进行深度分析。在这个过程中，设计师会发现有些产品的定位和我们自己的产品的定位差别非常大，或者产品的类型实际上是另外一种，抑或是产品的品质极低。出现这几种情况时，都应该将分析对象排除，并按照次序摘取新的分析对象。在筛选阶段完成后，将分析对象按照一定属性分类并进行罗列，形成视觉化的图表和数据列表以供下一步分析使用。这里罗列时所依据的排布属性并不固定，一般会根据项目本身分析的关注点来确定。如果分析的关注点主要在于探索竞品对某一类型图形的使用频率，那么可以把这个频率作为一个表单维度。如果分析的关注点是界面的厚度，那么可以把扁平与否作为一个表单维度。

右图所示为根据"质感"和"信息"两个维度制作出的"Fexgame"项目的竞品分析类目表。通过这个表，我们可以直观地确定产品的定位。

同时通过竞品分析，我们可以总结出以下 3 类信息。

首先是市场上该类型产品的普遍信息。这些状态包括研发厂商、系统复杂程度、核心玩法的实际效果、市场营收状况、各自的细分方向差别。了解这些信息有助于我们在开发自己的游戏时绕开这些已有产品所走过的误区，并以此为基准来开拓新的思路，想出有效的创新点。这对产品设计来说是很重要的事，对游戏界面设计来说也同样如此。

其次是这些产品的界面所拥有的普遍特征和各自的特点。同一种类型的游戏在界面设计上是有一定共性的，这些共性会表明被市场接受的设定。因此，发现这种共性有助于游戏界面设计师在接下来的界面风格设定中找到一个基准，并在此基础上表现出游戏的特性。不过，虽然市场可以被分析出规律，但它也同时具备没有规律的特性，这样的基准有时候也是可以被突破的，设计师在对市场有深刻认知的情况下，可以根据市场当下所反映出的审美倾向来定义新的风格。同一种类型的游戏必然会存在"一超多强"或"多强格局"的情况。无论是哪种情况，必然都是一种类型包含多个产品的状态。这就表明，在同一种类型中，必然有不同细分方向的产品，它们专攻某一个具备自己特色的细分领域，在界面设计上有不同的特点。找出这些不同细分方向上界面设计中的不同特点，可以分析出不同的设计方式，这对自己的游戏界面设计也是一种启发。在以市场普遍基准为基础进行风格设计的时候，这种细分方向上的特有设计是非常有效的参照。

例如，在 MOBA 类型游戏的市场上就存在"一超多强"的局面，以占据市场份额 95% 的《王者荣耀》为"一超"，占剩余份额的该类型的游戏为"多强"。其中，作为"一超"的《王者荣耀》奠定了该类型游戏的普遍设计方式的基础。这种设计方式体现在界面上时，以固有的界面布局和质感描绘方式为表现形式。如棋盘状的主界面布局（不同的MOBA 类型的游戏中有相似的棋盘状主界面布局）、水晶的界面设计质感和约定俗成的英雄页面展示方式。不管这种设计方式是否《王者荣耀》首创，其他同类型游戏或多或少都会向"头部产品"看齐，并将其作为最安全的设计方式进行延伸和模仿。这些特点可以被看作它们所遵守的统一设计准则的体现。然而，在"多强"中也有特定细分方向的设计特点，这些特点是它们不同于"头部产品"的特色。这些多变的设计风格一方面可以作为新生产品突围"旧日霸主"的突破口；另一方面，它们也是为特定口味的玩家群体所设计的。所以，会产生细分差异是必然的。

最后是根据这些竞品的个性特点以及产品的特性要求，找出对我们所开发的产品的界面设计较有用的参照和基准。在以上结论的基础上，设计师至少应该明确两个方面的问题，一个是普遍的基准设计方式，另一个是特定细分方向上的设计方式。关于这两种设计方式，前者包括了我们开发的游戏中所有该类型游戏的界面设计所要遵守的设计准则，后者则是设计师寻找的特定细分方向上的设计方式的参照。在此基础上，设计师还需要明确产品的特性要求，方可进行有效的风格设计。而产品的特性要求就隐藏在背景建构和 CE 指标内。

从普遍特性发掘，到产品特性定位，再到背景建构和 CE 指标修正的产品设计方向定位，一共分 3 步。

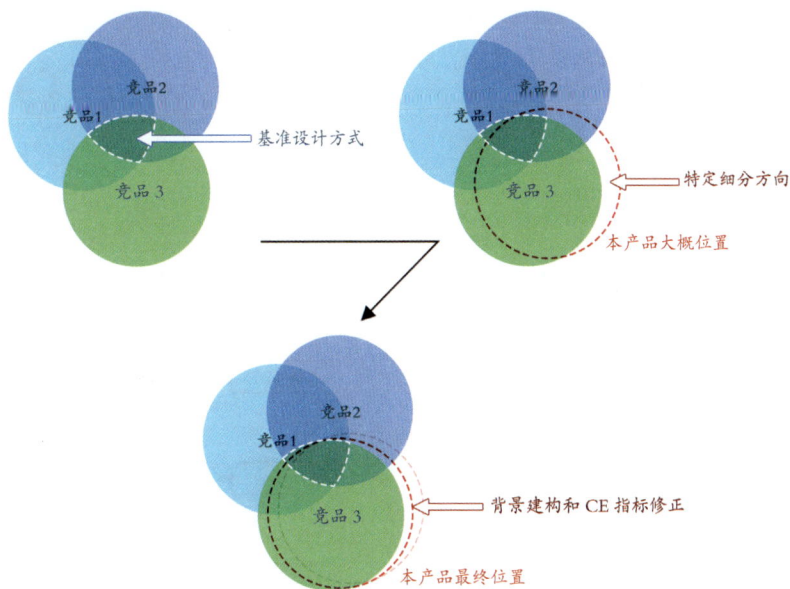

⊙ 理解游戏背景建构

理解游戏的背景建构是做好游戏界面风格设定较重要的一步。这和"为心仪的女孩买礼物"有着相似的道理。在买礼物之前，你需要去了解对方需要的东西，才有可能选出合适的礼物。对一个游戏项目来说，不同的背景建构就像每个人都拥有的特质一样，是需要不同的风格来搭配的。例如，给魔幻题材的游戏配上科技感风格的界面在大部分情况下都是不可取的。

理解一款游戏的背景建构，通常需要游戏界面设计师完成以下3个方面的工作。

阅读相关的策划文档

每一个专业的游戏项目团队都会有完整的策划文档。这些策划文档包括了游戏的剧本材料、核心玩法及具体的系统设计文档。

其中，游戏的剧本材料或游戏人物的对话材料是一款游戏完整背景建构的组成部分，大量阅读这些内容有助于界面设计师理解游戏的故事背景，以及玩家的游玩方式，还有助于界面设计师获得设计方面的灵感。

不过在这里，界面设计师会面临这些材料在大部分游戏的开发早期并不那么完整的问题，毕竟游戏策划人员也需要从零开始构建这些材料。但是游戏的故事、剧情及世界背景等都是有一些基础材料的。有些游戏在开发初期甚至只有几个关键词。例如，"Fexgame"项目在开发早期只有"近未来""真实射击"这样的概念性描述，更多的背景故事在项目开发后期需要对 PVE 玩法（PVE 指玩家对战环境，全称为 Player VS Environment，即在游戏中玩家挑战游戏程序所控制的 NPC。PVE 有时候又被称作 PVC，全称为 Player Vs Computer。这部分内容在大部分的游戏设计中跟游戏剧情相关，游戏设计者会把游戏要讲述的故事关联到具体的关卡来引导玩家完成 PVE 内容）进行完善后才得到补充和扩展。实际上，不管这些材料是否完整，都不影响界面设计师去理解一款游戏的背景建构。因为除了阅读这些有限的文字材料，界面设计师还可以从策划人员或制作人处了解更多的信息。虽然有些设定条件并没有形成文字材料，但是想法和方案都已经存在于相关人员的意识中了，界面设计师通过与相关人员的深入沟通和谈话也可以了解到很多信息，如目前的设想、未来可能会构想的方向等。

如此一来，团队沟通的重要性在项目开始时就已经很重要了，界面设计师在项目开始阶段需要从策划人员和制作人处了解游戏的大部分设定内容，从而开展界面风格设定工作。

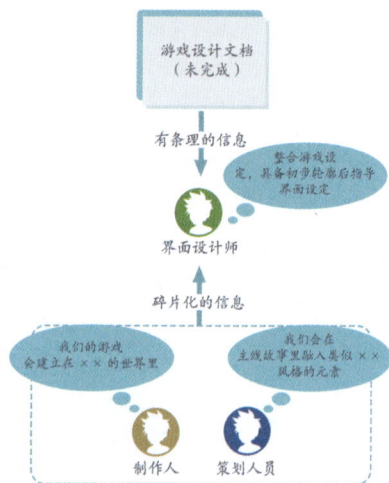

搜集已有资料，理解美术形象

项目早期会有一些探索性质的美术工作，原画、概念图及参考美术资料等都可以找来作为下一步工作的参照。这也是界面设计师对游戏整体美术氛围形象化认知的基础。这方面的资料会因为具体情况的不同而有多有少。有些项目进行过一段时间的预研工作，就可能积累相对较多的美术资料。也有一些项目在启动时并没有准备很多的美术资料，界面设计师可能只会得到一些模糊的参考。但是无论多少，这些都是界面设计师理解游戏美术特征的重要信息。

在界面设计中，界面设计师需要理解游戏的美术特征，如色调偏向、时代特色及美术氛围等。这些可以从项目的美术人员那里获知，也可以从他们找到的美术资料中进行了解。

色调偏向 ➤ 决定着 ➤ 界面设计的色调是一致的还是

时代特色 ➤ 决定着 ➤ 应用在界面设计中的美术元素

美术氛围 ➤ 决定着 ➤ 界面设计的图形应该具备的情绪倾向

了解玩法

游戏的玩法可以说是每个项目最先被考虑的部分。有些游戏就是从一个玩法出发被创造出来的。由此可见，游戏的玩法作为游戏的核心部分是极其重要的，也是需要界面设计师去深刻理解的部分。游戏的玩法需要界面设计师去直接体现，界面设计师不理解或对游戏的玩法理解得不透彻，会导致游戏的玩法无法被很好地体现。界面设计师可以通过理解游戏背景建构来了解游戏的玩法，在项目持续进行的过程中，界面设计师还可以逐步加深对游戏玩法的理解。

⊙ 通过游戏背景建构提取关键词

对有经验的设计师来讲，从理解的文字出发找到对应的图形是一件相对简单的事。但是人的思维总会有限制，我们需要一个工作方式来有效控制这种纯意识流的思维方式，从而让自己具备更强大的创造力。这种工作方式就是被多次验证有效的"关键词"思维导图方式。

关键词的提取方式可以分为以下 3 步来进行。

第 1 步是从游戏背景建构中提取关键词。

以"LEgame"项目在此阶段的工作为例。这一阶段它尚没有完整的背景建构，设计师可以获得的信息包括 3 点，即游戏的年代为现代、游戏的玩法为角色换装，以及游戏的题材是轻松娱乐题材。这些信息是设计师阅读相关的设定文档，与相关人员沟通后确定无疑的内容。设计师可以凭借目前拿到的这些信息来开展关键词的提取工作。

在提取关键词之前，设计师需要对已获得的信息进行分析和解读。例如，"现代"这个时间的设定含义是比照现实生活经验，是常人可以理解的时代设定。潜台词是"写实"，会有轻度的"幻想"。由此可提炼出的关键词有"写实""幻想"等。"角色换装"所包含的信息有两个：（1）女性化的主题，颜色要更加的恬淡、粉嫩；（2）需要大量的衣物元素，如纽扣、布料等。

"轻松娱乐"题材的游戏的玩法更多是在静止的背景上展开的，也就是说界面需要有长时间的停留，用户的大部分操作要依赖界面，那么界面的设计就不能太过于抽象和扁平，这里就可以提取出"质感""厚度"这类关键词。

对以上的信息进行整理后，可以在白板或便签上手写出可以引申的关键词。

类似的提取方式可以应用到所有类型的游戏中，其中的关键就在于对所获得的信息进行合理联想。这也是有些团队在这个节点上进行"头脑风暴"的基本原因。合理联想可以分为 3 步，即"提取→扩散→收缩"。其中扩散和收缩可以进行多次，最终剔除明显不合理的部分。

右图所示为关键词合理联想中"扩散→收缩"循环过程的一个单元。从原始的关键词联想到新的关键词，剔除不合适的关键词，再联想新的关键词。在这个单元中，联想是扩散过程，剔除不合适的关键词则为收缩过程。不断重复这一单元就构成了关键词合理联想的循环过程（图中省略了一些关键词的联想图示）。

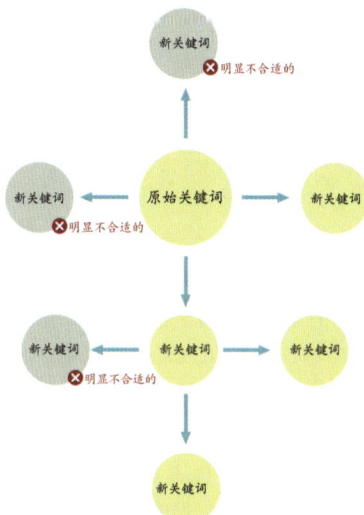

第 2 步是对关键词进行一定程度的扩展。

通过第 2 步的操作，我们可以从不同程度上规避思维盲区，这时一般需要思维导图的辅助。先将第 1 步中提取到的关键词放置于白板的核心位置，然后对每个关键词进行扩展。利用线条发散的方式将相关关键词连接，形成网状结构。

以"衣服"为关键词扩展出的描述词

这一过程需要设计团队协助进行，目的是尽可能地避免遗漏，确定与游戏相关的所有元素都被考虑到。将个人的意识规整于团队的有规律可循的思维方式中。由于人脑线性的思维方式，设计师在单独进行工作的时候，很容易进入思维盲区且很难自行走出，从而限制了自己的创造力。团队协作的作用之一就是提供更多的思维方向，而思维导图可以使得多人的思维方向得到有规则的整合，让团队的设计工作变得更加科学合理，并提高工作效率。

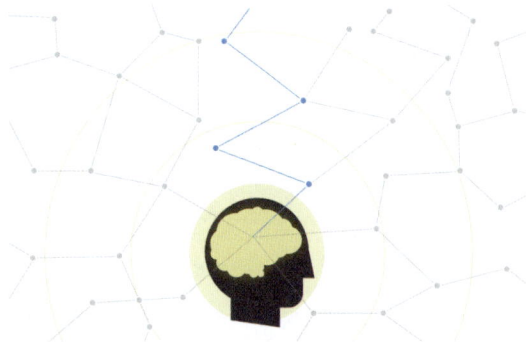

单个人的思维方式示意图　　　　　　　　思维导图工具的思维方式示意图

以上说到的方式在所有的游戏界面设计中都适用。在某些极其特殊的情况下，例如一个小型的项目团队的项目风格极其明确、单一，整个团队可能只有一个界面设计师。在这种情况下，界面设计师就可能需要对流程进行精简，省掉关键词提取等环节。但是思维导图这样的工具依然可以被利用起来，以提高个人的工作效率。总之，人的思维需要得到工具的引导，不然其会有很大的可能陷入思维盲区，从而降低整体的工作效率。

第 3 步是筛选必要的关键词。这也是"合理联想"的第 3 步——收缩。

这一步需要对扩展出的所有关键词进行收缩和精选。这是一个筛选合理关键词的过程，基本的筛选原则包含 3 点：（1）排除明显不符合游戏认知的关键词；（2）将含义类似或图形映射类似的关键词合并，选取含义较精确且较接近游戏认知的关键词；（3）选择大部分人认可的分支趋向。

在有大量关键词的情况下，很可能这些关键词可以按照一定的规律被归集到不同的集合里。不同的集合所表达的趋向不尽相同，如更卡通化、更"暗黑"化等。这时需要经过团队讨论后排除一些相对"错误"的趋向，从而找到尽可能接近游戏设定所要求的趋向。

在"LEgame"项目的这一环节中，我们对这一步所做的工作有：（1）针对上一步扩展的关键词，排除明显不符合游戏认知的关键词（这些关键词在下面几张图中有列举）；（2）合并含义相似的关键词，并选择描述最接近游戏认知的关键词。扩展的关键词中出现了几种明显但趋向不同的描述，具体表现在两个方面。一是偏"乙女"向（"乙女"向游戏是专门针对女性玩家开发的一类游戏，属于女性向游戏中的一种以女性为主人公，即玩家自己，以男性为可攻略角色的男女恋爱游戏），如"浪漫""心形"等关键词。二是偏抽象，如"璀璨""嗲"等关键词。经过讨论，团队认为"马卡龙"和"虚幻"出现在游戏中是不符合前期设定的，因为非常淡雅的色彩风格并非我们需要的主调性，游戏本身更需要与其他类似的产品在视觉上表现出差异。

经过类似的流程，最终就可以筛选出大致方向上没有问题的关键词。第 1 张图所示红框内为由"衣服"扩展出的关键词中被排除的关键词。第 2 张图所示红框内为由"少女"扩展出的关键词中被排除的关键词。第 3 张图所示红框内为由"幻想"扩展出的关键词中被排除的关键词。最终，我们提取并罗列出第 4 张图所示的关键词。

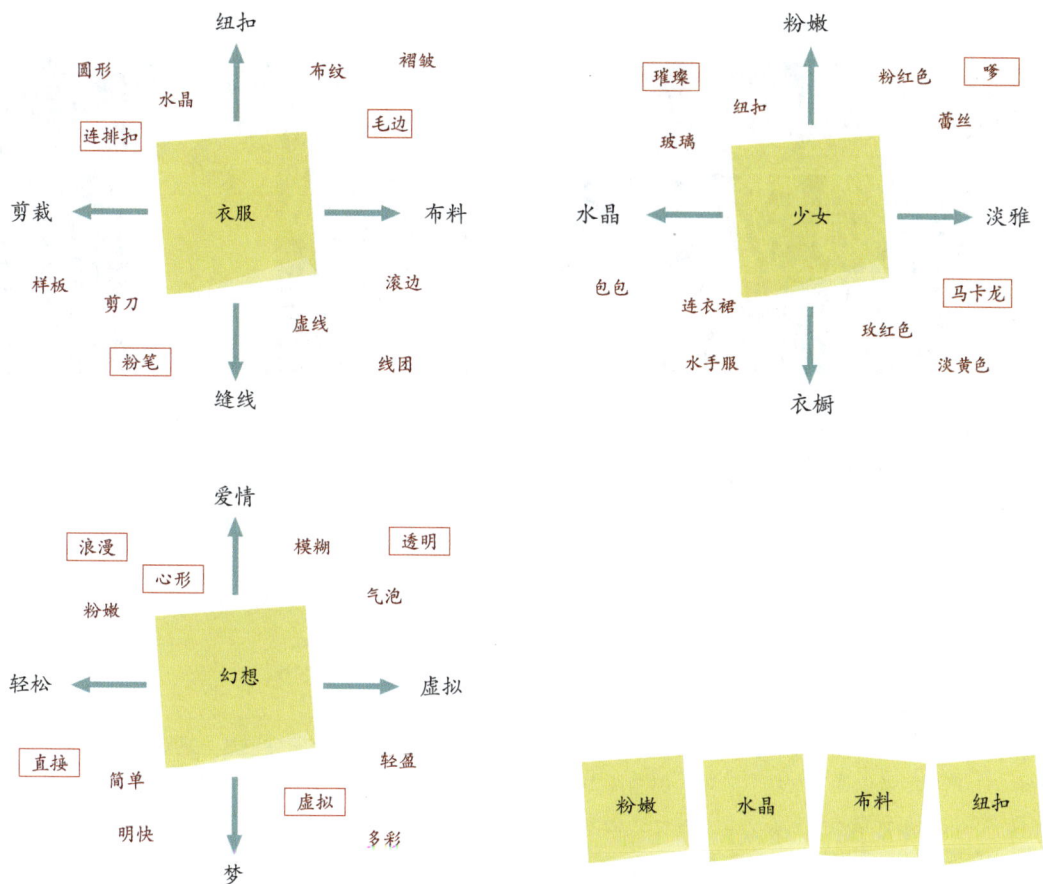

以上是项目初期提取关键词的方法。该方法在项目目标不够清晰的时候是一个很实用的辅助手段，但并非绝对手段。作为一种辅助手段，它主要辅助设计师寻找设计目标，在这个过程中起到主要作用的还是设计师，因此千万不能太依赖工具，而忽视设计师的主导权。

⊙ 形成形象化认知

在提取好关键词之后，将关键词所对应的含义转化为具象图形，这是提取关键词的根本目的。这一步最重要的工作是将关键词与检索的图片进行关联，主要分两步操作：一是检索图片，二是筛选图片。

根据上一步中提取出的关键词用搜索引擎进行图片搜索即检索图片。这一步需要设计师同时进行人为的先行鉴别，这样做有两方面的好处：一方面可以纠正用搜索引擎进行图片检索带来的偏差，另一方面可以有所偏向地找到关键词真实对应的图片。这里需要注意的是，设计师可能在意识中已经对关键词所描述的图片有所想象，在检索过程中依赖这种想象进行人为筛选，也会有新的发现。毕竟每个人的见识、所掌握的知识都是有限的，依靠检索过程扩展对一个关键词的认知既是一种认知扩充，也是避免遗漏的有效措施。

每个关键词对应的图片应该控制在一定数量范围内。设计团队的成员在集合了所有的关键词所关联的图片之后，需要对这些图片进行筛选，可以依据关键词筛选原则对图片进行筛选。这一步的目的是将图片数量限制在既不影响设计师对关键元素进行判断，又不遗漏边缘元素的范畴内。而且过多的图片也会增加这部分的工作量。

在"LEgame"项目中，这一环节的关键操作对应如下。

以其中的一个关键词"布料"为例。设计师们检索到的图片大致如下面左图所示。之后，设计师们对根据"布料"关键词检索到的图片进行筛选。根据与"关键词筛选原则"相似的逻辑进行筛选后，成果如下面右图所示。

⊙ 提取关键图形元素和色彩偏向

提取关键图形元素和色彩偏向是提取关键词后和制作风格稿前的一个中间环节。其根本目的是对关键词所对应的形象化图片进行概括，并提取关键美术元素——图形元素和色彩偏向。

这一步所依赖的是上一步筛选后的图片。针对单个关键词所对应的图片，我们可以按照以下两种方式提取出关键图形元素和色彩偏向。

图形元素的提取

在单个关键词所对应的图片中，会有作为共性的图形元素出现，这需要设计师浏览完图片之后进行手动提取。例如，在"LEgame"项目的关键词"布料"所对应的图片中，关键的图形元素很好被找到（如下图中黄色箭头所指）。提取这种显而易见的图形元素是一把双刃剑。从一方面来说，其非常便于设计师找到关键词所对应的图形元素。从另一方面来说，大量图片所显示出的这种共性在表现一个关键词所表达的含义时，图形化的表现方式实际上是有所固化的。如果设计师的最终目的是设计出独特的风格化界面，那么他就应该对这种大量图片所表现出的共有图形元素有所警惕。通常情况下，一些固有的、惯用的图形元素是无法被规避的，但也是相对安全的设计。设计师如果想要做出独特的设计，那么除了需要能够分析出这些共有图形元素的规律，还要对此规律进行延伸和再创造。

🐝 提示

在这里，"安全"的设计通常指设计师惯用的、约定俗成的、经过用户和市场考验的套路化设计方式和设计手法。它们通常可以被套用在多个具体的应用场景中。例如在进行表示"保存"含义的设计时，安全的设计手法就是使用软盘图标。如果在特定的风格设计中用了别的造型方式，就可能带来很多修改上的麻烦，最终也有可能让用户无法快速识别出图标，这就是"不安全"的设计。在实际工作中，"安全"更多代表的是保守、常规但是好用的设计，"不安全"则更多代表的是冒险和创新的设计。基于此，在实际设计时，设计师需要根据实际情况对这两者进行取舍。

色彩偏向的提取

对色彩偏向的提取非常复杂，界面的色彩偏向不单独由关键词所关联的图片决定，甚至大部分都需要设计师去人为进行调整。不同的颜色本身带有固有的情绪偏向，可以应用到不同的设计风格中。例如黑色和红色等带有警示、压抑情绪特征的颜色通常被应用于"暗黑"风格的游戏界面中，蓝色、亮黄色及紫色等带有冷静、神秘情绪特征的颜色通常被应用于科技风格的游戏界面中，红色、亮蓝色等带有活泼情绪特征的颜色通常被应用于卡通风格的游戏界面中。这些都是设计师应该熟知的色彩心理学和色彩风格理论。在进行风格化设计时，通过对关键词的认知，设计师就已经能对特定的风格做到心中有数了。

但是在实际工作中，总会出现找不准确切方向的情况。这时候就需要依赖一种叫"马赛克工作法"的方法。利用"马赛克工作法"提取颜色所依据的原理是，在特定关键词所对应的图片有颜色上的共性时，可以通过模糊手法或马赛克来抽象化这些图片的颜色特征，并通过颜色拾取工具来快速拾取颜色。

具体步骤为：（1）将主要关键词所对应的图片拼合到一张图中（见"形成形象化认知"部分的第 2 张图）；（2）对拼合后的图片进行马赛克模糊处理（见下面左图）；（3）用颜色拾取工具吸取图片中的主要颜色，并归置于图片一旁（见下面右图）。

经过以上这 3 步操作，基本上就可以提取到需要的颜色了。需要注意的是，这种方式所提取到的颜色仅作为一种色相的参照。由于颜色拾取工具的工作方式是仅拾取单击的像素的色值，并不能拾取到相对可靠的饱和度值和明度值，因此关于界面设计最终要使用到的颜色，设计师还需要在后续工作中依据这里提取到的颜色来做具体调整。此外，这一方法所依赖的必须是经过严格筛选的图片。不同的图片在同一关键词下可能会有完全不同的色彩表现，有些情况下能够表现某个关键词的物体在图片中占比太小，经过特殊处理之后就容易被忽略掉。以这样的图片作为基准去提取颜色是不准确的，而这一点更凸显了上一步对图片进行筛选的重要性。

例如，右图所示的黄色就不是直接拾取到的颜色，而是在拾取到的颜色的基础上，手动选择了饱和度更高、明度更高的黄色，以便和已选取的颜色搭配。有时需要考虑到具体的情景对特定颜色的饱和度、明度，甚至是色相的影响，从而做一些细微的调整。

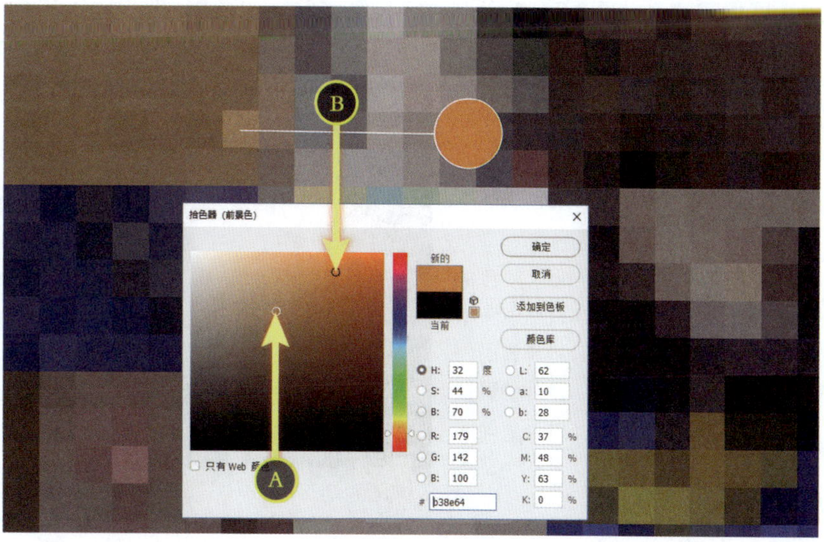

⊙ 配合 CE 制作风格稿

界面设计工作所需的基本图形元素和色彩偏向都已经被找到，接下来就需要着手进行风格稿的设计了。需要注意的是，风格稿的设计应该结合同时期的玩家 CE 和前期的相关市场分析报告数据来进行。从检索关键词到开始设计风格稿，设计师一直处于与产品受众即目标玩家相隔离的状态。风格稿的设计是设计师与目标玩家直接沟通的有效媒介。此时可以根据目标玩家的喜好来调整前期设定工作中的缺漏和偏差，从而降低后期修改的成本，也使得设计更符合目标玩家的口味，适应市场的预期选择。

右图所示为"Fexgame"项目早期的市场调研资料，这些资料对界面风格稿的设计有很高的参考价值。

🐝 提示

玩家 CE 指的是在开发游戏项目的过程中，项目组邀请一部分玩家进行试玩或参加访谈活动。这些玩家的数量一般在 10~100 人，并且是从特定游戏的玩家或类似玩法游戏的玩家中通过一定的方式邀请的。在这样的活动中，项目组通过让玩家试玩初期的 Demo，给玩家展示早期的美术风格稿、界面设计稿等，并收集相应的反馈来分析玩家对目前游戏的各个要素的满意度。游戏界面设计的风格稿会在此时展示若干个有所差别的版本供玩家选择，玩家会有"很好""看起来有点 Low""丑"等这样或好或坏的反馈，设计师可以通过这些反馈来确定风格稿的修改方向。

不过，并不是所有 CE 玩家的评论都是真实有效的。在这里，玩家的意见还需要设计师去根据反馈结论来分析其背后的真实缘由。例如在一个新项目中，针对界面设计的感受，玩家可能会说"太'萌'了"，设计师在设计中就应该尽量迎合玩家的需求。如果发现其属于喜欢"暗黑"风格游戏的硬核玩家，只是因为个人原因无法接受过于圆润的图形设计和清新的色彩设计，那么这条意见就可以忽略。但是如果该玩家本身就是该项目的核心玩家，那么这条意见就是有价值的，设计师就应该根据该意见去做有效的修改。

市场调研

调研目标

1. 玩家分类。
2. 他们是什么样的人。
3. 他们想要什么。

玩家类型和需求是进行用户画像的基础

调研方式和基本状况

为掌握该类型手机游戏的市场情况，在 2 月份（2015 年）通过 QQTips 推送问卷的方式进行定量调研。
共回收问卷 4229 份，筛选后剩余 3841 份有效问卷。

样本量越多，调研结果越准确

调研数据分析

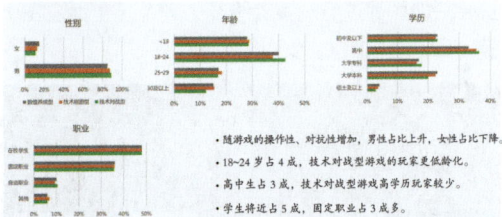

- 随游戏的操作性、对抗性增加，男性占比上升，女性占比下降。
- 18-24 岁占 4 成，技术对战型游戏的玩家更低龄化。
- 高中生占 3 成，技术对战型游戏高学历玩家较少。
- 学生特进占 5 成，固定职业占 3 成多。

年轻 低学历 男性化

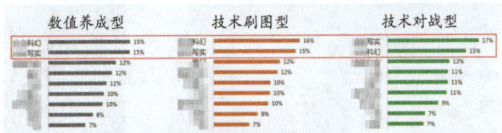

科幻与德黑较受欢迎

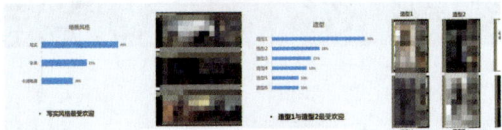

美术方向的初步调研结果

⊙ 形成最初的风格稿

界面设计工作从项目开始的风格探索阶段到后期的风格成熟阶段，是一个不断发展变化的过程。在大部分情况下，它并不是一个通过一场会议或经历一两个风格稿就可以快速完成的工作。作为游戏界面设计师，一方面需要根据项目的特性来定义最主要的设计方向，另一方面需要考虑实际需求和玩家 CE 中反馈的使用感受来不断修正细节。这个动态的过程需要数个设计稿版本的迭代才能完成。

右图所示为"LEgame"项目的第 1 版风格稿，图中的字母标识所指内容对应了前文中几个分析步骤的内容，如 A 处的布纹设计、B 处的蕾丝纹理设计、C 处包括除此处外多处明显可见的玫红色设计及 D 处的一些水晶质感设计等。

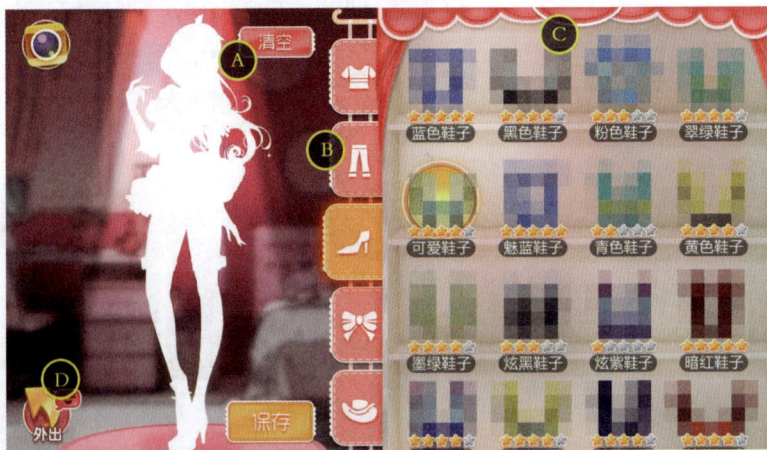

6.4.2 成熟游戏界面风格的主要特征

风格的形成只是游戏界面设计的初始阶段，后续阶段是一款游戏的界面风格逐渐成熟的阶段。对此，我们需要有一个理性且全面的认知。

⊙ 成熟风格的形成是一个动态过程

游戏的界面设计从风格设定到风格成熟是一个动态过程。一个游戏项目的界面不可能在风格设定完成的时候就完整地呈现出成熟的风格状态。这是由两个原因造成的。

第 1 个原因是游戏界面设计师对某一种特定风格的设计并不一定非常熟悉。如同对恋人的了解一样，风格设定完成之时的界面其实只是相当于见到伊人第一面时对彼此的浅层了解。情侣之间深入地了解，乃至走过一生，还需要漫长的接触和磨合。对一种风格或一个游戏的界面与设计师之间的关系来说，这种磨合和接触就是日常的需求处理，是和同事对一种具体功能的视觉化表现的争论等。在长期的这种磨合过程中，设计师会碰到非常多的问题需要解决。在解决无数问题的过程中，设计师逐步熟悉对应的设计风格，进而把风格的设计做到成熟。

游戏界面设计的风格成熟时间轴和设计师对应的工作阶段示意如下图所示。

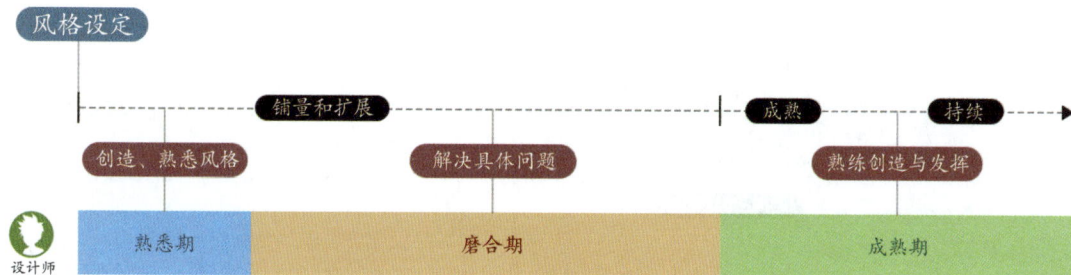

对所有的游戏界面设计师来讲，他们对细分化风格设计的熟悉过程是大致相同的。但在不同工作环境下工作的设计师又有着不一样的特点。这里涉及一个问题，那就是设计师应该熟悉更广泛、更多种类的风格，还是应该专精某一种类型的风格。

设计师的工作环境可以分为两种类型，并且这两种工作环境分别对应的是广泛与专精这两个范畴。

第 1 种工作环境是设计师所在的公司或部门本身是一种资源池性质的组织，需要承接或支持多个项目的开发工作，设计师需要应对任何可能的设计风格。在这种工作环境下的设计师所对应的技能是熟悉并把握更广泛、更多种类的风格。这种技能的优点是可以把设计师培养成"多面手"，不管什么风格都做得来。同时缺点也很明显，每个人的精力和时间都是有限的，在有限的精力和时间内，广泛涉猎的内容往往会具备肤浅的特质。在这种工作环境下的设计师也难免遇到每种风格都可以做，但都做不到很好的情况。

在支持项目时，设计师不管是从客观上还是从主观上，都无法在细分化的风格上去认真打磨。客观上，每个设计师在这样的部门里都以一个人的形态存在，对部门来讲，其第一要务是完成所承担的多个项目的开发需求，因此就会在人力调配上更加追求效率，并且会在效率的重压下对品质做出一定的妥协。这种情况下，从组织层面上讲，就不大可能会考虑到设计师个人的选择倾向，也不会花太多精力去考虑设计师的调配对具体某个项目的影响。

在资源池性质的组织里，设计师的工作形式示意如右图所示。

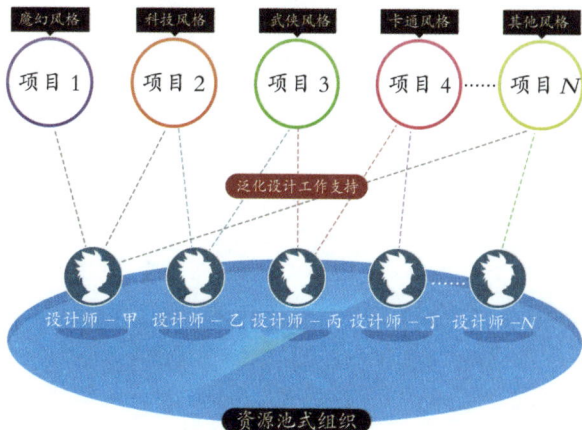

第 2 种工作环境是设计师所在的公司或部门本身就类似于一个项目组或多个项目组的组合。这种工作环境的客观现实是，公司或部门所开发的只是一个项目或同一种类型的若干个项目。设计师在这样的组织内承担的是长期支持某一种类型风格的设计工作。这种工作环境下的设计师对应的技能就是专精某一种类型的风格。这种技能的优点非常明显，设计师可以长期地沉浸在某一个或某一类型的风格上，熟悉、研究并且达到专精。这对设计师所在的组织来说也同样是优点，长期研发同一品类的产品对项目团队来说是一种专业的淬炼。面对同一种类型的游戏，长期专精该类型的团队的效率要比临时组建的团队的效率高很多。对设计师来说，这样的工作环境的缺点是容易陷入"舒适区"。长期对某一种类型风格进行设计，使得设计师的个人设计风格更加专精的同时，也容易使其失去对未知领域探索的动力和勇气。相对涉猎风格更广泛的设计师来说，失去目前设计风格的专精设计师将有一无所能的可能性。

项目组性质的组织里的设计师的工作形式示意如下图所示。

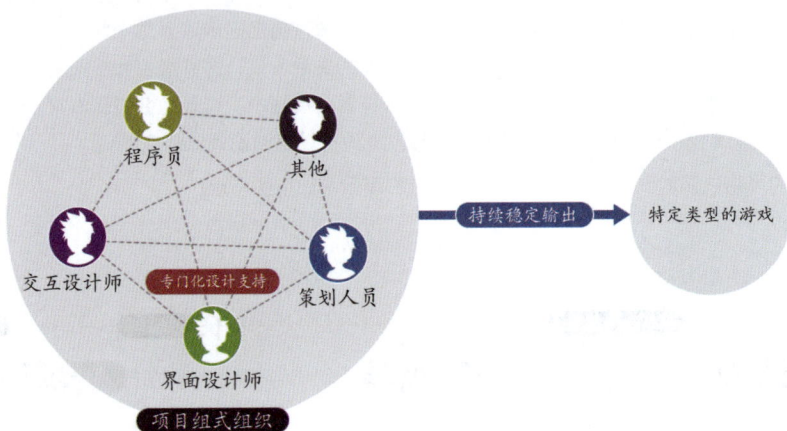

提示

> 这里的"舒适区"是指人在长期专注于某一领域时，逐渐擅长这一领域的技能，从而更乐于待在这一领域内。界面设计师如果长期专精于某一类风格的界面设计而不涉猎其他类型风格的界面设计，就很可能进入"舒适区"。设计师待在"舒适区"不仅有主观的原因，也有客观的原因。与"舒适区"所对应的概念是"学习区"和"不适区"。一个好的设计师应该是与时俱进的、视野广阔的。因而笔者不建议大家待在"舒适区"或待在"舒适区"太久。对设计师来说，不停地学习新的技能，接触新的想法，了解更多别的学科的研究方法，可以逐渐拓宽自己的"舒适区"并缩小"不适区"。

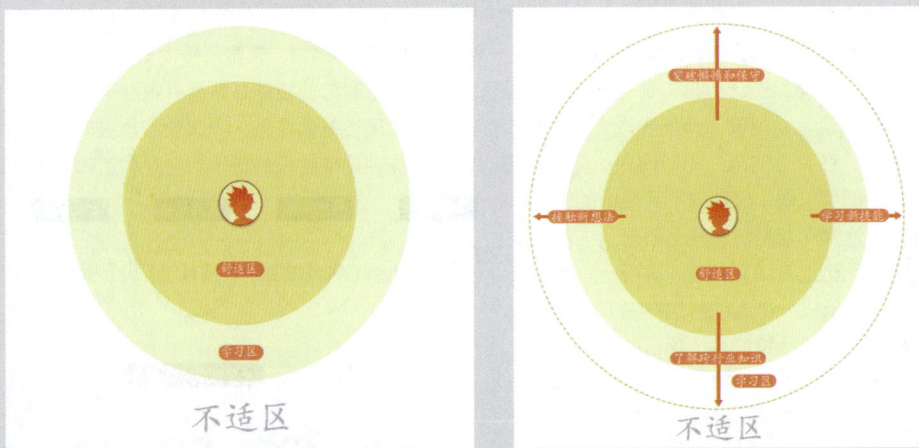

对设计师而言，这两种工作环境都是各有利弊的，同时对于其弊端也都有一些解决的办法。例如，在资源池性质的组织里，有些部门会安排设计师长期支持某一类特定风格的项目，只会偶尔派遣设计师到不熟悉的项目里。这样做的好处是在一定程度上弥补了这种工作环境下设计师不够专精的缺点，同时也保留了设计师广泛涉猎的可能性。在长期开发某一种类型的项目的组织里，设计师只要保持视野广阔，多去接触、练习不同风格的界面设计，同样也可以在保持专业性的同时，做到广泛涉猎。

第 2 个原因是一种风格乃至同一个控件在不同的适用情景下的外在表现是不一样的。游戏界面应该依据功能的需求去设计，而不是靠设计师设定的风格来设计。没有哪个设计师能够预见到全部游戏系统设计的细枝末节，并提前为所有的情况设计选好适用情景。每一个细节的新增和错误的修复，都在为一个风格设计转化为成熟系统的界面设计添砖加瓦。

这里，实际上涉及两种设计方式，即预见性的设计方式和"遇山开路，遇水搭桥"的设计方式。

预见性的设计是在风格确定的同时，预见性地对将来的可能界面进行统一设计。这在理论上并非不可能，实际操作中在一定程度上也是可以做到的。例如，通常手机游戏的系统设计都有很强的相似性，并且绝大部分的游戏都会有主界面、商城及背包等界面。在对某一个常见类型的游戏进行风格设定的时候，就可以预见性地确定这类界面的存在。有些类型的游戏在界面的排版设计上也都倾向于用相似的设计。如此也就有可能在设计方案没有明确的时候，提前做出这些界面的设计。但是，正如前面所讲，谁都不可能完全准确地预见未来。虽然手机游戏的界面设计可以如此，但各个游戏系统的细节还是有非常大的差别，表现在界面上更是如此。因此，这种预见性的设计只能做到一定的程度，这种程度除了包含对这些常见的界面的设计，还包含对一些固有控件的设计。设计师可以在设定风格的时候，设计好常见的控件的普遍形态。到落地可用的时候，如果不匹配，可以因地制宜地进行修改。

下面图所示为不同的 MOBA 类型的游戏中的主界面对比示意图。其中左上图所示为《王者荣耀》的主界面，右上图所示为《英雄行星》的主界面，左下图所示为《混沌与秩序之英雄战歌》的主界面，右下图所示为《小米超神》的主界面。它们都有着相似的排版设计。

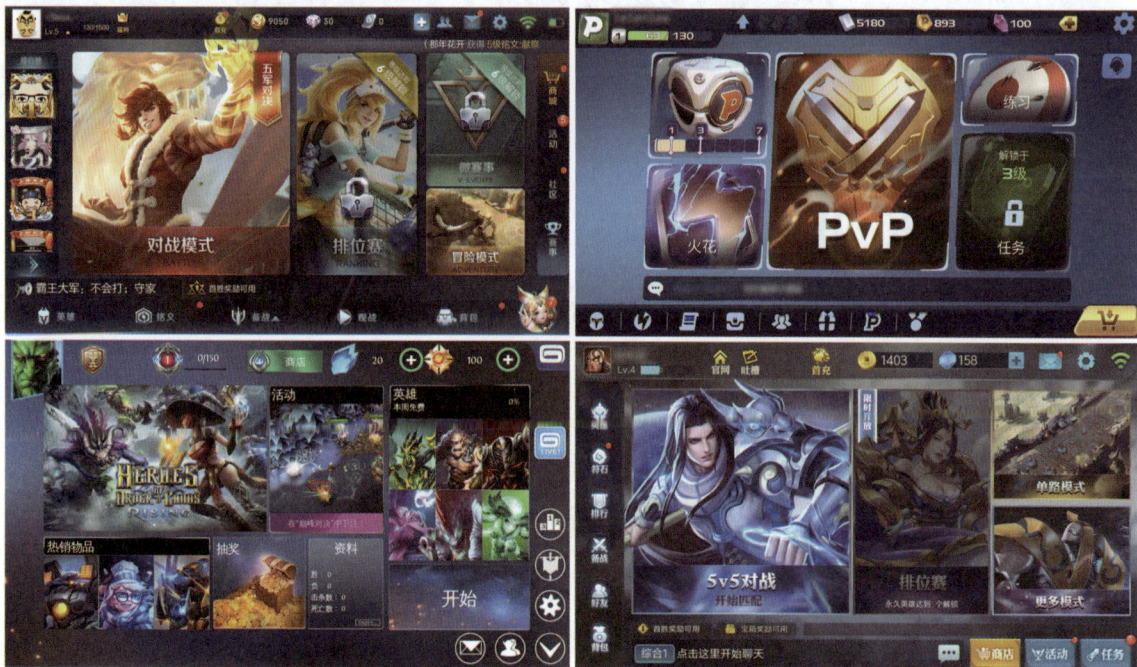

💡 **提示**

　　"遇山开路，遇水搭桥"的设计方式很实用。它可以保证在设定风格之外不做任何多余的设计，等到具体需求明确的时候，再考虑界面风格的具体应用和扩展。这是效率较高、修改成本较低的一种做法。在开发游戏的过程中，这么做的优势是基于因地制宜的界面设计思路，可以更灵活地处理多变的设计情境，而无须提前做可能无用的准备。不过，这种设计方式也存在一定的缺点，较明显地体现在没有任何预见性的设计中，即在任何急于看到游戏全局的人（这些人可能是策划人员，也可能是制作人或决定项目命运的老板）的面前，缺乏展示素材。

显而易见地，界面设计师在实际工作中并不会纯粹地只用两种方式中的一种，实际上通常会混用这两种方式。例如，设计师在进行一个新的游戏项目的风格设定时，需要凭借一定的界面视觉内容去让人认知新的设计风格，但此时具体界面的需求可能都还没有，甚至游戏的背景建构都并不明确。在这种情况下，界面设计师就需要利用手机游戏大概率会出现的几个典型界面来开展相关工作。正如在之前的内容中所提到的，设计师在项目初期的设计工作是没有足够的策划需求支撑的，主要以风格的展现作为核心工作内容，这时就会在虚拟的几个界面上去做最初的界面设计稿。每个设计师都知道，无论是虚拟的需求，还是现实的需求，想要全部都满足的工作量并不小。在没有确定功能需求的情况下，就虚拟出若干个界面去做设计，属于凭空捏造式的工作，并没有什么实际意义。在用虚拟界面做风格展示的时候，一方面我们可以不考虑或者少考虑之后实际会存在的界面与目前风格设计界面之间的差异。因为风格设定阶段的工作内容就是寻找合适的风格，具体的细节表现是其次的。另一方面，之所以考虑去虚拟出大概率会出现的典型界面而不是其他比较有个性的界面，是因为这么做本身就缩小了虚拟界面和实际界面之间的差距，为未来正式版本的设计做最安全（即效率最高、返工可能性最小）的保障。这种做法就融合了两种不同的方式，具体表现在用虚拟的典型界面去展示风格是一种预见性设计，但这种预见性设计并没有做得很彻底。同时考虑到未来真实界面的设计效率，设定风格的时候也会选择大概率会出现的界面，这是"遇山开路"设计方式的思维体现。

　　下图所示为笔者在代号"PRgame"的项目中所设计的风格稿主界面（左图）与经过后期实际需求调整后的主界面（右图）。

　　我们讨论了很多风格设定和设计师工作习惯与风格逐渐成熟的关系，在这个关系里，需要时刻去秉持的项目开发思想和无处不在的执行方式就是"小步快跑，快速迭代"。这种设计思想受游戏项目开发思想的启发，较早来自腾讯公司对产品开发的思维方式，即及时响应用户的需求和市场的细微变化，快速迭代产品以跟上用户的需求和市场的变化。这种设计思想后来被应用于腾讯互娱的诸多手机游戏开发项目中，也是腾讯游戏开发的一个基础指导性思想。区别于传统客户端游戏慢节奏的大型迭代方式，这种迭代思想的核心含义是快速响应、快速修复、快速迭代版本。将大迭代分割成若干个小迭代，每次更新一小部分内容，但每天可能会有至少两个版本的更新。这就意味着每次迭代并不一定需要解决所有的问题，有一些问题需要被临时绕开，有一些问题则需要立即解决。对界面设计来讲，这种设计思想主要应用在界面风格维护和设计问题的解决上。可以说这两种问题是设计师每天都会碰到的，而且数量会很大。什么问题需要绕开，同时什么问题需要立即解决，这是需要设计师在"小步快跑，快速迭代"设计思想里明确和定性的。

　　下图所示为敏捷开发方式的优势说明示意图。主要表现为可以更迅速地解决重要问题，并且更敏捷地适应市场环境。

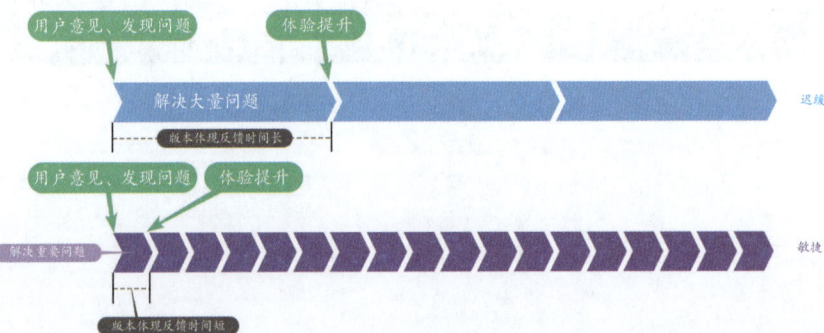

在这里，需要立即解决的设计问题有以下几类。

（1）明显的设计缺陷造成的用户体验问题或设计方式不便于切图和实现。

（2）明显偏离了主设计风格的设计。

（3）对于当前计划中的大版本有至关重要作用的界面设计，即优先级比较高的问题。

需要临时绕开的设计问题主要有以下几类。

（1）临时决定的设计方式，可能需要应用在以后的界面中，会有实现同样功能的不同具体情景的变种。这一类问题需要配合以后出现的具体情况来进行修正，设计之初无法准确定位设计的具体方式或者无法预料多种情况的变化。可以先保留一种方案，等待别的情况出现后再进行多次修正。

（2）对于一些明显需要应用到很多功能情景中的设计方案，当只有一种情景可供参照时，方案是无法被设计得完整的，需要将一个首要方案先实现到版本中，等待后期各个功能情景都被实现出来后再对设计进行修正。这正是一种"边跑边改"的思路。

（3）已经设计完成，但是整个需求被放弃。这种情况显而易见是需要临时绕开的。需求有时候会在特定的情况下被放弃，这些情况有时候是游戏系统设计的变更，有时候是受到开发进度的影响。但是一旦需求被放弃，其对应的界面设计也应该及时中止。在当前迭代中临时绕开以备未来重启或者永远放弃。

（4）有争论的设计方案。在迭代周期内得不到一致结论的情况下，特定的设计方案需要被冻结，并启用临时方案。争论可以继续，但是迭代必须进行。直到争论有结果了，再在当时的迭代中排期落地。

在一般的游戏项目中，界面设计都要经历"风格设定→修正→稳定的风格设计→铺量→修正→形成稳定的风格"这 6 个阶段。从严格意义上来说，一直到"形成稳定的风格"这个阶段，设计师对于"风格设定"的工作才算完成。在有些极端的情况下，如果对项目的定位没有准确的判断、项目本身的大方向可能需要数次的调整，界面设计也可能会受到影响，在此期间会经历多次的风格设定和无数次的"修正"。这对设计师和设计团队来说，无论是从心理上还是从生理上都是不小的考验。但是只有抓住了项目的核心需求，懂得去挖掘玩家真实的反馈和需求，设计师才能在每次修改中找到正确的方向，确保设计上不失误。

⊙ 具备丰富的视觉表现力

现下的游戏界面基本上都具备丰富的视觉表现力，我们似乎已经对此习以为常。经过对比可以发现，实际上这一点需要完成很多工作才可以做到。较极端的对比是 FC 游戏时代的界面和现代游戏中有相同功能的界面的对比。

🐵 提示

FC 指的是任天堂家用游戏机 Family Computer，缩写为 FAMICOM 或 FC，又称红白机。该时代是电了游戏逐渐发展的时代，虽然时人并无知觉，但由于时代的不同，当时的游戏界面相比于现在的类似等级游戏的界面都比较"简陋"。特此拿来对比，以明确游戏界面的一些特点。

下面两图所示为游戏《勇者斗恶龙》的一组战斗界面，同样的战斗界面，二者在视觉表现上就有很大的不同。第 1 个界面只能用文字来表现界面信息，第 2 个界面则增加了如头像、血条等界面设计元素，极大地丰富了界面的视觉表现力。因为人工技术和机器性能的进步，第 2 个界面的视觉表现力相对第 1 个界面有了明显的提升，但依然在界面上做了很多的类似表现，这至少说明无论游戏界面是用文字对信息进行描述，还是用图像和其他界面设计元素的组合对信息进行展现，其根本目的是一样的，就是让玩家得知游戏中正在进行的事情，以及玩家的操作使得游戏发生了变化从而产生的反馈。这其实就如笔者一直强调的：游戏界面存在的根本目的就是作为一种媒介去实现游戏想要实现的功能。但是，若仅传达信息或具体的操作反馈、故事进度，则所有游戏都制作成文字游戏就可以达到这个最基本的目的了。那么，为什么游戏不但没有被做成文字游戏，游戏界面反而充满了丰富的视觉表现元素呢？

这正是因为游戏界面、游戏画面等组合而成的视觉元素要实现另一个功能——给玩家以具象的沉浸感。游戏作为一种特殊的娱乐化软件，其最大的特点正在于此。它不仅需要让玩家知道发生了什么，还需要让玩家切实体会到这些事情发生时细微且逼近真实的感受。游戏的界面正是基于此，才在设计手段上与其他软件的界面有着截然不同的表现方式和手法。游戏界面的视觉表现力直接承载着游戏本身想要传达给玩家的更多沉浸式的情感化内容，也就从易用性的内核上外延出了另一个层面，即视觉表现力。

较早的电子游戏就采用的是文字的形态，如《北大侠客行》等，而且玩家与游戏本体的交互也只能通过命令代码来进行。这种游戏的每一个故事情节和玩家的操作反馈都需要玩家在阅读文字之后来想象。现在的游戏则不仅有游戏画面，还有操作界面，通过直观的视觉体验给予玩家这两个层面的需求功能。

例如，右图所示为游戏《北大侠客行》的界面。游戏的过程通过文字来推动，玩家通过输入指令来进行互动。

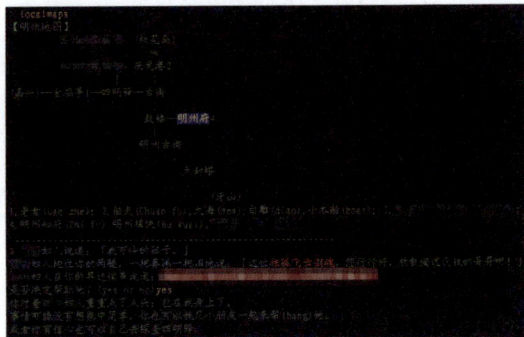

游戏界面的视觉表现力除了与游戏本身的要求有关，还与相同的界面控件在不同的游戏情景中的完全不同的表现形式有关。例如手机游戏中常见的弹窗会有常态和运营态两种样式。

在不同情景中，相同功能的界面控件有着完全不同的表现形式，这是游戏界面视觉表现力丰富的另一层表现。例如，下图所示为笔者为代号"PRgame"的项目所设计的两种弹窗，左侧为普通的弹窗，右侧为鼓励玩家分享游戏的特别活动弹窗。同样是弹窗，它们的视觉表现通过不同的视觉元素呈现出完全不同的样子。两者的差异如此之大，归根结底还是因为特别活动的弹窗需要给玩家更强烈的视觉刺激，而普通的弹窗则只需要表现游戏本身的风格与功能即可。

⊙ 对动效的依赖

在游戏界面中，动效的使用非常普遍，这也是游戏界面视觉表现力在动态维度上的一种特点。在大部分普通的软件或者应用中，只有在特别需要情感化设计时才会用到动效。而在游戏中，由于动效的特别和其丰富的视觉表现力，其应用极其普遍，使用方式也非常丰富。

🐾 提示

广义的动效包括所有的动态界面，窗口的打开和关闭也可以被认为是一种动效。但我们这里所讨论的动效则是指狭义的动效，即普通的界面切换之外的、特别的、有暗示含义的动效。

和界面视觉表现的目的一样，动效也包含了直接的视觉化展现功能和游戏功能性体现这两个方面的内容。

动效多种多样，可以表现不同的风格。例如：表现得比较有弹性的动效就会被应用在可爱、活泼的风格里；缓慢、优雅的动效则会被用于成熟、稳重的风格里，如科幻风格、写实主义风格等。科技感十足的界面中使用到的动效大多会涉及闪动、灵活效果等。这些内容会在第 11 章和第 12 章中讲到，这里不再赘述。

综上所述，游戏界面设计是一个根据具体的游戏的背景建构推导出合理的设计方式的过程。对每一个游戏来说，游戏界面的重要性体现在它是游戏实现自身功能非常重要的一环。其风格设定、细节优化都会在项目存续期间不断地被玩家和各种关心项目的人所关注，也会持续地被设计师维护和优化。游戏界面设计师在项目的开头就应该意识到这绝非是"一时一事"之功，而应是"深耕细作"的长期工作。

07

第 7 章

界面节奏感的把控

本章概述

所谓"文似看山不喜平",在日常生活中,我们认为好看的小说、电影及好听的音乐等都是建立在其有良好的节奏感的基础上的。一篇好的文章就要像远处的山峦一样,有起有落,跌宕起伏;一部好的电影在叙事上也应该有激动人心的开头,有娓娓道来的铺垫,有扣人心弦的故事高潮,也有回味无穷的结尾。同样地,一个好的游戏界面也应该是有节奏感的。本章将从节奏感的基本表现,到具体的游戏界面范例,逐步分析如何在游戏界面设计中制造出合理且令玩家感到舒适的节奏感。

本章要点

» 节奏感的基本表现与分析
» 界面节奏感的表现特征分析
» 游戏界面节奏感的设计与把控
» "LEgame"和"PRgame"项目中节奏感的把控与分析

界面篇 ▶

7.1 节奏感的基本表现与分析

针对节奏感的基本表现，本节主要从以下两个方面进行分析：一个方面是节奏感在生活场景中的表现，另一个方面是节奏感在游戏界面中的表现。

7.1.1 节奏感在生活场景中的表现

人类会对没有节奏感的事物感到乏味。想要一个人对某件事物保持兴趣，需要对他进行持续的刺激，但是持续平稳的刺激会使人的神经系统产生自适应。为了能让人一直感受到刺激，并且避免神经系统产生自适应，刺激水平需要不断提升。这种不断地提升刺激水平且在每两个刺激之间有一个小的低潮的处理方式有两个优势：一个是可以提高神经系统感受外界刺激的阈值，让人可以不断收到足够强烈的外界刺激；另一个是可以给予人适当的休息时间，不至于让这些刺激连续不断，使人的神经持续紧绷，甚至崩溃。如果把提升刺激水平设计成一个持续的过程，那么感受刺激的神经就会变得像一根一直被施力的弓弦，随时会因为无法承受张力而断掉，如此一来就不会得到持续感受刺激的效果。

所以说，良好的节奏感可以理解为合理的刺激，往往会有"高→低→更高→低→再高"的一个波动过程。节奏感曲线如下图所示。

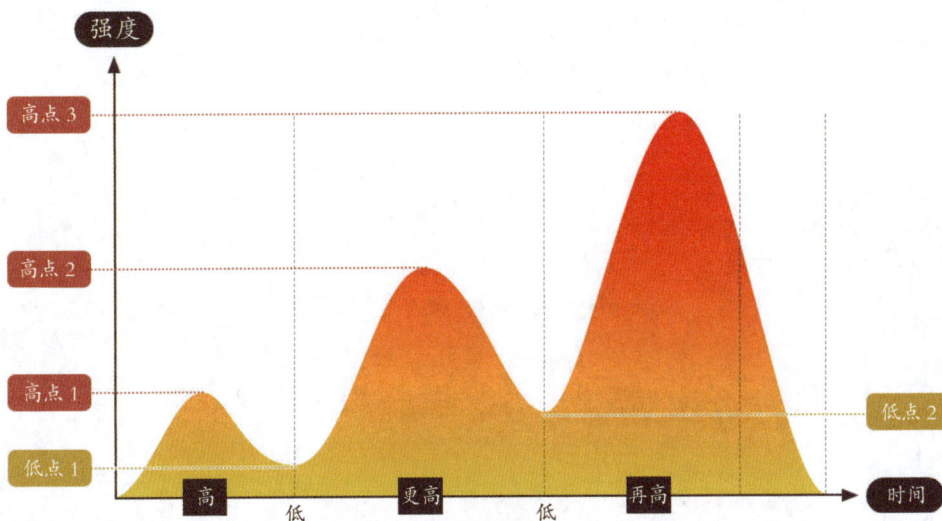

下面，我们来简单地看一看节奏感在音乐、电影及美术作品中是如何发挥效力，使文艺作品能够具备强有力的吸引力的。

⊙ 在音乐中的表现

在音乐中，节奏是通过旋律的不断变化来形成的。以流行歌曲来举例，一首歌曲通常是由前奏、主歌、副歌、过渡句、流行句、桥段及结尾这7个部分组成的。其中，前奏起到启动整个旋律的作用。从前奏到主歌的部分，旋律逐渐过渡，节奏加快，到副歌时达到高潮。其间，流行句往往也被置于副歌部分作为记忆点，使歌曲朗朗上口并且有流行潜质。副歌过后，通常会经过短暂停顿并不停重复副歌部分，这部分节奏进入最激烈的阶段，并且不停地在高位波动。之后是桥段和结尾，节奏走向低落，直到歌曲结束。

下面，我们可以从一整首歌曲的节奏表现中看出典型的节奏波动规律。第 1 张图所示为某歌曲大致节奏的第 1 部分，第 2 张图所示为某歌曲大致节奏的第 2 部分。歌曲开头的 00 ' 00 " ~00 ' 06 " 是歌曲的前奏部分，这部分的节奏较为平缓，没有人声歌唱。从 00 ' 06 " 开始为加入人声歌唱的主歌部分，这部分的节奏依然平缓，但是由于加入了人声歌唱，因此节奏要比前奏的强一些。从 00 ' 51 " 开始，主歌人声歌唱的音调开始提升，伴随音乐节奏的增强，从 01 ' 13 " 开始进入副歌部分。这部分的音乐节奏和人声歌唱都要比之前的所有部分强烈，是本歌曲的第 1 个高潮部分。这部分的歌词包含了歌名，是整个歌曲的记忆点。在 02 ' 05 " 副歌结束后，歌曲进入一个小的间歇期。这段时间由主歌的第 2 部分填充，节奏和第 1 部分的主歌类似。02 ' 29 " 后再次进入副歌，内容和节奏都与第 1 次的副歌相同。这部分的副歌结束后，从 03 ' 22 " 开始节奏放缓，进入歌曲结尾部分。这首歌曲的结尾部分的声音经过了特别的处理，听起来像收音机的音效，加之人声歌唱的速度放缓，情绪表现低落，使整首歌曲进入低潮期，并顺势结尾。反观整首歌曲，不仅音调旋律优美，唱词优雅，编曲和整个音乐节奏也把握得恰到好处。

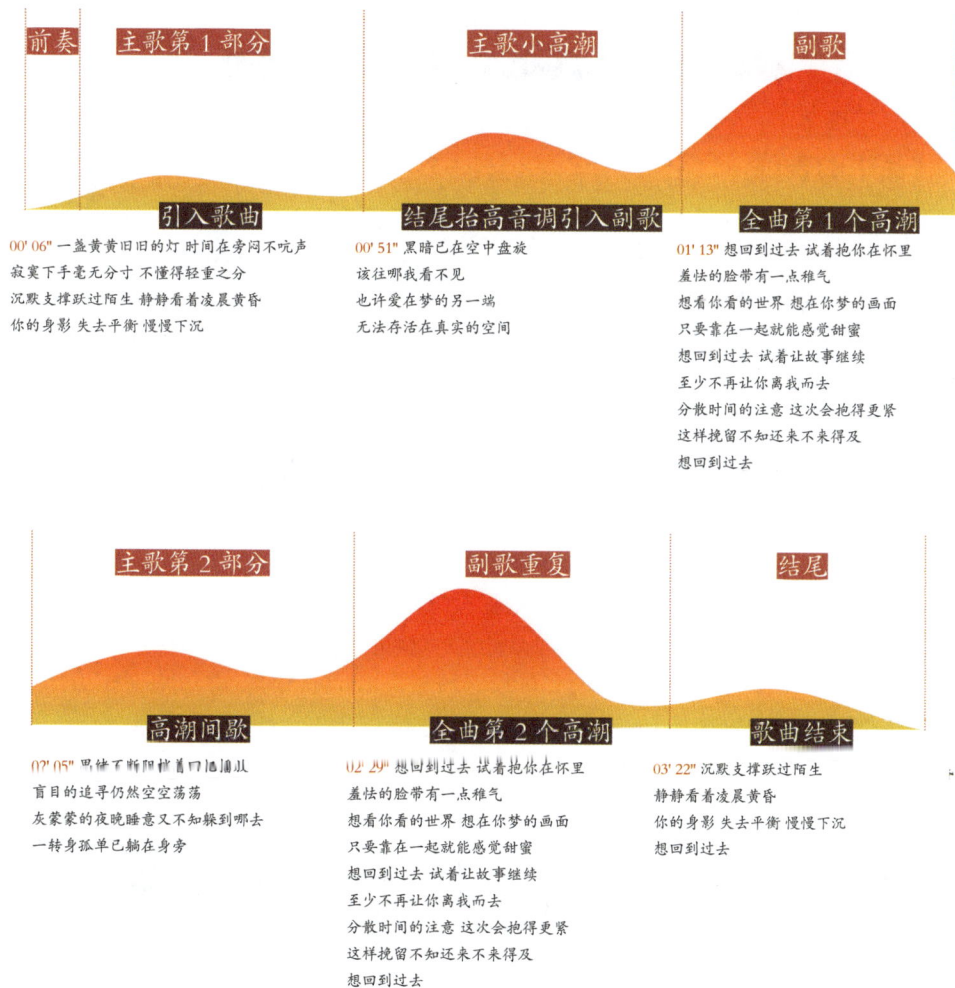

前奏 **主歌第 1 部分** **主歌小高潮** **副歌**

引入歌曲 **结尾抬高音调引入副歌** **全曲第 1 个高潮**

00' 06" 一盏黄黄旧旧的灯 时间在旁闷不吭声
寂寞下手毫无分寸 不懂得轻重之分
沉默支撑跃过陌生 静静看着凌晨黄昏
你的身影 失去平衡 慢慢下沉

00' 51" 黑暗已在空中盘旋
该往哪我看不见
也许爱在梦的另一端
无法存活在真实的空间

01' 13" 想回到过去 试着抱你在怀里
羞怯的脸带有一点稚气
想看你看的世界 想在你梦的画面
只要靠在一起就能感觉甜蜜
想回到过去 试着让故事继续
至少不再让你离我而去
分散时间的注意 这次会抱得更紧
这样挽留不知还来不来得及
想回到过去

主歌第 2 部分 **副歌重复** **结尾**

高潮间歇 **全曲第 2 个高潮** **歌曲结束**

02' 05" 思绪不断阻挡着回忆播放从
盲目的追寻仍然空空荡荡
灰蒙蒙的夜晚睡意又不知躲到哪去
一转身孤单已躺在身旁

02' 29" 想回到过去 试着抱你在怀里
羞怯的脸带有一点稚气
想看你看的世界 想在你梦的画面
只要靠在一起就能感觉甜蜜
想回到过去 试着让故事继续
至少不再让你离我而去
分散时间的注意 这次会抱得更紧
这样挽留不知还来不来得及
想回到过去

03' 22" 沉默支撑跃过陌生
静静看着凌晨黄昏
你的身影 失去平衡 慢慢下沉
想回到过去

⊙ 在电影中的表现

在电影中，节奏感通常表现为特有的故事矛盾的激发方式，这里以好莱坞电影为例来进行分析。在好莱坞电影中，除了一些穿插叙事、平行蒙太奇等手法或导演风格极其明显的电影，一般在电影开头 10~20 分钟就需要制造故事剧情的第 1 个小冲突，而后故事节奏趋于平缓，随着故事情节的发展，不停地激发矛盾，而且矛盾一个比一个激烈，矛盾激发之间都会有短暂的平稳过渡，到影片的最后一段时，总矛盾激发，进入故事高潮，然后故事结束，电影结束。

典型成熟商业化的好莱坞电影的故事节奏感曲线如下图所示。

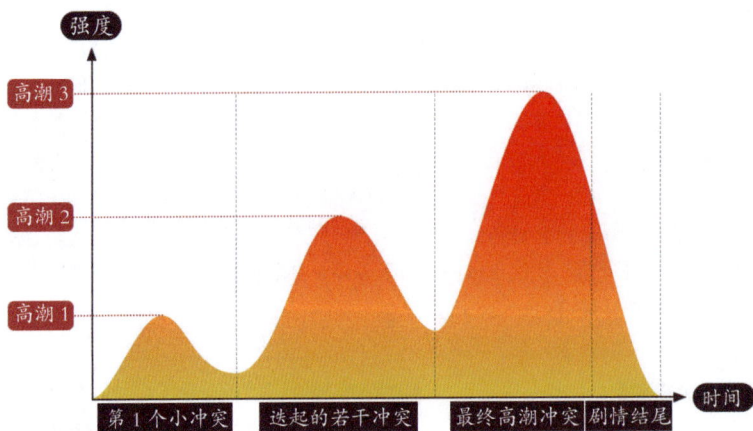

⊙ 在美术作品中的表现

在美术作品这类静态类型的艺术作品中，节奏感是以视觉化的直观形式且瞬时地展现在一个二维面上的。一幅优秀画作的节奏感往往通过光线补偿、颜色对比和平衡构图来形成。平面艺术作品的节奏感最终所要表现的效果是视觉上的平衡。平衡并不是平均，而是对平面各处的元素（包括颜色对比、质感描绘和美术元素的数量浓度等）进行有节律的排布，以给人均衡的视觉感受，而这种感受只能通过控制良好的节奏感来形成。不平衡固然也是某一类艺术形式所追求的效果，但商业化的、大众化的美术作品在节奏感上的追求依然应该是平衡的。

在这里，笔者以一幅名画为例分析一下在平面美术作品中节奏的分布规律。

下面左图所示为英国水彩画家海伦·阿林厄姆（Helen Allingham）的纸上水彩作品《肯特郡韦斯特雷姆的收割场》（*Harvest Fields in Westerham, Kent*）。在看似简单的画面中，画家对色彩和构图节奏都有非常纯熟的利用。这幅画通过层次分明的色彩节奏，交代了整体画面所描述的氛围基调。不仅如此，从下面右图可以看出：画家在从上到下第 1 条青色线条标注的位置，即纵向的黄金分割线位置，绘制天际线；中景的第 2 条青色线条稍微向右下方倾斜，使原本以色块划分的整齐块面更加灵动。除此之外，画面的焦点、横向上黄金分割点处（黄圈）引人注目的一棵树，以及这棵树上方天空中不远处（紫圈）的飞鸟，都增强了画面的灵动感和自然感。

7.1.2 节奏感在游戏界面中的表现

节奏感在游戏界面中的表现可以分为视觉层面的表现和交互层面的表现。同时，视觉层面的表现又可以具体分为色彩和构图这两方面的表现。

⊙ 界面色彩中的节奏感

视觉层面的节奏感指的是游戏界面中纯美术层面的节奏感。在一个功能完整且需要长时间"待机"（即需要长时间展示）的界面中，对界面色彩的把控应当结合整个界面中的人物、场景等其他美术元素，以此呈现出经得起考验的视觉效果，让玩家在操作中感到愉悦，并能自然感受到游戏想要传达给玩家的关于游戏的情感化内容。

在游戏界面设计中，将设计本身与游戏原画、场景及人物等其他美术元素结合涉及游戏项目初始和迭代过程中的视觉研究、风格规划及迭代优化等内容（后面对此有详细描述，这里不做重点描述）。我们应该把一个游戏内的界面作为一个整体去考虑。这要求视觉层面的节奏感保持合适的平衡。这种节奏感的平衡通常表现在以下两个方面。

（1）色彩的合理分配和均衡。在需要平稳的色彩分布时却使用了某种色彩进行突出表现，或者在需要突出某种功能时却使色彩分布得过于平均，都会导致界面视觉层面的节奏感失衡。

（2）界面设计中的标准色和辅助色有合适的应用。如果在功能要求的情况下导致某种色彩使用过多，使整个画面的色彩失衡，那么应该通过一定的方式去补救，如围绕核心适当添加辅助色。

下面左图所示为网易游戏《永远的 7 日之都》中出现的充值活动界面，下面右图所示为这个充值活动界面的颜色提取处理示意图。通过这两张图片我们可以看出，设计师在这个界面的设计上充分利用了色彩对比的方式来突出主体部分，形成了比较合适的界面节奏感。这个界面内最重要的信息包含 3 个：一个是标题"黄金伞祝福"，另外两个分别是充值送钻石的"150%"和右侧的"黄金伞"图片。从三者整体的分布情况来看，其布局为上下结构；单独从后两者来看，其布局又为左右结构。这符合玩家的阅读顺序，即先看标题，然后看内容和图片。与此同时，设计师也运用了色彩的冷暖对比来凸显界面中的重要信息，主要的手法是：A 处用两个淡黄的暖色调；B 处用两个同样偏暖调的色调；C 处用的主要是淡橙色，它显然也是一种暖色调。通过普遍使用偏暖色调的方式，A、B、C 几处区域与类似 D 处这样的偏冷色调区域形成冷暖对比，而 D 处代表着该图背景的大部分色调。这几处元素正是通过这种色调的冷暖对比，与背景形成反差节奏，从而被凸显出来的。

⊙ 界面构图中的节奏感

在游戏界面设计中，界面的构图同样需保持节奏感。当然，界面的构图设计应优先考虑功能的体现，在功能的基础上设计出构图合理的界面。同一界面内的界面控件分布失衡，如果是交互设计导致的结果，就需要交互设计师和界面设计师一起去研究是否有合理的解决方案；如果是视觉上的考虑欠妥，则应该从视觉层面上去解决，这种解决方式非常多，不管是界面元素的替换使用，还是将界面和原画、人物等相结合，都是思路的一种，需要结合具体情况具体分析，并寻找合理的解决方案。

例如，在下页图所示的游戏《QQ 飞车》的商城界面中我们可以看到，按照功能的层级，这个商城界面整体上是以"左中右"的布局进行设计的。这种构图方式的合理性在于 3 个方面。首先，从左到右是一个逻辑上逐层关联的结构，左侧的页签为第 1 层级，决定着中部显示的商品类型，中部被选中的商品则决定着右侧人物的预览效果。此逻辑构图较为合理。其次，三者在本界面内的重要程度并不与层级完全相关，中部区域作为商品的载体，需要放置大量商品信息，包括图标、价格及活动标签等，并且从构图上来讲其区域范围是最大的。商品的视觉冲击力对玩家的购买行为有很大的影响，这也是右侧区域成为第二大区域的原因。同时，为了进一步提升视觉效果，右侧的预览被设计成了无框模式，而且为真 3D 实时预览。最后，这种布局是这款游戏界面设计规范中的一种，在其他界面中都可以看到类似这样的布局。总的来看，这个界面的设计遵循了功能性优先的视觉构图设计思路，因此保证了界面的可用性、可读性和视觉节奏的均衡。

同时，节奏感在游戏界面构图中的表现需要从整个游戏的所有界面去考虑，而不应局限在某一个具体的界面中。在一些典型的游戏中，节奏感的分布是有一定规律的：主界面最为突出，它的色彩和布局都比较吸引玩家的眼球。其他一些重要的界面也有着类似的视觉强度，如商店、表现段位和品阶等能够凸显玩家价值的界面。其中有些界面的视觉强度甚至要强于主界面的视觉强度，如重大的运营活动界面、一些特别的排行榜界面等。与此同时，一些信息列表类型的界面相对重点界面来说，其节奏感要设计得平缓一些，如邮件列表界面、好友列表界面、个人的战斗历史详情界面及设置界面等。各个界面之间的节奏感对比，可以使界面整体给玩家一种有轻有重的感受。如果全部界面的视觉表现都保持一样的效果，那么玩家在潜意识中反而不知道哪里是重点了。

例如，下图所示为游戏《楚留香》中出现的 3 种弹窗的普通形态和特殊形态对比示意图。这款游戏和其他所有手机游戏一样，都在整个系统层级上为各个界面设计了特定的视觉层级，这些视觉层级很好地吻合了各个界面在系统中的位置和各自的功能性需求。

这里，我们具体以该游戏的几个层级弹窗的设计为例进行分析。图中从上到下列举的分别是 3 个尺寸，且分别对应 3 个层级的弹窗设计。其中每行对应的分别是左侧为普通形态弹窗、右侧为特殊形态弹窗。在这里，我们可以非常明显地看出以下几点。

（1）弹窗承载的信息量、功能重要性与它们的尺寸相对应。例如，系统化、集成式的信息被设计在了"衣柜"这样的大尺寸的弹窗中，需要快捷操作的信息被设计在了"珍宝阁"这样的中尺寸的弹窗中，提示类信息被设计在了"容纳"这样的小尺寸的弹窗中。

（2）弹窗的设计样式会根据功能类型进行区分。这款游戏中的活动类型的弹窗有很多种，如本图右侧一列所列举的几个看起来异于其他通用弹窗风格的弹窗。它们仅是这款游戏诸多运营活动中同属一个活动的系列弹窗，它们都遵循着"异于"系统规范的设计，使用了完全不同的色调和设计元素，视觉表现上特别亮眼，配合动效设计和音乐氛围更显特殊。

🐾 **提示**

> 需要注意的是，这样的设计虽然较特殊，但它们仍然在整个游戏界面设计风格的范畴内，并且依照了类似普通形态弹窗那样的设计规律，按照功能在尺寸上从大到小进行了有序的节奏设计。

⊙ 交互层面中的节奏感

交互层面同样需要节奏感，而且这种节奏感甚至还更重要一些。交互层面本质上考虑的是界面的易用性。节奏感对人感知信息的重要作用使得交互层面的每个细节几乎都在体现节奏感，这种体现具体表现为以下 3 个方面。

首先，同一界面内操作的重点不是均匀分布的，而是遵循操作习惯进行合理的疏密分布的。就手机游戏而言，以横屏界面为例，其操作的热区往往分布于画面的底端及两侧。之所以会这样分布，是因为人在双手持握手机（横屏的操作特点使玩家需要双手持握，竖屏则不一定）的情况下，以拇指的操作最为频繁。手机屏幕显然要大于拇指的活动范围，这就局限了拇指的活动范围在手机屏幕的底部区域，而最活跃的区域则是手机屏幕底部两角的扇形区域，这也是拇指可以最便捷操作到的区域。在动作、射击等类型的游戏的战斗界面中，这种布局的体现最为明显。这就是一种很典型的将操作重点分布在操作习惯区域内的设计方式。可以试想一下忽略这种操作习惯，将操作重点平均分布在界面内的效果。

下图所示为需要双手持握且在横屏状态下的拇指有效触控操作区域示意图。按照常人的手指和普遍的手机屏幕尺寸，我们可以大致推测出：在这种情况下，拇指所能触达并做出比较舒适的操作的区域为"易达区"，其余的则为"过渡区"和操作起来不方便的"难至区"，又被称为"拇指法则"。针对横屏状态下需要双手持握操作的特点，界面需要以此为依据来设计界面控件的布局结构。

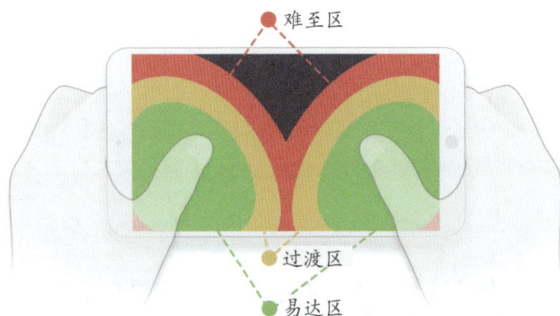

下图所示为一些主流类型（如 RPG、FPS 及 MOBA 等类型）的游戏的战斗界面中控件的布局示意图。从图中可以看出，分属不同类型且都需要双手横屏持握操作的手机游戏的界面布局设计都严格遵守了"拇指法则"。

其次，单一界面内的操作不能过多。在操作需求比较多，已经在视觉层面无法得到解决的情况下，需要从交互层面去思考新的解决方案，如跳转至新的界面，或者收起同一类操作控件。这一点的本质是节奏感在操作细节上的体现。一般来说，人更容易接受简单的事物，但如果复杂的事物不可避免，则需要考虑规律性问题。就笔者而言，笔者对有规律的复杂事物和简单的事物的接受程度是差不多的。如果单一界面内的操作非常多且不可避免，则需要通过易懂且易习得的逻辑去组织好这种操作集合。跳转至新的界面是一种阻断性非常强的操作，而规律性和逻辑性则一般在这种操作结果差异比较大的新系统中使用。例如，单击主界面中的商城按钮可以跳转至商城界面，这是可以被接受而且现实中被大量应用的操作。其根本原因在于，商城界面本身就是承载商城售卖功能的界面，界面内的内容是逻辑一致、属性相似的物件或控件，玩家从认知上是接受的。收起同一类操作控件，也是在解决大量操作集合时常用的一种逻辑，其本质上属于树状思维的模式，类同于计算机中的文件夹功能。但是这种收起逻辑主要需要考虑的是被收起的那些操作控件是否有属性上的类似特征，如果有，则可以将它们归为一类。

下图所示为游戏《神都夜行录》的功能操作逻辑示意图。这款游戏的主界面里设置了不少功能操作区，但是它们仍然保持了良好的界面平衡和节奏感。最重要的一点原因在于这些功能的操作逻辑被按照一定的设计目的进行了区分。图中列举的操作逻辑可以分为两种类型。一种是主界面内的替换型，例如进入副本时，主界面内的控件全部替换为与战斗相关的界面控件；点击"主菜单"按钮后从右部边缘伸出来覆盖在主界面上层的"主菜单"磁贴集合框体。另一种是直接切换型，直接在新的界面内详细布局，主界面的对应操作区只承担"入口"的功能（例如主界面上两个大系统的操作流程：点击玩家头像即打开"属性"系统界面，点击"半周年庆"按钮则打开相应的活动界面）。这两种操作逻辑本质上的差别仅在于各自系统所容纳的信息量不同，也会有各自重要程度及操作路径是否需要足够短的考虑。和当下其他的手机游戏相比，这个例子里游戏的这些操作逻辑上的设计方式并没有什么特别之处，而且也被玩家及游戏设计者所熟识。但由此可以明显地看出，这些因为常用而显得平常的设计方式对单一界面内操作区及操作跳转程度的控制思维为：哪个重要程度的功能需要被设计在当前界面，什么体量的信息量该设计为跳转到新的界面。对这些操作的控制，直接影响着界面设计的节奏感。

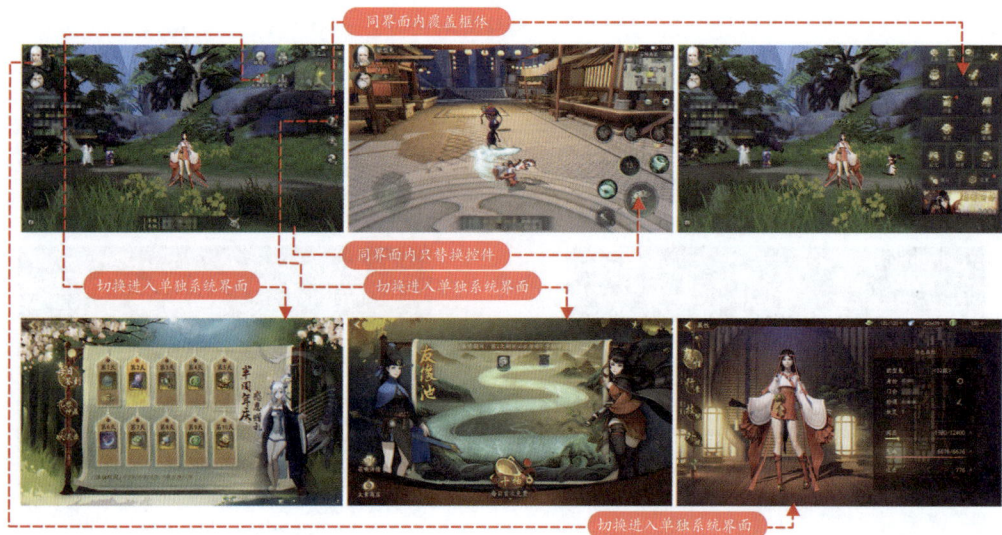

最后，注意操作空间的节奏感。重要的操作要么是对应的操作控件的尺寸比较大，要么是其对应所在的空间比较大。表现在视觉上时，界面元素的重要性也是通过两个层面来体现的，例如重要的图标会比较大，即物理层面的大。重要的操作控件比不重要的控件的质感要强，且色彩要鲜明，这是美术层面的大。但单一界面内的空间有限，色彩和质感的均衡，以及界面整体的构图，都限制着一个界面内重要操作控件的数量。因此，单一界面内的重要操作控件需要在交互层面上加以严格限制和取舍。对于整个游戏系统，也要满足相似的规律，重要的界面需要更多的重点信息，不重要的界面则没有很多操作。通过这种单一界面内的思维和全局考虑的思维去合理分配重要操作控件的空间，是交互层面节奏感的重要体现。

例如，下图所示为游戏《万王之王》中 4 个比较具有代表性的界面的横向节奏对比示意图，从左到右分别是主界面、新地点播报界面、获得物品界面和商城界面，包含了操作频度和视觉强度两个维度的对比。这 4 个界面分别承担了游戏中比较重要的功能，但无论是操作频度，还是视觉强度，都并非均匀地分布，而是经过全局上的横向对比后，进行了合理分配，具体表现在 3 个方面。

（1）主界面承担了大部分的核心玩法的实现功能，以及功能入口，因而在操作频度和视觉强度上都要强于其他几个界面。

（2）新地点播报界面为游戏背景建构展开的重要节点，因而视觉上的设计较为特别，此处我们判定它在视觉强度上属于"强"的程度。但这个界面的特殊在于，它并不需要被操作。获得物品界面是一种典型的"激励"性质的界面，这要求它在视觉强度上要优于一般的界面，但由于其出现的频次不会非常高，因此整个界面的视觉强度在这几个界面中只属于"中上"的程度。

（3）商城界面直接影响游戏的最终营收，可以说是除了游戏核心玩法之外最需要被视觉强化的界面。同时，琳琅满目的商品也自然地被附加了频繁的操作。

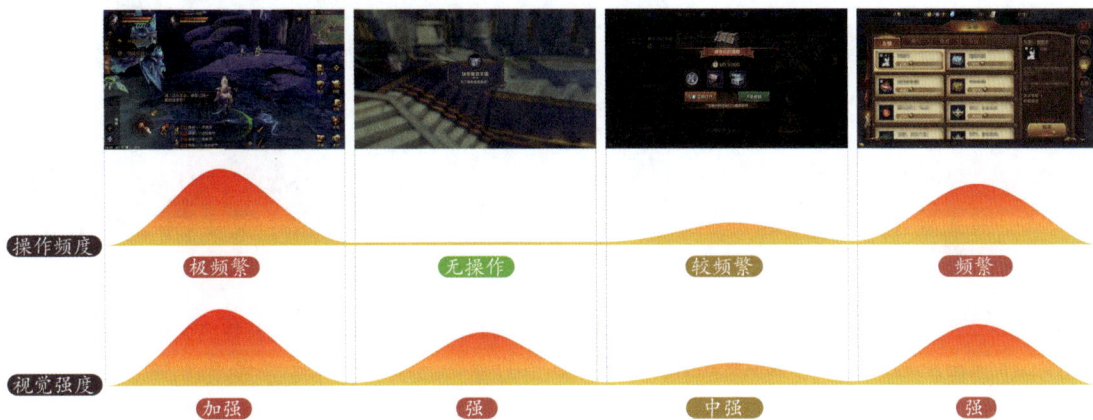

以上就是关于节奏感在游戏界面中的表现的一些基本解析。对这些方面进行表现，可以使游戏界面更容易被使用，也增强了游戏体验层面的流畅感。

7.2 界面节奏感的表现特征分析

一个节奏感好的界面应该具备 3 个特征，即均衡的色彩配置、均衡的信息排版和合理的节奏分配。

7.2.1 均衡的色彩配置

这里所说的色彩配置均衡并不意味着颜色上的完全平衡，而主要在于颜色功能的适当强化。当所有的色调、明度及饱和度都保持在合理的范围内时，适当地对比和突出不失为一种好的做法。颜色在人眼中的特征非常明显，因此做好色彩配置的均衡是整个界面设计中的首要任务。

下页图所示为游戏《恋与制作人》的活动界面（左）和游戏《奇迹暖暖》的换装界面（右）。这是同一家公司出品的两款玩法、模式不同的手机游戏，但它们使用了非常接近的界面设计风格和色调。这两款游戏针对的玩家群体都是女性，因此颜色都使用了淡淡的粉色。在这里，这种被称为"马卡龙"色调的淡粉色的使用本没有什么问题，但是设计师将一些对比设计得有些弱了，如此也就导致了 3 个问题的出现：（1）在 A 处，淡色背景上的图标被设计出同样淡色的外发光，导致"首充有礼"这样的图标无法很好地从背景中凸显出来；（2）在 B 处，活动弹窗的色调和当前的背景色调过于一致，导致活动弹窗无法很好地从背景中凸显出来；（3）在 C 处，右侧过于透明也过于明亮的窗体底图并没有起到严格的分隔作用，导致衣服的名称与透出来的人物衣服交错在一起，可识别度极低。

出现这种显而易见的问题并不是设计师的疏漏导致的，反而是因为设计师为了"讨好"特定的玩家群体而损失了界面的易用性。毋庸置疑，这两款游戏面对的玩家群体是女性，这种对比度较弱的色彩方案可以说就是为女性而设计的。在早期人类文明史上，男性和女性因为性别和各自不同的生理差异而承担了不同的职责。男性因为拥有较为强健的体格，同时不需要长期妊娠的特点，更多地承担了狩猎的职责，而女性的体格较弱和需要专门的时间哺育后代，这些特点决定着她们需要承担相对较轻松的采集的职责。这种长达几百万年的分工导致了男性和女性在很多方面的差异，其中一种就是对色彩的偏好差异。擅长采集活动的女性会具备更敏锐的观察力，对静态细节的观察要比男性敏锐很多，在众多色彩中可以迅速识别出自己的目标。相比男性，她们会更喜欢对比度偏低、色彩柔和的配色方案，这种配色方案中的"重点"并不突出，但对拥有较高观察力的女性来说，这不是问题。

类似的色彩问题在这两款游戏的界面中还有很多，都是由过弱的颜色对比造成的。同样使用这种淡色调，但是如果能在对比度上做出合适区分，就可以规避这样的问题了。

例如，在韩国 Layerlab 设计工作室为项目"Tap Tap Memory"所设计的部分界面中，虽然题材不同于上图所示的游戏界面，它们都以淡雅的色调作为最基本的色彩配置，呈现给玩家的则是完全不同的视觉感受。右图所示的界面会给人清晰、明确的感受，但上图所示的游戏界面就会给人一整片区域分不开的感受。同时，右图所示界面中的设计虽然在整体上的基调是淡色调，但在关键处却使用了对比较强的色调，如左上角界面中的白色面板和大面积的黄色背景的对比、右下角界面中左侧的黄色面板与蓝色背景的对比等。

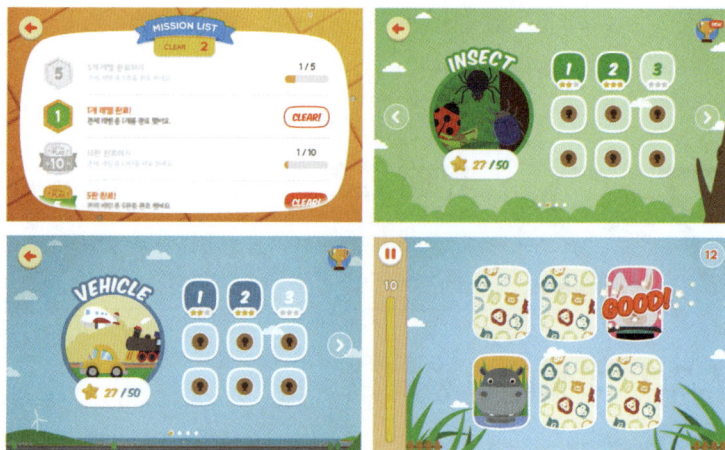

7.2.2 均衡的信息排版

在游戏界面构图中，所谓的信息排版均衡并不是说界面中的信息都需要被设计成完全均衡的状态。作为界面的一部分，信息这个概念包括了文字、图片、图标及动效等元素。从严格的意义上来说，色彩也是信息的一部分。传达这些信息给玩家是设计师进行界面设计的初衷。

在游戏界面设计中，不同的信息排版和布局会直接影响界面信息传达给玩家时玩家的接受程度，保持排版和布局的合理均衡可以保证界面信息被恰当地传达给玩家。一般来讲，在同一个界面中被排放展示得较大的元素会被认为是界面中比较重要的元素。

例如，游戏《永远的 7 日之都》的神器使开始界面中的"PLAY"按钮被设计得较大，它是界面中的主要元素。

在游戏界面设计中，通过留白可以让一些重要信息表现得更明显，并起到强调的作用。

例如，下图中站立在界面横向黄金分割点位置的人物毫无疑问就是这个界面的重要信息。在它的周围有大片留白，强化了它的视觉聚焦效果。如果这个界面中的所有元素都以均匀的方式被设计和布局，那么没有人能辨别出哪些元素是重点。

7.2.3 合理的节奏分配

这里的合理的节奏分配主要是针对横向维度来说的。游戏界面是由一系列的界面有机组成的，笔者在前文中强调过，这些界面之间的视觉强度也应该以合适的节奏进行分配。一个节奏感良好的界面绝不仅限于单界面的节奏控制，还在于整体界面的节奏控制。就笔者而言，整体界面的节奏控制主要通过系统界面的规划和具体界面的规划这两个层面来完成。

首先，系统界面的规划需要基于以下两个原则来进行。

第 1 个原则是有预期的规划。通常来讲，大部分游戏内的系统界面是相对固定的。一个成熟的商业化游戏中总会包含一些固有的系统界面，如主界面、商城界面、主要玩法界面（有些游戏中的主界面即为主要玩法界面，也被称为战斗界面）、设置界面、邮箱界面、战队（公会）界面、背包界面、活动公告界面及英雄（人物）详情界面等。同时，这些系统界面的视觉强度的表现也是相对固定的。这种现象本身证明了这种系统界面设计是被市场验证的行之有效且较具合理性的设计。在一个游戏项目的初期，虽然设计师在这时还并未全面展开所有系统界面的设计工作，但是他们需要对要设计的系统界面有心理预期：什么样的系统界面应该被设计为怎样的视觉强度。设计师在开始设计之前就应该有一个模式化的预期，如此才能确保最终设计出的系统界面的节奏分配是合理的。

商业化游戏的固有系统界面的节奏模型如下图所示。不同的游戏大致都会吻合这样的界面横向间的节奏感对比。当然也有一些特例，例如，在一些 RPG 类型的游戏中，主界面就是战斗界面，此时就不会存在主界面节奏感要比战斗界面节奏感强的情况，而且在此情况下也能保证这个模型的普适性不受影响。设计师在游戏项目尚未全面铺开所有的系统界面时，应该在心中对应着具体的项目来应用这样的模型，对全局界面的节奏进行有预期性的规划。

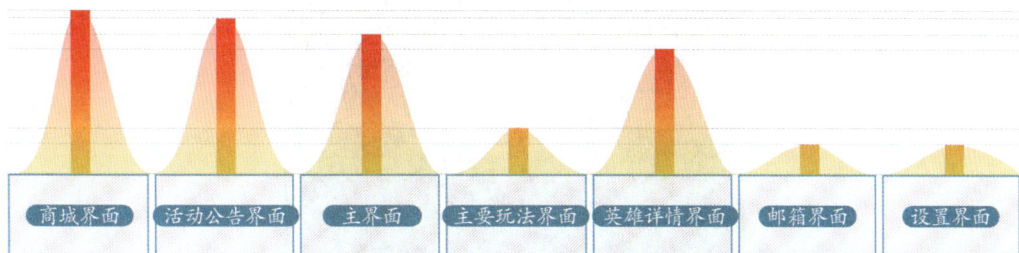

第 2 个原则是界面之间的节奏区间要尽量大，以便为后期新增界面。在日常设计工作中，我们接触到的项目虽然都有固有的系统界面节奏，同时在设计中设计师也会有一个相对清晰的预期规划，但是，在实际操作中难免会出现预期之外的内容。因此，在设计时我们应当秉持"有备无患"的设计理念，在有固有模式的界面之间，如果存在节奏区间，就应该做出合理的、尽量大的节奏差异。如此即便未来在两个预期界面之间增加界面，也有足够的节奏区间以供使用。

其次，具体界面的规划需要基于以下两个原则来进行。

第 1 个原则是具体界面的节奏规划应该遵照系统界面节奏规划的统一准则。如果将系统界面的节奏划分为 10 个等级，那么在规划具体界面的节奏等级为 5 时，该界面内最强的视觉元素的强度不应超过 10。最弱的视觉元素的强度不应低于 1。

游戏单界面设计的视觉节奏应该尽量保持在"安全区"内，如下图所示。假设将同一个游戏的界面内所有的视觉强度划分为 10 个等级，那么任意一个单一界面内的任何控件的视觉强度都应保持在"安全区"内（即在划分的 10 个视觉强度区内）。如果有任何控件的视觉强度超出了"安全区"并进入了"危险区"，则会出现两个问题：（1）整个系统界面的视觉强度被持续扩展，发展成为没有边缘的视觉系统界面，会造成节奏上和视觉语言上的紊乱；（2）过强或过弱的视觉表现，都会导致具体的控件设计打破整个系统界面的风格化设计（换句话说，就是会出现明显不属于风格规范的元素，从而造成风格上的混乱）。

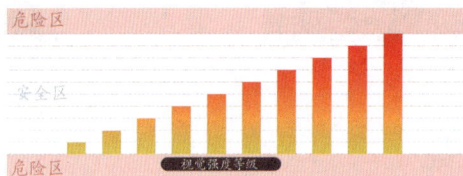

接下来看一个具体的例子。在下图所示的游戏《铁血刺客》的 PVP 模式胜利结算界面中，视觉元素在节奏控制上表现得是较为失败的。其中 A 处的胜利结算图标跟随主要系统界面的扁平化轻薄风格，不过"胜利"文字显然是未经设计的程序字，且字号被设计得很大，因此它突破了界面整体的扁平界限。这处本来应该用类似 B 处和 C 处那样更有视觉表现力的手法（如增强质感、对"胜利"文字进行字体设计等）来体现。从 B 处的写实图标和其后的光效上能看出，设计师这么做的意图是想突出获得的奖杯，但失衡的节奏感使得整个界面看起来非常混乱。

再举一个例子。下图所示的游戏《梦幻花园》的获得物品界面的处理方式相比于上一个案例的界面的处理方式更为稳妥。对美术字"REWARD！"增加厚度、颜色渐变和描边，使其视觉强度得到了很大的提升。同时底部的"Tap to Continue"文字采用系统字体和默认颜色，其视觉强度得到了弱化。这种设计搭配上上中下结构和对称的构图，构成了一个节奏均衡、重点突出的界面。

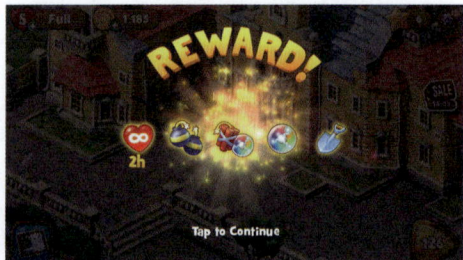

第 2 个原则是整体节奏相对平缓的界面并不排斥节奏强烈的元素，反之整体节奏相对强烈的界面也并不排斥节奏平缓的元素。从系统上看，节奏趋于平缓的界面内依然有可能会出现节奏比较强的元素。同样地，一个整体节奏很强的界面也需要节奏平缓的元素进行搭配。节奏平缓的界面本质只是节奏平缓的元素的占比较大，节奏强烈的界面同理。

例如，游戏《飞刀又见飞刀》中"强敌来袭"提示界面的整体视觉强度较强，但其中存在的元素并不都是视觉强度很强的元素。在这个界面中，视觉强度强的元素包括一个渐变的橙色底图、大尺寸的人物原画、相关的纹理和字体设计。但右侧区域中同时也存在类似列表一样的元素。这些元素被设计出来，一方面是因为它们用于表现该界面内的必要信息，另一方面是因为它们的出现能起到均衡界面左侧视觉强度强的元素的作用。这样的界面内容构成，使得这样的界面能体现出良好的节奏感。

下图所示为代号为"P-game"的项目中的"好友 - 最近组队"界面。这是一个总体节奏处于低位的列表型界面，但这个界面中依然会因功能性的需要而存在一些节奏处于高位的视觉元素，表现在列表每行最左侧的玩家头像部分，列表最右侧的"加好友"按钮和界面右侧的选中态页签都是视觉强度很强的元素。一些在整个系统界面里都属于极强视觉强度的元素在这个界面内起到了"画龙点睛"的作用，同时也意味着它们承载了游戏设计师期望玩家去重点关注的功能。即便是看起来视觉强度弱了很多的列表项，彼此之间也是有节奏区间的，表现在位于列表顶部的标题区域的文字，无论是从字号表现上还是色调表现上，其视觉强度都要比表单内部的文字弱很多。这些并非完全平均的设计，不仅优化了视觉上的易读性，还满足了特别的功能性需求。

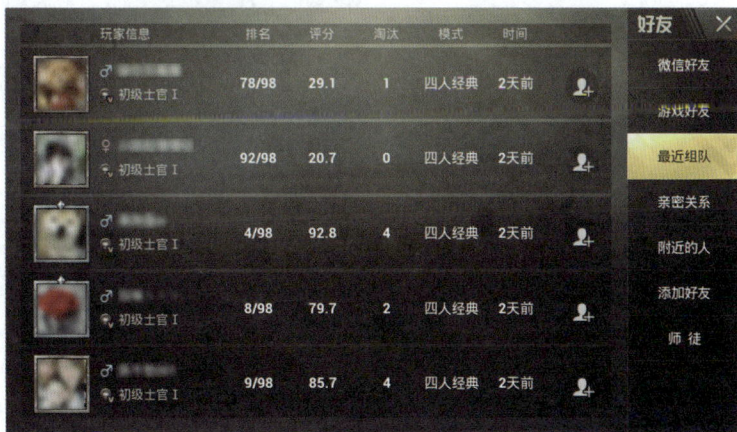

节奏感的设计可以将界面主要信息直观地传达给玩家。界面之间随意配置的视觉强度设计会让玩家认为这是一个随意拼凑起来的游戏，游戏界面设计师应该尽力避免设计出有这样问题的界面。失去节奏感的设计会直接导致玩家打消进一步深入体验的念头，从而丧失对游戏的兴趣。

7.3 游戏界面节奏感的设计与把控

游戏界面是传达游戏体验的载体,是一种即时的、动态的媒介,并且承担着"交互"的功能。

7.3.1 游戏界面动效设计的两大关键点

完整可操作的游戏界面需同时具备静态界面和动态界面的韵律感。在设计游戏界面时,我们可通过功能交代和逻辑交代来体现这种韵律感,并且利用动效或可交互的操作模式使玩家体验游戏的快感。

⊙ 功能交代

功能交代指通过设计使玩家理解游戏界面中的功能或逻辑,其所呈现的结果可以是任意形式的,此处特指游戏界面中动效所呈现的交互效果。

功能交代的设计思路与静态界面的设计思路一样,以不同的视觉强度表现界面功能的主次,即重要界面功能的视觉强度较强,非重要界面功能的视觉强度较弱。

重要的界面功能并不需要每时每刻都用动效来提升视觉强度,而是仅强化当前特定的功能即可。设计时需要区分两种情况:一种是整体界面中的强度对比,另一种是单一界面中的强度对比。

整体界面中的强度对比

整体界面中的强度对比一般根据普适性界面与特异性界面来进行分析。可以从界面中划分出 3 种视觉强度情况,分别为轻度、中度和重度。这些视觉强度的规则并不是在项目初期凭空想象的,而是结合游戏初期的规划,并根据游戏系统界面和实际样貌,同时依照项目的具体需求演化得来的。这与游戏界面设计规范一样,是一个需要逐步完善的过程(具体可参考 10.2 节的相关内容)。

在具体操作上,我们需要先设计出普适性界面(视觉强度为中度的界面)。以此为基础,就有了强度的降级和升级空间,为此后可能出现的轻度与重度视觉强度的界面提前准备好变化空间。

然后设计特异性界面。这类界面通常指"激励类"界面和"活动类"界面,它们往往在视觉层面上较为特殊,具体的动态上的设计形式可遵照静态界面上的元素来进行延伸表现。

😀 提示

　　在进行以上操作时，应注意避免两个问题：一个是可以在普适性界面的基础上加强动态表现，但不宜处处加强；另一个是要遵守整个游戏界面已经定下的基本风貌，不要做出超出基本风貌范畴的动态表现。

单一界面中的强度对比

　　单一界面是指一个画面内的界面，如邮件界面、主界面、商城界面等。自成一体、与别的界面没有很强的逻辑联系的界面也可以理解为单一界面，如活动弹窗界面等。单一界面中的强度对比能较为直观体现动态的节奏效果。在具体操作时，我们可遵循以下 5 个原则。

　　第一，先图后文。单一界面中囊括的信息非常多，这些信息大致上分为图形和文字两类。通常这类界面中的图形的主要作用是吸引玩家的目光，文字的主要作用则是交代整个界面所要体现的信息。基于此，在进行动态设计时，设计师通常习惯将图形信息的出场顺序安排在文字信息之前，以达到先吸引玩家注意力，再告诉玩家"这是什么"的目的。

　　不过这里秉持"先图形后文字"原则的原因并非只是这一点，更多的还需要从入点与出点说起。针对单一界面中的动效，组成该界面的各个元素都会有一个先出现的入点和后出现的出点，可以将其简单地理解为动画的起始点和结束点。其中，入点（起始点）起到引导视线和引起注意的作用，这一瞬间界面内的元素入场；而出点（结束点）起到作为阅读起点的作用，这一瞬间所有界面元素的入场动效都刚刚完成，玩家可以开始认真阅读界面信息。入点（起始点）是整个界面中动画开始播放的时刻，而出点（结束点）是整个界面中其他元素的动效都已播放完成，唯独最后一个元素的动画仍在播放的时刻。

展示视频："燃情双旦"弹窗 .mp4

　　人的视觉和知觉决定了人在动静对比状态中更容易注意到不同的东西。就入点和出点的进一步对比来说，它们还存在一个动静对比的关系。具体来说，两者的特点都是"动在静中"：在入点瞬间，只有入点元素呈现为动态，其他元素尚未出现因而使得界面整体呈现为静态；在出点瞬间，其他元素都已入场并呈现为静态，只有出点元素呈现为动态。

　　第二，先轻后重。这里的"轻重"概念一方面指的是视觉强度，另一方面指的是功能强度。就功能强度而言，重要的功能被称为"重"，反之，不那么重要的功能则被称为"轻"。

　　在游戏界面设计中，界面的入场自入点开始后会迅速被后续界面元素的动画淹没，到了出点后，玩家的注意力才能被最大化地调动起来，直到整个动效过程结束。这个过程其实就是一个"起承转合"的过程，并且整个过程通常发生在 1.5 秒内，相当于一场极为短暂的戏剧表演，界面中的各个元素就相当于戏剧表演中的各个演员。在这个短暂的戏剧表演中，入点将注意力引入，最终传递到出点上，让它成为玩家注意的焦点。

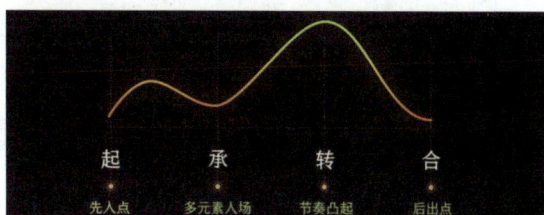

第三，错落有致。单一界面内的动效由组成界面的诸多元素的动画共同构成。在日常设计工作中，新手设计师最容易犯的错误就是不讲究元素动画间入点的错落有致，习惯将元素动画依次播放，导致动效看起来僵硬和呆滞。

笔者认为出现这种错误的主要原因有 3 点：其一，行业中有部分曾接触过影视行业的游戏界面设计师容易带有"按部就班"式的动态衔接习惯，一时难以改变；其二，一些设计师习惯以自我为中心去进行设计，没有真正理解玩家的行为需求，而这样的设计往往可能是不合理的；其三，设计师不理解界面的运行逻辑，导致没有把控好动效的时长，如此做出的动效节奏感往往不佳。

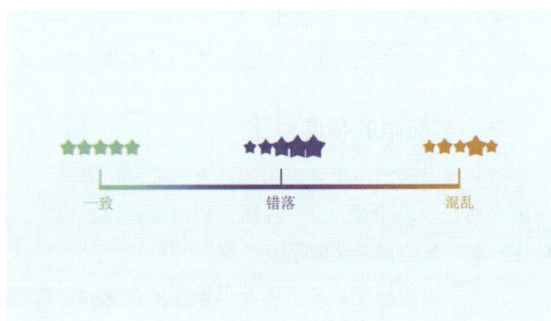

第四，迅速、敏捷。玩家对游戏界面的操作是一种频次极高的活动，如此也就要求界面给玩家的操作反馈需要迅速和敏捷，具体表现在动效的时长控制要相对保守且合适，小到一个弹窗的出现，大到两个界面之间的衔接跳转。

以下图所示的游戏《月神的迷宫》中的恭喜获得弹窗入场动效为例。这个动效存在时长把控不妥而导致操作反馈不理想的问题：在弹窗入场之后到物品出现之前，出现了长时间的间隔，导致玩家在操作过程中感受到强烈且不必要的"阻滞感"，因此体验不佳。

展示视频：月神的迷宫 _ 恭喜获得弹窗 .mp4

下图所示的游戏《机动都市阿尔法》中的恭喜获得弹窗动效则相反。这个动效不管元素多么丰富，动作多么繁杂，设计师在设计时都将它们安排在了极短的时间内进行显示，也就避免了上述问题。

展示视频：机动都市阿尔法 _ 恭喜获得弹窗 .mp4

第五，随时中断。在一些仪式感比较强的界面里，我们难以避免地需要设计一些持续时间较长的动效。这类动效往往带有比较丰富的"剧情故事"效果，并且在第一次展示给玩家时会比较有吸引力。但随着操作次数、动效展示次数的增多，玩家会逐渐产生审美疲劳。基于此，为这类动效赋予"随时中断"的功能逻辑，可以让玩家在意识到是重复播放的时候，及时中断播放的动效，也就避免了使玩家产生审美疲劳的问题。

当然，在日常生活中我们可以看到一些游戏界面中并未直接设置相似的中断提示并跳过的功能，而按照玩家习惯设置一些隐藏式的相关功能。比如在下图所示的游戏《幻书启世录》的结算动效界面里，先出现的"战斗胜利"图标会在展示动画结束并停留在界面中央一段时间后自动缩小到界面右上方显示。在玩家实际玩游戏的过程中，这类结算动效出现得极为频繁，若每次都以这样的时长进行展示显然是不合适的。不过我们也会发现，在展示该动效的过程中，若玩家希望尽快结束动效并迅速载入后续的界面，只需要直接点击界面中的任意一个地方即可完成操作。

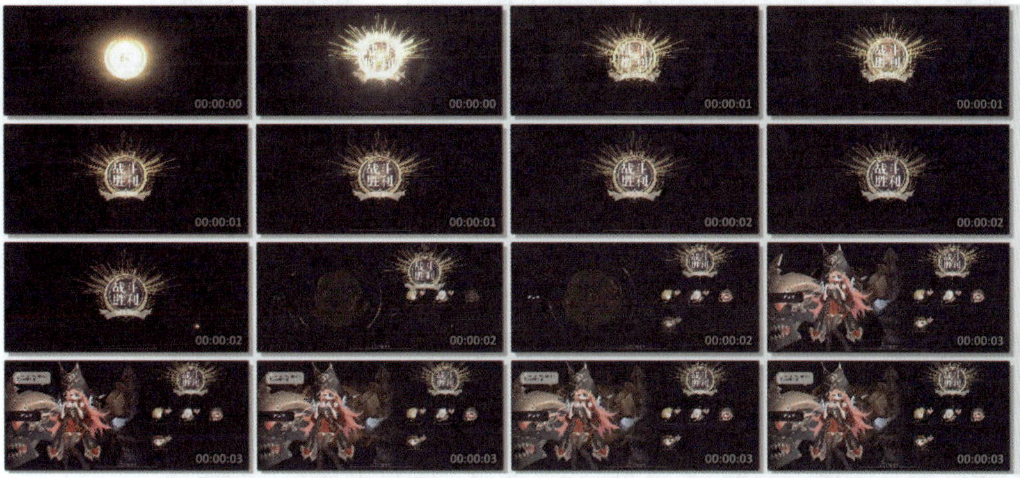

展示视频：幻书启示录 _ 结算动效 .mp4

另外，这种赋予玩家随时中断动效的权利的情况不一定都在上面提到的仪式感很强的自然展示的界面动效里出现，有时候也在一些涉及玩家高频操作的单界面动效内出现，如"获得提示"这类界面。在这种情况下，持续时间再短的动效玩家都未必有耐心等待其展示完，此时设计师就可以在这类界面内设置随时中断的功能，如"跳过"功能。

⊙ 逻辑交代

游戏动效的逻辑交代主要是指图形逻辑的交代，即在动效展示的过程中，通过加入动态设计来表现图形元素之间的演化关系。游戏动效的逻辑交代具体来说有两个层面的含义，分别是连接和释义。

连接

游戏界面里最基本的单位是框体。无论框体以何种形式存在，并且是否直观可见，都可用于呈现界面的信息。动效所表现的框体之间的"连接"关系占游戏界面中动效"逻辑交代"的绝大部分，可以说，"连接"就是动效的"逻辑交代"能力的绝大部分视觉体现。

连接是动效节奏设计的基准点之一。在下页图所示的游戏《飙酷车神2》的车辆转场动效中，车辆场景与场景界面之间的切换就是一种连接。这种基于基本功能进行的连接设计，不仅体现了在前后不同场景中的同一物象运动的连贯性，而且通过这种特别的连贯性赋予了整个动效令人舒适的节奏感。

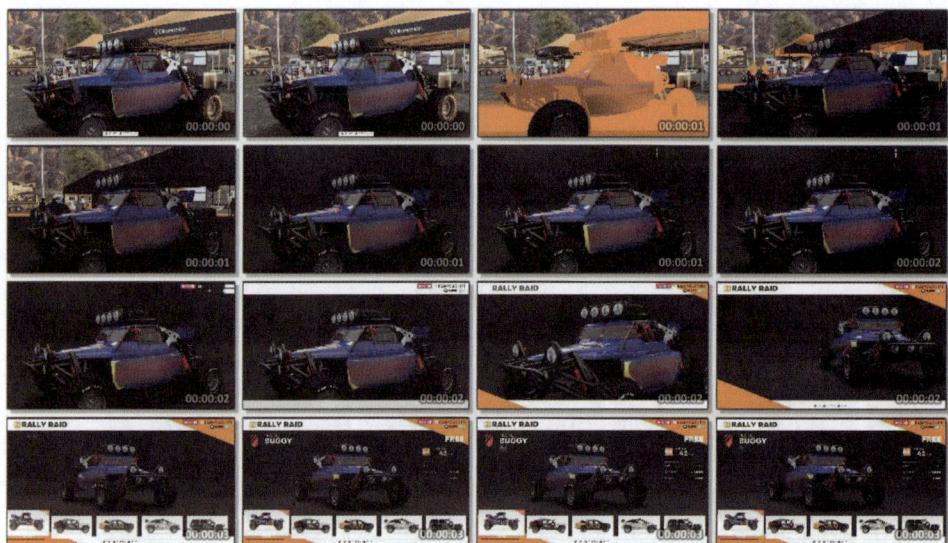

展示视频：飙酷车神 2_ 车辆转场 .mp4

下图所示的游戏《刺客信条：起源》中人物装备界面的动效也有着类似效果。该动效利用了 "全局至局部"的基本设计思路，为框体连接过程加入了一些纵深空间变化，从而赋予了该动效不同的节奏感。

展示视频：刺客信条：起源 _ 人物装备界面 .mp4

释义

在游戏界面信息表达得不够明确时，需用动效的演绎来对界面信息进行释义表达。

针对带有释义功能的动效，比较典型且简单的界面设计例子就是标识状态的设置。下图所示的游戏《机动都市阿尔法》中的 "开始匹配"按钮在被玩家点击后，会转变为 "匹配中"的标识状态，以告诉玩家后台正在匹配运作中，类似 "Loading"（加载中）的意思。同时在设计这类动效时，也要求保持 "韵律平缓"的效果原则。

展示视频：机动都市阿尔法 _ 匹配循环 .mp4

下图所示为游戏《花亦山心之月》中的"千里景域寻宝"界面中设置有"寻找"释义的指针动效控件，这种控件起到了直观解释界面元素功能的作用。

展示视频：花亦山心之月 _ 千里景域寻宝 .mp4

不管是功能交代还是逻辑交代，这些对界面信息起到解释作用的动效都为界面展示构建出了比较不错的节奏感、韵律感，也最终构成了动效节奏设计的基准点。由此也可知，动效设计的本质是对功能的一种表达，在设计时也应以功能为出发点。

7.3.2 游戏界面动效节奏感的具体表现形式

在游戏界面设计中，影响动效节奏感的因素非常多。就笔者而言，其中主要的影响因素则是动效信息交代的表现形式。动效信息交代的具体表现形式包含时间控制、秩序安排和总体规划。

⊙ 时间控制

这里所说的时间控制指的是对动效时长的控制。前面有提到，在实际的游戏场景中，玩家通常没有太多耐心和注意力去观看"赏心悦目"的动效，更多需要的是轻快的界面操作体验，因此在游戏界面设计中，对动效时长的控制就显得比较重要。

在游戏界面设计中，设计师想要合理控制动效时长，则需要在动效信息交代的表现形式上注意以下几个原则。

第一，迅速出场。无论动效界面结构与元素有多复杂、丰富，单个动效一般要控制在 1~1.5 秒完成入场。若超过这个时长，则会给玩家带来"阻滞感"。当然动效时长也不能过短，否则会导致信息交代的缺失。具体来说，以 30 帧 / 秒的动效为例，玩家的反应时长通常为 5 帧以上，因此在 5 帧内的动效是无法被准确察觉到的，故动效的最短时长不应低于这个时长，动效的主轴动作应在 5 帧之后展开。

第二，尽快离场。在游戏界面设计中，每个界面元素在完成动效信息交代任务之后都应该尽快离场，有待机状态的元素除外。比如一个界面中出现的弹窗在完成任务（通常是玩家点击类似"确定"或者"关闭"这样的按钮）后，它就应以最快速度离场。加上弹窗是一种高频操作控件，所以在大部分情况下我们都不考虑给弹窗制作离场动效，而是直接硬切让其消失。一些自动出现又自动消失的 Tip 动效也是同理，但由于很多情况下这些 Tip 动效的整个展示过程都无须玩家主动操作，所以设计师会为它们设计一个自动离场动效，使它们呈现出先自动出现，在展示一小段时间后自动消失的效果。

第三，考虑语境。借用语言修辞中的"语境"一词，在不同的界面情景中，也应该有不同的动效时长设计，而并非所有的动效入场时间都死板地控制在 1~1.5 秒。

这里同时需要注意的是，在设计一些时长较长的动效时，也应赋予玩家"随时中断"的权利。

下图所示的游戏《机动都市阿尔法》的特殊转场动效基本就是以信封图形元素进行展开设计的，这个动效时长显然要比一般的动效时长都长，但由于尊重了特殊的语境——来信并展开，因此也显得合理。

展示视频：机动都市阿尔法 _ 周末愉快弹窗 .mp4

第四，能省则省。动效的设计需要尽量简化其组成元素的动态结构。在同一个界面内，并非动态元素越多越好，而应该讲究适当，以帮助整个动效在时长控制上有比较大的腾挪空间，避免因玩家在短时间内接收的信息过多，从而形成视觉杂音，导致玩家无法聚焦在应注意的信息上；而过少的动态元素会让界面显得呆滞和简陋，阻碍玩家感受到特定的情绪和信息。

如下图所示的游戏《蛋仔派对》的弹动入场面板，因设计师给整体面板设计了剧烈的动效，所以也就没有必要再为内部细节设计更多的动效了。

展示视频：蛋仔派对 _ 弹动入场面板 .mp4

第五，交代到位。在上一点中我们虽然提到动效设计应该尽量简化其组成元素的动态结构，也就是遵循"能省则省"的原则，但这并不意味着无穷尽地简省。具体来说，就是界面中有需要展示的信息、与功能相关的元素是必须要交代的，其他诸如与世界观、玩法等相关的元素，则可以依据具体情况进行取舍。

例如，在下图所示的游戏《漫威对决》中的卡牌配置界面的切换转场动效中，顶部页签切换时整个界面的刷新效果贴合了游戏整体的科技感风格，去掉这种效果则不妥。同时动效本身也对页签切换功能表达得十分到位，在这个基础上无须进行更多的设计。

展示视频：漫威对决 _ 卡牌配置界面 .mp4

⊙ 秩序安排

这里所说的秩序安排指的是对游戏界面动效里各个元素的出场顺序的合理安排。在游戏界面设计中，对于各个元素的秩序安排的处理方式非常多，如利用三段式结构达到制造张力和释放张力的目的。很多情况下，游戏界面动效都会遵守"蓄力→爆发→释放"的动效设计结构，其本质上就是"前奏→演绎→拖尾"的三段式结构。"前奏"是三段式结构的组成部分，也有人称"前奏"为"前摇"、"拖尾"为"后摇"，这些词普遍适用于具备类似三段式结构的有阶段划分、有节奏感和韵律感的事物描述中。

下图所示的游戏《机动都市阿尔法》中战斗结算界面的"MVP"勋章展示动效就利用了三段式结构：被拆解的盾牌从"眼前"入画构成"前奏"，接着由"MVP"字样和金杯"摔入"构成"演绎"，最后由闪电和静置的闪光构成"拖尾"。

展示视频：机动都市阿尔法 _ 战斗结算界面 .mp4

"前奏"作为三段式结构中的第一部分，起到了蓄力的作用。如果没有"前奏"的蓄力，那么动效的后续阶段就很难体现出整个动作节奏的张力。某些情况下的一些瞬间爆发的动效看起来好像没有"前奏"，其实只是因为它们的"前奏"过短，这可以被看作一种只有"演绎→拖尾"的二段式结构。

下图所示的游戏《幻书启示录》的结算动效中的动效用的是三段式结构，但它容易被看作二段式结构。原因在于它的"前奏"利用了图形的主体结构进行设计：用一段对"战斗胜利"4个字的圆盘进行先放大后缩小的动效来体现"摔入"动作的力度，外加诸多的光效掩盖，从而使该动效的结构看起来像一个二段式结构。

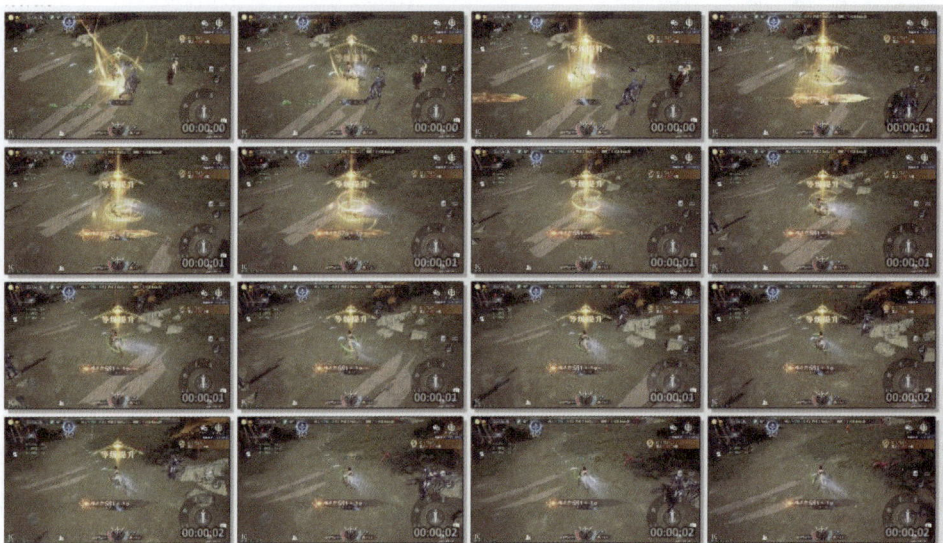

下图所示的游戏《全民奇迹》中的等级提升动效就没有利用三段式结构，而利用了二段式结构。它通过"演绎"过程中强烈的特殊光效引起玩家的注意，并且将光效作为一个频繁出现的提示类控件，这属于比较恰当的动效设计处理方式。

不管是利用三段式结构还是利用二段式结构的动效，它们所体现出的效果都会比较强烈，因此游戏界面中的每个动效并不是都需要应用这两种结构的，绝大部分动效仍然只利用一段式结构（简单的移动、缩放、透明度变化等），但如果对一些动效（如抖动类效果）进行阶段细分，则其也可能被认作二段式结构动效。

另外，如果三段式结构动效设计处理得好，则能将原来单调平铺的动效变得更具节奏感。在实际项目中涉及三段式结构动效设计时，应注意的要点可以归纳为以下几点。

第一，判断界面交互节点的重要程度以决定"前奏"的时长，越重要的交互节点"前奏"的时长越长，越次要的交互节点"前奏"的时长越短，有时甚至可以省去"前奏"，将动效缩减为二段式结构。

第二，在一些特定需求下（如极简设计风格界面的重要功能点位需要更丰富的表现时），有必要通过提炼核心图形元素并结合三段式结构的动效的方式来补充表现出一些动效，以丰富界面的表现形式，并强化界面的功能层级。

第三，需要注意动效与时长的组合设计，以构成合适的张力。在一定的时间范围内，动效"前奏"持续的时间越短，其张力越弱；动效"前奏"持续的时间越长，其张力越强。

⊙ 总体规划

在游戏界面设计中，许多设计师缺乏"整体思维"，因而容易出现仅针对游戏中的某个界面动效单独进行设计效果评判的情况，这是非常不合理的。因为游戏是一个整体，如果只从单独的界面去判断某一个动效和它所体现出的效果，最终很容易导致界面整体缺乏节奏感和韵律感。正确的做法是以游戏体验的客观规律为基本原则，然后同时从几个相关联的界面出发对动效体现出的效果进行判断与把控，也就是做到总体规划。

在这里，总体规划的设计思维主要体现在以下几个方面。

第一，根据界面动效的功能层级（操作频度）、视觉强度的不同，对动效的细节分布进行整体规划。

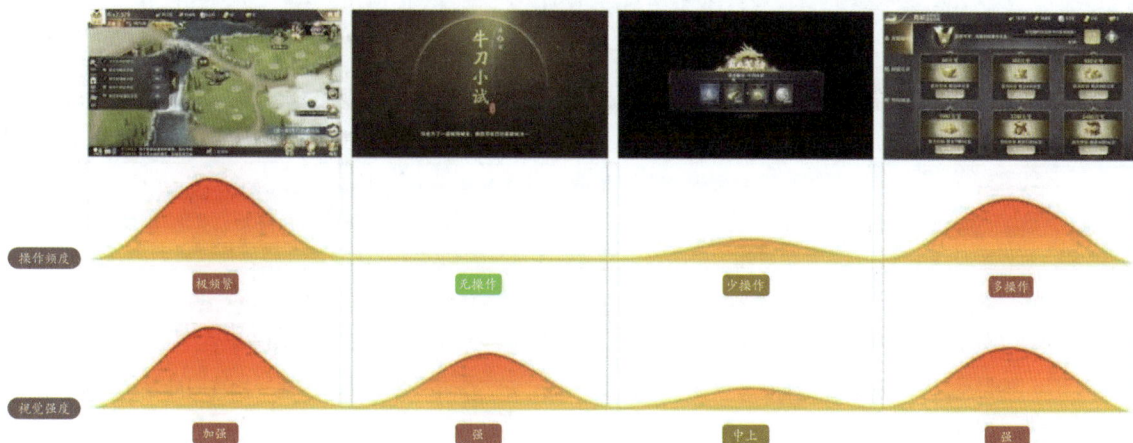

由于下图所示的游戏《云图计划》中的抽卡获得人物动效在整个游戏的界面中的功能层级（操作频度）和视觉强度较高，因此动效也会带有比较多的细节体现。

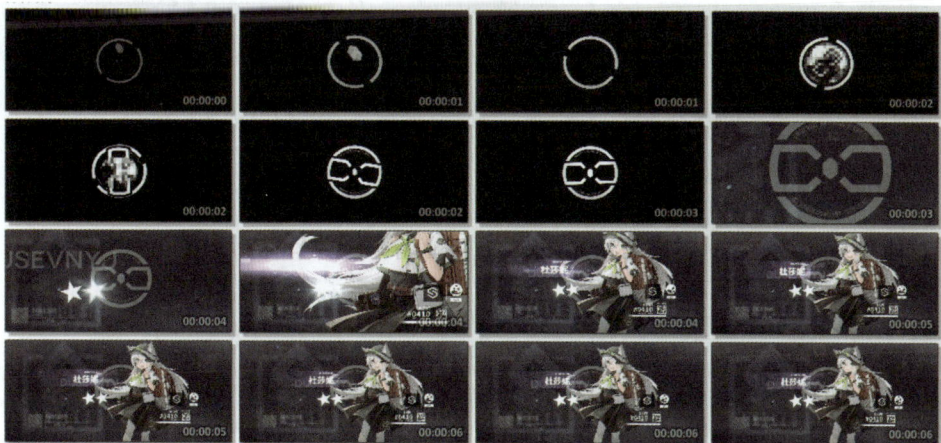

展示视频：云图计划 _ 抽卡获得人物动效 .mp4

193

而由于下图所示的游戏 *RATCHET AND CLANK RIFT APART*（《瑞奇与叮当：时空跳转》）中的设置界面动效，在整个游戏的界面中的功能层级（操作频度）和视觉强度较低，因此动效的细节也被省略了许多。

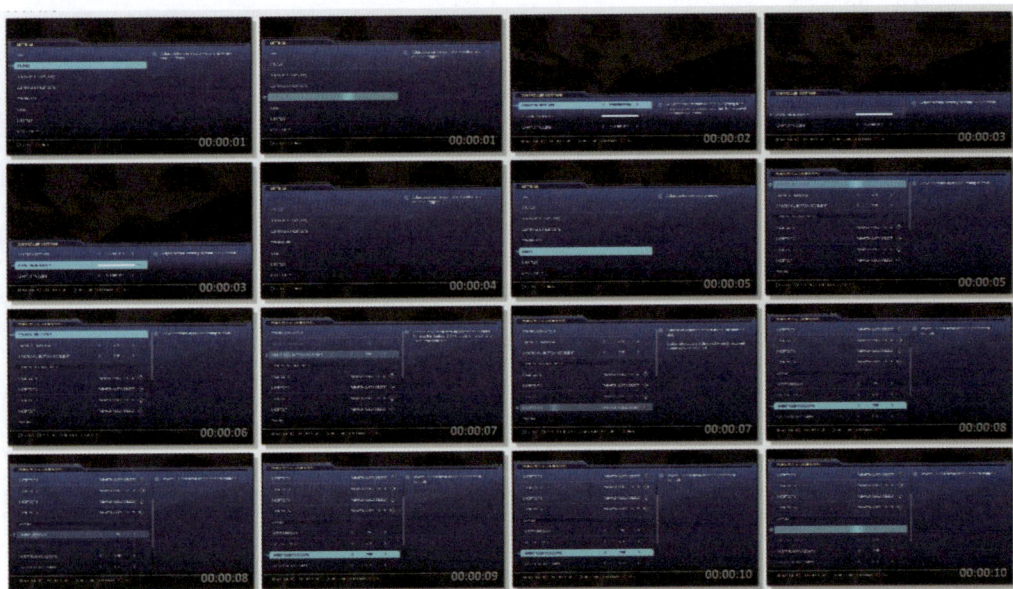

展示视频：瑞奇与叮当：时空跳转 _ 设置界面 .mp4

第二，根据不同设计阶段的不同需求进行设计内容的整体规划。一般来说，在项目初期进行的动效预演设计可以有非常多的细节表现，在项目的落地阶段和铺量阶段则需要以尽量少的动效来传达尽量完整的信息。

第三，根据界面设计风格的不同，需要对界面动效的整体安排做总体规划。一般来说，界面设计风格越简约，界面所支持的动效密度越高，动效细节越多。反之，界面所支持的动效密度越低，动效细节越少。

下图所示的游戏 *The Cycle:Frontier*（《风暴奇侠》）中的动效界面偏简约风格，其所支持的动效密度较高，并且有较多的动效细节。

展示视频：风暴奇侠 _ 武器 TIP.mp4

而下图所示的游戏《暗黑破坏神3》中的界面设计风格相对复杂，其所支持的动效密度低，并且动效细节也要少很多。

展示视频：暗黑破坏神 3_ 打开物品栏 .mp4

不过，以上说到的第 3 点也并非是绝对的。在实际操作中，有时候我们也需要根据实际情况去考虑细节的安排。具体如何安排是由游戏的整体美术调性决定的。CONTROL 是一款具有神秘色彩，兼具现代元素和科幻元素的游戏，这些特点决定了其空灵、肃杀的美术调性。在这种基调下，其界面上显然不该出现过于显眼和夸张的效果，因此动效的细节自然较少。

展示视频：CONTROL_ 收集物打开 .mp4

7.4 "LEgame" 和 "PRgame" 项目中节奏感的把控与分析

教学视频："LEgame" 和 "PRgame" 项目中节奏感的把控与分析 .mp4

设计师在设计一款游戏的界面时，对节奏感的把控是非常基础且重要的。但界面内的节奏感关乎玩家在复杂的操作流程中对游戏界面传达的信息的直接感受，这是设计界面时非常重要的一环。如何更好地把握游戏界面中的节奏感呢？在这里，笔者主要从以下 4 个方面进行讲解与分析。

7.4.1 设计之初的节奏韵律规划

节奏设计是界面设计的底层要素，需要在设计开始时就加以考虑。这就像绘制一幅画一样，先勾画草图，将画面的构图、元素的布局等都提前规划好。在开始设计界面之前，也需要基于节奏感做一些前瞻性的规划。这种规划有时候并不是刻意的。一般来说，一旦设计师形成了对节奏的感知并能够频繁利用它，在设计过程中自然而然会学会如何把控节奏感。但是作为新手设计师，刻意去培养在界面设计里的节奏感则是必要的。

这里，我们用代号为"LEgame"的项目中的一个界面为例，做一个小型的游戏界面设计练习，并以此来说明在设计之初我们应如何考虑具体界面内的节奏感设计。在这里，笔者分为以下 4 个环节来介绍。

首先，确定游戏界面的颜色基调。这也将作为视觉节奏上的基准。与之关联的是风格基础，包括了界面细节的纹理和图案的表现方式。在颜色基调的基础上做凸显和弱化，加上在不同的位置对纹理和图案进行取舍，可以产生视觉节奏预期。

一方面，游戏界面的颜色基调要从游戏背景建构中引申。另一方面，如果有一些早期的美术材料可供参考，对设计来说帮助也很大。下图所示为项目中使用到的一些主要的美术材料。"LEgame"项目的界面颜色的提取在上一章中已经提到过一部分，界面上的纹理和图案则直接与游戏的主题相关。"LEgame"项目的主题是"少女""换装"，界面中的美术元素最终可以定位为纽扣、布纹等与服装相关的一些纹理和图案。

其次，根据所获得的美术材料和相关的设定，提取到一系列能用于界面中的颜色。提取顺序如下。

（1）提取决定界面基调的基准色调。基准色调可分为主色和辅助色两种。此例中的主色即淡红色是传统的、偏警示色彩的颜色，如果在界面内大量应用主色，容易使玩家产生不适感。这时候就需要有一个对应的色相来进行平衡。而这里就用了下页左图所示的"主要对比色"来降低这种主色可能造成的不适感。大量用这种接近肤色的颜色进行辅助设计，使得整个界面从色调上不至于显得过于"焦躁"，颜色基调上的节奏感得到了均衡。

（2）提取具有特定功能的颜色，如表现肯定情绪的颜色、表现正向情绪的颜色及具有辅助性质的中性情绪颜色。这些颜色的提取方式需要遵照两个准则。一个是通用性准则，即以传统习惯上对颜色的认知来提取对应颜色。如针对肯定情绪就可能使用绿色等颜色，针对提倡情绪就可能使用橙色、黄色等颜色。另一个是在基准色的色调内进行提取。

我们注意到，基准色的明度和饱和度都不会太高，相应的其他颜色也都需要在这样的基调内去进行选择。

接着，对于界面中的纹理和图案进行选择和设计，这个环节的相关工作应按照游戏背景建构和相关的概念来进行推导。

如上右图所示，"LEgame"项目的界面设计选择了与服装概念相接近的元素，如缝线、黄色包装纸及纽扣等图形元素。结合前期提取的颜色进行界面控件的设计，但是这些设计仅是对游戏背景建构的一种收敛展示。这意味着这些元素并不需要处处都用到，而是需要根据具体的功能信息布局来进行有限的使用，这是对纹理和图案维度的节奏控制。

最后，需要进行功能性上的节奏规划。照前文所述，设计师需要在功能要求和交互准则的基础上对单界面内的节奏进行合理布局并着手设计。

这里，我们以该项目中商城界面的试穿预览界面为例，分析一下其功能性的节奏规划。主要表现在以下 4 个方面。

第 1 个方面是进行界面整体的布局设计。这类界面以增强商品的展示效果来增强玩家的购买欲望，其设计方式一般都是在一侧放置 3D 人物，以便玩家预览诸如服装、道具的实际穿戴效果，如下图所示。这类界面在横屏的情况下就会被设计为左右结构或者左中右结构。具体到"LEgame"项目，我们将界面划分成了两个基本的区域，即左侧的效果预览区域和右侧的物品选择区域。各区域分别负责承担相应的功能，在操作上和视觉效果上都是一种节奏均衡的体现。

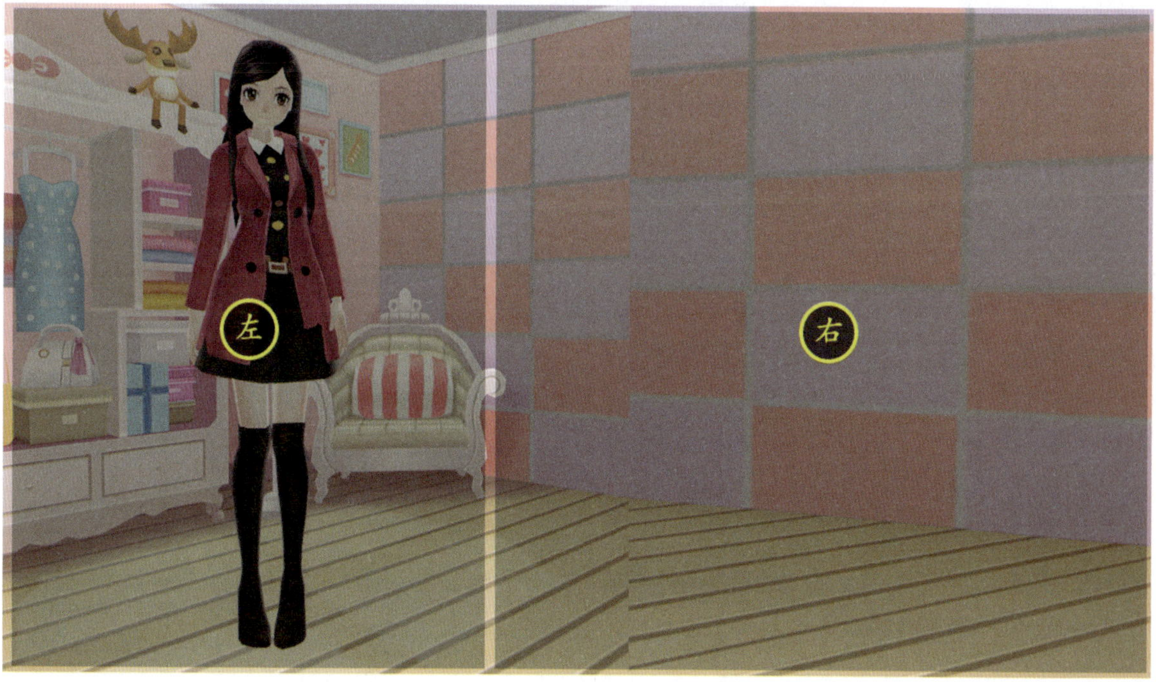

第 2 个方面是在第 1 个方面整体布局的基础上，进一步地在各自区域内划分出更细的控件布局区域。左侧的详细控件布局区域被标示成红色，右侧的则被标示成绿色，如下图所示。在各自区域内排版设计的节奏需要根据具体控件的重要性和功能性予以确认。如下图左侧的左上角红色正方形区域是被规划来放置"返回"按钮的，这个区域比较难被操作到，但却容易被注意到，是放置"返回"按钮的较佳位置。与此同时，右侧左边缘区域是被规划来放置物品分类页签的，这符合传统的页签放置规律，也因其位于屏幕中间线的位置而凸显了商城中"物品繁多"的感觉。

第 3 个方面是在前面两个方面的规划基础上完成设计。这时应注意，大局的规划和详细的布局规划在设计过程中会有小的调整，但这些调整不应在根本上改变整个布局规划的预期，从而影响界面基本的平衡。"LEgame"项目的商城界面完成稿如下图所示。在完成稿中，视觉节奏的均衡性除了布局上的四角加中心构图，还有色调和图标美术风格来辅助体现。具体表现在"外出"按钮用基本色表示，"清空"按钮用警示色表示，"购物车"按钮和"加入购物车"按钮采用的是较为写实的风格，在凸显功能的同时，也保持了界面的均衡。右侧为模仿展示架的整个物品选择控件。其内部使用了接近辅助色的底板，既模仿了现实家具的木质材质，又凸显了上层的物品。底板外围则是以基准色调为基础绘制的页签和模拟现实的衣橱帘，这与整体界面所设定的基准色调和主要辅助色保持了一致。这种一轻一重、一大一小的设计方式保持了色彩的均衡。

　　第 4 个方面是在完成了基本状态的设计之后，还需要考虑多种操作状态下其他控件的布局。这种布局会影响这个界面在节奏上的合理性。第 1 张图所示为"LEgame"项目商城界面提示控件的设计示意图。第 2 张图所示为"LEgame"项目商城界面搜索功能的设计示意图。其中，第 1 张图右侧顶部弹出的半透明提示弹窗是与其下侧的物品强相关的，但是这种提示弹窗不能太过显眼，也就产生了这样贴在物品附近，并且呈现半透明的设计方式。第 3 张图所示为"LEgame"项目商城界面轻提示的设计示意图。图中的提示弹窗是基于"搜索"操作的强功能性来进行设计的，适用于放置玩家的某些操作引起的警示信息或提示信息，其在"阻断性"上需要弱于其他弹窗，且并不具备操作功能。因而它需要被设计成自动型的 Tip 类样式。这 3 种提示弹窗在动态上构成了这个界面的一部分，属于完整操作链的一部分，完善了这个界面的节奏感。

7.4.2　设计迭代中紊乱节奏的修正

　　游戏界面设计是一个比较长的过程，伴随游戏版本和游戏系统的逐渐完善，各个系统界面逐渐铺开，最初的一些界面会经历很多版本的迭代。随着界面版本的迭代，界面节奏感会遭到一定的损害。设计师在迭代过程中应始终注意这一点，因为有些节奏问题在一开始解决了，但迭代后会重新出现，有些节奏问题会在迭代过程中不断产生新的问题。

　　例如，在代号为"PRgame"的项目中，早期的主界面设计稿总体上是比较干净、整洁的，所有的功能性控件和入口控件都依照重要性和操作习惯，有序且符合节奏感地进行了排布。但是到了后期，游戏开始运营，陆陆续续增加了很多功能和活动，导致主界面上增加了许多功能、活动入口。如果没有这一时期同步进行的图标风格的统一规划、图标排布的规划，这些入口将会极大地影响主界面初始状态整齐且干净的排布次序，同时还会影响主界面的视觉节奏。经过对这些入口的次序进行调整，以及对图标本身的统一风格进行设计，它们被重新有次序地安排在了主界面上，且效果较为理想。

右图所示为"PRgame"项目早期的主界面设计稿。在早期设计主界面时并没有考虑上线后增加的运营活动的相关控件设计。因此，整个界面的节奏感设计只能表现出对已有功能的区分。例如界面左上角的玩家头像是尺寸最大的控件，其他的控件则依次降低视觉上的节奏强度，底部主菜单和"派对"按钮的节奏强度最强，顶部代币栏的节奏强度最弱。但是一旦增加了后期运营活动的相关图标，在未经规划的情况下，这个界面的节奏感就会被打乱。

下图所示为"PRgame"项目晚期的主界面设计稿。在该界面中，通过统一规划新增功能和活动图标的风格，统一布局这些图标的排布方式，对界面整体的视觉节奏进行了修正，避免了后期添加的额外功能影响原来整个界面的节奏规划。

🐝 **提示**

规范后续可能额外增加的功能和活动图标的排布规则是一种未雨绸缪的设计思维，即预料到有风险时，提前进行扩展性设计规划。这种规划既是对类似问题的一种规则化补救，也是在纵向的设计迭代上规避未来可能增加的类似问题和风险的有效手段。既然遇到了这样的问题，并且有了相应的解决方案，那就应该把眼光放得更长远，做出如果未来继续添加图标，会造成怎样的风险等假设。再具体到"PRgame"项目中，我们规范了图标的设计风格和摆放位置，在可预想的情况下尽量避免了同类问题的产生。

7.4.3 设计复盘中整体节奏的调整

前两小节涉及的是单一界面内节奏的控制。前面我们提到，游戏界面是成系统存在的，单一界面的节奏控制需要达成一个整体性的效果，否则就不能称之为一个合格的设计。控制游戏界面系统层面上的节奏感主要在两个时期进行：一个时期是设计还未成型的规划时期，这时设计师应该有一个大纲性的规划；另一个时期就是整个游戏界面相对较完善的时期，对整个游戏的所有主要界面进行复盘，检查是否有影响整体节奏感的单一界面或系统界面。

例如，在一般情况下，主界面、商城界面、个人信息界面、战斗界面及激励性质的界面（如段位界面、排行界面及结算界面）等主干界面都会在节奏感上处于高潮位，一些辅助性质的界面如设置界面、邮件界面、聊天界面及好友列表界面等都会在节奏感上处于低潮位。虽然每个界面内部都有节奏感，但是界面的表现形式却不尽相同。主干界面的节奏的高低落差会更大，辅助性质的界面的节奏则会平稳很多，甚至可以几乎没有节奏。这里列举的都是在大部分游戏中普遍会存在的一些界面。这些界面在一些非常特殊的游戏中未必会与此处提及的界面节奏特征一一对应，但这些游戏也可以划分出主干界面和辅助性质界面，其对应的节奏特征也无外乎如此。

下面两张图所示的分别是游戏《神都夜行录》的登录奖励弹窗和好友申请列表弹窗。这两个弹窗有着明显不同的视觉强度，如此形成了这款游戏主干界面和辅助性质界面的节奏感。游戏需要传达给玩家的是带有激励感，因此登录奖励弹窗被设计成特异的弹窗，融合了剪纸元素，色彩鲜亮，不仅吸引了玩家的眼球，而且在操作上也具有一定的趣味性。反观好友申请列表这一类通用类型的弹窗，它的设计中就不需要太跳脱的元素，只需要提供足够的相关信息即可。

😎 提示

在游戏界面设计逐渐展开的过程中，这种细节在整体上的表现是需要时刻进行复盘、整理和修正的。其中，主干界面中的节奏落差需要持续保持，视觉强化的界面则需要按照强化的程度进行合理安排。针对获得物品和升级提示界面是否是同一视觉强度、商城界面和活动弹窗又是否是同一种视觉强度等问题，则需要在渐次展开的若干个界面中仔细对比，再做出合适的处理。

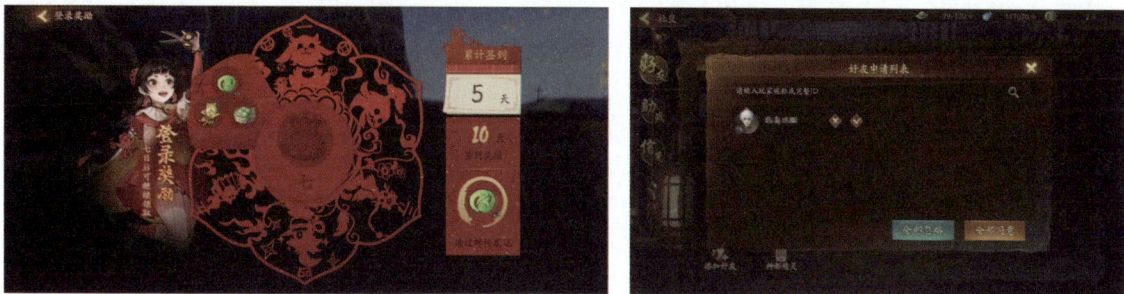

下图所示为笔者列出的"PRgame"项目中与游戏运营活动相关的 4 个界面。实际上，这些界面并不是同时被设计出来的，也并不是在同时期的规划中产生的，但是它们各自系统中都保持着合适的视觉强度，组合在一起便构成了完整的界面设计节奏，具体表现在两个方面。首先，甲和丙属于同一类型的活动界面，因此界面的结构极为相似，但两者的重要程度、细节功能却有所不同。丙中增加了带有视觉强化元素的列表，底部的操作按钮也比较多，使得丙的视觉节奏要比甲的强一些，但它们同属一种大的强节奏界面。其次，乙和丁也同属于一个类型的活动界面。丁中所展示的是活跃度较高的春节活动，而乙中所展示的是活跃度相对较低的万圣节活动。同时，由于春节本身的主题色彩强度要比万圣节的更强一些，因此两个界面直接形成了视觉节奏的强弱对比。但由于这两个界面采用了同种设计样式，两者依然同属一种大的强节奏界面。如果设计师缺乏全局思维，在设计过程中没有及时复盘全局，就会造成游戏界面系统层级上的视觉节奏混乱。

7.4.4 设计节奏感的时效性把控

按照理想的设计思路去控制整个系统界面或个体界面的节奏是相对比较稳定的一种做法。但是游戏的整体设计、市场规划等都是非常复杂的，涉及多个维度的设计和迭代修改。同时，在解决设计之初未曾想到的某些问题时，因为新增或去掉了某些系统或界面，所以在实际工作中，很多始料未及的因素会影响最初的规划，甚至会出现系统性的变动。例如，在开发某款游戏之初，我们设定这款游戏为休闲类型的游戏，但在开发的过程中，由于市场发生了变化，开发这种类型的游戏不再具备好的市场前景，对设计团队来说这无疑是一种得不偿失的工作。在这时，设计团队往往会采取两种措施：一种是直接放弃项目，另立新项目；另一种是对游戏进行非常大的改动，以适应市场的变化。

如今，腾讯公司开发的游戏《王者荣耀》几乎家喻户晓，但是如此成功的游戏也曾经历过类似的阶段，仅游戏的名字就有"英雄战纪""王者联盟""王者荣耀"这3次大的变动，其游戏系统和玩法上的细节更是经历过非常大的调整。针对这种巨大的调整，在设计游戏时，尤其是在设计游戏的界面时，相应的调整就显得非常重要。

相应地，这些改变对整体界面节奏的影响也是非常巨大的，需要设计师以非常专业的态度和极强的心理素质去应对这种变化。在理想的游戏开发流程（游戏的开发流程分析详见后文）中，需求从策划人员处流转到设计师处保持着一种固定的状态。但是市场需求也是随时变化的，如果想要让游戏一直被玩家所喜欢，同时不轻易被淘汰，设计师要做的，就是将其即时修正到最理想的状态。

这种日常的变化累积起来实际上对整体界面节奏的影响是巨大的。在经历每一个大强度的变化时，设计师会更加注意这种变化对游戏界面节奏的影响。但在日常工作中，由于每一个微小的改变对界面节奏的影响往往很小，因此很可能不被设计师所重视，这是需要避免的。如果设计师在变化累积到一定程度的时候才发现，那么更改成本将会比每一个细节的改变所带来的更改成本要高很多。

好的设计自然具备节奏感。无论是一开始就刻意去设计，还是潜移默化地去做到有节奏感的设计，这个客观存在且非常必要的元素都是好的游戏界面设计所必备的。

08

第 8 章

界面功能需求的强化处理

本章概述

游戏界面设计是为游戏本身服务的。游戏本身就可以实现一定玩法，给玩家以情景化感受的软件系统。不管是什么软件，都需要有一个能够实现自身功能的界面去实现它的价值，因此界面功能需求的强化处理就显得极为重要。

本章要点

» 游戏界面设计的本质与目的
» 如何通过设计体现界面本质
» 影响界面好坏的因素
» 界面功能需求的分析方法
» "LEgame"项目中界面功能需求的强化设计与分析

界面篇 ▶

8.1 游戏界面设计的本质与目的

想要处理好与游戏界面设计相关的需求，就需要追根溯源地去寻找游戏界面设计的本质。理解了游戏界面设计的本质，才能更快速地理解与之相关的工作内容。

软件使用者和软件之间的沟通需要通过可交互的媒介来完成。游戏具备软件的基本功能，也就需要有实现交互功能的界面。在此基础上，界面也需要表达情感化的内容。可以说游戏的界面有着双重功能，即实现交互功能和进行情感化内容的展示，如右图所示。这是一个游戏软件的三层结构示意图，其底层为实现逻辑，底层之上为逻辑表现层的界面，底层逻辑与界面进行互动，最终可形成顶层的玩法。

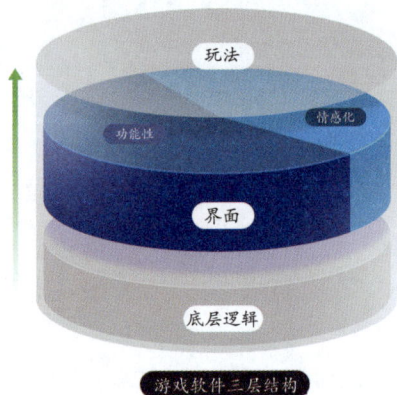

游戏软件三层结构

游戏玩法本身是一种不可见的抽象概念，需要通过一定的外现载体去让玩家感知到。现实中的很多规则和现象也都不是直接展示在我们眼前的，很多概念都是通过一定的数据以及类似"界面"的表征和外延直接或间接地传达给玩家。这些表征和外延所代表的具体事物则通常是由人脑根据接触到的数据和"界面"想象得来的。

例如，"公司"就是一个不存在某个具体的实体的概念，它是一种共同想象物。公司这种共同想象物基于它存在的证据实体，包括公司的数据（如财报、公司内部的规定、上司对下属的管辖权力）和公司的"界面"（如员工的工牌、公司的硬件设备、办公室及各处的公司视觉识别系统等）。这些表征和外延都是公司存在的具体细节和证据，也是被刻意设计好了的。把这些表征和外延贯穿起来，就能使人感觉到一个实体的公司的存在，但客观上并不能找到一个叫作公司的确切实物。办公室是公司吗？并不是，办公室只是公司得以运转的场所。财报是公司吗？也不是，财报只表现了公司的某项数据。这些现实存在的物体都不是公司本身。但是公司的确又是存在着的，这是因为办公室、财报及上下级权力结构等事物都是构成我们对公司这一概念的想象的一部分，它们通过有规律地结合，并在参与公司运转的每一位成员身上发挥出实际效用而共同形成了公司的概念。人就是通过这种对概念的想象才达成了社会化的协作，而游戏就是社会化协作衍生出的一种娱乐工具，它是社会化协作的产物，也是一种微观表现。在游戏中表现玩法的方式和在现实中表现公司存在的方式如出一辙，不管它们是否都是实体存在的，这个过程的本质都是一样的。实体、表征和受众的关系示意如下图所示。

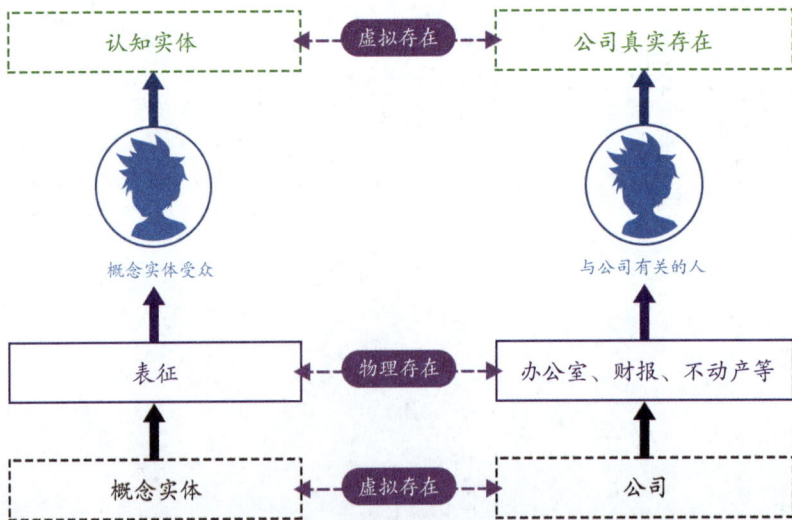

游戏界面作为游戏功能的外现，本应以交代功能为先，并在此基础上额外增加情感化内容。但是，游戏界面设计师常犯一个错误，就是过度展示游戏界面的情感化内容，而忽略了界面被设计出来的根本目的，即体现和实现游戏功能。之所以会出现这种错误，原因有很多，归纳起来有以下 3 点。

第 1 点是不同成长环境的设计师对设计的理解不同。

通常情况下，人们对文科生和理科生产生的印象是不同的，会认为文科生多感性，而理科生多理性。虽然事实上不见得必然如此，但是常年学习某一个学科的确会使人具备对应的思维模式。假设不同学科的人理解各自的学科可以被认为是使用不同的语言去认知世界，那么美术生认知世界时会倾向于使用图形、图像等语言，而一个学物理的理科生，或者学习计算机的程序员认知世界的语言就是公式、逻辑或代码。

夕阳会被艺术家解读成不同颜色的组合，他们会赞叹大自然的造化天成。而物理学家会考虑夕阳下太阳光的折射和散射，或许还会从光线分析云层结构，从而推断自身所处的地理位置和时间。两种学科的人认知世界时使用的"语言"不同，面对同一个工作的思维方式就有很大的不同。语言学的一个假说"萨丕尔－沃尔夫假说"就认为不同语言里所包含的文化概念和分类会影响语言使用者对现实世界的认知。也就是说，不同语言的使用者会因语言差异而产生不同的思考方式、行为方式。这个语言结构影响使用者认知结构的说法涉及人类语言学、心理学、语言心理学、神经语言学、认知科学、语言人类学、语言社会学及语言哲学等多个领域。这个假说所假设的是人类语言，而非我们此处谈到的认知世界的"语言"，但作为认知与表达的途径，我们可以认为这两种"语言"的概念是一样的。那么我们可以把这个假说放在此处作为论据。文科生和理科生的差异或许并没有那么大，但他们对事物的认知方式一定是有差异的。

对游戏界面设计这一混合了美学与逻辑的专业来讲，只秉持美学的眼光去看待和处理事物一定是不合适的。专业艺术门类毕业的设计师和非科班出身但从事这一行业很久了的设计师会不自觉地在工作中只使用美学的眼光去看待游戏的界面设计，如此就容易在界面的"情感化"表达层面进行过度设计，从而忽略界面的易用性和交互性。为了避免这样的问题发生，设计师尤其是科班出身的设计师需要在设计的过程中刻意避免潜意识中的用美术语言解读世界的方式。人和人之间是不可能达到彻底沟通的，虽然如此，但我们仍然可以试着去了解别人的思维方式，并尝试用那种思维方式审视自己固有的思维方式，从而找到更多解决问题的途径。用美术语言去解读世界可能是潜意识的，但如果能用逻辑性的语言去理解界面设计，将使游戏界面设计本身更能实现它被设计出来的目的。一个好的游戏界面设计师应当是能把形象化和逻辑性相结合的设计师。

下图展示的是艺术工作者和科学工作者对同一张图片的不同认知。这源于他们长时间使用不同的工作语言，从而使自己的思维方式受到了不同的影响。

第 2 点是由于职业细分化，很多设计师对自己的职责理解有限。

在具体的工作过程中，界面设计师大部分情况下只需要负责自己眼前的工作，因此很多时候无法顾及除了视觉设计之外的内容，如易用性和功能设计。这些工作一般由对应岗位上的人来负责，如易用性由专业的交互设计师来负责，功能设计则由策划人员来负责。这会造成一些界面设计师产生认知上的错误，以为交互设计的问题与自己无关，以为自己的工作只是按照交互稿做美化处理。

在界面设计的工作流程中，交互和视觉在理论上是交织在一起的。尤其是对于系统、玩法都较为复杂的游戏的界面设计，两者的工作内容更是盘根错节。界面设计中的交互设计部分和视觉设计部分被专门拆分出来作为独立的内容。这样做是为了提高大团队协作的效率。但这并不代表界面设计的交互设计与视觉设计无关。客观地说，交互设计和视觉设计依然是密不可分的。做合适的设计和做好看的设计实际上是两回事。只有理解了交互设计的目的，才有可能做出合适的界面设计。仅是按钮的颜色对功能表现的影响就能说明一点，即一个按钮的不同颜色可能代表着完全不同的含义。通常来说，游戏界面设计中表达"完全不提倡玩家去点击"的含义的按钮会被设计成警示含义较重的红色。如果在表达这种含义的按钮上使用的是绿色，则即便这个绿色的按钮很漂亮，这也是不合适的设计。总而言之，一个界面需要在考虑易用性和游戏设计目的的基础上去进行设计，只基于美感去设计的界面只是一个好看的作品而已，对整个项目来讲并没有什么价值。

下图所示的各个按钮的颜色不是随意指定的，而是有充分考虑交互逻辑的，没有涉及这种考虑的设计，再好看也没有用。

好	购买	邀请	退出
中性	提倡	正面	警示

第3点是对需求的理解不充分，而在理解错误的基础上对美术层面进行过度的表达。

界面设计师接到具体的需求时，需要考虑3个方面的内容。首先，这个需求的根本目的是什么。其次，这个需求在整个游戏内处于什么地位。最后，这个需求有多少种视觉上的表现方式，如何确定哪种表现方式是可以被玩家接受的。

以上需要考虑的方面若缺少其中任何一个，都会导致界面设计师在设计界面时出现偏差。这就要求界面设计师去做3件事。第1件事是充分理解需求，并找到策划人员进行沟通。第2件事是理解交互设计师是如何去实现策划需求的，并找到交互设计师进行沟通。第3件事是观察交互设计有没有相对真实、准确地实现策划需求。如果没有，就需要考虑交互设计师和界面设计师需要做哪些调整才可以最大化地实现策划需求。界面设计师需确保以上3件事情都做到之后，再开始具体的界面设计工作。如果这些准备工作做得不够好，且在美术层面进行过度表现，最终只会适得其反，同时将面对惨烈的修改过程，这不仅让界面设计师感到烦闷，而且会降低整个团队的工作效率。

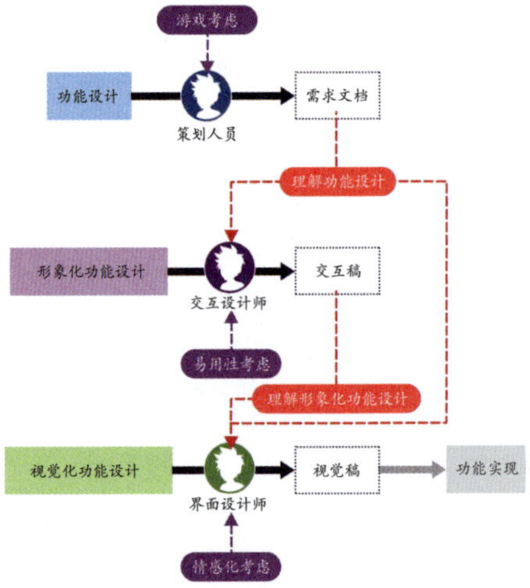

右图所示为界面设计的环节示意图。由此图可知，视觉设计只是界面设计中的一环，需要考虑的绝不仅是"好看"等这一类情感化的需求。

例如，下图中列举了界面设计师在落实具体需求的视觉工作之前要考虑的3件事。这其中的每一件事都关乎视觉设计和功能设计，主要表现在3个方面：（1）理解了需求目的才能按照功能设计的最初想法实现视觉化；（2）找到需求的位置有助于在视觉风格上找到具体细节设计的精准定位；（3）视觉表现方式是视觉方案有没有准确表现功能、视觉风格，具体控件有没有保持在应有的范围内，以及强化或弱化功能性的综合体。

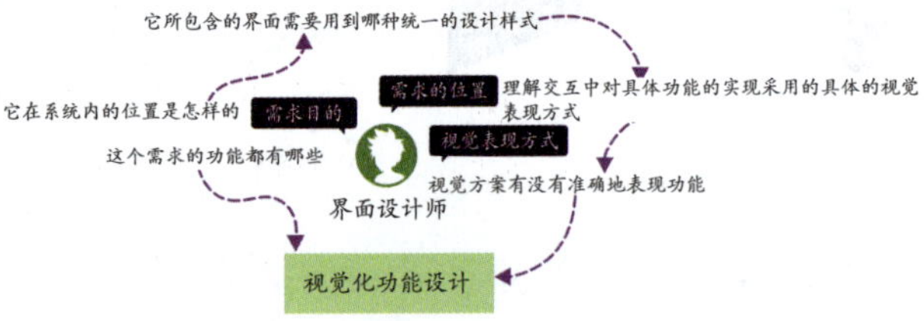

厘清一个界面设计师会做出偏差的界面设计的原因之后，也就好理解整个游戏的开发过程及过程中需要注意的一些问题了。一些在这方面做得比较好的界面设计师未必在视觉表现上做得好，但一定是做得最合适的。如何做出合适的界面设计，是一个界面设计师的必修课程。

8.2 如何通过设计体现界面本质

通过设计去体现游戏界面的本质不是一项简单的工作，并且在这个过程中很容易模糊"作品"和"设计"之间的关系。

在一些比较大的团队中，界面设计师往往会以一个团队的形式存在，这种团队通常是由一个主设计师加若干个辅助设计师组成的。在项目的早期需要对界面设计进行风格上的尝试时，整个团队都会参与进去。这项工作也就是通常所说的"比稿"，如下图所示（该图为笔者参与代号为"Fgame"的项目时为项目早期风格探索所做的一部分试稿）。这时候，部分界面设计师总可以快速且合理地完成设计，并受到团队成员和领导的一致肯定。

💡 **提示**

> 但如果只考虑设计完成度、美观程度等这些美观层面的因素，做出的设计未必就是好看的。

早期关键词：年轻，都市，现代，科技

现代轻松风格　　　　轻科技风格　　　　　　　　　　　　　　　　现代、杂糅轻科技风格

在项目的中期，个别系统的界面表达总是不到位，一时找不到合适的视觉表现方式去体现这个系统的设计时，总会有设计师拿出合适的方案，令旁人佩服。然而，这时设计的作品也有可能并不是严格意义上的"好作品"。这是为什么呢？是没有选择最佳的方案，还是总是过稿的设计师有了"独门秘籍"呢？事实上，排除那些在技术上并没有做到严格匹配项目风格的设计做法，这些每次都能过稿的设计师实际上只做对了一件事，那就是做合适的设计，而不是一味地去追求视觉情感上的表达，又或者是一味地去追求交互体验。

那么什么是好的游戏界面设计呢？设计是基于产品功能的，因此，适合产品，既能体现游戏界面的本质，又能在技术、细节上有更好表现的就是好的游戏界面设计。

例如，通过观察下面 3 张图，我们可以明显感觉到"作品"与"设计"之间的差别。同样作为科技感风格的界面设计作品，前边两张图是为某些特有的艺术作品，如电影和某些特殊的视觉效果所做的 Fictional UI ，即常说的"FUI"。这种作品的首要目的是表现视觉上的"高科技感"而非传统意义上界面所具有的基本使用功能，因此其看起来很漂亮但并不实用，甚至会出现一些无法使用的界面。相对地，最后一张图则是真正被应用在游戏当中的界面。其首要的设计目标是"实用"，因此其更多照顾到的是对具体功能的体现和对使用流程的设计，而对与此矛盾的视觉化表现做了取舍处理。

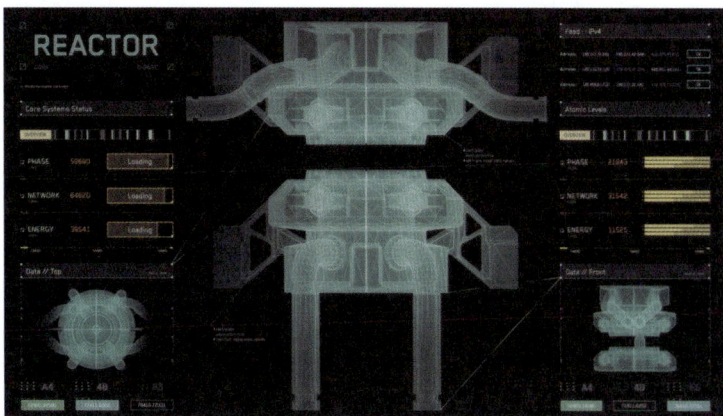

Brouno William（布鲁诺·威廉）设计的一款 Fictional UI 作品

Davison Carvalho（戴维森·卡瓦里奥）设计的一款概念界面设计作品　　　　　　　　　　　　《无尽空间 2》界面

针对"作品"和"设计"之间的差别，所有的界面设计师都应该意识到，游戏是一种产品，需先考虑产品的相关需求，然后才能考虑其技术和艺术上的提升。满足需求，且美术设计质量很高的产品有很多，但这对绝大部分人来讲是非常难做到的。即使想要达到这样的高度，也需要先从满足产品需求开始，这和"在学习跑之前先要学习走"的道理是一样的。

针对界面设计可提升和达到的高度，我们可将界面结构分为 3 个部分。最底层的是界面的功能，也可被认为是易用性的表现。中层则是达到好用层级的易用性的表现。顶层主要表现视觉上的好看（如漂亮的界面、特别的风格特点等），如右图所示。界面设计师在设计界面的过程中也应如此，简单地说就是追求好看又好用的理想界面。如果只做到能用，只能达到原型的程度，那它能被称为界面。但如果只能做到好看，那它就不能被称为界面，而只是某种美术作品（如前面所列举的 FUI）。这就是我们所讲的好作品（好看）和好设计（好界面）的差异。在实际的游戏界面设计工作中，好看和好用这两种描述都比较偏主观，好与坏之间的界限并不明显。不过，界面设计师在进行界面设计时，理应先考虑的是好用而非好看。

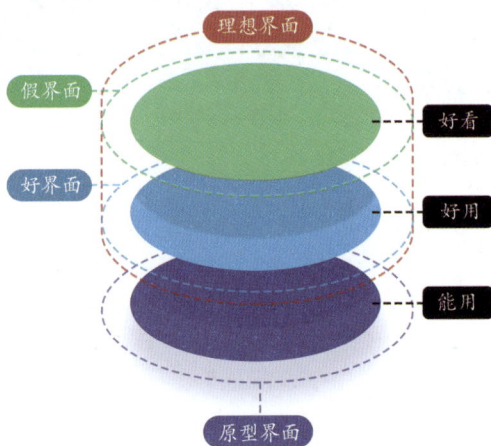

8.3　影响界面好坏的因素

评判一个界面的好坏，是否可以单纯地看它是否足够"好看"呢？是不是所有人都可以在某些维度上达成一致，去探索到底哪一款设计才是最好的呢？本节就对此进行分析。

理解了什么是好的作品和好的设计之后，对于上面的问题，我们就很容易得出结论，即好的界面不一定是最好看的。虽然界面可以通过一些方面的提升，如细节更完善和美术层面更加考究等，达到视觉效果上的"好看"，但是由于现实条件（如项目周期紧张、单一界面内过多的信息打乱了合适的界面设计节奏及设计风格的修改等）的限制，"好看"不是每个项目和每个界面都能做到的。"好看"作为一种理想的状态，是界面设计师的一个目标。客观事实也持续地提醒着界面设计师，不能以美为唯一标准来衡量界面设计。界面设计是否合适、是不是一个好的设计受很多因素影响，但总的来讲可以归纳为以下 3 个方面。

首先，游戏的系统设计不是一蹴而就的，而是随着游戏项目的进展逐步迭代完善的。游戏界面设计虽然在某种程度上可以不受这种迭代的影响，但总体上还是依附于游戏系统设计的，因此也是有着与游戏系统设计迭代相关但相对较为独立的迭代过程的。在项目开始时，界面设计师通常会按照客观的设计原理去合理地规划界面。游戏系统逐渐完善后，界面中会追加很多设计之初未考虑到的元素，因此设计就可能会经过很多次修改，甚至是推翻重来。在迭代的过程中，游戏界面设计本身会发生良性的演化。例如，界面设计师长期进行某一种类主题元素的设计后，可能会因为对它们非常熟悉而设计得更加到位，随着时间的积累，设计师对这些元素的理解也会愈加深刻和准确。但游戏系统设计的迭代所推动的界面设计元素的堆积过程相对于界面设计本身的迭代来讲，会显得比较"暴力"。这种现象客观上受到了游戏项目的总体时间规划、功能设计的要求与美术要求的矛盾的影响。

例如，一个原本比较复杂的系统，却可能要求在很短的时间内交付上线。这种情况下大概率地会产出一些品质相对较低的设计。一些明显不符合游戏背景建构的商业化运营活动界面也会打乱整个界面设计的节奏，使它们显得格格不入。因此，很多商业化较重的界面看起来并不那么漂亮。游戏系统设计的完善过程和游戏界面设计的完善过程的关系如下图所示。

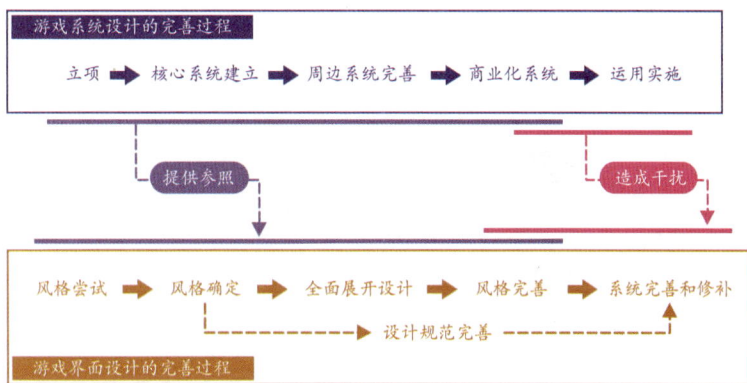

其次，参与游戏项目的人有很多，游戏界面设计的效果并不完全由界面设计师自己决定，而是会受到很多人的影响。这些影响主要是指大家对界面设计的意见和建议。而这些意见和建议都是界面设计师做出准确设计和有用界面的辅助信息，有时候会起到正面作用，有时候则未必。这也是有些商业化游戏中会出现丑陋界面的原因。界面设计师几乎总会遇到这样的问题，所以需要有合理的解决措施。

在设计界面的过程中，界面设计师会接收到两个方面及若干个类型的意见和建议。一方面是由专业的人士提出的专业意见，另一方面是由非专业的人士提出的非专业意见。这些来自非专业人士的非专业意见往往是绝大部分界面设计师的"噩梦"，尤其一些具备极大话语权的人是界面设计师眼中的非专业人士时更是如此。当决定游戏界面设计的人员是非界面设计专业的美术人员（原画、3D 等）时，他们可能会提出在界面设计师看来是不合理的方案。甚至，少数出身于界面设计专业的人也不一定能提出适合当下设计风格的意见，他们"脱产"太久，可能会有很多有用的经验，但审美乃至观念可能往往停滞在某个旧时代。美术人员也如此。作为非美术人员的策划人员或者程序员乃至产品经理更会提出基于自己理解的意见。这种是界面设计师所面临的比较特殊的情况。界面设计师的产出是直观可见的，而且人人都有不同的审美，所以理论上人人都可以对界面设计师的设计提出意见。这是界面设计师们在工作中较为苦恼的一个问题。

而事实上，界面设计师未必需要因此而苦恼。因为界面设计师和非界面设计师的差别正在于界面设计师能够想别人所不能想，做别人所不能做的事。因此界面设计师不能因为别人不够专业就完全不接受意见，也不能因为人人可提意见而妄自菲薄。具体情况还是需要具体分析，这些人提出的意见，可能在界面设计师看来不那么合理，但界面设计师认为的这种"合理"对游戏来说也不一定就是合理的。或许提出意见的人的审美比较独特，说自己更喜欢蓝色而不是界面设计师提供的更专业的配色，但他对颜色的意见或许是由更深层次的原因引起的。例如，原本配色的对比度并没有使得界面中的某个元素得到强调而让他感受到自己所期待的功能没有得到体现。但因为他没有专业的素养，无法直接指出问题的本质，又总觉得哪里不符合预期，所以就在颜色上挑一挑毛病。界面设计师需要客观看待这种意见，并分析原因，提出合理的反馈意见并对自己的设计做出适合游戏的修改。最不可取的方式是采取极端的方法，要么认为对方专业修养过低，不采取意见，要么完全顺从对方字面上的建议，陷入"修改→接受意见→修改"的死循环。在此时，界面设计师主要需要做的就是透过现象看本质，从表面上看起来专业或不专业的意见中提取出核心需求。尤其对于不专业的意见，界面设计师更需要仔细、耐心地倾听和分析。

各种岗位上的人对界面的理解方式的差别如下图所示。在该图中，笔者以绿色的浓淡变化来表示不同岗位上的人在视觉设计上的专业程度。

意见的表象与实质的关系如下图所示。

最后，有些游戏系统本身就很难让界面设计师做出"美"的设计。例如，有些界面在有限的空间内堆积了很多信息，整个界面信息过载，使界面显得臃肿杂乱。这在国内的游戏设计中极为常见。例如，下图所示为游戏《贪玩蓝月》的界面。该界面中展示了过多的信息，这种令人"窒息"的界面设计没办法使人感觉到"美"。还有一些不合理的美术元素的组合设计，例如一些背景建构是现代科技感的游戏在一些节日活动中加入了明显不属于科技感范畴的美术元素，但是相关的活动却可以使游戏本身的用户活跃，使充值等商业化的数据增加。

游戏界面的设计在整个项目进展过程中受到的各种干扰，以及界面本身的设计规律，都使界面设计师要面对很多挑战。界面设计师虽然不能做到面面俱到，但至少需要在客观分析的基础上对自己的设计负责，切实地服务到项目的需求。而较不可取的做法是以自己为中心，只考虑作品而不考虑设计。那样不仅对项目无益，还不是界面设计师在工作开展和推进的过程中所应该持有的态度。

8.4 界面功能需求的分析方法

界面设计师的日常工作就是对一个个具体的功能需求进行处理。作为游戏开发团队的一员，能够高效地处理需求是界面设计师应具备的基本素质。

针对界面功能需求的分析，我们主要从以下两个角度来进行：一是从人的角度，另一个是从事的角度。

8.4.1 从人的角度分析

从人的角度分析，界面设计师需要面对的衔接性人员有策划人员、交互设计师和美术相关决策人（或设计方案的其他决策人员，如设计组长、制作人等，后文简称主美）。在这些人中，策划人员主要负责提供策划方案，这是游戏的某个具体细节的需求。交互设计师主要负责提供交互稿，通过理解策划方案，将策划方案这样的文本转换为直观可见的交互稿，以便界面设计师进行后续的界面设计工作。有的项目组成人员中可能并没有专门的交互设计师，策划人员直接负责输出交互稿。无论具体是怎样的情况，这些人员的工作核心都是负责将具体需求转化为界面设计师可以接受的形态。而主美一般不会干涉具体界面的品质审核，这种日常的审核工作是由项目中专门的"UI 组"里的主要设计师来负责的。主美对设计的审核一般是有节点性质的，这些节点包括审核频次比较多的项目初始时期的风格设定和日常的阶段性汇报。这种阶段性汇报因公司和项目而异，有日报、周报和月报等形式，通常是主要设计师（搜集相关材料后）直接汇报给主美。界面设计师需要面对的人都是在同一个需求流程上的，所以应和这些人做好沟通，并互相理解。因此，在人的方面，界面设计师面对的最大挑战就是如何做好沟通（关于沟通的问题，可参照 1.3.4 小节中的相关描述）。

下图所示为界面设计师在游戏项目工作流程中与其他人的关系示意图。其中较重要的关系就是界面设计师与交互设计师的关系及界面设计师与策划人员的关系。界面设计师与交互设计师的关系涉及视觉设计中较基本的界面视觉表现和易用性，重要性自然不必说。而界面设计师和策划人员之间信息流动则决定着界面设计对策划人员所构想的功能性设计的最终实现。在其他两种关系中，与程序员的沟通决定着设计稿落地还原的程度和效果，界面设计师需要能够让程序员理解设计稿中的层级结构，具体细节上切图的布局、拉伸等。程序员也需要及时让界面设计师看到版本还原的内容，以便及时纠正一些程序员看不出来的版本还原问题，如图形模糊、变形及错位等。界面设计师和视觉决策人的关系则更多地决定了设计的大方向，视觉决策人有时候决定了界面的视觉风格，有时候可以利用自己丰富的经验去指导界面设计师，使其少犯低级错误等。

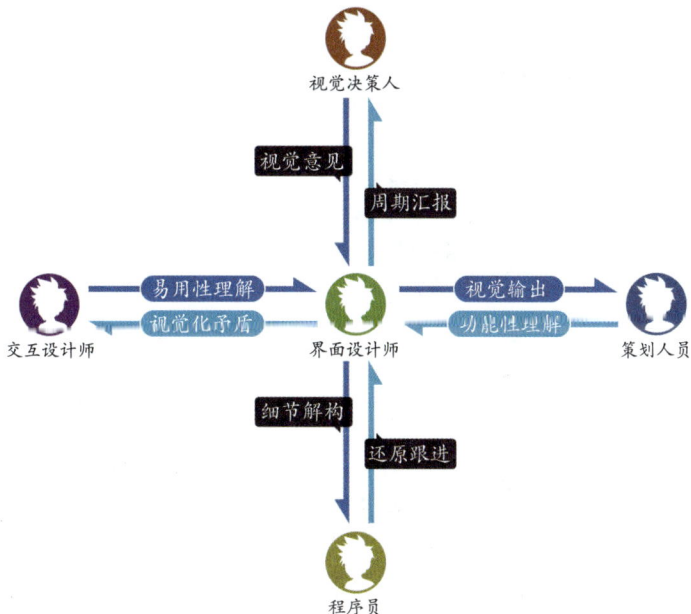

8.4.2 从事的角度分析

从事的角度分析，界面设计师需要做好的是对需求的理解，主要表现为 3 个方面：一是厘清需求的根本目的是什么，二是明确具体需求在项目中的位置，三是厘清具体需求的视觉表现方式有哪些。

⊙ 厘清需求的根本目的是什么

需求的根本目的需要从交互稿甚至是需求文档中寻求答案。一般来说，产品的需求都会在交互稿中非常明确地表现出来，如界面的基本结构、要实现的功能、什么区域是需要界面设计师加强视觉表现力的，以及整个界面是通用性质的界面还是需要特殊设计的界面等。而当需求的根本目的没能从交互稿中体现出来，同时影响界面设计师理解需求时，就需要界面设计师从需求文档中寻找答案。需求文档是记载和描述需求较详细、较根本的文档。如果需求文档中的描述不够准确，有引起人误解的可能，或者使用了不好理解的概念、词汇及难以理解的图表等，界面设计师就需要找到策划人员并让策划人员口头表达清楚需求的目的。

例如，有些商城界面或获得经验类型的界面的需求中可能涉及一些数值配表，为了保持策划之间的概念一致，或者让需求的说明更准确，策划人员会将一部分数值配表插入需求文档中，从而起到一定的说明作用。但是这类图表在界面设计师看来可能是不好理解的，而与此同时它又是对理解需求很有用的一部分，这时就需要界面设计师与策划人员进行沟通，让策划人员用容易理解的语言对数值配表进行解释，如类似"这就表示我想把经验的获得设计成阶段性的，做一个任务得到的经验可能只是做两个任务得到的经验的 1/50"这样的表述。通过这种用语言描述的方式，建立一个常识性的模型，界面设计师可以避免花费多余的时间去理解真实的数值配表。如果策划人员不知道如何解释，那么使用生活经验中的模型来进行解释也是一种可取的方法。

总之，界面设计师应该在理解需求上花费足够的精力。为什么说理解需求如此重要呢？前面我们说了，界面设计应该基于游戏功能的需求来完成，抛开这点去做设计，只能是白费功夫。界面设计师只有深刻理解了需求的根本目的，才能从本质上做好界面设计。

下图所示为界面设计师理解需求的递进示意图。图中列举的界面设计师在理解需求时的递进过程实际上是一步步接近需求本质的过程。需求作为一种抽象的信息集合，较原始的表现方式就是需求文档。界面设计师在理解需求时，一般情况下使用交互稿就可以了。但是当界面设计师认为自己对需求的理解并不准确，或者认为会有误解时，一定要向上回溯，追根溯源地去找到较原始的要求，并对资料进行解读（如看交互稿或需求文档）或和相应的人员直接沟通（如打电话、面谈等），这是寻求更多信息、完善理解的过程。

⊙ 明确具体需求在项目中的位置

对具体需求进行处理离不开"整体性"的思维方式。这种思维方式在日常设计过程中需要成为设计师的一种工作心态，从整体出发去理解具体的需求，可以避免出现不必要的"窝工"（指因安排不当，工作人员无事做或不能发挥作用）现象。

之所以要这么做，原因有以下两点。

第 1 点是界面设计师在明确具体需求处于游戏系统中的位置时，首先能被明确的就是需求的出口和入口，即这个系统的界面是从哪里来，将要到哪里去。这对于做好界面之间的衔接、动态预留接口设计都具备非常重要的意义。寻求具体需求在游戏系统中的位置就是"整体性"思维的表现。无论做什么工作，都需要在理解全局的思路上去完成局部的细分工作。就像下图中的拔河一样，只有明确了自己所要施力的方向，才能为整个队伍贡献自己的力量，没有全局观念，对自己负责的部分不够明确，反而会对团队协作的效率产生负面影响。

第 2 点是界面设计作为一个整体，需要保持风格上的相对统一（关于游戏界面设计中风格统一的问题在本书第 9 章中有详细描述）。根据游戏系统的重要性，各个子系统的界面风格，即游戏界面的细分化风格在整个游戏界面风格保持统一的情况下可以适当保留自己的特色。明确具体需求在游戏系统内的位置，有助于界面设计师确定该使用什么样的细分化风格，如下图所示。

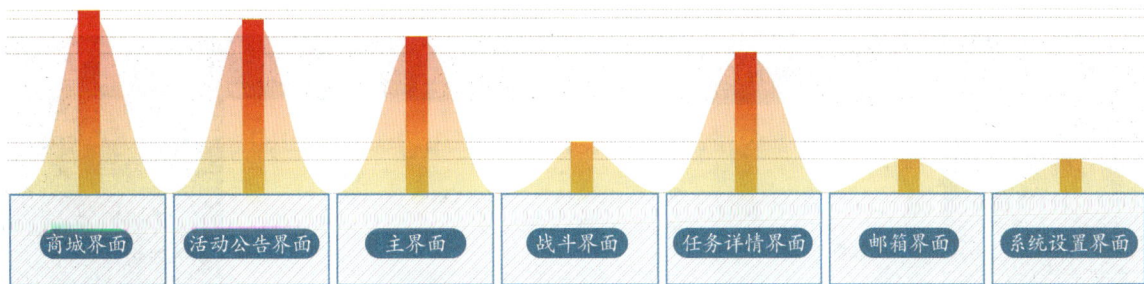

⊙ 厘清具体需求的视觉表现方式有哪些

视觉化和情感化的内容在大方向上是确定的，尤其是在游戏界面的整体风格确定的情况下，每个具体需求的视觉发挥空间是被限制在一定范围内的。而好的想法总会在受限的情况下迸发出来。

假设限制一个具体的需求和视觉表现的因素是舞台，而需求本身是舞台上的演员，舞台的宽度代表游戏界面整体的风格方向，舞台的长度代表需求本身的实质需要。界面设计师在彻底理解了一个具体需求的情况下，就相当于设定好了舞台的长度。在已有舞台宽度条件下，演员就具备了起舞的完整舞台。"舞美"需要做的就是在这样的舞台上设计出各种舞姿。如果对需求不求甚解，界面设计师针对具体需求的设计也就成了无源之水，没有依据，设计也将无法展开。

游戏界面需求如在舞台上起舞的演员，尽管受到舞台的局限，演员依然有很多的表现形式，如下图所示。

再来举一个实际的例子。下图所示是三消游戏《梦幻花园》中的一个版本升级奖励领取界面。其需求的本质是"需要给玩家一个领取奖励的入口"。这个需求触发的具体形式就是"游戏开发团队来信"。因此 "信件"是一个不错的视觉表现形式。那么"舞台的长度"就基本明确了，即设计一个长得像信封的控件。接下来，界面设计师需要开始考虑"舞美"的问题，例如这个控件的类型应如何选择。因为这是一个特别的触发，所以我们就可以得出结论：这个节点是玩家完成某件事之后自动触发的，需要给玩家营造一定的惊喜感。基于此，这里选择了弹窗这一符合这种功能表现的控件类型。表现信件的方式有很多种，信封参照哪种样式？是中式的还是西式的？是古代的还是现代的？这些疑问的答案很容易在游戏界面的风格中寻找到。由于这款游戏的年代设定是现代，风格上更加偏休闲，从视觉表现上看属于美式卡通风格的一个分支，因此界面细节的描绘多使用"花园"中的元素，如木头、泥土等。在这样既贴近生活又处于休闲的模式下，就划定了"舞台的宽度"，即游戏界面的整体风格，总结为现代的美式卡通风格、略显饱和的色彩，以及细节不宜过多等。到了这一步，界面设计师可得到结论，即需要设计一个长得像信封的弹窗，视觉表现应为现代风格的信封，带有真实质感的信纸。当然，信纸上需要有必要的留言内容和相关的操作按钮。

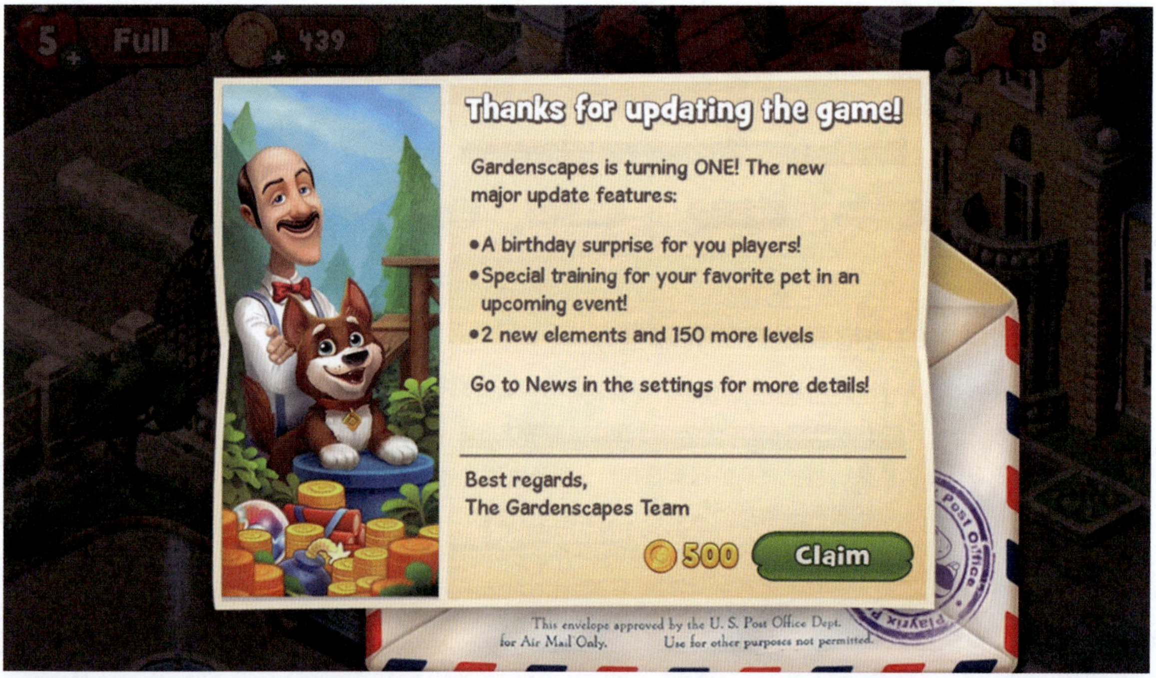

8.5 "LEgame"项目中界面功能需求的强化设计与分析

教学视频："LEgame"项目中界面功能需求的强化设计与分析 .mp4

关于功能需求分析的方法，这里笔者以"LEgame"项目为例做一下具体的分析与说明。

针对"LEgame"项目，在对其需求进行分析时，我们需要明确 3 个要素：（1）这是一款换装类养成游戏，玩家群体设定为女性，因此界面设计相关的关键元素选取了马卡龙色、服装装饰等元素；（2）这个需求的名称为"任务系统二期"，该需求对该项目中的"任务系统一期"内容进行了完善，但是一期任务只完成了非常少量的内容，因此这个需求可以被认为是完整版的"任务系统"需求；（3）这个需求的目的是建立完善的"LEgame"项目的任务系统，该系统是这款游戏让玩家熟悉玩法和沉浸游戏的重要部分。

下面，我们通过一些需求文档来分析项目的功能需求。

首先，笔者将针对"任务系统二期"需求文档的第 1 部分进行分析。

该系统涉及了比较多的内容，它们的功能在需求文档里被描述得非常清楚，如右图所示。从这个图中可以看出：需求文档的第 1 部分叫"玩法规则"，交代了这个需求要达成的"战略目的"和需要实现的大概功能；第 2 部分是"具体流程"，交代了这个需求的主干内容，按照操作流程详细地描述了需求细节并勾画了简单的交互图（对这个需求来讲，这些交互图是足够用的）。"具体流程"部分里描述了主界面中的"通告"按钮（即这个需求功能"任务系统"的入口）。

需求文档 1

💡 **提示**

这里有一个比较特别的情况是，在提出这个需求之前，"通告"按钮就已经存在，这个需求只是对该按钮的内容进行进一步丰富，这要求设计师对按钮的样式进行更改和进一步设计。

右图所示为本案例中提出该需求前的主场景界面，在界面中我们可以看到旧版的"通告"按钮。在进行"通告"按钮的重新设计之前，设计师需要明确这个按钮将要有的功能属性和设计样式。从需求文档中和附加的交互图中可以看到，这个按钮被扩展为一个小面板的样式，需要在面板中加入任务文字和相关图标。同时，设计师需要了解其他信息，例如，为什么这个作为任务系统入口的按钮叫"通告"而不叫"任务"？它所承载的内容和目的是什么？这些在需求文档里并没有写明，需要设计师和策划人员进行口头对接。

通过和策划人员进行进一步沟通，设计师最后明确了两个信息。其一，"通告"的名称来自游戏背景建构的设定。玩家在游戏内需要操作自己的人物去做"经营明星"的故事任务。在经营过程中，将现实中明星"接通告"的形式套用到游戏内的"任务"中去。也就是说，"通告"一词实际上就代表着游戏内玩家需要完成的一个个"任务"。其二，其所承载的内容是任务的完成进度，因此需要在主界面的"通告"按钮上显示至少两个不同的任务状态，例如需要区分出完成和未完成两个状态。

对"通告"按钮来讲，其基本的功能信息已经明确了，接下来就要对它进行设计。前文已经明确，这个项目已经确立了一套自有的视觉风格，可以直接拿来应用在此处，即给"纸张"加上特别的质感来描绘"通告"按钮。

右图所示的界面中的图标和控件相较上一版本经过了尺寸优化。具体表现在对原版的图标衬底进行了扩展，增加了一个小面板来构成整个控件的底框，并在其上设计了这款游戏界面中常用的纸张元素，以此来形象化地说明"通告"是一个个文件的视觉化语言。"通告"按钮里边包含的文字信息也有完成状态和未完成状态的对比。为了增强这种对比的可识别度，笔者还为不同状态增加了图标的设计。

其次，笔者将针对"任务系统二期"需求文档的第2部分进行分析。

右图所示的需求文档描述了任务场景表现。这种表现的目的是完成和NPC之间的对话。其涉及的内容包含3个方面。一是对话界面，这是提出此需求之前已有的。二是NPC的头像列表，这里可以直接复用已有的头像。三是长按NPC头像后弹出的名片，它的作用是对NPC的身份进行比较详细的介绍，也是游戏背景建构完善的一个环节。这些内容都简单直接、容易理解，在设计过程中需要注意，名片需要根据策划人员提出的需求设计男性和女性两种样式。

也就是说，这两种名片的设计就是这个需求最重要的内容了。考虑到这款游戏的整体概念设计，可以通过衣服或布料的纹理来表现名片上的美术元素。除此之外，还需要考虑到名片上内容的排布。什么样的内容最重要，需要玩家以怎样的顺序来观看和阅读上边的信息，这些问题在内容设计中是需要慎重考虑的。美术元素和内容信息两者之间的相互影响，如纹理太重导致文字的可识别性降低，是这个需求的高风险考虑点。基于这种思维方式，我们就可以展开一些实际的设计了。

需求文档 2

下面两张图分别展示了NPC对话界面的男性NPC名片设计和女性NPC名片设计。在名片设计中还需要注意对主次信息的区分，主要表现为姓名最重要，其尺寸最大，颜色也最明显。其他的信息则根据重要性依次进行排布。

接着，笔者将针对"任务系统二期"需求文档的第 3 部分进行分析。

该界面为点击主界面的"通告"按钮之后打开的界面。根据相关的信息，可以提炼出这个界面的基本内容——这个界面包括的内容实际上是游戏系统的任务和关卡。它们作为两个层级存在。其中第 1 个层级是关卡，它包含了数个任务，在文档中叫作"任务包"。第 2 个层级就是任务。通过对游戏背景建构进行包装，这里的关卡被称为"故事"，任务则被称为"工作"。玩家的人物通过完成一个个的通告工作来推动故事的发展。相应地，每个故事都会按照玩家的表现来进行评级，还有相应的完成度等游戏任务常见的属性。

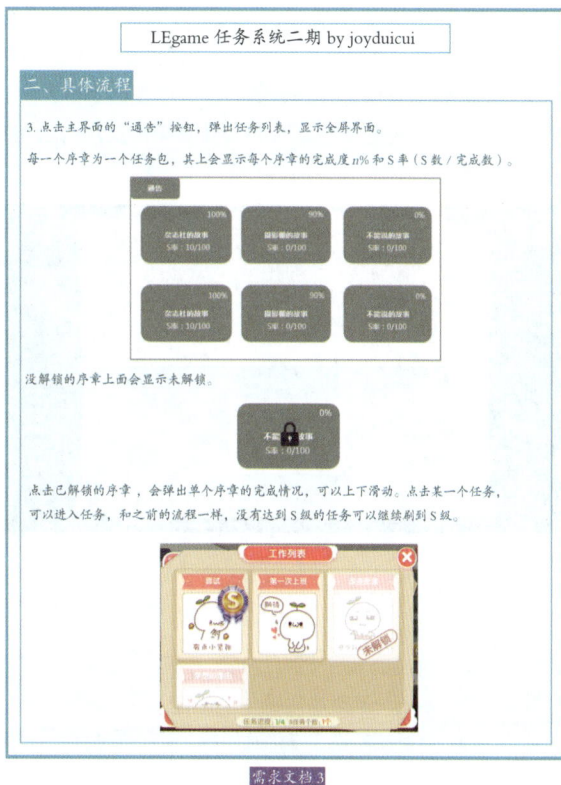

需求文档3

以上所述为这个需求的基本功能性内容，那么在界面上如何进行相关视觉化的表现呢？这时候设计师需要根据这些内容的具体属性来进行判断与分析、主要表现在以下 3 个方面。

（1）对"故事"一词进行解构。在这里，这个词可以传达给设计师两个内容。一个是游戏背景建构的包装。玩家的人物在游戏故事里完成了一系列艰难的任务，最后得到了一个完美的结局。这本身就是富有传奇色彩，有可纪念性质的经历。这些经历作为"故事"，就可以作为"书"来进行表现。另一个则是"任务包"的概念——一个任务的集合。因此，用书、相册这类吻合游戏人物经历的、具备"集合"概念的实物来表现这里的"任务包"是非常合适的。而且整个通告界面可能需要被设计得比较特殊一些，才更能表现出这是一个"核心"且"重要"的部分。

（2）对工作列表来讲，一方面它出现的次数要比"故事"出现的次数更多，几乎每次点击"故事"它都会出现。另一方面，它相对其他的功能概念来讲更平凡，所以用游戏通用型的弹窗就足够了。

（3）点击工作列表中的任意单个任务，会弹出一个任务详情界面（这是"任务系统一期"的需求，在"任务系统二期"需求文档中并未提及，为了展示完整的操作流程，这里一并列举出来）。这个界面自然也用主界面的风格来进行设计，只是在一些细节上凸显了一些特别的功能。

例如，在下图展示的通告界面中，用类似于相册的写实物品来表现"任务包"，未解锁的"任务包"则是封存在塑封里未开启的"相册"。配合这个实体表现手法，整个背景被绘制成在一个暗背景下的实木案头上。这种视觉表现假设了一个情节，即游戏人物在繁杂的工作事务之外，实际上有一个专属于自己的案头来存放那些经历过的和没经历过的事件。这些事件就像相册一样，一本本地放在案头上，无论是作为回忆（任务完成度展示），还是作为继续工作的资料（未解锁状态），似乎都合情合理，而特别的视觉表现也表明这是一个比较重要的部分。

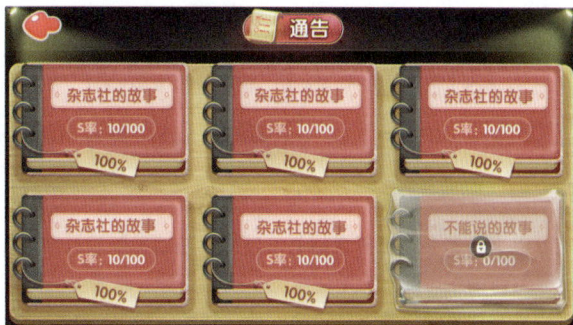

下面两张图分别展示的是工作列表界面和进城打工界面。这两个界面使用了通用弹窗和控件这两种元素，还用了一些因为特别的功能需求而产生的特别的设计。在第 2 个界面中，“工作报酬”是对玩家进行奖励的一项功能设计内容，目的是促使玩家进行更多的尝试以便获取更好的奖励。这里专门罗列展示了玩家完成任务后得到不同评价所对应的不同奖励，并且将 S 级评价应该获得的奖励与合格应该获得的奖励之间的不同展示出来，两者在视觉表现上有明显的不同。

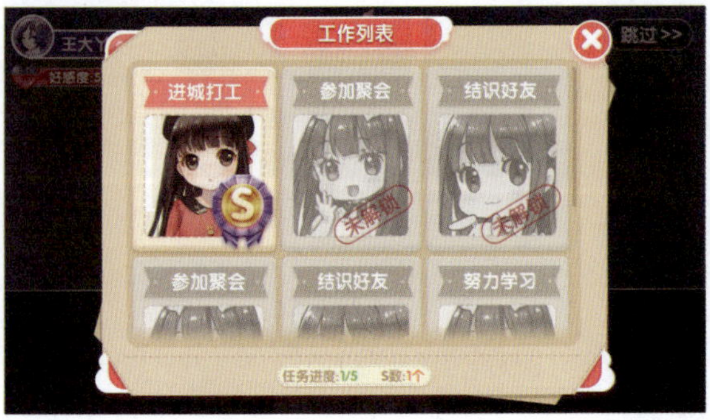

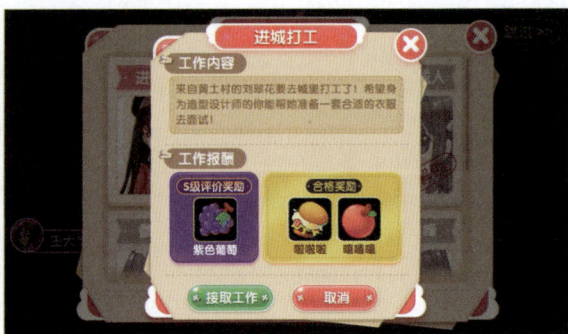

最后，笔者将针对“任务系统二期”需求文档的第 4 部分进行分析。

这是需求文档的最后一部分内容，这些内容大部分属于策划人员配表的一些扩展内容，并无确切的界面需求，设计师一般并不需要特别关注这些内容，如下图所示。

LEgame 任务系统二期 by joyduicui

二、具体流程

4. 新增任务类型。

商城购买：需要引导玩家到商城，不管有没有拥有，购买了才算完成。

已拥有：检测衣柜已拥有即可。

给 NPC 装扮：配置一个 NPC 形象，玩家可给 NPC 进行搭配。

完整套装加 1 件配饰：搭配一个套装，玩家搭配。

照相任务增加属性（动作、表情）：给动作和表情增加类似时装的属性（可爱、性感等）。

达到等级：玩家等级。

获得钞票：累计获得 n 钞票。

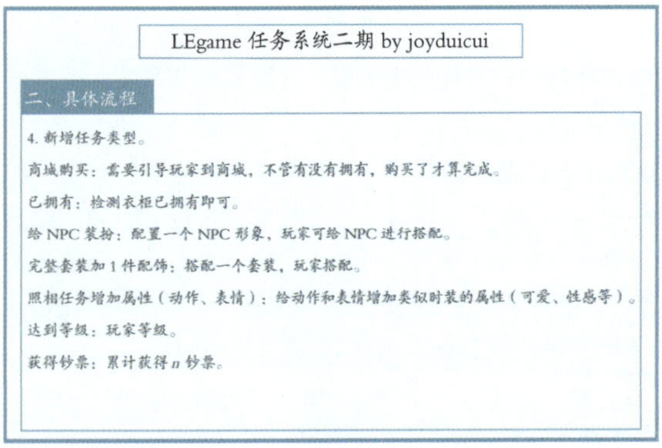

需求文档 4

有一些需求并不会完整地形成需求文档和交互图，但其也是构成一个完整系统界面的一部分。在这里笔者主要想说的是评级图标，主要表现在“换装任务”的评级图标和右上角的“总分”评级图标，如下图所示。

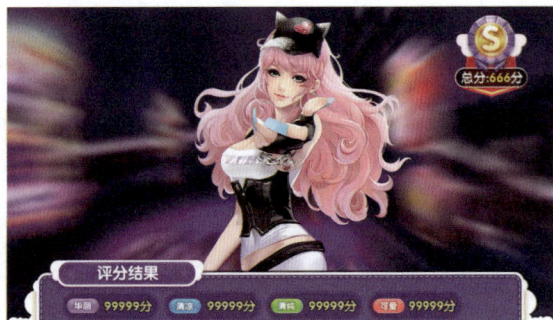

在玩家完成某项任务之后，系统会根据一些属性信息来对任务进行评分。这就会涉及评级等相关内容，因此在设计过程中，设计师需要与策划人员确定评级图标的详细信息，包括等级名称等，以及它们需要按照什么规律来排序。该项目总共包含了 S、A、B、C 及 F 这 5 个等级。从右到左表示越来越棒，并且应该参照传统，按照游戏本身的特色来设计颜色表现。最后设计出了按照“紫色”“红色”“绿色”“蓝色”“灰色”来表现的一系列评级图标。

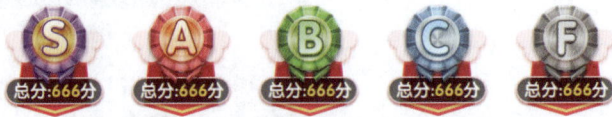

以上是整个项目需求的分析过程。游戏界面设计师在整个需求处理过程中绝不只需要关注界面视觉效果。要想做出既符合游戏功能，又不失视觉表现的设计，就需要深刻理解需求。想要做出符合需求的设计，就需要认真理解需求，耐心地与相关部门的人员沟通，并做到踏实输出。

09

第 9 章

界面视觉的统一化处理

本章概述

游戏界面是玩家可以直接接触的部分,承担了游戏中绝大部分的操作反馈。因此,通过游戏界面视觉去表现游戏的特点和体验感非常重要,游戏界面视觉直接决定了玩家对游戏的直观印象。在游戏界面视觉的统一化处理中,有 3 个要素是我们特别需要注意的,分别是准确性、唯一性和一致性。本章将围绕这 3 个要素来讲解如何完成界面视觉的统一化处理。

本章要点

- » 界面视觉的准确性
- » 界面视觉的唯一性
- » 界面视觉的一致性
- » "PRgame" 项目中视觉的统一化处理分析

界面篇 ▸

9.1 界面视觉的准确性

在实际生活中，一款游戏的背景建构、玩法乃至以游戏为中心的文化和现象都不是通过直白的方式去告诉玩家的。这些系统的、抽象的内容需要以具象的东西为媒介传达给玩家。

无论是应用，还是游戏，都会有其核心价值。核心价值指的就是一款产品能够提供给用户的使用价值。应用提供的是某种功能性的使用价值。例如，美图秀秀提供给用户的是修图、美照等价值，微信提供给用户的是沟通、阅读及社交等价值，知乎提供用户的是细分化的知识分享价值。从整体来说，几乎所有的游戏给玩家提供的都是娱乐价值。

游戏的类型非常多，每款游戏提供给玩家的都是细分化的娱乐价值，例如游戏《王者荣耀》提供给玩家的是组队、多人竞技的娱乐价值。每款应用或游戏面对的用户或玩家群体都不尽相同，它们提供给人的体验也差别很大。这些体验较本质的差别，用户和玩家只有使用后才能感知到。用户使用一款产品接触最多的就是界面，正如临街商铺一定要有一个招牌和有特色的店铺风格一样，每款产品都必然需要通过视觉化的外观来表现自己的特点。因此，我们在日常生活中所接触的各个应用和游戏在界面视觉上几乎与其他产品完全不相同。这意味着游戏界面视觉设计的准确性是一件极其重要的事，它关乎着游戏是否能够在视觉外观上给玩家准确传达出其独特的背景建构、玩法并带给玩家独特的感官体验。基于此，一款游戏的界面风格设定是一件非常必要的工作，也是在项目开始一直到项目收尾的整个过程里，游戏界面设计师需要投入大量精力去做的工作（关于游戏界面风格的设定方法可参详6.4.1小节）。

9.2 界面视觉的唯一性

游戏界面视觉的唯一性需要在准确性的基础上去实现。一般情况下，由于每款游戏在各项设定上都不尽相同，因此理论上是无法出现完全相同的两款游戏的。

关于设计作品的相似度的处理，这里我们仅从风格设计的技术角度进行讨论与分析。

例如，由为数众多的国风游戏与和风游戏组成的特定集群虽然都使用了同一种类型的风格，但是它们都有着各自的唯一性，原因就在于相似设计风格中同种美术元素的应用占比不同。这个占比很难量化，但从直观感受上讲，我们通常认为在同一种风格的不同游戏界面中，会有 40% 的美术元素是类似的。其他的美术元素，如颜色、描绘图形的线条等都表现出了一定的差异，并且拥有一些独特的辨识度，如下面 4 张图所示。

《镇魔曲》属性弹窗

《择天记》属性弹窗

《轩辕传奇》角色弹窗

《烈火如歌》角色弹窗

在对一个游戏项目界面进行风格设定时，可以通过一定的方式规避唯一性不足的风险，这些方式有且不限于 3 种，即改变美术元素的应用、差异化颜色色调及设置不同的材质风格。针对这 3 种方式，笔者将以游戏《疯狂动物城：筑梦日记》和《梦幻花园》为例进行分析与说明。

9.2.1 改变界面中的美术元素

同样作为写实卡通风格的三消类型游戏，《疯狂动物城：筑梦日记》和《梦幻花园》对卡通元素的应用就有很大差别。《疯狂动物城：筑梦日记》的界面主要使用了"动物"元素，且为特有 IP 中的动物头像。而《梦幻花园》的界面虽然同样有类似的卡通设计风格，但是使用了与 "花园"这个根本游戏设定相关的元素。

《疯狂动物城：筑梦日记》游戏界面

《梦幻花园》游戏界面

9.2.2 界面色调的差异

《疯狂动物城：筑梦日记》的界面使用了明度较高的蓝色为基本色，其颜色饱和度相对《梦幻花园》而言要低一些。同时，《梦幻花园》的界面色调相对《疯狂动物城：筑梦日记》的界面色调要暗一些，且同样的绿色在《梦幻花园》的界面中呈现为翠绿色，而在《疯狂动物城：筑梦日记》中则呈现为淡绿色，这是因为两者使用的颜色的明度不同。

9.2.3 设置不同的材质风格

《疯狂动物城：筑梦日记》的界面基本材质主要有布料、木纹、笔记本等。《梦幻花园》界面中使用的材质大都是花园中会出现的。虽然两者都有使用木纹材质，但是因为两者的色彩调性不同，所以玩家并不会认为它们用的材质雷同。这些材质的不同使用方式，使两款游戏在视觉观感上有很大的不同，主要表现在《疯狂动物城：筑梦日记》的界面整体呈现偏现代的都市风格和颜色偏明亮的迪士尼卡通风格，而《梦幻花园》的界面整体呈现的则是恬静、舒适的田园风光的场景效果。

布料材质在《疯狂动物城：筑梦日记》界面中的运用

布料、木纹材质和笔记本在《疯狂动物城：筑梦日记》界面中的运用

木纹材质在《梦幻花园》界面中的运用

9.3 界面视觉的一致性

界面视觉的一致性是游戏界面风格设计中较为重要的一个元素。在一款游戏的界面风格定位精准，也实现了唯一性的情况下，若没有稳定、统一的风格设计，则可能会前功尽弃。

　　游戏是一个整体性的软件，作为游戏的重要组成部分和游戏本质外现的重要视觉元素的界面，如果做不到整体风格的一致，将直接导致玩家对游戏的认知产生紊乱，使其认为游戏并不是一个整体。在实际工作中，同一款游戏的界面设计在风格上的差异可能并不明显，它们往往不那么好辨别。正是由于不好辨别这些差异，风格设计的一致性才成为设计师在项目进程中需要额外注意的事项。

　　让全局界面的风格统一的方法，与前面 9.2 节中讲到的对同种风格做出差异化的方法是类似的。在具体工作中，设计师可以按照同样的方法逐条对比、验证各个系统界面中的设计问题。

9.3.1 美术元素的一致性

使用同一套美术元素去表现设计风格是在游戏界面设计中经常会采用的一个基本方法。其中，图形元素是一种辨识度非常高的视觉元素，设计师在对游戏界面进行风格化设计的时候经常会用到。

使用图形元素来体现特定的风格是一种非常好用且直接的方法。图形元素可以分为显性的和隐性的两种。显性图形元素顾名思义就是有明显的造型方式的美术元素，是界面中非常明显的部分。它以一定质感成为界面的控件元素或以非常明显的轮廓图案出现在重要功能或操作控件的附近。隐性图形元素则通常是显性图形元素的辅助，以浅显的修饰和图案纹理为主要存在形式，在界面中分布的范围非常广，有的作为界面面板的底纹，有的作为背景的平铺图案。隐性图形元素的特点决定着它通常不会被玩家直接注意到，但是它和显性图形元素一起制造了一个特定风格的视觉化氛围，是游戏界面的重要组成部分。

以上说到的这两种图形元素都不是以单个形式存在于场景中的。游戏界面中有大量的应用场景，因此图形元素都是以成套的图形集合存在的。在数个图形元素组成的集合里，这些图形元素的造型同属一种风格类型。因此，美术元素的应用是否足够统一，需要考察 3 个方面。一是图形元素是否为同一元素的合理延展，二是隐性图形元素和显性图形元素是否在一种风格内进行搭配，三是游戏中所有界面内应用的图形元素是否属于同一种风格。

同时，使用统一的图形元素可以防止出现功能上的巨大差异而导致界面设计风格不一致的问题。游戏界面中会有一些比较极端的情况存在。有些界面的功能比较"重"，会被设计成视觉表现强烈的样式；同时也会有一些界面因为功能比较"轻"而被设计得很没有"存在感"。维系这两种界面在同一种风格内的方式有很多种，其中一种必要的方式就是在设计中使用统一的图形元素。

以下图所示的游戏《镇魔曲》中两个差异比较大的界面为例。从下面两张图所示的界面来看，两者似乎没有什么统一性问题。但两个界面无论是从功能上来说，还是从具体的细节设计上来说，差别都比较大。而在这种比较大的差异下依然能做到风格统一的最主要原因就是使用了统一的图形元素。主要表现在 3 个方面：（1）甲处使用了这款游戏界面设计中常用的灯笼图形，对比两个界面来看，左图中的灯笼图形除了更细、辉光更多之外，整体的造型、色彩和结构都与右图中的灯笼图形一模一样；（2）乙处为框体的顶栏，它被赋予了深色调且带云纹浮雕样式的设计（这是本款游戏中界面控件设计上最典型的特点之一），除了整个顶栏的造型不同、纹理有所异外，两个界面中的顶栏使用了同一种材质；（3）丙处也是同种差异化表现，左图中丙处的造型在右图中丙处的造型基础上做了更多的夸张处理。

《镇魔曲》任务换装预览 　　　　　　　　　　　　　　　　《镇魔曲》人物属性弹窗

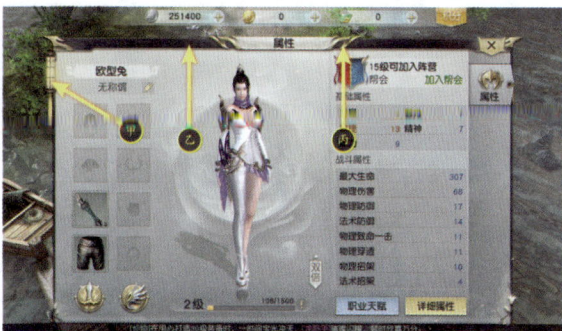

游戏《虚幻争霸》中有统一的菱形的使用（如下页图中黄色箭头指示），菱形和游戏内特别的图形进行了组合变换，在保证统一性的前提下也做到了唯一性。这款游戏对菱形的使用很大程度上基于游戏 Logo 本身。这是一种非常典型的品牌延续设计手法，正因为这种从品牌标志上延续而来的图形的应用，才能将游戏界面设计的特点很好地保持下来。

《虚幻争霸》匹配界面

《虚幻争霸》战斗界面

9.3.2 配色体系的一致性

配色体系的一致性指的是界面内使用的颜色遵守统一的配色方案，同时基本色调没有出现方向性的错误。

颜色搭配在界面中的表现是非常明显的。在定位一个游戏界面的风格时，首先需要做的事情就是确定主色和辅助色，以及界面的主要质感的描绘方式。其次是遵守统一的用色规范，界面中的文字色调、重要的图案色调和商业化运营时使用到的宣传图的色调，原则上都应该和设定界面风格时规定的色调保持统一。这种统一是相对的统一，不需要将所有美术元素的色调都保持绝对统一。

对于配色体系的一致性的处理，可以着重从以下 3 个方面入手。

⊙ 整体配色与元素保持一致

关于整体配色与元素保持一致，这些元素包括但不限于原画、场景、人物及道具等。在项目初期，界面的风格设定与美术元素的准备通常是同时进行的。当然，有时候是先准备美术元素，目的是在既有的游戏背景建构的基础上对项目的整体美术基调进行探索。同时在此期间，界面设计师也会进行一些草图性质或概念设定性质的原画设计。这样一方面可以起到逐步确定游戏整体美术调性的作用，另一方面可以凭借这些直观材料去预想游戏未来可实现的画面效果。

界面的设计往往可以从这些美术元素中找到可以参照和使用的部分。随着项目工作的逐步展开，美术元素也会一步步地进行调整和优化。整个游戏所要采用的美术风格、色彩基调都会在这个过程中逐步明晰。与此同时，界面设计师的工作也会同步进行。在进行界面风格的协同处理时，一般情况下不会出现界面颜色和其他美术元素的颜色偏差较大的情况，而主要问题出现在项目迭代、界面风格改进和迭代过程中。

🐛 提示

有时候，界面设计师也会遇到项目的大改版，甚至是方向上的调整等情况。这种情况不仅会影响整个美术风格的方向，也会影响界面与其他美术元素的协调。避免出现这个问题的方法有两个。首先，设计师需关注美术工作的进展，时刻关注对方的进度并依据合理的走向进行修正；其次，对美术元素中可利用于界面的元素和图形有一个科学的设计方法（具体方式参照 6.4.1 小节中的相关描述）。

下面，笔者以游戏《女神异闻录 5》为例做一些具体分析。该界面中的色调有比较清晰的体现。这款游戏的界面还原了日式漫画的风格特征。其界面是赛璐珞风格，但是界面中基本上只出现黑色、白色和红色这 3 种颜色。配合具备冲击力的图形设计，这款游戏的界面有非常强烈的风格化特征。如果这款游戏的界面使用了过多的颜色，那么界面表现将失去原先的强烈张力，就没有办法强化表现漫画式界面的夸张感了。

《女神异闻录 5》任务介绍界面

⊙ 对颜色的使用方式进行规范

在界面设计中，对颜色的使用方式进行规范是指制订合理的颜色使用规范。颜色的使用规范应该包括指定主要控件的颜色和搭配方案、文字颜色的色值表及动效中出现的部分颜色。

主要控件的数量是固定的，颜色的使用在数量上也是基本确定的。这里的把控点在于新增控件的颜色的延展方式，要么根据已有色值进行同饱和度或明度的色相调整，要么严格使用已有色调。

在游戏界面中，按钮的颜色是一个非常明显且可以说明问题的要素，如右图所示。该图展示的是笔者为代号为 "PRgame" 的项目所制订的按钮颜色规范。从图中展示的按钮颜色可以看到，不同颜色的按钮实际上代表了操作它所预示的不同含义，是一个好的操作，还是一个需要谨慎的操作，在按钮的颜色上都有明确的表现。这种颜色设定通常会比较固定，唯一的不同是，在不同的游戏界面中，按钮的颜色需要根据具体的界面颜色特征进行相应的改变。

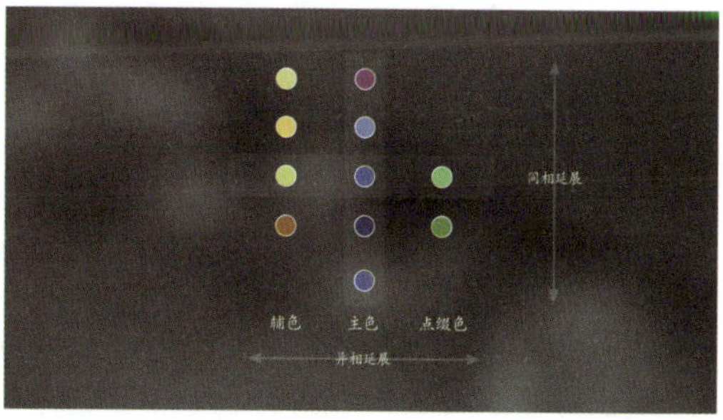

文字颜色是与具体的界面环境相匹配的，如下页图所示。图中展现了某项目的气泡规范及标注信息，这个规范包括了对气泡内文字字号和颜色的规范。文字所要表现的信息是重要的还是平淡的，都需要依赖它的颜色和字号来进行体现。其中标题和强调文字的字号会比较大，且其颜色比正文的颜色更显眼。特别的数字会用不同于标题与强调文字的颜色和字体。警示色通常会被设定为偏红的颜色。这些颜色设定有自成一体的逻辑，但前提是要适配所在界面的颜色。从图中可以明显地看到，这些文字无论是表示强调、警示还是作为正文，都使用了橙色和黄色色调，并且其饱和度和明度也基本上维持在了一个固有的区间内。这种设定是由这些文字所在的界面环境（即气泡的淡黄色）所决定的。这种既受到所在界面环境的限制，又自成体系的文字颜色规范，可以帮助设计师更加直观地延展出实际情况下需要的更多的功能性颜色。它提供了可用颜色所在的色域、明度及饱和度等信息，也明确规定了其所在界面环境的条件限制。这样的颜色规范才是有效的规范。

🐵 提示

　　文字的颜色可能会有很多，因为文字所处的情景和使用方式千变万化。我们可以指定大部分的文字颜色，但也应允许有一定的颜色扩展范围，扩展方式可以参照扩展控件时使用的方式。

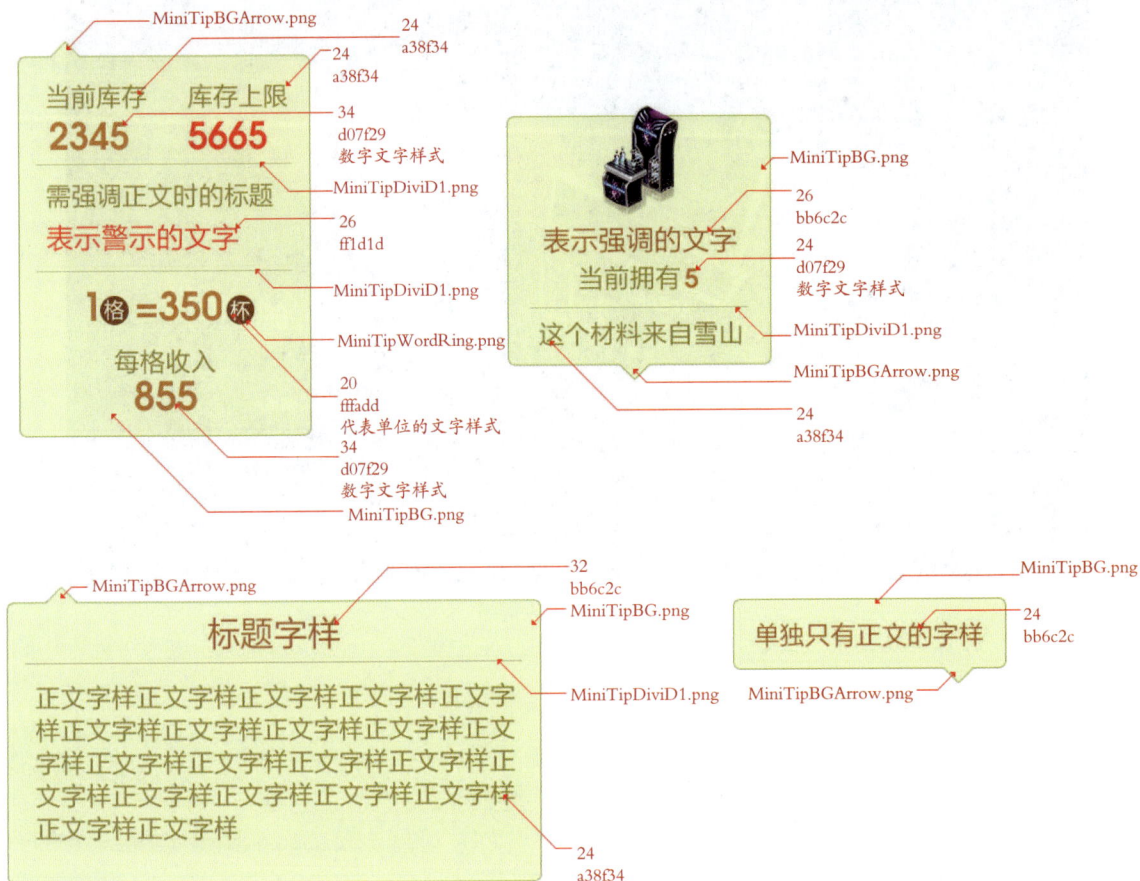

图例标注：

图一（左上）：
- MiniTipBGArrow.png
- 24　a38f34
- 24　a38f34
- 当前库存　库存上限
- 2345　5665
- 34　d07f29　数字文字样式
- MiniTipDiviD1.png
- 需强调正文时的标题
- 表示警示的文字
- 26　ff1d1d
- MiniTipDiviD1.png
- 1格=350杯
- MiniTipWordRing.png
- 每格收入
- 855
- 20　fffadd　代表单位的文字样式
- 34　d07f29　数字文字样式
- MiniTipBG.png

图二（右上）：
- MiniTipBG.png
- 26　bb6c2c
- 表示强调的文字
- 当前拥有 5
- d07f29　数字文字样式
- 这个材料来自雪山
- MiniTipDiviD1.png
- MiniTipBGArrow.png
- 24　a38f34

图三（左下）：
- MiniTipBGArrow.png
- 32　bb6c2c
- MiniTipBG.png
- 标题字样
- 正文字样正文字样正文字样正文字样正文字样正文字样正文字样正文字样正文字样正文字样正文字样正文字样正文字样正文字样正文字样正文字样正文字样正文字样正文字样
- MiniTipDiviD1.png
- 24　a38f34

图四（右下）：
- MiniTipBG.png
- 24　bb6c2c
- 单独只有正文的字样
- MiniTipBGArrow.png

　　动效中出现的颜色应该基于涉及动态的控件的颜色和逻辑颜色。同时，动效的颜色控制既需要考虑静态设计稿中具体控件的颜色，也需要考虑控件的功能性。

🐵 提示

　　逻辑颜色指的是动效所模仿的现实动作应出现的颜色，例如一个按钮的发光色大部分情况下是亮黄色、白色。除非按钮有特别的颜色或动效含有特殊的含义，这些逻辑颜色会表现出一些不同，但也应遵守相关的常识。

　　这里，笔者以代号为"P-game"的项目中的获得物品弹窗为例来说明这一点，如下页图所示。图中截取了一个弹窗的入场动效中的几个关键帧。在从左至右、从上到下浏览的过程中，我们发现整个动效中出现的文字标题、背景及界面中的其他控件都是可以在静态视觉稿中找到的，但那些动效中的光效是不可能在静态视觉稿中找到的。也就是说，呈现在我们眼前的整个动效是需要动效设计师额外增加一些元素才能得以完善的。这些元素包括文字的辉光、文字"砸入"画面后的环状波纹光线，以及"恭喜获得"文字后方的光辉循环动画。在这个界面中，我们可以看到动效设计师如何控制动效里额外添加的元素的颜色的。具体表现在3个方面：（1）界面的颜色是暗黄色，这意味着使用黄色系或互补色蓝色系是合适的；（2）获得物品弹窗提供给玩家的应该是较强的正向刺激，这也是整个动效中有"摔进来""强烈光线""像炸开一样的刺眼光线"这些动作元素的原因；（3）涉及用光时，很少会出现黄色调之外的颜色。

综合来看，在该界面中使用与界面色调接近也符合事实逻辑的黄色调光线是一个很正确的选择。这些光线的颜色就是我们所说的逻辑颜色。

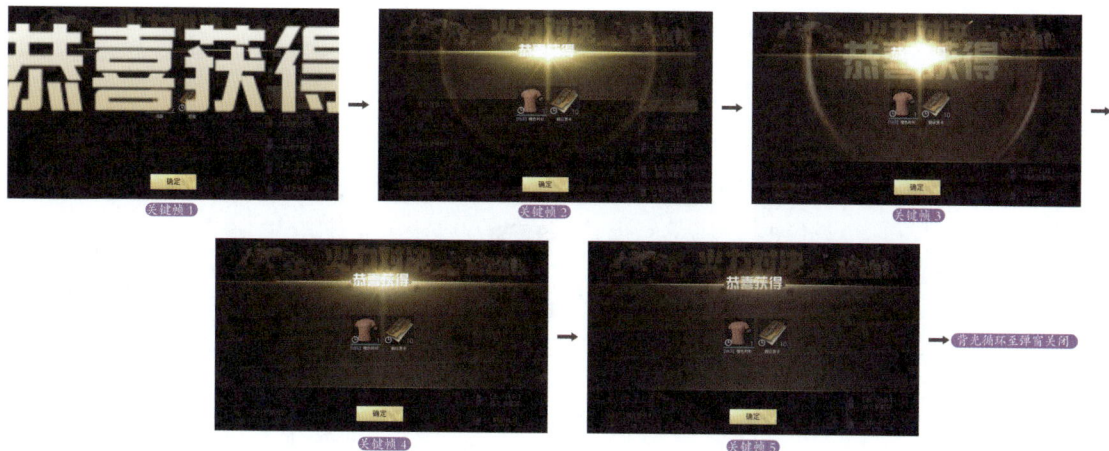

关键帧 1　关键帧 2　关键帧 3

关键帧 4　关键帧 5　背光循环至弹窗关闭

⊙ 确定颜色规范的适用范围

颜色规范需要有明确的使用边界，并且这在不同的风格里有不同的要求。如果游戏界面极具个性，则其边界将非常明显，且存在大量不适用的颜色，这时候就需要有严格的颜色规范。如果游戏界面的风格比较平淡和普适，则其边界将比较模糊，很多颜色都可用于界面中。设计师需要依据游戏界面风格的走向来针对具体情况去判定颜色的使用是否符合预期。在这里，笔者主要就以下两个方面进行分析。

首先，具有别具一格的风格的游戏界面，其颜色规范是相对比较狭窄的。

以游戏《混乱特工》为例。这款游戏有独特的美式漫画风格界面，界面中的颜色几乎完全限定在橙色和紫色两种颜色范围内。并且显而易见的是，在这样的场景风格和界面颜色模式下，使用超出基调的颜色不合适。

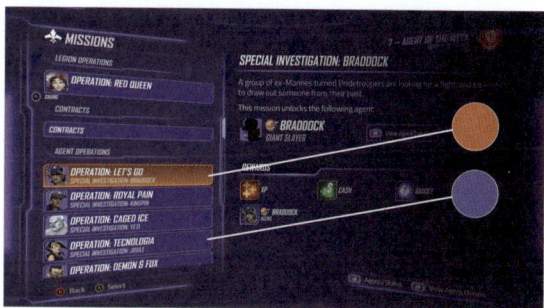

其次，几乎每款比较风格化的游戏界面都会限定颜色的使用范围，即便是那些看起来颜色比较斑斓的游戏界面。

以游戏《守夜人》为例。本款游戏的界面看起来使用了特别多的颜色，但实际上它的颜色也被限定在特定的调性范围内，如下图所示。虽然界面中出现了诸多颜色，但仔细分析后会发现，界面中的颜色基本上是围绕基准色的辅助色或对比色来设定的。

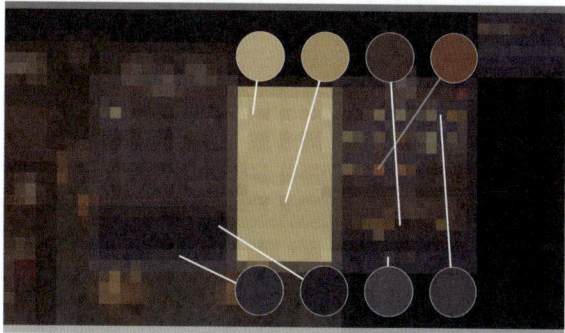

9.3.3 图形设计的一致性

在处理界面风格时，保持图形的一致性是界面中表现相关游戏背景建构元素的基础。在保证界面风格的一致性时，需要检查图形的线条描绘方式是否一致。例如，有没有出现整体都是硬朗的直线却在某一处大量使用了圆角或圆润的线条的情况。图形的线条描绘方式是体现图形风格的一个关键要素。图形的风格决定了界面中美术元素的风格，美术元素的风格化体现由图形的线条描绘方式和质感描绘方式两个维度决定。图形的风格有写实化风格、扁平化风格和介于两者之间的风格。另外，颜色在质感的体现上也起到了非常大的作用。作为图形较直接的体现，形体是图形表达风格较基础的成分。从写实化逐步简约到扁平化的过程中，质感甚至颜色都可以被清除而不影响风格的体现，但是如果脱离了形体，图形的风格将无从谈起。因此，以线条构成的图形是体现界面风格的基础。

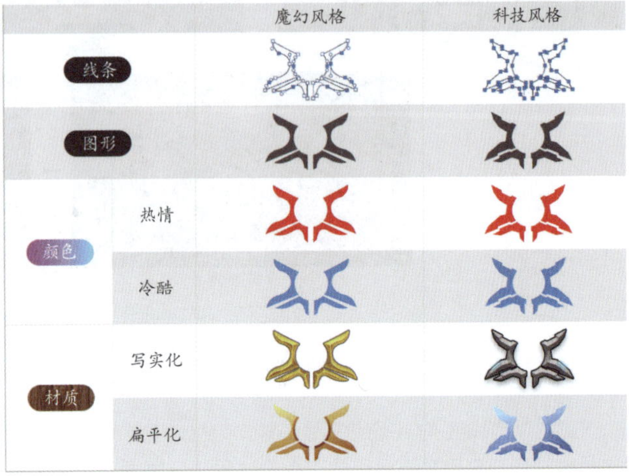

右图所示为美术元素风格化体现的若干个重要组成部分。该图中列举了类似图形在不同线条风格、相同图形不同颜色和相同图形不同材质的情况下会表现出来的视觉风格差异。通过这张图我们可以明显得知，决定图形风格的最根本因素是线条的勾勒方式。

图形的形体是由线条和面构成的，面可以真实存在，也可以通过线条的勾勒从视觉上表现出来。也正因为如此，线条成了图形形体表现中较基本的决定性因素。线条的走向风格也就直接决定了形体的风格，图形线条的描绘方式直接决定了图形的风格，也由此依次决定了美术元素的风格和游戏界面的风格。

下面来看一组图。第1张图所示为魔幻风格的游戏界面，界面带有较多弧线和锐角结合的线条，为凸显提取出的黄色线条，界面做了压暗处理。第2张图所示为科幻、写实风格的游戏界面，其含有较多的直线和折角构成的图形。同上一个界面一样，为凸显提取出的黄色线条，该界面做了压暗处理。第3张图所示为休闲、可爱风格的界面，界面内大量使用了比较多的曲线和圆润夸张的线条。第4张图所示为中国风的游戏界面，该界面中出现的云纹多由曲线构成，很少出现锐利的尖角。第5张图所示为西方古典风格的游戏界面，界面中的图形大多使用了金属、石头等材质。金属材质上存在多弧线条，不过在一些关键位置上使用的弧线会显得硬朗一些。石头材质上更多使用的则是具备力道的短线条、楔形折角这类风格的线条。第6张图所示为魔幻风格的游戏界面，该界面中使用了很多直角和较硬的线条，金属材质的圆形线条辅以玻璃材质使用，体现出欧美古典风格中材质的耐久性特点，与中国风游戏界面中出现的水墨、纸张、竹子及砖瓦等元素相比较，其更多的是体现厚重而轻盈缥缈的效果。第6张图中标示了界面中材质和图形的特征点，其中A处所示为金属材质和直角，B处所示为石头材质和圆形，C处所示为金属材质和特有的魔幻风格纹理。

《奇迹MU：觉醒》活动界面

《自由之战2》胜利结算界面

Line Rangers 成立公会弹窗

《大唐无双》主角弹窗

《龙城逃生 2》战斗界面

《暗黑破坏神 3》战斗界面

9.4 "PRgame" 项目中视觉的统一化处理分析

教学视频: PRgame 项目中视觉的统一化处理分析 .mp4

本节将通过"PRgame"这个真实的游戏项目，具体分析在整个游戏项目中是如何做到视觉的统一化处理的。

"PRgame"项目对应的是一款模拟经营类的游戏。这款游戏的界面简约扁平，但是依然具备统一且鲜明的设计特点。它的界面风格由基于网页游戏版本的界面风格改进而来。虽然如此，但在该项目的开发中，对界面的设计也是从头开始的一个完整过程。在这个过程中，通过一些方式和方法确保了游戏界面视觉的统一性，主要表现在以下 3 个方面。

9.4.1 准确性的处理

一款游戏的界面设计风格的确立需要一个基准，这个基准代表的就是界面视觉的准确性。

该项目界面设计的准确性本质上就是界面设计风格的确立。与一般的项目不同的是，其风格的确立方式主要有两个。首先，该项目的界面设计风格来源于原版的网页游戏，需要在一定程度上继承网页游戏版本界面的"基因"。因为网页游戏版本的界面是很多年前设计的，所以小程序版本的界面在继承"基因"的同时需要有与时俱进的设计融入，以确保它拥有当下玩家可以接受的设计风格。其次，小程序平台的用户与网页游戏的用户的操作习惯略有不同，因此新的设计还需要考虑小程序平台用户的操作习惯。

⊙ 前期分析

在前期分析过程中，需要考虑两个方面的问题：一个是旧版本的"基因"延续，另一个是新版本的重新分析。整体思路如下图所示。

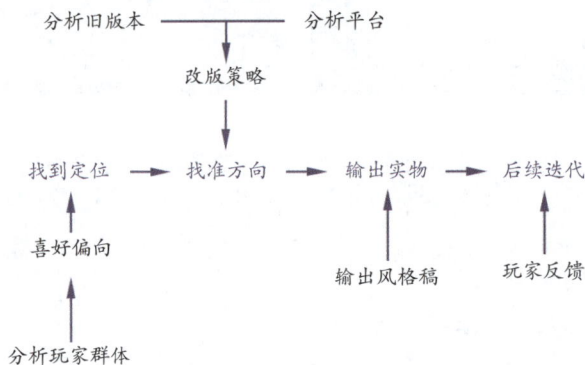

按照这个思路，最先需要做的就是对玩家群体进行分析。根据以往的网页游戏数据，以及重新采集到的玩家信息，我们得出的结论如下图所示。从该图中可以看出，根据提炼出的玩家特性，可以分析出这类玩家所对应的视觉特点。我们得出了重新分析新版本界面所需要的关键性描述信息：轻度视觉和重度信息、高度易识别性和时尚、特有审美和简易直达。

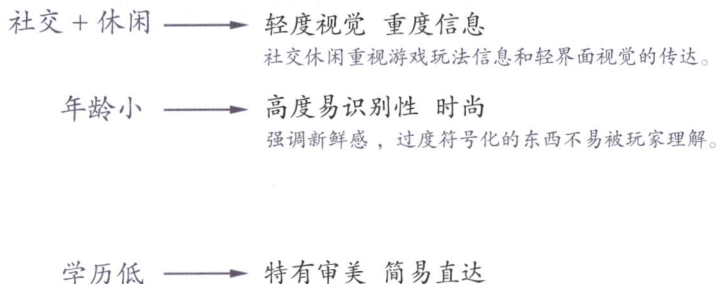

同时，这里有一个很重要的点，即要延续旧版本界面设计中的一些"基因"到新的设计中。

该游戏的旧版本是基于网页平台的，即平时我们所说的网页游戏。这种游戏的界面是按照 PC 平台的操作体验去设计的。具体控件的尺寸、分辨率都与小程序平台中的要求不同。

这里对旧版本的界面进行了分析，并得出了一些关键的信息，如下图所示。

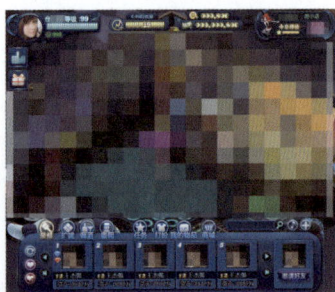

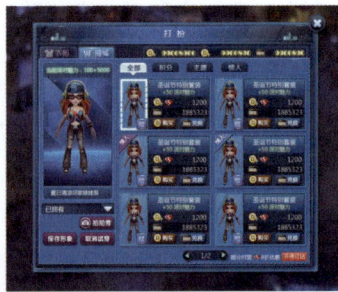

针对不同平台的设计上的一些差异是设计师在进行旧版本设计的延续时对设计元素进行取舍时很关键的参照依据。我们对平台差异进行了一个直观的对比和分析，如下图所示。根据分析，最终得出两点改版策略。

（1）对原有的设计基调进行继承。例如使用贴近原有色彩的颜色基调设置、继承个别纹理等。

（2）改善设计手法，适应新平台，凸显时尚及轻量化的特点。一些旧的设计会显得老旧和过时，因此需要在新设计中对这些旧的设计进行改善。相应的，也需基于具体的平台因地制宜地去设计，例如按照移动平台界面进行设计，应该有更大的按钮、触控区域及不同于鼠标操作的一些交互等。同时，需要在图形、颜色和质感设计上更加轻量化，更凸显时尚性。

新旧平台差异

网页端：视觉尺寸（相对）较小、游戏系统复杂、无流量压力、交互模式为单击。

小程序：视觉尺寸（相对）较大、游戏系统简化、流量压力大且包量有限制、交互模式为触控。

小程序特有——轻量化。

⊙ 风格稿的迭代

有了上一步的分析结论，就可以开始进行风格稿的设计了。这一步需要进行数次迭代，在每次迭代的过程中都会产生一些新的问题，解决好这些问题，才能确立最终的风格。

第 1 版风格稿如下图所示。

设计思路： 继承原有的水晶样式和色调，改进因平台变化的细节设计，如按钮的样式和尺寸，简化交互模式并通过分离式的设计，使视觉感受更通透和更舒服。

存在问题： 色调的完全继承无法凸显界面的"时尚"；大量使用的水晶高光使整个风格稿有过亮的感觉，没有体现场景的神秘氛围。

根据以上分析，我们在第 1 版的基础上对界面风格进行了优化，得到了下图所示的版本。这个版本通过两个方面解决了上一版本存在的问题：减少水晶样式的表现，调整色调使其更加暗沉。此时以蓝紫色为基准色调。而同时出现了新的问题：色调过于暗沉，没有对比和提亮点；质感设计仍然不够轻量化。此后设计师再按照出现的新问题去解决以优化风格稿。

⊙ 风格稿的最终确定

按照以上类似的方式，经过数轮优化后，最终风格稿确定，如下图所示。

风格稿的确定，意味着准确性的问题已经解决了。当然，风格稿并不代表着界面设计风格的完全成熟，在项目的后期进展过程中，设计师依然需要按照项目的具体情况去解决新的问题。在解决新问题的过程中，界面的设计风格会最终成型和成熟，如下图所示。这是"PRgame"项目的风格稿与后期成熟阶段效果图的对比示意图。这种风格上的成熟，包括设计规范的逐步建立，都会一步步地增强游戏项目中界面设计风格的准确性。

9.4.2 唯一性的处理

建立新风格的过程中，做出符合项目特色的设计，能对界面视觉的唯一性实现起到很大的作用。在这个项目的界面设计中，我们使用轻薄化设计和独有的色彩组合设计来实现界面视觉的唯一性。

⊙ 轻薄化设计

在"PRgame"项目中，轻薄化的设计以初期设计目标中关于"视觉轻量化""时尚"等内容为目的。在实际操作中，本项目的界面设计做了大量关于轻薄化的尝试与优化。这些优化最终会让界面体现出独特的设计风格，也就实现了本项目界面设计在质感塑造上的唯一性。

这款游戏通过大量的1像素描边、直角框体及轻微的渐变来构建整个界面的轻薄化设计语言，如右图所示。在不影响功能表现的基础上，对材质的表现有极强的限制。

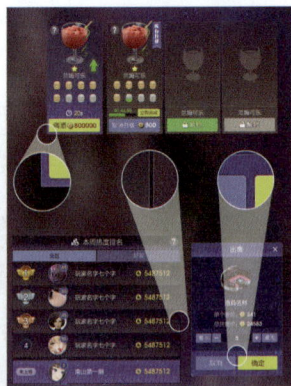

⊙ 独特的色彩组合

在旧版本的设计延伸下,本项目探索出了一套新的色彩搭配方式,如下图所示。这套色彩由主色、辅助色和点缀色组成。主色、辅助色和点缀色是实质上的异相颜色延展,是根据特定色相搭配出的颜色体系。同时,各个颜色分别依据相应的应用条件,在同色相上进行了延展,这些颜色自然地构成了一个依据功能划分的有机整体,配合轻薄的形体设计,成为这款游戏界面视觉唯一性的实现基础。

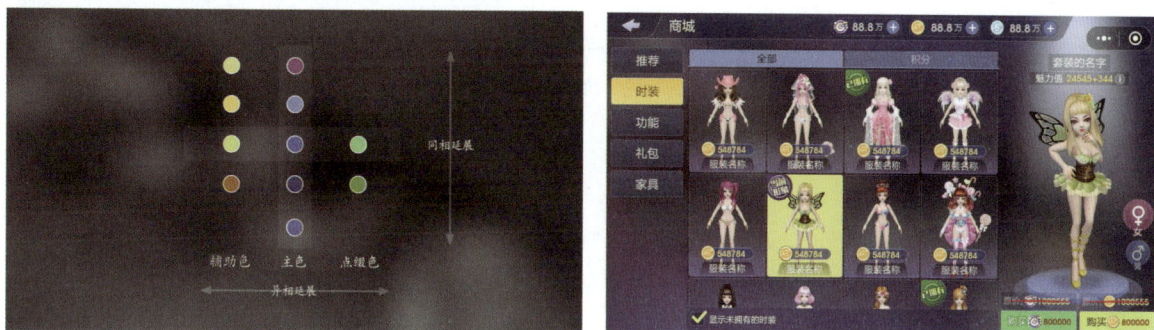

9.4.3 一致性的处理

"PRgame"项目的界面视觉一致性通过 3 个方面来达成,分别是美术元素、配色体系与图形设计。

⊙ 美术元素的一致性

在这款游戏的界面中,点阵图案(红色圆圈所示)和辉光效果(绿色圆圈所示)无处不在。在基础的框体和重要的按钮上,都可以看到这些美术元素的使用。在功能体现与色彩表现非常不同的界面中,这些相似的表现手法,使界面的风格保持了一致。

⊙ 配色体系的一致性

在独特的颜色组合基础上,对界面配色进行了一定程度的规范,使得所有颜色的应用都有据可循,而不是随意进行延展,有效地控制了整个游戏界面的颜色基调。

这其中较为典型的就是按钮颜色和文字颜色的规范,如下图所示。通过该图可以看到,有据可依的按钮颜色与应用方式。

按钮共有 3 个样式,文字样式和按钮底图样式各自相关联,应根据按钮所表现的功能进行使用。

样式甲
作用:表现中性和否定的情绪。

样式乙
作用:表现倾向性明显和肯定的情绪。

样式丙
作用:表现稍微强于中性或样式甲和样式乙都不适用的情绪。

请保持按钮的文字样式、字号不变。按钮底图的宽度可自由变化。在极端情况下文字字号、按钮底图均可自由变化,以适应特别的界面。

按钮上可以附带其他的信息,如购买价格、代币及其他图标,功能性的图标需要用与文字相同的样式。

 按钮上有代币和价格的样式参照:功能文字保持原样式,代币通用,价格使用专用色。

 按钮上有功能性图标的样式参照:功能性图标用和文字相同的样式。

 按钮置灰样式参照:无其他附属时直接将饱和度降为零。有表示价格且价格表示有特别功能体现时,价格文字使用专用色。

通过右图我们可以看到几种常用的功能性文字的颜色。这些颜色在功能表现上有着不同的含义，和按钮的颜色相似，对文字使用不同的颜色，会使其功能表现的含义有所不同。

这些都是在颜色层面上带给玩家的潜移默化的影响，也是反向控制文字颜色的方式。一旦玩家形成了对游戏界面中特定颜色的认知习惯，设计师在使用了不合适的颜色时，就会造成玩家的认知紊乱，这反过来就要求设计师控制好既定的配色体系。

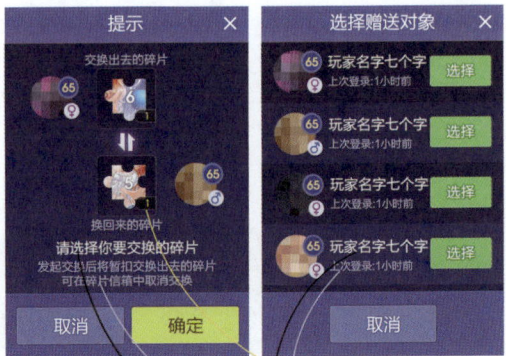

○ 强调型（重点信息）
○ 弱化型（次要信息）
○ 正常型（一般信息）

⊙ 图形设计的一致性

这款游戏的图形设计采用了一种典型的简约化处理方式。该游戏的轮廓图标和界面的框体都应用了一种通用型设计。但是通用型的设计无法体现出一定的风格，因此在设计这款游戏的界面时，也有一些比较独特的处理，主要表现在以下3个方面。

首先是在框体和按钮边角的细节处理上都使用了固定的圆角。这种整体上非常接近矩形的圆角处理方式使得整个界面给人一种"平展"和"干净"的视觉感受。这是对设计目标中"建议""快速识别性"等特点的呼应。

其次是独有的美术字风格。在整体简约的基调上，这款游戏的界面中的美术字其实是做不了太多质感化设计的。但在套用了个性化字体的情况下，对其进行倾斜和叠加微渐变等处理，也可以充分达到风格化设计的目的。

最后是对分离式框体设计理念的应用。在微质感和轻薄化的整体视觉语言环境中，栅格化的设计起到了支撑整体界面的作用。但是过于板结的界面会让玩家觉得整个界面缺乏灵性、不够通透，没有与细节设计上"平展"和"干净"的相关呼应。此时，分离式框体的应用不但可以避免类似的问题，还会在适配上有非常大的优势。

这些细节处理使得本游戏的界面拥有了一套专属的图形处理方式。但是在单独的界面中应用这种图形处理方式并不足以使其形成风格。在下面3张图中，我们可以看到多个界面分别应用到的图形处理方式。正是这种多处一致的图形风格，才使得界面成为一个风格一致的整体。

总的来说，一款游戏的界面设计的统一性建立在各种要素的基础上。应注意的是，单独的颜色配置、单独的美术元素的使用及单独的图形风格的使用都不足以构成一个同时具备准确性、唯一性和一致性的界面设计。前面提到的任何一个要素都不足以单独确保界面设计的统一性，它们需要被综合使用才能够体现出作用。

10

第 10 章

游戏界面视觉系统的创立与分析

本章概述

游戏界面的风格是体现游戏气质的重要部分。找到游戏界面风格的精准定位，设计出具有唯一性的风格，并在整个游戏项目中贯彻这种风格使界面具备统一性，是游戏界面设计师在统筹整个游戏项目的界面设计工作时的重点，而统一的视觉系统是确保界面品质的工具。

本章要点

» 界面规范系统的划分
» 制订设计规范的方式和方法
» 设计规范的边界
» 设计规范细分化的指定

界面篇 ▶

10.1 界面规范系统的划分

维护统一的视觉系统主要依赖于游戏界面设计规范。游戏界面设计规范是为游戏界面设计师提供的可视化、易理解和易上手的"工具"。

游戏界面设计规范对应的是一款游戏内的所有界面。这在之前笔者已经提到过。在对内容比较多和复杂的信息进行管理时，规则化梳理是必要的手段。这时可以用功能性分类方式去进行管理。每个功能分类下可能还需要划分出对具体控件的规范。具体到每个规范里，都应该包括规范说明、规范分解、情景示例与扩展规则这 4 个部分。

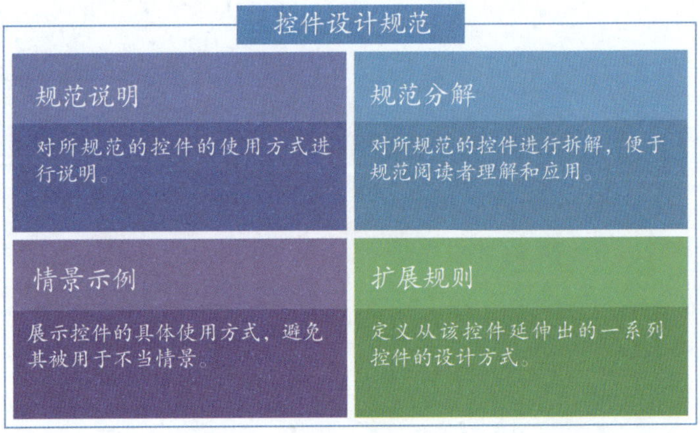

下图所示为笔者为代号为"Fgame"的项目所做的底部一级功能按钮规范，对应了设计规范的 4 个部分。对游戏界面中的控件按照类型进行严格定义并梳理之后，可以确立一套关于游戏界面控件设计的规范系统。该系统因具体游戏的系统设计差异而有细微的差别，但都可以套用到一个划分模型里。

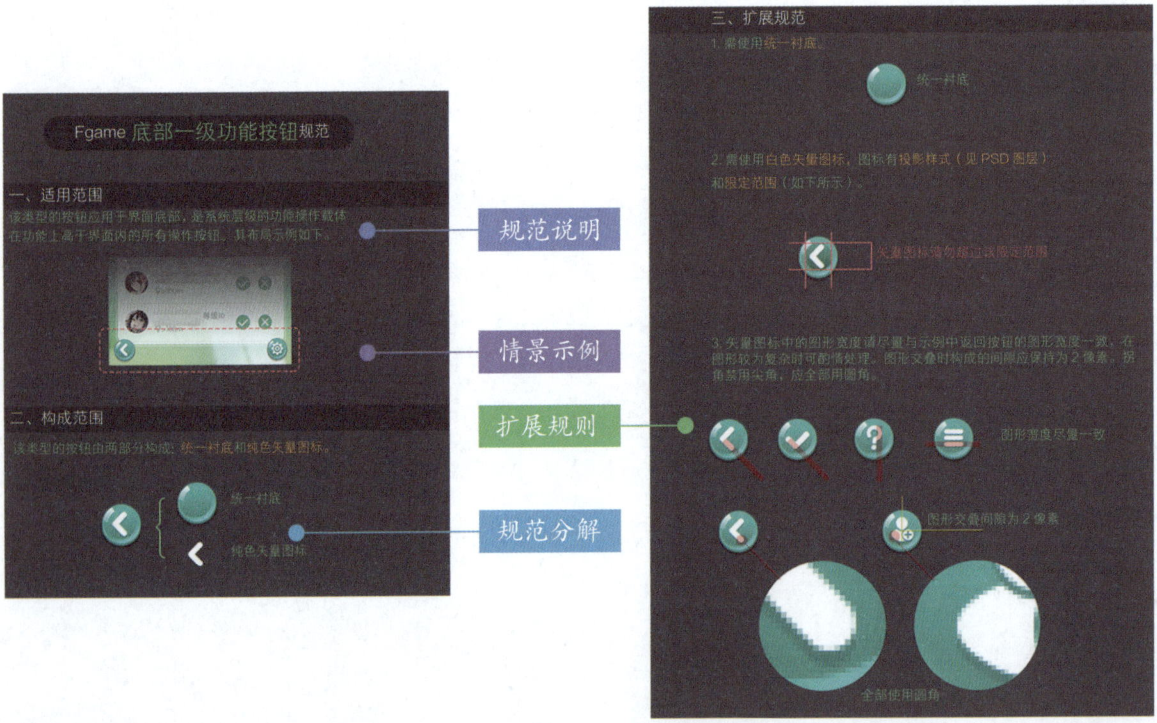

提示

划分模型包括 6 个子系统，即普通系统、新手引导系统、奖励系统、战斗系统、图标系统和按钮系统。在不同的游戏中都可以找到这个划分模型里对应的子系统，一些设计上比较特别的游戏可能会比较简单，或者会额外增加一些子系统。

10.1.1 普通系统

普通系统包括了界面中普遍存在的框体，这些框体包括所有类型的弹窗、浮层及 Tip 等。它包括了所有的核心系统界面，是游戏界面的主干，也是游戏界面设计风格的主要体现和支撑。

下图所示为笔者为代号为"Fexgame"的项目所制订的界面规范中针对普通系统所列举的一部分控件。

10.1.2 新手引导系统

新手引导系统是一个比较特殊的系统，普通玩家通常只能接触到一次，其视觉上会比普通系统更显眼，需要在普通系统存在的基础上进行视觉上的突出设计。具体的表现形式通常有 NPC 气泡、特殊提示的线框及手指或箭头指示等。

下图所示为笔者在为代号为"Fexgame"的项目所制订的界面规范中针对新手引导系统所列举的一部分控件。

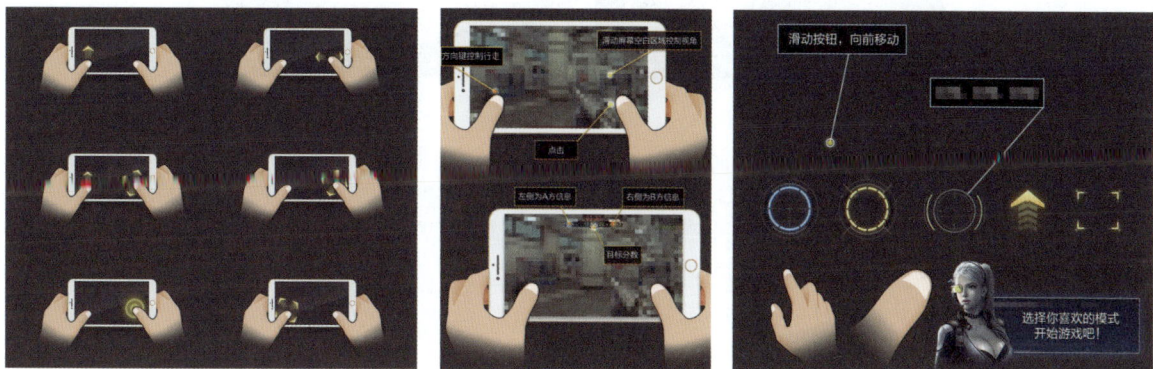

10.1.3 奖励系统

奖励系统包括所有带有激励性质的界面，如升级、升星、升阶、获得物品、奖励及结算等界面。这些界面最主要的特点是被设计成视觉上较有冲击力的样式，并且这些样式往往是整个游戏界面系统中视觉强度较大的。在这种视觉强度较大的界面中比较常见的特殊控件包括"成功升级"美术字、道具的品阶及"BOSS 来袭"预警等。

下图所示为笔者在为代号为"Fexgame"的项目所制订的界面规范中针对奖励系统所列举的一部分控件。

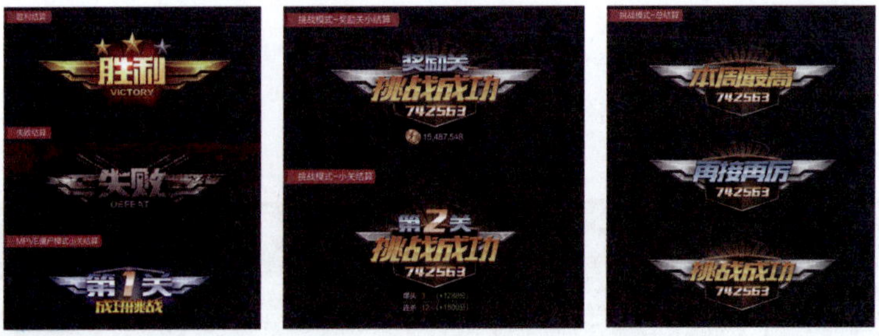

10.1.4 战斗系统

只要是游戏的核心玩法界面，就都可以被称为战斗系统界面。在休闲类型的游戏的战斗系统中，玩家在执行核心玩法时无须大量切换场景，因其战斗系统与普通系统差别不大，会被合并在普通系统中。但对于需要进行大量操作的RPG、MOBA及FPS等类型的游戏来说，游戏的核心玩法都需要在一个具体的场景中进行，战斗系统需要避免出现遮挡、干扰界面的情况，因而在风格上与普通系统有较大的差别。无论是从功能上，还是从应用方式上，都与普通系统有很大的不同。

例如，下面左图所示为游戏《烈火如歌》的技能弹窗，这是一个比较能代表其普通系统界面风格的弹窗。下面右图所示为游戏《烈火如歌》的战斗系统界面。通过这两个界面我们可以明显看出，两者在材质和颜色的应用上都有比较大的差别。战斗系统界面中出现的"获得成就"Tip是普通系统的一个延伸元素，整个战斗系统界面都比普通系统界面更轻薄、更通透。之所以采用这样的设计方式，其中很大的原因是战斗系统界面需要在战斗画面中尽量为游戏画面让位，并不造成干扰。

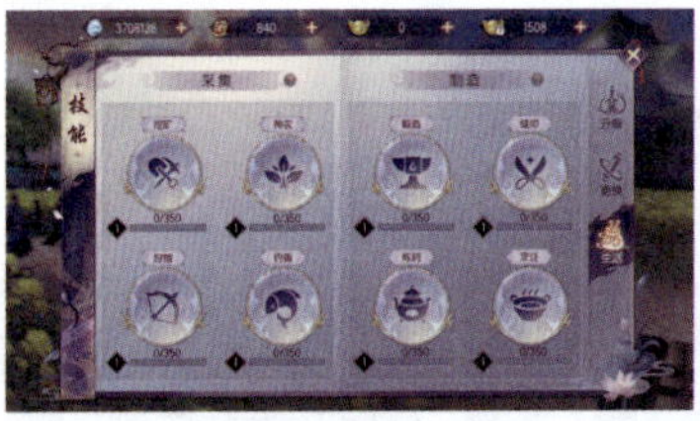

但并非每款游戏的战斗系统界面都会出现与普通系统界面的设计风格差异比较大的情况。轻薄化的设计方式更多地存在于画面经常发生变化，且玩家需要更多注意这些画面变化的游戏中。这类游戏包括大部分的RPG类型和FPS类型的游戏。在一些核心玩法界面不会发生画面剧烈变化的情况下，战斗系统界面的设计原则与普通系统界面的保持高度一致。

例如，游戏《梦幻水族箱》的战斗系统界面的游戏画面几乎是静止的，玩家只需要专注于画面中可以转移连接在一起的小物体就可以了。整个画面并不会发生剧烈的变化，因此界面设计只需要在界面布局上为核心玩法区域做适当让步即可，而不用在风格上进行轻薄化的处理。

10.1.5 图标系统和按钮系统

图标和按钮是界面中区别于其他控件的元素，它们不仅在功能上比其他同等级的界面控件更重要，在具体应用情景下也比较复杂多变。例如，按钮可能需要在风格设计之初就确定好层级，以区分不同重要性的操作，在统一风格的基础上设计出不同的视觉表现。图标在不同的尺寸上、不同的应用场景中都会有很多具体的划分，因而将其单独从控件中划分出来，以便风格的统一。

右图所示为笔者为代号为"LEgame"的项目所做的玩家交互图标规范。该图上半部分展示的是这些图标的应用场景，下半部分展示的则是图标的规范。

无论是图标还是按钮，在游戏界面中都有极为复杂的应用场景。它们的设计规范涉及设计环节和程序实现环节的很多问题。例如，笔者对上图所示的这些图标的规范做了一个比较详细的设定。除了图标本身的切图尺寸和视觉尺寸需要保持一致，"托盘"大小也需要保持一致。该图下半部分的灰底区域就是图标的尺寸规范，所有这类图标都需要被设计成这一尺寸。由于它们都被设计在一个圆形的"托盘"上，因此"托盘"的大小就决定了图标的设计是否规范，在灰底区域内也就另外设定了白色"托盘"的大小规范。通过这种细致的规定，才可能将某一类图标的设计控制在可接受的范围内。

界面规范系统下的几个子系统的划分依据是其功能性的不同。各个系统之间通过玩家的视角，在操作上会形成一个闭环，如右图所示。具体表现在玩家通过新手引导系统进入并熟悉游戏，而后进入普通系统，接着进入游戏核心玩法区即战斗系统，每局游戏结算时玩家会接触到奖励系统，再返回普通系统，接着进入下一个循环。

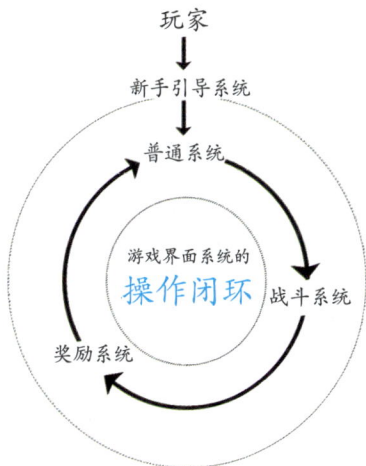

游戏界面涉及的内容非常多，对应的规范也非常多。按照功能性的划分方式，可以有条不紊地对所有规范进行整理和更新。不管具体的规范对应的是哪一个部分，它都应该包括规范说明、规范分解、情景示例与扩展规则这 4 个部分。建立规范的根本目的在于使一个游戏界面的风格不会因为某一个人为的原因而出现问题。设计规范应该有这样的效果，即界面设计师在拿到一个基本功能没有问题的游戏界面设计规范之后可以很快上手，并输出合格的需求设计稿。让界面设计师可以完成由主设牵头的项目，这才是设计规范所起到的根本作用。

设计规范除了具有功能的完整性，还应该具备生命力。一个好的设计规范需要能够进行不停地演进和补充。要具备这一点，设计规范必须在建立之初就留足接口，即扩展方式。建立设计规范时无法预知所有的情况，但是可以按照设计规律为未来设定合理的开放式空间。例如，在一个手机游戏项目的制作初期，所建立的设计规范中只有关于横向页签样式的规定，这时候一般可以预想到未来可能会有纵向的页签样式，因此在设计规范中就可以按照已有的界面控件搭配方式预先设定纵向页签样式。但这也不是绝对的，在一些极端情况下，需要有极小尺寸或极简单（复杂）风格的页签，这时候应该怎么建立设计规范呢？较好的方式就是对目前页签的设计方式进行拆解说明，并写明在极端情况下，这些组成部分哪些是可以缩放的、哪些是可以舍弃的，以及哪些是在任何情况下都必须存在的，如此可以在为未来的设计提供依据的同时，留足设计空间。这样的设计规范才是合理的设计规范。

例如，游戏《烈火如歌》中出现的主要页签样式的划分就比较明确，非常明显地表现了界面设计师在设计该游戏界面的过程中对页签设计的扩展思路。该游戏中出现的主要页签样式可以划分为两个层级4种样式。其中除了一种样式为特别设计之外，其他样式可以被分别归入"一级页签"和"二级页签"的范畴。两者都有明显的由普通到特殊的设计思路，在"一级页签"中这种渐进式设计思路最为明显。

下面第1张图所示的页签是普通的"一级页签"，奠定了游戏界面内页签样式的基础。它以带有速度感的云形图案为基础，以暗紫色为基调，以带有橙色渐变和同色系外发光的轮廓化图标为主要内容。下面第2张图所示为设计比较特殊的页签，从"相册"这一概念出发，结合整个弹窗"折子"的实体化概念，将此处页签设计成古典木碟的样式。下面第3张图所示为强化版的"一级页签"，其将原本的暗紫色调转换成暗红色调和淡黄色调，在视觉表现上差异巨大，同时保持了与普通的"一级页签"同样的造型、结构和纹理，是一种典型的强化型控件延伸。下面第4张图和第5张图展示了两个"二级页签"，这两个页签采用了改换色调但造型和纹理不变的方式，保持了设计语言的一致性。下面第6张图所示的聊天面板里的页签则比较特殊，它适应了聊天面板信息量大的特性，几乎去除了普通页签的所有特点，仅保留了与界面统一的色调和纹理。

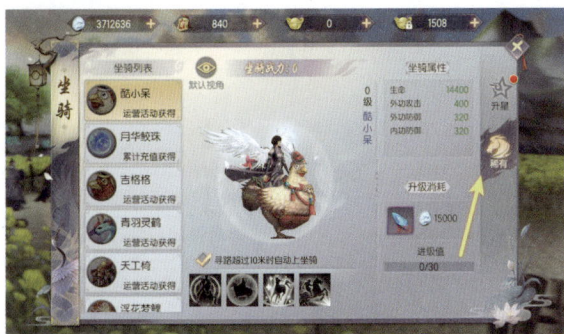

综上可以看出，如果这个游戏有界面设计规范，则除了会对普通和强化两种页签的设计方式进行说明外，还会对色调和纹理有较基本的规范设定。

> 🐵 **提示**
>
> 在实际工作中，这种设计思路并非一开始就会形成，完善的设计规范也不一定是在最开始设计普通页签时就能考虑得这么周全的。但秉持这种对影响界面风格最基本元素的坚持，是这一设计思路得以成形的根本保证。

设计规范是设计师在项目进行过程中逐渐建立和完善的，不是一次性可以建立的。那么从项目的开始到成熟，一个完整且有效的设计规范应该如何制订呢？

10.2 制订设计规范的方式和方法

设计规范的制订是随着游戏界面的逐步完善而逐步发育的。这个过程按照时间线可划分为 4 个阶段，即积累阶段、梳理阶段、完善和补充阶段及持续维护阶段。

10.2.1 积累阶段

积累阶段在游戏界面风格设定完成后开始。在游戏界面风格设定的阶段会先选定一个或多个界面进行尝试。项目初期会遇到缺乏材料的情况，没有完善的玩法和游戏系统设计，也就很有可能没有完善的交互稿。设计师在进行风格设计的时候通常选定几个典型的界面来进行尝试，但这不代表着随便什么界面都可以拿来作为风格设计的素材。这些界面中需要有构成游戏风格的较基本的界面控件。在通常意义上，一个游戏的主界面、战斗界面和内容丰富的弹窗都是比较理想的。由于时间和人力的限制通常也只会选很少的几个界面甚至只有主界面来做风格设计。这些界面中基本上包含了几个能够体现游戏界面风格的重要控件，即图标、按钮、框体及涉及基础操作的页签、弹窗等。风格稿需要经过多轮的尝试和筛选才能被确定下来。在此之后，风格稿里的控件将会被拆分出来形成一个最早期的界面控件库，并作为后续界面设计过程中可参照和直接利用的重要元素。随着风格确立之后界面铺量阶段的积累，会有新的界面控件不断被设计出来，使得界面控件库越来越丰富。这一阶段的设计规范实际上是以界面控件库的形式存在的，是界面规范的一个早期雏形。

右图所示的是笔者为代号为"PRgame"的项目所做的部分风格稿，这些界面中包括了比较常用且能凸显界面设计风格的控件，它们可以被拆分出来作为设计规范的雏形。

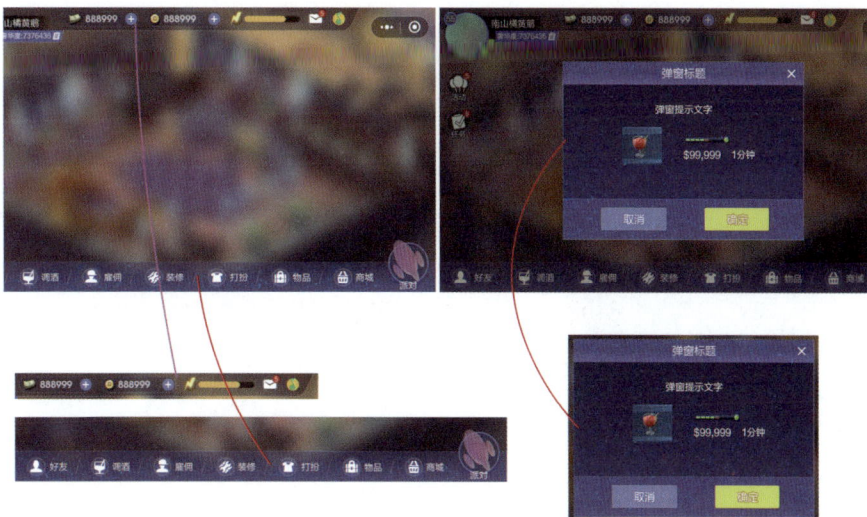

10.2.2 梳理阶段

    游戏界面工作铺量到一定程度后，会产生大量的游戏界面。界面风格的偏差大部分会出现在这个阶段。一方面，最初建立的界面控件库因为具体应用情景的增加而新增了非常多的界面控件，如多种尺寸和颜色的按钮、各种质感的图标、不同尺寸的框体和图形元素及好坏不一的弹窗等。另一方面，设计团队也有可能会扩充，越来越多对项目感到陌生的设计师加入设计团队，并迫切需要在较短的时间内建立对项目界面风格的准确认知。大家会多次在不同的应用情景下纠结图标该使用哪种风格、按钮应该如何摆放及使用哪种尺寸等。这些纠结和讨论进一步催生了规范化文档的诞生。但是规范化文档的诞生需要建立在有条理的界面控件库的基础上，并不是仅堆积了很多控件就可以称为规范。这时候，需要对之前建立的界面控件库进行梳理和拆分。有了足够量级和实际使用情景的参考之后，设计师就可以有依据地对界面控件库进行类型划分，建立新的控件库，并套用规范模型，将这些控件所在的系统划分成普通系统、新手引导系统、战斗系统、奖励系统、图标系统和按钮系统。由于这几个系统的划分依据是功能性，因此也从功能性的方面让设计师对具体的控件性质有了理性的认知，为后期的进一步优化和发育做准备。

    下图所示的是代号为"Fexgame"的项目中按钮规范的演变情况：左侧是早期控件的堆积，右侧是后期经过整理的详细规范。

10.2.3 完善和补充阶段

    在上一个阶段划分好的界面控件库的基础上，随着游戏界面进一步的增加和完善，设计师逐步开始对具体界面控件库进行严格定义，并形成成熟的界面规范。在这个过程中，可能会发生一些反复的情况。较常出现的情况就是规定好的一种规范方式在大量的实际应用中出现问题。例如设计之初设定的比较厚重的第一层级按钮在所有的系统界面中承担主要的操作功能，但是如果大量的界面都使用了轻薄的设计风格，那么这种厚重的按钮有干扰玩家视线的隐患。这种情况就需要及时修正，把原先过于厚重的按钮"打薄"或弱化其颜色，让它以一个合适的面貌存在于界面之中。这是一种对界面进行反复打磨的过程，也是一种正常的、反复性的工作。在这个阶段中，设计师在设计规范上需要对每个规范进行定性，合理拆解和定义扩展方式，例如按钮可以进一步划分成几个层级、重要的按钮和次要的按钮应该如何表现、是通过颜色的不同还是通过尺寸的不同来进行区分等，图标在什么情况下使用什么质感、什么尺寸等，这些都需要确定好。设计师需要在大量的控件中寻找或建立规则，并进一步维护这种规则。这些林林总总的规则确保了风格的稳定性。

10.2.4 持续维护阶段

    持续维护阶段处于游戏界面设计的后期，在这个阶段，游戏的功能基本完成，游戏已经可以完整地运行。对界面规范来讲也是如此，界面规范可以完整地运行并且很少出现适应性的问题。设计师应该在这个阶段进一步修正上一阶段遗留的问题，并对界面规范进行更细致的划分和拓展。新的细节化的规范也逐步被建立起来，与已有的界面规范构成一个完整的游戏界面的设计规范体系。此时，设计规范就可以达到指导设计的目的了，一个完全不熟悉设计风格的设计师进入团队，拿到设计规范之后也可以迅速开展工作。

　　游戏界面的设计规范就像一棵大树的生长过程一样，从一棵幼苗开始，不断堆积养料（控件）。养料的增多使得大树越来越高，分枝（控件分类模型）也越来越多，如下图所示。成熟的游戏界面设计规范是呈体系的、有规律的、系统化的信息集合，它并不是在一朝一夕建立的，而是像大树的长成一样，需要经过一个日积月累的过程。

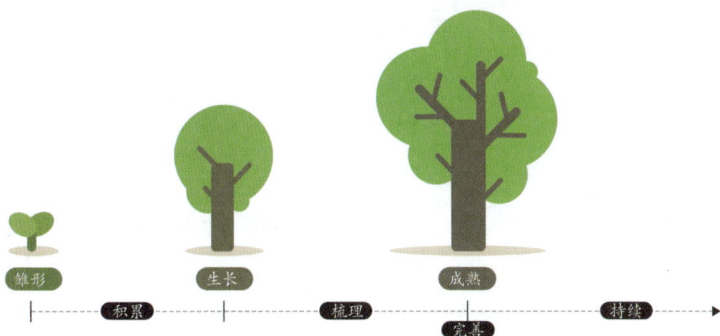

　　总的来讲，设计规范具备以下 3 个特征。

　　（1）游戏项目的生命周期不可预知，但是游戏界面设计永远没有终点。设计规范也是如此，在持续设计的过程当中应该持续对其进行维护和修正。游戏在停止开发之前，游戏的界面设计规范就不会停止发育。

　　（2）设计规范是人制订的，人会犯错误，设计规范时也不例外。好的设计规范应该在留足开放式接口的同时具备自我完善的可能性。

　　（3）设计规范的统一是相对的统一，而不是绝对的统一。一个使用圆角的控件并不能因为设计规范的存在而严守设计规范并无视具体的使用情景，从而拒绝可能是合理的直角使用表现。设计只要在视觉表达上忠于整体的风格化特征，就是合理的。也可以说，设计一开始就是为了功能而做的。

10.3 设计规范的边界

　　设计规范中最重要的部分就是扩展规则。这是因为设计规范是在已有控件的基础上进行提取和定义的，目的是使已有的设计风格能在新的设计中得以延续。

　　游戏的界面设计是一个非常复杂的系统性工程，涉及很多不同岗位的人和海量需求的处理。同一种界面控件的具体表现在复杂多变的情景下有着非常多的可能性。这一特性决定了游戏界面的设计细节无法完全被设计规范所覆盖。设计规范所能规定的是普遍意义上的风格，对于特殊情景下控件的扩展应用，设计规范并不一定需要对其进行定义。设计规范所定义的是风格化所要求的基本要素，而设计师需要做的，是在扩展规则的开放性接口里展开设计。

　　例如，在一般情况下，针对一个整体素雅的界面，设计师不允许界面中出现饱和度极高的颜色。但是通过一定的颜色对比，却允许出现视觉效果比较强烈的控件，这是功能所需，所以不应该局限在设计规范里。

　　在下页图中，我们可以看到一些因为运营活动的需求而颜色被设计得很不同的界面。左侧的一列界面可以被认为是设计规范所规定的界面设计风格。对比来看，右侧的一列界面则显然不符合设计规范，而且只会在特定活动时期出现。然而我们可以发现，这些颜色上显然不同的界面并不会给人以"出戏"的感受，最大的原因就是活动界面使用了与普通界面相似的美术元素和相同的界面元素来造型。这就是一种突破设计规范但保持了原有风格的做法。

例如，下图是代号为"Fgame"的项目的界面规范中的按钮规范。我们对按钮上的矢量图形和个别并不需要严格遵守该规范的图形（左侧红圈内）做了严格的定义：所有图形原则上需要使用4度圆角，需要用面片式图形造型，并保持相交图形间的缝隙为2像素。这个规范对于普遍的扁平化图标来说都是适用的。但是如果突然出现一个复杂图形，而且这个图形无法通过设计手段进行简化。若过于简化，将失去原有图形要表达的信息；若严格按照规范制图，则相交图形间的2像素缝隙可能就会使得复杂图形被镂空到无法识别出其原有的造型。这时候就需要跳出规范的定义，明确表现出这个复杂图形的主体形体即可，复杂图形的内部结构可以不遵守"相交图形间的缝隙为2像素"的规定。

提示

类似的情况在实际需求的处理中还有很多，这些都表明设计规范的边界是模糊的，并不是所有的设计全部都要被限定在明确具体的界限内。但是，不管如何"跳出"规范的具体条文，在这些具体的事例中，设计师都没有因为不遵守设计规范或在设计上进行退让而失去了对界面风格的控制。这正是设计规范在实际工作中所起到的作用。

10.4 设计规范细分化的指定

按照前文所述，完善的游戏界面设计规范系统应该被区分为普通系统、新手引导系统、奖励系统、战斗系统、图标系统及按钮系统这 6 个系统。

在每个系统下需要根据小的分类给予其细分化的规范，细分化的规范应该包含规范说明、规范分解、情景示例与扩展规则这 4 个部分。本节笔者将基于此对以下游戏界面设计规范进行分析。

10.4.1 第一层级系统划分

笔者在代号为“PRgame”的项目的界面设计中做过比较完善的界面设计规范系统的划分，正好对应了界面设计规范系统的模型，即普通系统、新手引导系统、奖励系统、战斗系统、图标系统及按钮系统。它们以界面控件库的形式存在。界面控件库的作用是将同类型控件归集在一起，避免团队协作时重复输出同一个控件，同时便于控制同一种类型控件的风格。

下图所示为“PRgame”项目界面设计规范中的按钮和图标设计规范、普通系统中的面板设计规范及弹窗设计规范。

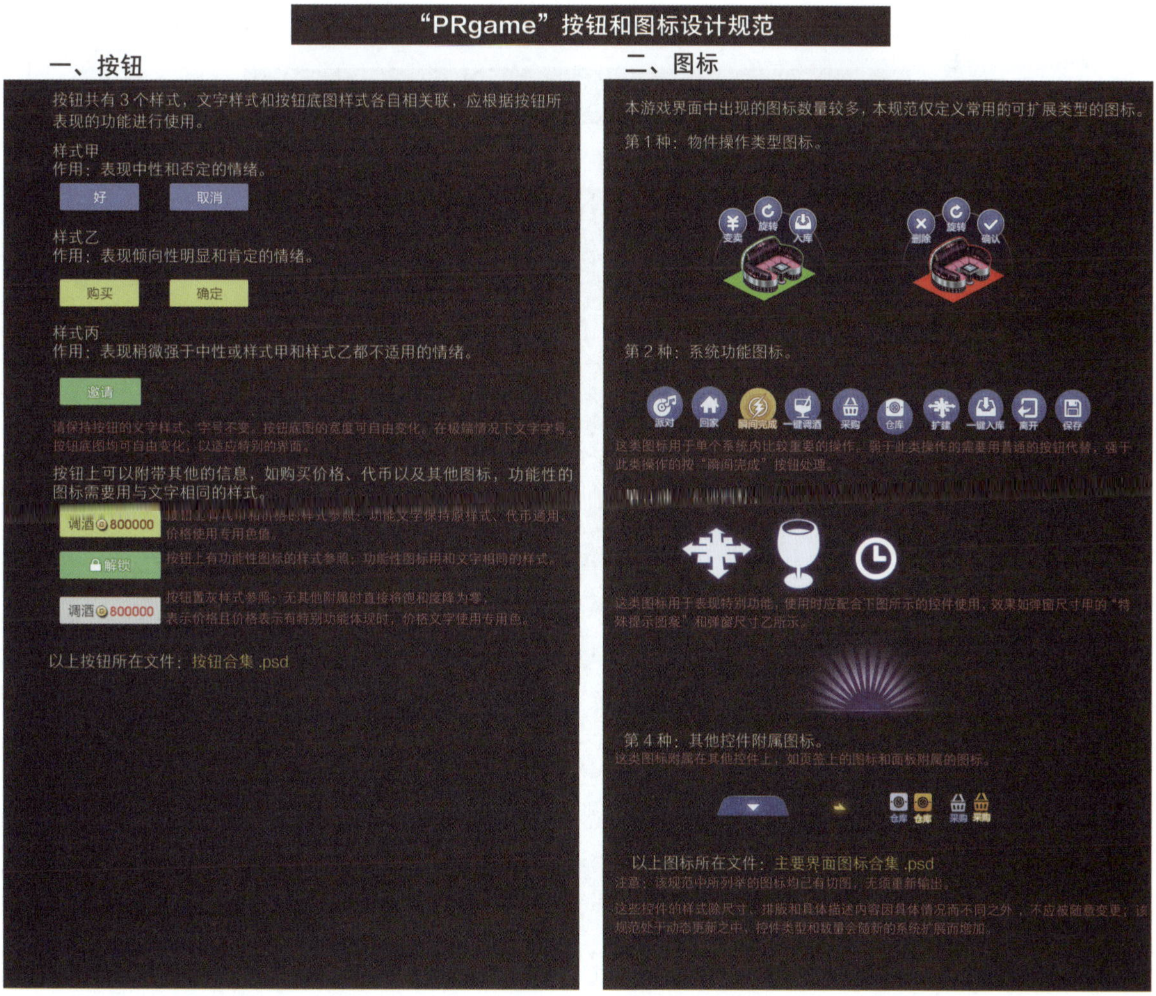

“PRgame”按钮和图标设计规范
一、按钮
按钮共有 3 个样式，文字样式和按钮底图样式各自相关联，应根据按钮所表现的功能进行使用。
样式甲
作用：表现中性和否定的情绪。
好
取消
样式乙
作用：表现倾向性明显和肯定的情绪。
购买
确定
样式丙
作用：表现稍微强于中性或样式甲和样式乙都不适用的情绪。
邀请
请保持按钮的文字样式、字号不变。按钮底图的宽度可自由变化。在极端情况下文字字号、按钮底图均可自由变化，以适应特别的界面。
按钮上可以附带其他的信息，如购买价格、代币以及其他图标，功能性的图标需要用与文字相同的样式。
调酒 800000
价格使用专用色值。
解锁
按钮上有功能性图标的样式参照：功能性图标用和文字相同的样式。
调酒 800000
按钮置灰样式参照：无其他附属时直接将饱和度降为零。
表示价格且价格表示有特别功能体现时，价格文字使用专用色。
以上按钮所在文件：按钮合集 .psd
二、图标
本游戏界面中出现的图标数量较多，本规范仅定义常用的可扩展类型的图标。
第 1 种：物件操作类型图标。
变卖
旋转
入库
删除
旋转
确认
第 2 种：系统功能图标。
派对
回家
瞬间完成
一键调酒
采购
仓库
扩建
一键入库
离开
保存
这类图标用于单个系统内比较重要的操作。弱于此类操作的需要用普通的按钮代替，强于此类操作的按“瞬间完成”按钮处理。
这类图标用于表现特别功能，使用时应配合下图所示的控件使用，效果如弹窗尺寸甲的“特殊提示图案”和弹窗尺寸乙所示。
第 4 种：其他控件附属图标。
这类图标附属在其他控件上，如页签上的图标和面板附属的图标。
仓库
仓库
采购
采购
以上图标所在文件：主要界面图标合集 .psd
注意：该规范中所列举的图标均已有切图，无须重新输出。
这些控件的样式除尺寸、排版和具体描述内容因具体情况而不同之外，不应被随意变更；该规范处于动态更新之中，控件类型和数量会随新的系统扩展而增加。

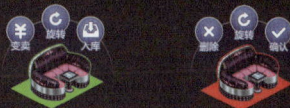

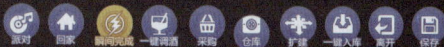

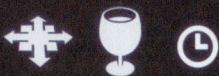

"PRgame"面板设计规范

一、通用面板

通用面板全部使用统一的底框，以适应不同的界面以及功能不同而尺寸不尽相同的界面。

样式

应用举例

应用于"装修"系统中的面板上附加了页签、容器面板和收起按钮，类似面板的设计可参照此例。

应用于"好友"系统中的面板上附加了页签、容器面板和关闭按钮，类似面板的设计可参照此例。

二、容器面板

容器面板为容纳图标、文字等信息的面板。

第1种：图标容器。

这类Tip应用于普通的说明性信息区域。

第2种：特殊Tip。

这类Tip应用于重要级别高的说明性信息区域。

第3种：通用Tip。

第4种：页签及二级页签。

页签样式见"装修"系统面板样例。

第5种：列表模式框。

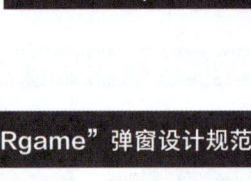

上述样例为目前系统内出现的3种列表模式框，如非必要，应使用省略框体的设计方式。

以上控件所在文件：面板合集.psd。

注意：该规范中所列举的面板均已有切图，无须重新输出。这些控件的样式除尺寸、排版和具体描述内容因具体情况而不同之外，不应被随意变更；该规范处于动态更新之中，控件类型和数量会随新的系统扩展而增加。

"PRgame"弹窗设计规范

一、普通弹窗

普通弹窗共有以下两种尺寸，除非情况极为特殊，否则请勿添加新的尺寸。所有的弹窗下底与其他界面上层之间，应加一层不透明度为60%的黑色图层。

尺寸甲

作用：提示类信息容器。

作为提示信息的辅助容器，这类弹窗内会有用于普通提示信息的"通用型提示图案"（如下方左侧弹窗所示）和用于特别功能提示信息的"特殊提示图案"（如下方右侧弹窗所示），请根据具体情况使用。

普通弹窗尺寸甲_1.psd　　　普通弹窗尺寸甲_2.psd

尺寸乙

作用：复杂功能类信息容器。

普通弹窗尺寸乙.psd

二、激励类型弹窗

这类弹窗用于"升级""扩建""获得物品"等类型界面，目前只有一种样式，如下图所示。

该类型弹窗在实际应用中，头部的文字字体需要根据具体情况进行更改，请始终保持文字部分的倾斜度，字号可以自由调整但文字部分与底部圆盘衬底保持构图稳定；身部和尾部的内容应该根据具体应用情况进行调整。

激励型Pop.psd

注意：该规范中所列举的弹窗、物品图标底图、文字字号、文字色值、文字衬底以及按钮样式均包含在统一的设计规范之内，且已有切图。这些控件的样式除尺寸、排版和具体描述内容因具体情况而不同之外，不应被随意变更；该规范处于动态更新之中，控件类型和数量会随新的系统扩展而增加。

10.4.2 细分化的设计规范

大的游戏设计系统下是具体的设计规范。在模型中规定这些具体的设计规范需要有规范说明、规范分解、情景示例及扩展规则这 4 个部分。需要注意的是，对于一些结构和用法相对比较简单的控件，这 4 个部分不一定都有。

右图所示为"Fexgame"项目设计规范中提示红点的摆放规范。这是个相对比较简单的规范，并没有严格的规范结构。

在使用一些常规的控件时，依然需要按照规范的模型结构来进行规范的制订，只有这样才能较清楚地把规范的信息传达出来。

"Fexgame"项目设计规范——提示红点的摆放规范

摆放在图标上时，提示红点的水平和垂直中点应分别与图标的右侧竖直边缘和顶部水平边缘对齐。即提示红点的对角线交点与图标的右上角点重叠。

特殊情况：按照上述规则提示红点会被摆出画外。若上侧出画，则其上边缘与屏幕上边缘对齐；若右侧出画，则其右边缘与屏幕右边缘对齐。左图所示为提示红点上边缘与屏幕上边缘对齐的情况。

摆放在普通按钮上时，提示红点的垂直中点应与按钮的顶部水平边缘对齐，提示红点右侧应与按钮右侧对齐。

按钮呈纵列摆放时，上述垂直方向的摆放规则不适用，改用如下规则。
垂直方向上，提示红点只应相对于按钮露出 1/3。
水平方向上，提示红点右侧应与按钮右侧对齐。
如遇到出画情况，则按照图标上的摆放规则进行处理。

其他控件上的提示红点的摆放方式均以上述规则为准。

提示红点中适合摆放对钩、叹号和数字，代表不同含义的提示红点可根据其内容进行横向三宫格拉伸。

下图所示为"LEgame"项目设计规范中对物件图标尺寸的规范。这个规范是为应用情景复杂的图标而专门制订的，因此需要完善规范模型结构。

建立界面设计规范库的目的是保证一款游戏的界面风格一致，划分不同系统的控件库有利于有针对性地对各种细节进行控制。制订各个详细的设计规范，有助于让风格的延展做到有据可循，也帮助整个设计团队规避同类型问题的发生。

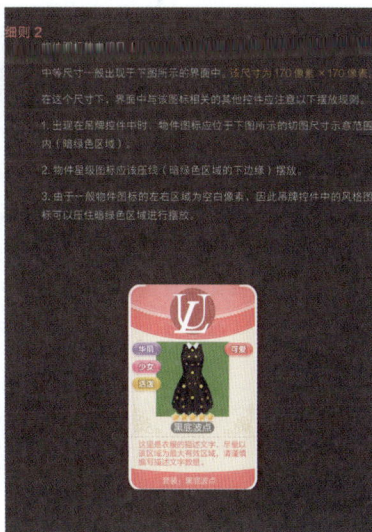

10.4.3 建立辅助性控件库

设计规范不可或缺的部分就是轻巧可用的控件库。实际上，我们对设计规范进行的几个系统的划分正是基于较简单的控件库的。但是由于堆积了非常多的控件，源文件往往会非常大，因此可能不利于实际工作中对控件的复用。两个设计师进行源文件（此处我们默认为 PSD 格式的文件）的交流时，来回传送容量庞大的文件是一种低效的行为。只为了使用 A 界面里的甲控件而把非常大的控件库发送给对方，或者直接发送可能同样很大的 A 界面的 PSD 文件，都是一种令人感到麻烦的工作行为。这时，对控件库进行解构拆分，或者小文件化就是一种可选的工作方式。

在代号为"PRgame"的项目中，笔者就对这种工作方式进行了实际操作，将常用的控件、框体、图标及按钮等元素分散集合在较小的数个 PSD 文件中，并为它们设置简单易理解的代号或名称。这种文件小、名称易检索且根据功能性和使用情景的不同对元素进行分类放置的处理方式，让设计团队之间的沟通和文件交流变得轻松很多。下图所示为该项目的设计规范中的部分控件集。

Tip 字样规范 .psd	按钮合集 .psd	次级激励型弹窗 .psd
代币图标 .psd	弹窗样例 _ 出售 .psd	弹窗样例 _ 酒水升级 .psd
弹窗样例 _ 升级库存 .psd	弹窗样例 _ 增加调酒杯 .psd	激励型 Pop.psd
画板合集 .psd	画板合集 2.psd	普通弹窗尺寸甲 _1.psd
普通弹窗尺寸甲 _2.psd	普通弹窗尺寸乙 .psd	主要界面图标合集 .psd

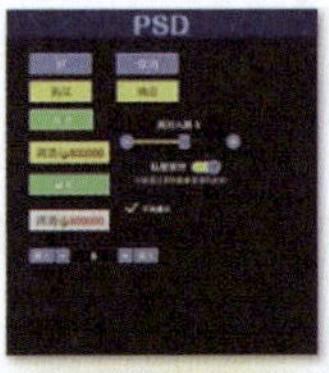

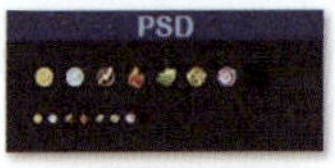

游戏界面设计是一个非常复杂的系统化工作。一般来说，我们对游戏界面的风格化控制非常依赖游戏界面设计规范。整个设计规范的制订、实施和完善过程其实都是"遇见问题→解决问题→预防问题"的过程。在这个过程中不断地寻找新的解决方案，并持续优化界面设计，是游戏界面设计师应该始终秉持的一种设计思维。

11

第 11 章

游戏界面动效设计基础

本章概述

无论是应用界面，还是游戏界面，都是一个有机的、系统化的、可交互的整体。构成这样的一个整体除了需要静态的界面设计，还要界面动效的支持。这是因为静态的界面无法完整地交代界面的功能信息，并且无法实现界面的交互效果。在交代界面的功能信息时，动效可以体现出界面控件所代表的信息，并表明控件之间的关系，可以在同一个空间内的不同时间表现更多的信息。在实现界面的交互效果时，动效可以交代出静态的界面无法交代的哪怕较简单的信息，如界面切换、简单的闪动提示及伸缩翻转等，这是动效本身的特点所决定的。界面设计师需要了解并理解动效设计的原理。本章将围绕游戏界面动效设计的一些基础知识进行分析与讲解，目的是让读者在正式学习动效的制作之前对动效设计的原理及基本方法等有一个明确的了解与认识。

本章要点

- » 游戏界面动效设计的基本知识
- » 游戏界面动效的分类
- » 游戏界面动效中常见的运动规律分析
- » 制作游戏界面动效的常用工具解析

动效篇 ▶

11.1 游戏界面动效设计的基本知识

针对游戏界面动效的基本知识，这里主要围绕动效设计的基本性质与规则、动效与特效的区分与说明、影响动效设计的因素及动效设计前需要注意的一些基本问题进行讲解。

11.1.1 动效设计的基本性质与规则

动效不会因为某种效果比较好看、酷炫或令人惊讶而被制作和实现出来。和游戏界面设计的终极目标一致，作为界面设计的一种延伸，游戏界面动效只会在需要的时候才被设计出来。例如，在制作界面切换动效时我们主要考虑的不是动效要如何与众不同，而应该是其功能的传达。同时，界面切换动效起到承上启下的作用，而非"耍花样"。此外，动效的展示时间也应该是基于用户对动效的熟悉程度而适量规划的。

合适衔接　　　　　　　　没有衔接　　　　　　　　炫技衔接

合适的动效时长非常重要，不同的时长会给人不同的视觉感受。首次出现的动效，尤其是要表达比较重要功能的，如结算、获得重要物品及进阶等内容而表现方式比较复杂的动效，其展示时间可以较长（如2~3秒）。如果是经常出现的动效，如频繁获得物品的提示，很轻松就能进行的物品升阶、升级等，无论它所表现的内容有多重要，其时长都需要被适当缩短。用户在观看同样的内容时，会逐渐产生阅读疲劳感，会对同样的内容缺乏耐心。对于需要比较长的时间去展示的动效，在其重复出现时采取的处理方式一般有两种：第1种方式是为第2次或第3次重复出现的同一动效重新设计一个较短的版本，第2种方式是在动效重复出现的时候设置一个让用户可以选择跳过的按钮或操作点。从资源效率和机能效率上来讲，由于重复设计表现形式相同但时长不同的动效的行为并不"经济"，因此在大部分游戏中我们都选择用第2种方式来处理此类动效。

时长合适　　　　　　　　时长过短　　　　　　　　时长过长

针对动效的时长控制，在视频**"梦幻家园剧情对话.mp4"**中我们可以看到一些处理方式。这个动效较基本的功能是通过游戏人物的对话来讲述游戏的剧情。在该动效中，每个游戏人物的台词都呈现为逐渐出现的效果。每个游戏人物的台词播放完之后，台词和气泡之间还会有切换效果。这些切换效果累积起来的时长较长。其目的是保留足够的时长，方便玩家阅读台词文字。但是，并不是所有玩家的阅读速度都比较慢，也不是所有的玩家都会有阅读台词来了解剧情的需要。因此，这里的动效提供了两个入口，供一些玩家跳过这些动效：一个是气泡右下角的三角图标，点击它可以跳过台词播放，还在逐渐展示的台词文字将瞬间展示出来；另一个是气泡左下角的"SKIP"按钮，点击这个按钮，可以直接跳过对话并快速进入下一个环节。

展示视频：梦幻家园剧情对话.mp4

11.1.2 动效与特效的区分与说明

　　游戏界面的动效设计工作会涉及动效、特效的概念。有些界面设计师因为无法区分这两个概念，而在工作中要么是找错对接人，要么是出问题后不知道从哪个环节开始寻找问题。界面设计师在进行静态设计时需要考虑动效设计，有时候也需要考虑特效的协助，如果无法明确区分这两者，或者对混合了动效和特效的效果设计不够理解，则会造成不小的麻烦，因此这里需要做一下分类和区分，方便大家更清楚地处理相关的工作内容。

　　在游戏美术设计的范畴里，与动画相关的工作有很多种，其中，动效基本上专指针对界面的动画效果，而特效则是利用 3D 技术来实现的炫光、粒子等增强表现的效果。这两个概念虽然只有一字之差，但从工作内容上来说几乎完全不同。动效一般指界面中界面的切换、控件的转换及界面中需要特别加强视觉表现的动画效果。在英文中，动效被称为 Motion Graphic（直译为"动态的平面图形"）。界面设计是平面图形的设计，而动效的本质是在时间维度上对界面设计的效果进行一种增强表现。

　　界面中的切换动效是动效中较常见的类型。例如，在视频**"钢铁战队 _ 界面切换动效 .mp4"**中，我们所看到的主界面和任务界面的互相切换、主界面和设置界面的互相切换及主界面到具体任务界面的切换都用到了界面间的切换动效。这种动效通过渐入渐出的效果使得两个互相切换的界面之间的衔接更加自然。强化界面中的某些元素是动效的作用之一，如视频**"崩坏 3_ 点集满的视觉强化动效 .mp4"**所展示的那样，在表示"SP"点的图标上有一个提示"SP"点集满的动效。相对于静态的视觉设计，动效更能从复杂的图形环境中凸显出来，并吸引玩家的注意力，因此类似的视觉强化动效在游戏界面中被广泛使用。

展示视频：钢铁战队 _ 界面切换动效 .mp4　　　　　展示视频 崩坏3 _ 点集满的视觉强化动效 .mp4

　　特效指的是特殊效果，对应的英文名为 Special Effects（直译为"特殊的视觉效果"）。特效属于视觉化内容中特殊表现的一部分，在游戏美术设计中多见于 3D 的技能效果、人物动画和场景动画中。特效是一种明显异于一般平面美术表现的特殊光影效果，只在很少的情况下才会与界面设计产生关联。

　　由于大家对动效的要求越来越高，因此当前的界面动效设计中也越来越多地运用到一些特效。但两者不管是从视觉效果的呈现来说，还是从重构时的实现逻辑来说，都是不尽相同的。

　　经过以上分析我们可以明显地看出，动效和特效本质上都是一种动画，但动效更多服务于界面设计，特效更多服务于游戏场景和人物等纯游戏的画面内容。两者在特殊的功能需求中会有一定的重叠，但本质上是两种性质的概念。在游戏项目中，两者的设计也分属不同的岗位和工作环节。

　　特效在游戏画面中非常常见。例如，视频**"暗黑 3_ 人物技能特效 .mp4"**展示的就是游戏画面中的人物技能特效。这些效果需要结合 3D 即时渲染技术来实现，与 3D 化的游戏场景、人物等都是同一类元素。不同之处在于：它们往往与人物的技能、打击效果等可交互的美术效果相关；在视觉表现上非常特别，比游戏画面中的人物和场景拥有更绚丽的色彩和动画。特效的这种特别的效果也被应用于界面中的强化或者特别的功能表现中，视频**"暗黑 3_ 界面特效 .mp4"**中界面底部用来表示人物血量与魔法值的两个大玻璃容器是游戏《暗黑破坏神 3》的一大代表性特征。界面设计师为这两个容器设计了类似比较黏稠的液体不断循环流动的特效，体现出游戏魔法背景建构中对液体相关物质的风格化表现。同时，相对于其他界面元素来讲，所占面积比较大的两个容器在静止状态下很容易表现出卡顿、静止的情况，而这样的特效处理则避免了这种情况的发生。

展示视频：暗黑 3 _ 人物技能特效 .mp4　　　　　展示视频：暗黑 3 _ 界面特效 .mp4

动效和特效分属的不同工作环节和岗位如下图所示。

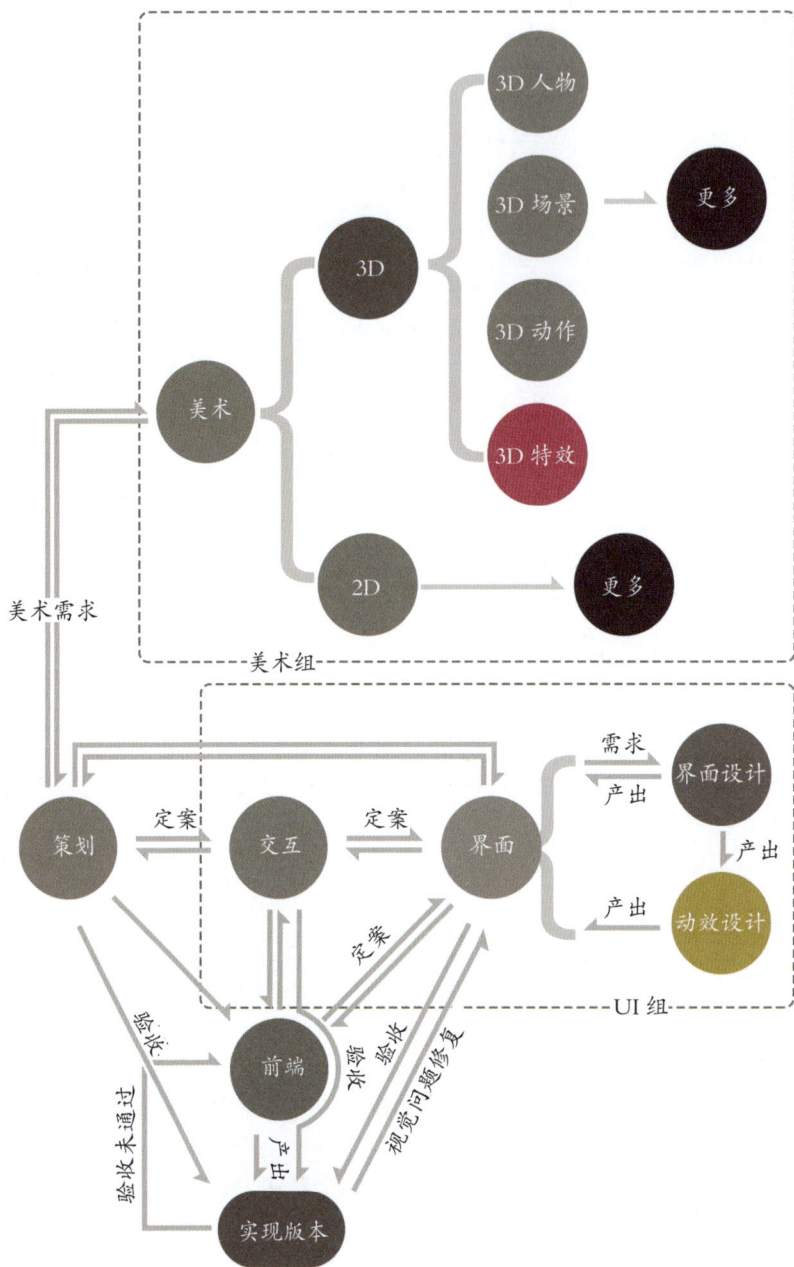

11.1.3 影响动效设计的因素

　　界面动效设计绝不只是动效设计师一个人的工作。作为界面的有机组成部分，界面动效本质上是界面设计的一种延伸。对界面设计来讲，界面动效的基本动作逻辑都来自界面设计静态稿中的图形逻辑和其所描绘的空间逻辑、色彩逻辑及暗含的时间逻辑。在界面设计的静态稿中，这些因素深刻影响和决定着界面动效的设计方式，且两者之间存在着千丝万缕的联系。界面设计师不管是基于哪种原因，探讨去做更好理解的界面操作效果，或者仅为了更好地和动效设计师协同工作，都无法避开对动效设计的理解和掌握。

游戏界面的结构如右图所示。在该图中我们可以看到，作为游戏的一部分，界面的整体逻辑是由用户操作、动态效果、静态设计及实现逻辑这 4 个部分组成的。其中用户操作是界面赖以存在的根本，而实现逻辑则是界面实现自身功能的基础。界面的可视化由动态效果和静态设计构成。这两者之间有一种有机结合的关系，动态效果是静态设计的延伸，它一方面可以实现静态效果无法实现的功能，另一方面可以静态设计中的图形逻辑、色彩逻辑及空间逻辑为基础，设计出符合特定逻辑的动画动作。

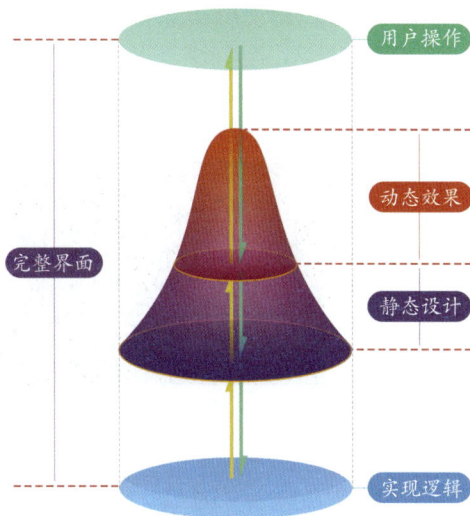

11.1.4 动效设计前需要注意的一些基本问题

动效设计前需要注意的一些基本问题主要包含以下 3 个方面。

⊙ 动效设计需要考虑实现成本

与界面设计在设计之初就考虑实现方式与实现难度一样，动效设计也需要考虑诸如游戏包量与机器效率的问题。过度复杂的动效无法被机器支持或会耗费大量的游戏包体空间，这都是在实际工作中需要平衡和把控的。针对一些较重要的动效进行重构时，动效会因为所消耗的包体空间或内存过大而被简化。针对一些不那么重要的动效进行重构时，则会不计成本地去实现。这种做法类似于界面设计的效果和实现成本之间的平衡控制。

简单地说，游戏动效指的就是游戏中为了特殊的功能性目的而被设计出来的界面动画，其时间长度和动画效果应该基于功能性目的、实现难度和效率去考虑。

⊙ 动效设计需体现功能性目的

我们可以在游戏中看到很多有趣的动效。在很多为了好玩，或者纯粹为了练习，又或者为了验证某种技术手段而设计出的动效作品中有很多有趣的创意。有些动效非常别致，甚至称得上是佳作。成熟的商业化游戏中的动效与这些纯展示性质的动效之间的差别就在于，它们是为了不同的目的而被设计和制作出来的。我们可以从纯粹的练习作品和展示性质的作品中发现一个普遍存在的问题：这些动效都是展示起来比较好看，但缺乏可供实现的功能性目的。在成熟的商业化游戏中，作为静态视觉设计的延伸，动效设计同样需要服务于特定的功能性目的，包括设计师为此构思的特别创意元素。因此，设计师需要去控制创意与功能的平衡。纯粹地为了好玩、好看而设计出来的动效并不一定适合游戏。反之，游戏中需要的动效也未必全都充满创意，有时候可能只是一个简单的伸缩或形变动画而已。

见微知著，从一个简单的进度条上的动效设计即能看出这种功能性设计的思想。有些游戏会把进度条设计成条状，并显示实时进度。有一些游戏则将进度条设计为饼状或不规则形状，并不直接表现实时进度。这两种进度条上都会被设计一些动效。条状进度条中的动效有扫描动画形式的，也有在进度条顶端以特别的动画形式出现的。饼状和不规则形状进度条上的动效的类型更加多样，这些动效绝不仅是因为好玩或好看而被设计出来的。事实上，它们都有着各自不同的设计目的。

在视频**"重力眩晕 Loading 动画 .mp4"**中，我们会看到富有弹性的进度条动效。这种动效设计不显示具体进度。整个动效的动作设计看起来弹性十足，且又好看、又好玩。它的设计遵从了游戏整体的美术调性，具体表现在"二次元"、充满想象力和富有活力上，而且在颜色与图形上都使用了该游戏界面中常用的猫爪图形与偏赛博朋克风格的撞色设计。

展示视频：重力眩晕 Loading 动画 .mp4

例如，类似视频**"网页游戏轩辕世界微端安装时的进度条 .mp4"**中的这种使用过光动效的条形进度条，它的功能性设计具体表现为过光动效会增强进度条在加载中的效果。在极端情况下，进度条发生进度变化可能要耗时很久。这时如果没有过光动效的衬托，进度条就会处于没有任何动态变化的状态，很容易被认为是处于卡顿的状态。加入了过光等循环动效之后，即使进度条没有进度变化，也不会轻易地被认为是处于卡顿、非活跃的状态。在不同的游戏中，因为风格设计的不同，这种光效的设计也会有所不同，而这些不同正是创意性的体现。

展示视频：网页游戏轩辕世界微端安装时的进度条 .mp4

另外，用循环动效的进度条的特点是没有进度显示。这意味着玩家无法实时地得知加载进度，游戏在展示这种进度条时其后台进展处于"黑盒子"状态。长时间面对这样的进度条玩家容易产生"被蒙蔽"的心理感受，进而会产生放弃、不耐烦的心理。因此这种进度条会更经常地被用于短时、快速及少数据量的内容的加载显示，如视频**"崩坏 3_ 充值窗口内容加载 .mp4"**中的加载某个框体内容的进度条。

展示视频：崩坏 3_ 充值窗口内容加载 .mp4

但是，我们依然可以看到用循环动效的进度条和直观可见进度的进度条的混用，如视频**"九州海上牧云记 _ 加载 .mp4"**所示。在进度条出现时，游戏正处于加载大量本地资源的情况下，耗时相对较长，但是这里并没有使用相对单一的显示实时进度的形式，而是用了数字加循环动效的形式。这么设计是想告诉玩家游戏在加载下一关卡的本地资源时虽然耗时较长，但这个过程并不是静止的。循环动效避免了游戏给玩家"卡死"的假象，直观可见的进度数字也让玩家有更多的等待耐心。从这点设计上，我们可以看出不同动效所产生的不同体验效果。

展示视频：九州海上牧云记 _ 加载 .mp4

可见，在设计进度条动效时，我们最需要做的并不是考虑它是不是好看或设计起来的难度是不是足够高，而是综合性考虑在特定的设计环境中的因素，例如是否有特定的功能表现、是否有特定的视觉效果展现及时间节奏控制是否会影响玩家的操作节奏等。

不仅如此，特定的动效设计也是需要考虑特定的使用需求的。作为视觉表现的一个延伸，动效只有在需要的时候才使用，而非刻意地去添加或为了炫技而存在。

动效是视觉表现的一种方式

在游戏界面里，界面设计和动效设计是两种不同的概念。但在一些完整的游戏界面中，这两者则是一个整体。动效以界面为载体来发生变化，没有界面的动效无以附着，没有动效的界面显得死气沉沉。动效的本质其实是界面视觉表现的一个延伸和补充。它通过动态表现让原本静态的视觉设计内容变得活跃，也补充了静态设计所不具备的某些信息。

单纯静态的界面是没有能力实现其原有的设计功能的，界面本身就是用于交互的媒介，而交互就意味着动态的变化，这意味着我们无法通过静态的媒介来进行实时的交互。例如，通过纸条来传递信息，甲在空白的纸条上写信息给乙，乙阅读了甲的信息后，在原来信息的后面写上对甲的回复，之后甲再通过同样的方式回复乙的信息，如此往复。在这个简单的交互过程中，因为纸条是静止的，所以它并不能单独被作为信息传播过程中的媒介而存在。这个过程中的交互媒介实际上是"其上有信息的纸条，信息需随交互动作发生变化"。信息随着每次的回复而发生着变化，这就是一个动态的媒介，是可以承担信息交流这个交互过程的媒介，但是静止的纸条本身却不是。

甲乙传播信息的过程如下图所示。

游戏界面中的动效可以很明显地补充静态界面设计中的信息，如视频**"梦想星城的商城提示动画.mp4"**所展示的，游戏《梦想星城》的主界面左下侧有一个"商城"图标，当商城系统内有新的免费购买物品的机会时，这个图标上会增加一个红色底图，同时出现"FREE"字样的标签和晃动的动效。可以试想，在纯粹的静态界面中，这个颜色的标签在整个颜色比较明快的界面里实际上并不突出，也就不能对玩家产生足够的吸引力。但是增加了晃动的动效之后，效果完全不同，即便在颜色普遍偏亮、动效密布的界面中，它还是可以很容易地被玩家发现。这个标签上的动效就为静态的图标补充了"增强吸引力效果"的信息。

展示视频：梦想星城的商城提示动画.mp4

又如，视频**"晶体管 _ 技能函数界面打开动画 .mp4"**展示的是游戏《晶体管》的技能函数界面中的动效。这个动效的大概情况是先从界面底部出现一个平台，然后从前景深入景深处发射出蓝色锥形光柱，之后依次出现一些主要的图标。这个动效补充了静态设计中所没有的图形切换效果和光效变化，进一步增强了静态设计的科技感与形式感。

展示视频：晶体管 _ 技能函数界面打开动画 .mp4

作为静态设计的补充，动效有效地提升了静态界面本身就在追寻的某些功能性设计，也适当而充分地补充了静态设计中无法充分体现的情感化内容。不管从哪个角度看，动效都属于整个视觉设计的一部分，是视觉表现上与静态设计不同维度的另一种表现方式。

过多的动效会影响界面的节奏感

在应用动效的过程中会涉及的一个很重要的问题是动效的适用场景。我们知道，静态的界面是无法承担交互作用的，所以实际的游戏界面中处处有动效。但这并不意味着界面中应该处处带有明显的动效，我们应该从以下两个方面来理解这个问题。首先，我们在第 7 章中提到的界面节奏感更多的是静态视觉上的。事实上作为静态设计的延伸，动效的设计也需要考虑配合整体界面的节奏。其次，假设一个界面中充斥了太多强烈的动效，那么这个界面会处于剧烈的动态中。当整个界面全部都是强烈的视觉效果时，也就导致它们全部都不是相对剧烈的视觉效果。如此会导致界面节奏感缺失，整个界面的重点无法突出，还会显得相当混乱。

在设计网页游戏时，设计师往往喜欢把华丽、强烈的视觉元素堆积在一起，且相应的动效也非常多，界面中的动效往往比较充盈，如视频**"轩辕世界界面动效 .mp4"**所展示的一样。这在视觉上会给人以"躁动"的感受，也就掩盖了界面中本应有的视觉重点，是一种比较失败的节奏感设计。

展示视频：轩辕世界界面动效 .mp4

动效呈现需合理

并非只要是动起来的效果就可以称为界面动效。正如界面设计的每一个细节都需要有据可循一样，动效中所演绎的每个动画和动作都应该是有依据的。前面提到的那些有着不同的功能性目的的动效，正是根据它们各自的功能性目的而被设计出来的。那些用于界面衔接的动效，就需要在某些特定的帧上设计出渐入渐出的动画。那些用于框体之间逻辑连接的动效，就要设计出可以关联两个框体的动作。不管这个动作是如视频**"酷飙车神 2_ 解构式的框体切换动效 .mp4"**中那样的框体变形位移，还是如视频**"隐世录 _ 背包打开和关闭 .mp4"**中那样以形象化的形式展示箱子的打开和关闭，都需要一能够体现这个动效之所以被设计出来的功能。界面没有任何根据的动效是多余的、没有必要的，更不可能仅仅因为动效设计师喜欢就去设计。

展示视频：酷飙车神 2_ 解构式的框体切换动效 .mp4

展示视频：隐世录 _ 背包打开和关闭 .mp4

🐝 **提示**

当然，每一个功能的体现都可能有很多种形式。在诸多可选的形式中，有些形式可能正是因为设计师的个人喜好才被选择作为最终的方案的。但不管怎样，一段动效能够被设计出来且作为较理想的方案还原重构到游戏中，主要的原因还是在于它对功能的解释与体现是较明显的。

⊙ 设计前一些必要的准备工作

一般来说，动效设计师在动手制作某段动效之前会预先考虑这段动效的功用和应该将其做成什么样，再在实际的设计过程中逐渐对动效进行调试优化。这些调试优化包括动作的力度、持续的时长等方面，最终制作出来的模板将成为动效重构的唯一参照。由于重构过程中会涉及很多问题，例如有些动效在动效设计工具里可以很容易实现，效果也足够精彩，但在重构动效所用的游戏引擎或界面编辑器中，对应的效果比较难实现，或者需要耗费过多的资源（如内存、游戏包体空间等），因此就需要对设计好的动效进行更改，以便用较高的效率去实现最佳的效果。这就要求动效设计师至少需要明确并熟练地掌握以下 3 个方面的内容。

明确什么样的动效足以表现对应的功能

如同设计界面时对界面体系中的每个界面都设置视觉表现的层级一样，动效也应该有层级划分。将整个游戏界面中出现的动效划分到不同的表现层级中去，例如一些简单的提示信息的动效表现得柔和一些，一些重要的提示弹窗如"恭喜获得"的入场动效则表现得剧烈一些。动效的设计应该在一个规范的体系内去展开，而不是想到哪里设计到哪里。如果在不同表现强度的界面中找不出任何动效的强度变化规律，那么不但在视觉上会导致玩家无法养成一个约定俗成的认知习惯，而且会说明动效设计师对于如何安排每个地方的动效视觉层级没有一个衡量标准。

熟练控制并掌握动效的时长

有关动效时长的控制在前文已经提过。动效的时长本质上与玩家在观看某段动效时的耐心有关。除非在关键的游戏剧情或极其重要且动态提示又多的情况下，一般来讲常见的动效的时长不会超过 3 秒，过长的动效会让玩家没有耐心等待下去。同时，一些玩家可能会频繁操作而激活的动效（如"恭喜获得"动效）一般会在 1 秒后结束。玩家有可能在邮箱中连续点击收取附件，有些游戏就会将这样的操作设计成每收获一次物品弹出一次恭喜获得弹窗，从而播放一次相应的动效。在这样的情况下，同样的动效被连续播放，如果动效持续的时间明显长于玩家连续点击屏幕的时间间隔，就容易让玩家产生被阻断的感受，这种现象是不太好的。由此可见动效的时长对游戏界面的操作体验来讲是一个影响很大的因素。

预知什么样的动效具备最经济的重构成本

动效最终是需要被重构在游戏中的，因此在设计阶段就应该尽量避免去设计出那些最终无法重构或重构成本过高的动效，导致重构成本过高的绝大部分问题其实就是性能限制。

从理论上来说，任何复杂的动效都是能够被重构在游戏中的。但针对手机游戏而言，需要考虑手机的性能限制。虽然手机的性能越来越强，但手机依然不是专业的游戏平台，不能和计算机乃至专业的游戏硬件设备相比较。手机游戏的受众广泛，手机对应的机型众多，且性能良莠不齐，这就要求手机游戏的开发者在制作一款手机游戏时非常有必要去考虑减少性能的损耗。一般来说，动效中的动态模糊、全屏幕的效果，乃至特效中过于复杂的粒子效果都会造成额外的性能损耗。若非极其重要的功能，在动效设计中都应该去规避这些会造成性能损耗的设计效果，并努力在效率与效果之间寻找一个平衡点。

这些要点实际上和静态界面设计的要点如出一辙。界面设计师需要在设计之前明确什么样的美术效果可以实现什么样的功能，什么样的设计方式可以节省最终的切图量，以及什么样的设计方式可以有最经济的重构成本。

制作动效比较常用的工具是 Photoshop、Animate（前身是 Flash）和 After Effects。当然，也会有一些其他的软件。动效设计师习惯不同，具体选择和使用的工具也会不尽相同，本书仅以这几款软件为例来对动效设计的知识进行讲解。

11.2 游戏界面动效的分类

根据游戏界面中的动效所表现的内容，可以将其划分为 4 个类型，包括界面切换动效、情感表现动效、功能性动效以及负责界面基本运行的一些看不见的动效。

11.2.1 界面切换动效

游戏界面中较常见的动效是界面切换动效。这种动效的功能性目的包含以下 3 个。

首先，它可以使界面之间的切换更加自然。无论是游戏还是其他软件，都是由若干个有着层级关系或关联关系的界面组成的。这是因为单一界面很难表现一个复杂系统的功能。界面和界面之间的连接是通过对特定枢纽进行操作来完成的，承担枢纽功能的一般是按钮、链接、图标等。玩家通过对枢纽进行操作来触发界面的跳转。传统的界面跳转比较简单，大多都是让新的界面直接闪现入画。这在硬件性能低下的时代比较普遍，且当时也只能做出这样的切换效果。在设计中，硬件性能、特定时代的设计理念等这些客观条件都限制着游戏的设计者去考虑更为复杂的效果。但是随着硬件性能的提升和设计理念的迭代，以及界面体验需求的增加，简单、直接地展现新的界面的做法已经不再适合当下的大部分游戏界面设计。玩家需要一种更柔和、更自然的界面切换体验。当下的界面切换已经很少见类似闪现的直接衔接形式，而是有着更丰富多样的形式，如抽拉式、渐入渐出式及解构式等。这些形式的切换动效通常都模仿了现实生活中的物理效果，玩家接受程度高，体验也更加流畅，目前已成为动效在界面中的一个很基础和广泛的应用。

例如，视频**"酷飙车神 2_ 抽拉式的界面切换动效 .mp4"**中的界面切换动效就是一种抽拉式的界面切换动效。这种动效是用横向的抽拉动作，以左右穿行的方式直观地展现各个界面间的关系。这种切换动效非常明显地区分了同一层级的相似界面。归根结底，这实际上是对现实中抽拉纸张动作的一种模仿。这种模仿将系统界面之间的关系映射到现实生活中，明确了"切换"的关系，且易于玩家理解。

展示视频：酷飙车神 2_ 抽拉式的界面切换动效 .mp4

左右穿行的方式隐喻了互相切换的界面之间的平等关系，相应地，也有一种方式可以隐喻相差比较大的界面之间的关系。

有一种比较复杂，但视觉效果上比较吸引人的切换动效，即解构式的切换动效。它经常被用来作为游戏界面中界面之间或框体之间的切换动效。这种切换动效一般用来体现特别的游戏背景建构，或突出某种功能。

例如，视频**"酷飙车神 2_ 解构式的框体切换动效 .mp4"**中的框体切换动效就属于这种切换动效。在第 1 段动效中，底部中央的提示控件滑至界面的右侧，变为一个小型的框体，这个框体和之前的提示控件都是同一个信息的缩略模式。也就是说，这个动效通过位移和框体变化将两个在不同时间、不同位置上的控件联系在了一起。这实际上是提示和关联的功能性的体现。第 2 段框体切换动效则又是另外一种为了体现游戏气质而设计的。解构式的切换动效需要动效设计师对界面的结构有明确、准确的了解。由于其动作复杂，因此对时间控制的要求比较高。这是一种感官体验极高的切换动效。

展示视频：酷飙车神 2_ 解构式的框体切换动效 .mp4

其次，它可以充当框体之间的逻辑性连接，使玩家更易理解新切入的界面。界面切换动效除了能让切换过程更加柔和与自然，还能在一些特别的或独有的界面设计中起到解释或暗示界面之间的逻辑关系的作用。这是一种界面设计和动效设计联动的方式，在动效未被触发时，界面操作枢纽上就应该体现出跳转逻辑，即前文提到过的界面设计的示能，较简单的界面操作枢纽示能就是箭头按钮的设计。

例如，视频**"永远的 7 日之都 _ 聊天窗口打开和关闭 .mp4"**中的聊天面板右侧的按钮就属于这种设计。玩家在点击了主界面左下角的聊天按钮之后，会触发聊天面板的抽拉式切换动效，动效展示结束，完整的聊天面板就被展示了出来。与此同时，聊天面板右侧出现表示"收起"的按钮。这种示能设计和展开动效就是一种给玩家的暗示：这是一个包含了更完整的信息的面板，需要查看信息时可以将其展开，也可以将其收起而不遮挡你去读取界面里的其他信息。

展示视频：永远的 7 日之都 _ 聊天窗口打开和关闭 .mp4

动效可以通过时间维度来衔接不同空间的物件，这是动效所具备的特殊能力，除了衔接游戏界面中的两个框体及暗示它们的关系之外，动效可以关联的物件绝不仅限于界面之内。

例如，视频**"隐世录 _ 背包打开和关闭 .mp4"**中的动效就利用了现实体验方式，通过模仿真实的箱子打开和关闭动作来关联游戏场景和背包界面。这个背包界面被设计成带透视的立体箱子，第 1 次打开这个界面时，会有 3D 箱子被打开的动画，关闭这个界面时，玩家可以直接点击界面左上角的"返回"按钮，也可以直接拖曳箱子的盖子。这种动效的优点是模拟现实体验，玩家的学习成本低，且沉浸感强。

展示视频：隐世录 _ 背包打开和关闭 .mp4

最后，它可以传达特别的情感化信息。每个游戏的界面都需要有特定的设计风格来体现游戏的背景建构，这本来就是情感化内容体现的一个层面。同理，每款游戏的动效也需要在动作风格上体现游戏特有的背景建构。除了这种大层面上的情感化内容体现之外，动效在一些需要突显特别的情感化内容的静态界面中还起到辅助作用。框体作为游戏界面中大量存在的控件，充当了绝大部分动效的载体。动效在界面切换时的情感化内容体现大部分表现在框体上。在通常情况下，一些特殊形态的弹窗会被用来表现界面中的一些特殊功能和特别的情感化内容，典型的如战斗结算弹窗、开宝箱界面等。界面动效都会对情感化内容的体现起到非常重要的作用。

例如，视频**"天下乂天下 _ 胜利结算动效 .mp4"**展示的结算动效就是一个典型的例子。这个动效从静态的设计上来讲是国内游戏设计中常见的翅膀造型。这种造型有向两侧的张力，也有向上的趋势，是在"胜利"这一情境下的一种极恰当的图形表现。但与别的游戏不同的是，游戏《天下乂天下》中的胜利结算动效并没有直接使用翅膀元素，而只是用了翅膀的这种具备向两侧的张力、向上的趋势的造型，图形上则用了火焰。除此之外，这款游戏的整体设计风格是基于"剪纸"这一元素的，因而界面中的图形都偏平直造型，动效设计上更应该遵从纸介质的运动规律。因此在这里我们可以看到，这个动效在张力营造上的表现及动作上所体现的材质，具体表现在从胜利结算大图标出场开始，首先是中央的圆形出场，紧接着是竖在圆形上方的两个火焰迅速像翅膀一样向两侧张开，最后是星星渐次出现，以整个大图标移动至顶部后结束。

👾 提示

> 这里应注意的是，两侧的火焰并非直接从原位置展开，而是先向中间靠拢，而后反向展开。这一动作在动效中被称为"预备动作"，这是促使动效更具备张力的一种制作手法。整个大图标的展示非常流利和干脆，很贴切地体现了静态设计里对"翅膀"造型的张力上的表达。同时这里还应该注意的是，火焰没有受到张与合的影响而飘动，它像两个纸片一样，只有整体的动作，没有火焰内部的随动。这实际上是这个动效遵从整体以剪纸为主要风格的体现，火焰只是纸片上的图案，所以这个动作只是纸片的动作，而非火焰的动作。

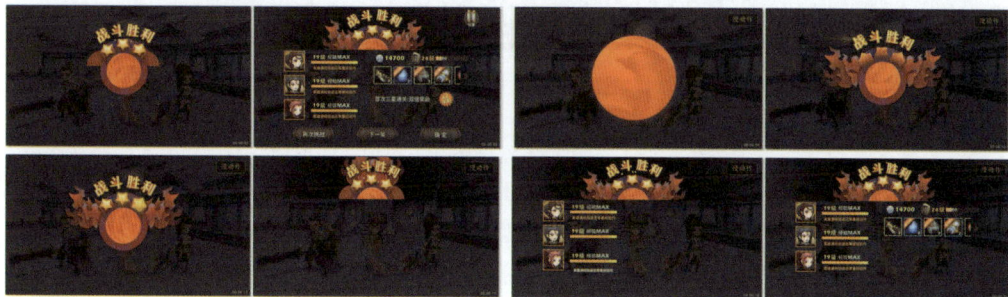

展示视频: 天下乂天下 _ 胜利结算动效 .mp4

游戏中的一部分操作是需要极强的画面冲击力的，当仅用界面动效已经不足以体现出游戏设计者所要体现的情绪时，就要结合更多的东西，如视频**"小小大星球 _ 关卡切换 .mp4"**中展现的关卡切换动效。这里的动效为了带给玩家非常强的沉浸式体验，充分结合了 3D 的场景动画。通过不同 3D 场景的切换来直观展现不同"星球"关卡和特定"星球"内部场景的关卡关系，这不仅在视觉感官上冲击力强，而且是一种十分直观且易理解的视觉效果。

展示视频: 小小大星球 _ 关卡切换 .mp4

11.2.2 情感表现动效

　　界面动效从本质上来说是一种对界面所要表达的情感进行丰富的形式。情感化是界面设计中通过对现实经验的重现以使得玩家在使用界面时获得与现实中相似体验感的设计手法。我们每日所见的现实场景是动态的，因此仅依靠静态界面中的图形、色彩乃至质感化的设计来表现情感化内容，实际上是对现实的一种不完整的呈现。

　　动效的作用在于补足这种不完整。界面中所有的动效都可以被视为情感化的表现，而有些动效更突出的是功能性的表现。我们所特指的情感化表现动效指的是以情感化表现为核心目的的动效。动效的情感化表现在不同风格、不同应用场景中都不尽相同，并且相对复杂，但大致可以分为以下 3 种表现手法。

　　第 1 种表现手法是还原现实场景中的真实动态表现。这类动效通常用在一些需要表现强烈情绪的界面中，例如技能冷却完成后的流光动效是对现实中霓虹灯的直接模仿，获得奖励物品时的炫光动效则是对现实中太阳、灯光等效果的模仿。

　　例如，视频 **"战国志 _ 战斗力升级动效 .mp4"** 中的动效就结合了炫光效果，这种炫光效果本身就非常明显，加上动画效果后更加让人有愉悦感和成就感。

展示视频：战国志 _ 战斗力升级动效 .mp4

　　第 2 种表现手法是基于现实经验的夸张表现。这种表现手法追根溯源是对现实的再现，不过加入了一些现实中因为物理规律而不可能有的效果，是一种在美术作品中常见的夸张手法。例如科技感界面中常见的图形变形组合动画，就是模仿了现实中机械结构变化和光线变化的一种抽象和夸张表现。

　　例如，视频 **"晶体管 _ 技能函数界面打开动画 .mp4"** 中的界面展开动画就是这样的例子，其利用了很多结构层次动画和科技感图形动画。

展示视频：晶体管 _ 技能函数界面打开动画 .mp4

　　第 3 种表现手法是根据界面的图形、颜色或层次的结构进行解构设计。这种表现手法中几乎完全看不到现实经验的影子，但其实质上依然来自现实经验。这种动效只保留了对现实经验中的运动规律、时间节奏的模仿，但是构成动效的主体构件与现实中并没有明确的对应内容。

　　例如，视频 **"AIR_ 弹窗解构动画 .mp4"** 展示的游戏 *A.I.R* 中弹窗出现和消失所用的复杂动效，它是对界面的材质和结构进行解构后再创作的动效，所要表现的是该游戏对科技化元素的体现。

展示视频：AIR_ 弹窗解构动画 .mp4

综上所述，不管使用哪种动效表现手法，都需要以动效设计师对现实运动规律的深刻理解为基础。玩家和动效设计师之间的相同之处在于同为世界物理规律的使用者，并且对物体的运动规律有一致的理解。不同之处在于动效设计师可以分解和利用现实物理规律下的运动规律，而玩家通常只会停留在感知层面。这样的特点决定了动效设计师所设计出的动效一旦背离现实中的运动规律，就一定会被玩家察觉。而利用和遵守了客观运动规律的动效设计师所设计出的动效，即使使用了非同现实的夸张手法，也往往会被玩家认为是合理的。

11.2.3 功能性动效

动效的存在是为了实现某种设计目的，有些设计目的会引起玩家情绪的波动，有些设计目的会潜移默化地让玩家理解界面设计中的某些功能。功能性的动效在解释界面设计功能这一特性上起到了很大的作用。它通过衔接、变化及落脚这 3 个连续的动作来完成对界面设计功能的解释。从启动形式上可以将功能性动效划分为两种，即主动式的和被动式的。主动式的功能性动效通常会用强烈的信号来打断玩家正在进行的操作。被动式的功能性动效则属于条件触发反馈，不会主动干扰到玩家的操作。功能性动效实现其功能的几个步骤如右图所示。

功能性动效的启动点一般与界面中已有的示能操作枢纽相衔接，但主动式的功能性动效则不会过于依赖这些操作枢纽。与之相反，被动式的功能性动效则完全依赖操作枢纽上的玩家操作来进行衔接。主动式的功能性动效多见于强提示类型的控件上，如战斗界面中的技能冷却完成提示动效（如视频"**神都夜行录 _ 大招技能冷却 .mp4**"所示）和主角升级提示动效（如视频"**斗破苍穹 _ 人物升级动效 .mp4**"所示）。这两者都是基于原有的界面设计图形来进行设计的，具体表现在技能冷却完成的提示动效是由技能图标上层覆盖的动画来表现的，主角升级提示动效则是对界面设计进行解构后的动画，通过组合一系列的光效来表现。

展示视频: 神都夜行录 _ 大招技能冷却 .mp4

展示视频: 斗破苍穹 _ 人物升级动效 .mp4

从前面说到的两个示例中可以明显看出，功能性动效在表现界面功能时的设计手法如下。 在技能冷却完成提示动效里，先通过进度动画来表示冷却进度，玩家可以直观感受到这一动画所表现出的冷却过程所需的时长。当进度条走完之后，视觉上更加明显、更易引起玩家注意的动画效果将通过综合强对比和强动态变化的设计形式展现出来。最后，直到玩家对此技能进行操作并释放技能，这个综合了光效和图形变化的循环动效才会消失。这是一个典型的"衔接→变化→落脚"3步走的功能性动效的展现过程（如下图所示）。冷却进度条是"衔接"，它代表的是释放技能与技能冷却完成之间的过程。进度条走完后的提示性动画是"变化"，这是个极为剧烈的变化，它需要剧烈到足以引起玩家的注意，并循环播放直到玩家操作结束的最后一个阶段，这是整段动效较根本的目的，告知玩家"我正在准备中""我准备好了，快看我！""点我吧，不然我将永远循环下去"，最后的目的就是让玩家可以快速、直接地明确一个事实：技能可以释放了。

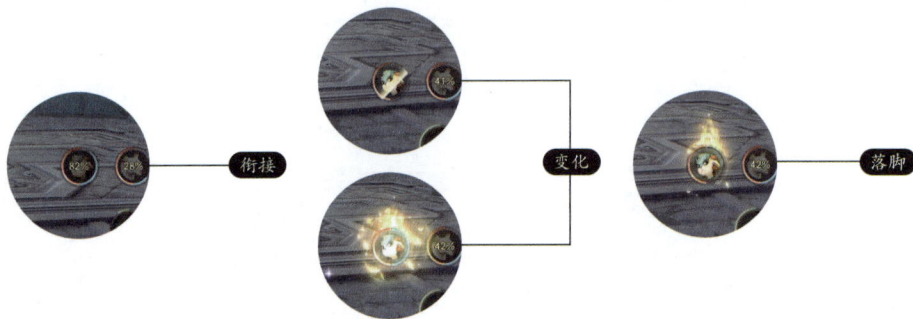

主角升级提示动效是典型的主动式功能性动效。它在后台数据满足一定条件后被自动触发，没有视觉上明确可见的衔接点，而是突然直接展示，在让玩家感到惊艳的同时，吸引玩家的注意力。因此，它的衔接可以被认为是突破式的。接下来的"变化"则是这个动效较吸引人的地方。动效设计师通过对原有的界面设计结构的理解，对原有的静态图形进行了合乎逻辑的解构，然后将解构的图形通过一系列的动效重新演绎，这段动画结束时，最后一帧落回原有的静态界面设计样式。这种动效最后的"落脚"则是播放一段时间的循环动画后自动消失。这种自动触发的主动式功能性动效的落脚方式通常就是自动消失。一方面对应了自动触发的衔接，另一方面降低了对玩家的干扰。有些有重要信息的界面动效则会用被动式的消失方式，需要玩家点击按钮或空白处来结束动效某阶段的展示，如获得物品的提示弹窗动效和有些游戏中的关卡战斗结算界面动效。

🖐 提示

> 需要注意的是，在所有这类动效进入落脚阶段时，都需要有循环动效，以避免整个界面出现卡顿的视觉效果，同时对前后动效也可以起到自然衔接的作用。

例如，视频"**神都夜行录 _ 胜利结算 .mp4**"中的典型的主动式功能性动效里就区分了几个节点，用以加载胜利结算界面中的一些信息。不过较遗憾的是，加载结算信息的过程并不能由玩家通过操作来主动跳过。如果这样耗费比较长的时间展示的动效经常出现，为了避免重复观看带给玩家的视觉疲劳，一般都需要增加玩家主动跳过的功能。

展示视频: 神都夜行录 _ 胜利结算 .mp4

11.2.4　看不见的动效

除了以上 3 种明显可见并且明确可以感知到的动效之外，其他形式的动效往往以非常不明显的形式存在于游戏界面中。它们承担了明显或隐藏的功能表现，不容易被玩家觉察到，因此被称为"看不见的动效"。这种不明显的动效设计和不明显的存在形式并不意味着它们可有可无，反而在很多情况下它们会起到非常重要的作用。例如，一些浮动式控件的出现动效，会非常明显地影响玩家对特定界面设计结构的理解，也会直接影响界面功能的实现。

例如视频**"王者荣耀中的动效 .mp4"**展示的一段切换操作动效。如果没有特别的提醒，一般不会有人注意到界面切换动效、获得物品动效、页签内容刷新及获取铭文的动效等这些界面中基于静态设计的动态内容。它们被融入每个功能里，实现着各自的功能，以至于并不会有人特别注意到它们的存在。视频**"混乱特工转场效果 .mp4"**所示的界面转场动效的时长较短，但是其特别的图形样式和动画样式给人以"刷新"的感受，通过这种感受传达给玩家的信息与界面切换的本质相同，即切换和刷新。但在快速操作界面的过程中，这个动效未必会给玩家留下特别的印象，但它起到的作用却很重要。

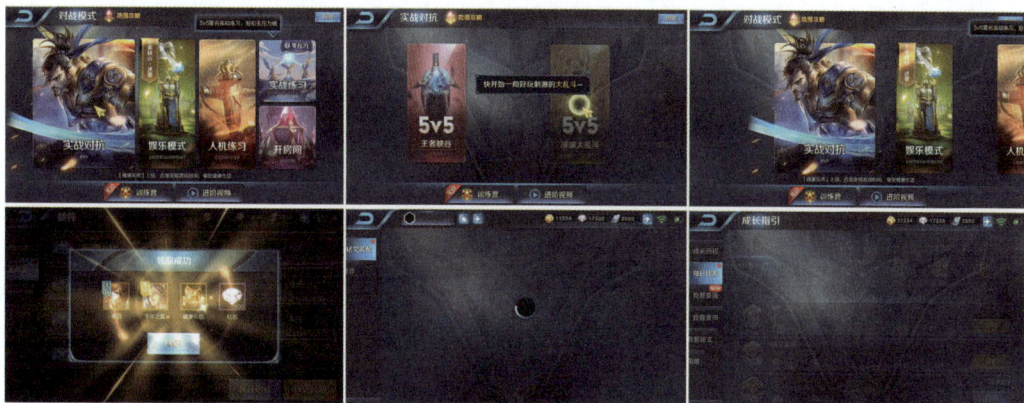

展示视频：王者荣耀中的动效 .mp4

展示视频：混乱特工转场效果 .mp4

界面设计师和动效设计师在考虑实现界面功能的时候，应该着重考虑细节上一些潜移默化式的设计，而并非只着力于显而易见的、视觉冲击力强的设计。存在于界面里的绝大部分内容是平淡无奇的，这也是那些特别的动效能够被突出显示的根本原因。没有对比而一味全面地凸显动效的效果会让人感到视觉疲劳，也会导致对比消失。在日常工作中，设计师大量的工作实际上就是在做一些注定不会被发现，但是不可或缺的设计。一味追求特别，不仅不能做出令人满意的设计，还容易造成一系列的问题。

11.3 游戏界面动效中常见的运动规律分析

究其本质，游戏界面中的动效是由无数个细小或庞大的动画组成的。对动效中运动规律的掌握是动效设计师应该具备的较基本的能力。

动效可以被理解为动效设计师根据现实经验而创作出的虚拟动画。我们都知道我们所处的环境是一个处于不停运动中的物理环境，处于这样的物理环境中的我们，可以说有非常多的关于物体运动的经验。对大部分人来说，虽然这些经验并没有被刻意地认知和研究，但是它们是我们生活经验中很重要的一部分，甚至是我们生存技能的一部分，我们对它们的印象是非常深刻的。在这样的前提下，当我们使用某款游戏，去体验它所展现的与现实经验比较不同的虚拟情景时，自然而然地就需要有一个认知这个虚拟情景的过程。而当我们接触到新的环境时，我们需要通过将未知的经验映射到熟知的经验上来习得新的经验。例如，当我们把"龙"介绍给不知道龙的人时，我们或许会这样形容它：角似鹿、头似驼、眼似兔、项似蛇、腹似蜃、鳞似鱼、爪似鹰、掌似虎、耳似牛。以已知的概念去形容未知的概念，会让人更快速、清晰地知道我们所描述的对象。因此，玩家在体验游戏和去认知游戏提供的虚拟情景的过程中，就自然会把生活经验带入这些虚拟情景中。

同时，虽然人们使用某个产品时会被带入某个预设情景，但当单击某个游戏的图标启动游戏时，人们会默认知道这些规则："这不是真实的世界""这里可以有现实中不存在的运动规律""我可以参与这个世界的部分活动"等。但即便有了这样的前置条件，也并不意味着完全脱离现实的设计是可以被接受的。非常夸张的、现实中并不存在的动画、动作依然需要从现实经验出发去创造。人们接受那些与现实相吻合的、以现实为基础的夸张动作，但不容易接受那些不符合现实经验认知的部分。基于此，那些不符合现实经验的设计也自然不可能被玩家接受。

动效设计师只有具备一定的动效基础，才能设计出被玩家接受的动效。动效设计师除了应该熟悉和掌握现实物体的运动规律，还应该认识到所谓的夸张和脱离现实的动画都是建立在现实物体的基础之上的。一个专业的动画设计师必然需要去钻研现实物体的运动规律，诸如人行走的动作可以被划分为多少帧的画面、球在跳动时的轨迹应该是怎样的，以及如何利用预备动作来做出比较有张力的动作等。对游戏动效设计师而言，除了这些"基本功"，还应熟悉一些基于界面设计这种抽象物体时常见的运动规律。它们的运动规律本质上也来自对现实中物体的运动规律的提炼。了解这些相关的内容，有助于界面设计师去理解动效设计师的需求，对两者之间的工作配合大有裨益。

针对游戏界面动效的运动规律，下面笔者将其拆分为 4 个部分进行讲解，包含缓动、遮罩、形变及透视动画。

11.3.1 缓动

缓动是一种比较柔和的动画补间动作。补间动作指的是在制作动画的过程中，两个关键帧之间由软件自动生成的帧。在制作传统动画时，会先设计出关键帧，然后再补充关键帧之间的帧画面，这些帧画面就被称为中间画。对应到动画编辑软件中，这些中间画不需要人力去逐帧绘制，而是由软件自动生成。由软件自动生成的这些中间画连续构成的画面所表现出的动画动作就被称为补间动作。早期的补间动作只是两个关键帧之间的均匀计算结果，在视觉效果上比较生硬。现实物体的运动很少有非常平均的动作，因此我们看到比较均匀的动作会感觉不自然。而缓动动画就比较完美地弥补了这种机械的、均匀的动作表现。缓动动画可以通过动效设计师去调整补间动画的运动曲线来形成。根据曲线的不同，缓动又可以分为多种形式。动效设计师通过使用各种形式的缓动来为动效中的物体增加生命力。

均匀动作和缓动动作的差别如下图所示。

关键帧　　　　补间动作　　　　关键帧　　　　关键帧　　　　补间动作　　　　关键帧

均匀动作　　　　　　　　　　　缓动动作

11.3.2 遮罩

严格来说，遮罩是图像编辑软件中的一种制作方法，它本身并不属于运动规律。由于这种制作方法在界面动效中比较常用，因此此处也将其作为运动规律的一部分列出。遮罩这个概念原本是在暗房洗印照片时的一种保留局部影像的方法，被借用到图像编辑软件中来形容类似的功能。遮罩的基本结构由遮罩图形和遮罩内容物组成。其中，遮罩图形可以被认为是"遮罩"这一概念的本体，是遮罩效果中被遮罩物将要被保留下来的部分区域。遮罩区域的大小和形状就是遮罩图形的大小与形状。遮罩图形的透明度和边缘的虚实会影响遮罩效果的透明度与虚实，但遮罩图形的颜色不影响遮罩的最终效果。遮罩内容物就是遮罩要裁切的物体，它可以是静态的图片，也可以是一个动画。在遮罩中，遮罩内容物被遮罩图形遮住的部分被保留下来，而遮罩内容物的其余部分被隐藏起来。利用遮罩功能可以灵活地实现非常多的动效，其在界面动效设计中是一个非常实用的功能。

遮罩的基本结构如下图所示。

遮罩图形　　　　遮罩内容物　　　　遮罩效果　　　　　遮罩效果　　　　遮罩内容物　　　　遮罩效果

实边遮罩　　　　　　　　　　　　　　　　　　　柔边遮罩

11.3.3 形变

顾名思义，形变就是物体的形状变化。在动效设计中，物体的形变包括尺寸、旋转角度、位置及透明度等的变化。形变是界面动效设计中较核心的内容，通过多个形变动画的有机组合，能制作出复杂的动效。形变可以应用在遮罩上，形变的几个属性还可以叠加使用，即可以同时变化某一个图形的形状、角度及透明度等，如下图所示。

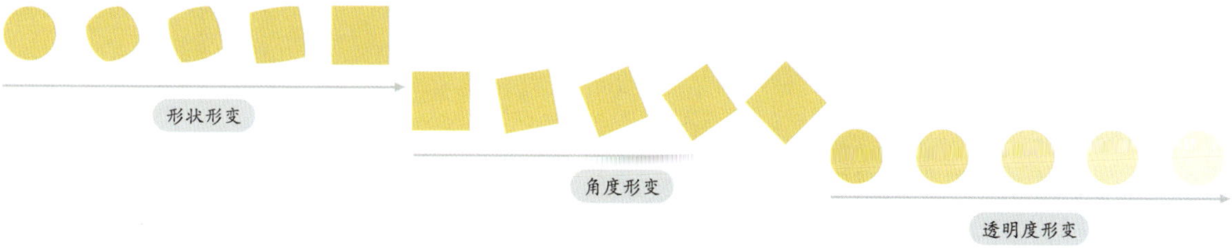

形状形变

角度形变

透明度形变

11.3.4 透视动画

这里的透视动画指的是在上一小节中物体形变的基础上增加了 z 轴变化之后的形变。当发生这种形变时，物体的透视效果会发生改变。普遍以平面图形构成的界面中较少会设计出明显的透视动画，但在一些特殊的情况下，也会少量应用此类动画。在一般的动效制作过程中，只会针对本质上是平面的切图进行位移、缩放及透明度等属性的改变，而不会对物体的透视效果做任何调整。所以这种类型的动画需要使用有一定的 3D 制作功能的软件来制作。本书中提到的 Photoshop、Animate 和 After Effects 中都有 3D 制作的功能，不过它们并不是专业的 3D 动画制作软件，所以并非制作这类动画的首选。不过这并不意味着在制作这类动画前，需要动效设计师熟练掌握 3D 动画制作软件，毕竟并非所有的动效设计师都有足够的时间和精力去做跨界技能（这里主要指的是软件方面的"跨界"）培养。好在 After Effects 就有比较高效的透视动画制作功能。它的这种功能要比本书中提到的另外两款软件中的相应功能更好用，效率也更高。但需要注意的是，这个功能也仅支持一些简单的面片的透视翻转，如右图所示。

透视动画

提示

当然，如果是针对比较复杂的 3D 动画，如纸张的卷曲翻转、一个 3D 人物的转动，以及涉及全 3D 物体的复杂运动等，还是需要用专业的 3D 动画制作软件来制作。

11.4 制作游戏界面动效的常用工具解析

制作游戏界面的动效离不开称手的工具。制作游戏界面动效常见的工具为 After Effects，动效进版（案例演示中有相关解释）时用的引擎有 Unity、Unreal E 等。

教学视频：科技风格结算界面动效 - 预演教程 .mp4

在 After Effects 中，界面动效的制作可划分为两个步骤来完成，即纯粹的动效制作和动效的重构。所谓纯粹的动效制作，可以简单地理解为动效设计师设计的一种动效，其产出物就是一段动效的演示动画（预演）。这与界面设计的过程非常相似，也是先有设计稿，后有进版。只不过动效的进版有很大一部分需要由动效设计师自己来操作，而且在项目的后期，由于风格趋于稳定，会省略设计稿，即预演阶段，直接在引擎中重构（设计 + 进版）动效。

因此，设计和制作游戏界面动效所需的工具不仅包括 After Effects 这类"设计"软件，还包括 Unity 这类"进版"软件。前者需要考虑后者的还原能力，后者则是所见即所得的。

11.4.1 用 Unity 制作简单动效

通常我们把参照 After Effects 等动效设计软件产出的设计效果在引擎中制作动效（有时直接在引擎中制作）的过程称为动效进版。"进版"是"将设计效果归进可运行的游戏版本中"的简称。在 Unity 中制作动效便是进版的一个环节，是游戏界面动效最终呈现在玩家面前的关键一步。

提示

开始本案例的演示之前，请先观看"After Effects 设计和制作结算胜利动效教程"视频，并将"Unity 工程文件"解压至相应位置。提前安装好 Unity Hub 和 Unity 2021.2.17f1c1，并且最好将以上文件和软件全部解压和安装在固态硬盘上。

案例演示：用 Unity 制作科技风格结算界面动效

在 Unity 中制作动效与在其他动画软件中制作动效的操作较为相似，但用户仍需要掌握一些 Unity 特有的基本操作技能。本案例演示的内容基于大宇老师（李宇镇 Woojin Lee）的游戏界面设计作品。

教学视频：用 Unity 制作科技风格结算界面动效 .mp4

操作步骤

01 打开 Unity Hub，单击界面右上角的"打开"下拉按钮，从弹出的下拉菜单中选择"从磁盘添加项目"，选择准备好的"结算胜利"工程文件，该工程文件就会在项目列表中显示，如下页图所示。

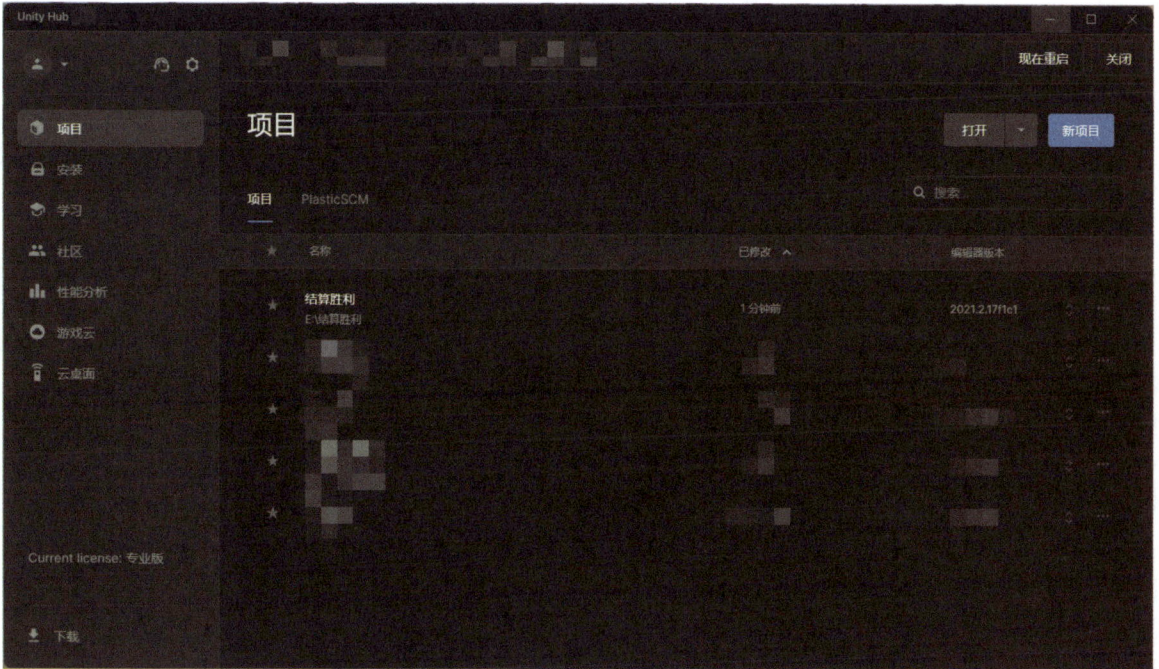

02 单击项目列表中显示的"结算胜利"工程文件右侧的"编辑器版本"按钮■，并在弹窗中选择"2021.2.17f1c1"，单击该弹窗右下角的"使用 2021.2.17f1c1 打开"按钮以启动编辑器，如下图所示（第一次打开新工程文件时需要耐心等待一段时间）。

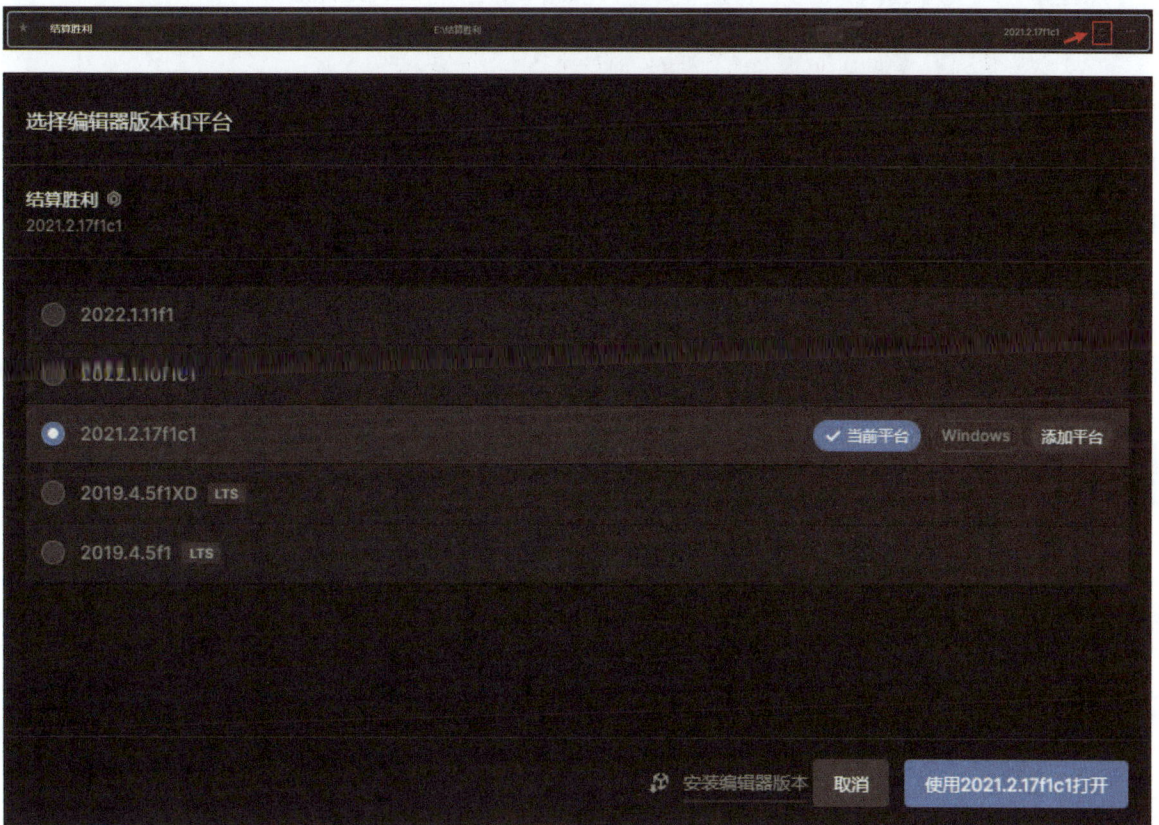

03 打开后会出现编辑器界面。界面左上方为"Hierarchy"面板，用于显示节点；中间为舞台，用于显示当前"Scene"面板中的内容；右侧为"Inspector"面板，用于显示选中的节点上挂载的组件。底部为资源浏览区，其中"Project"面板用于显示当前工程中的文件结构。我们所用的这个工程文件主要关注"Assets"文件夹下的 3 个文件夹，即"Ani""Scenes""切图"文件夹。这 3 个文件夹分别放置的是动画文件、场景文件和切图文件。

　　"Scenes"文件夹中放置着本次教程用到的场景，如果打开工程文件时场景未打开，可在"Scenes"文件夹中双击场景文件来将其打开。"切图"文件夹中的切图从本书提供的 PSD 文件中导出而来，其切图方式并非标准，仅适用于本案例演示，在实际项目中切图时需要遵守相关规范。

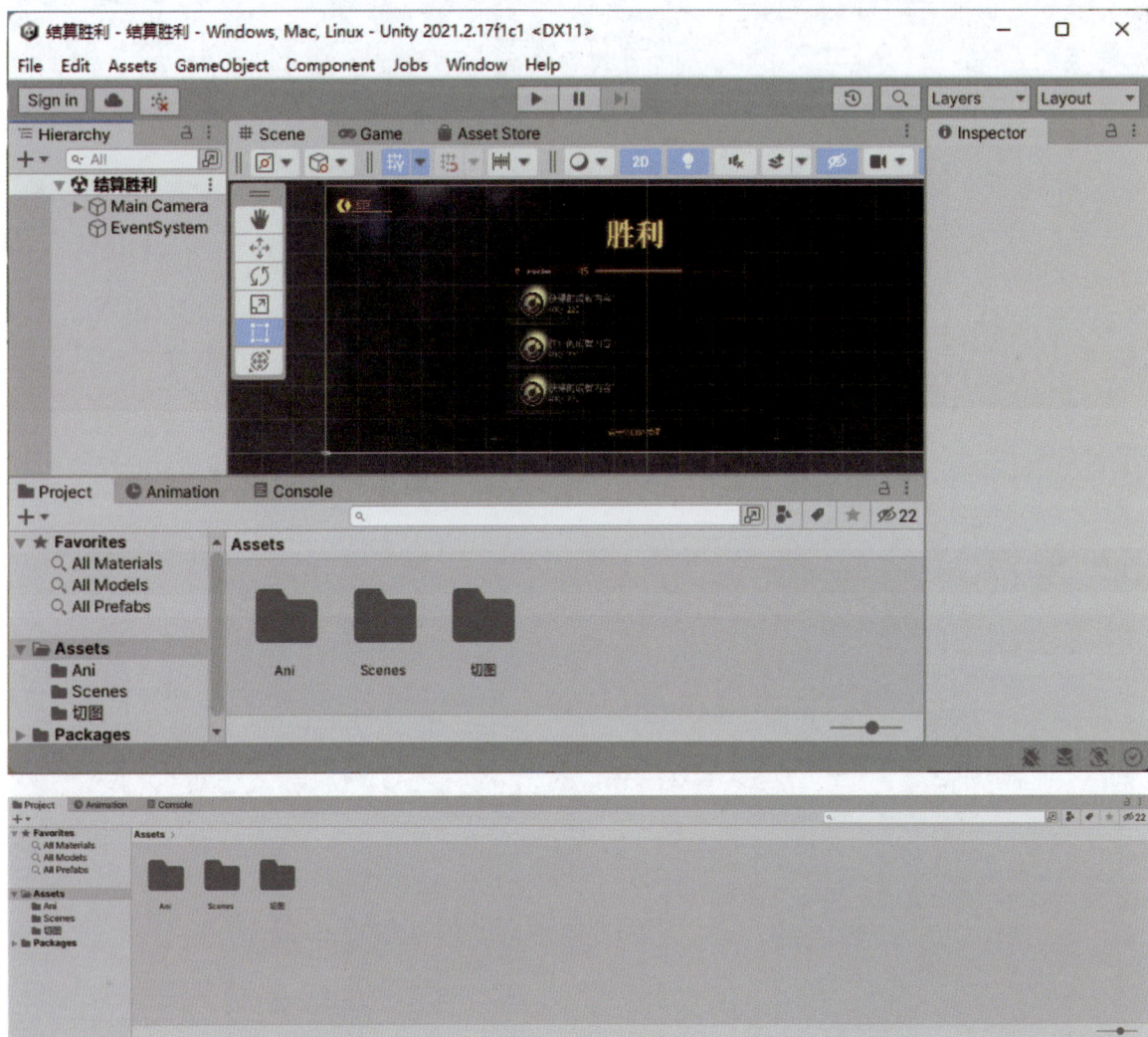

04 在"Hierarchy"面板中打开"Main Camera"节点，可以看到节点布局。如果节点布局与图中显示的不同，则可以在按住 Shift 键的同时，选中从"zuoshang"到"SL"（包括"SL"的所有子节点）的所有节点，并将其拖曳到"BG"节点上。右图所示的节点结构中，除"BG"节点上方的节点外，所有节点均以"BG"节点为父节点。

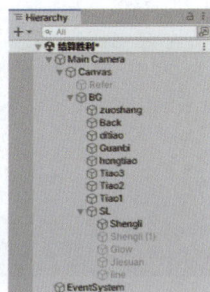

05 选中"BG"节点，并在"Project"面板中打开"Ani"文件夹。在空白处单击鼠标右键，在弹出的快捷菜单中选择"Create > Animation"选项，创建一个 Animation 文件，将其重命名为"jiesuan"，如下图所示。

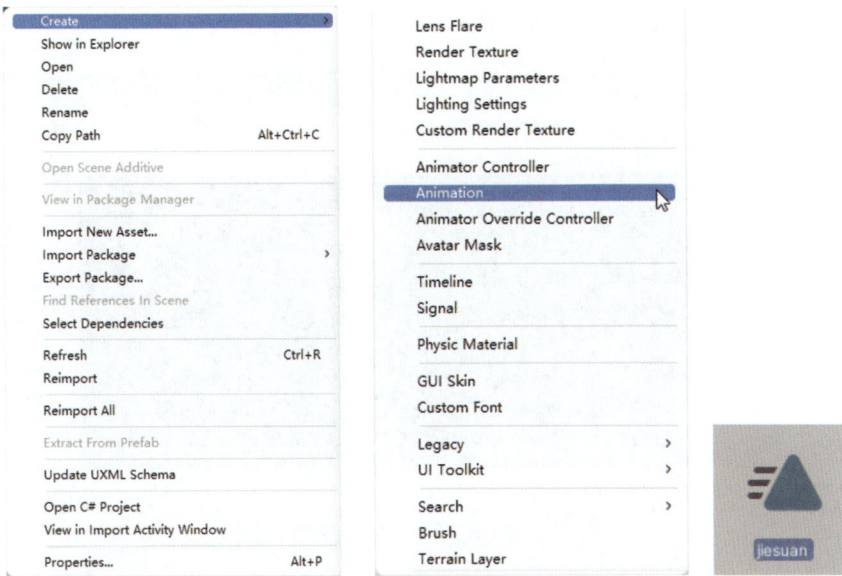

06 保持"Hierarchy"面板中的"BG"节点处于选中状态，将"jiesuan"文件拖曳至右侧的"Inspector"面板中，此时 Unity 会自动创建一个"Animator"组件。同时，"Project"面板中的"Ani"文件夹内也会自动创建一个名称为"BG"的 Animator 文件，如下图所示。

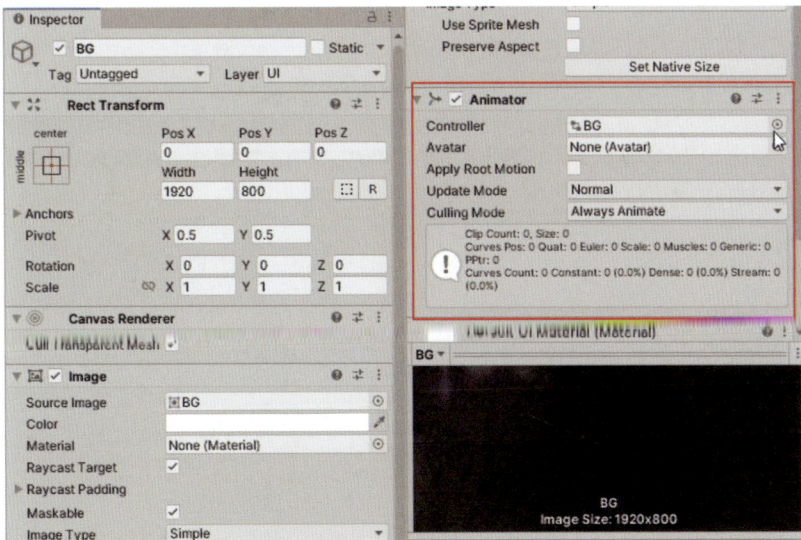

07 双击"jiesuan"文件，底部资源浏览区会打开一个新的"Animation"面板。在该面板中，我们可以开始进行动效的制作，如下图所示。

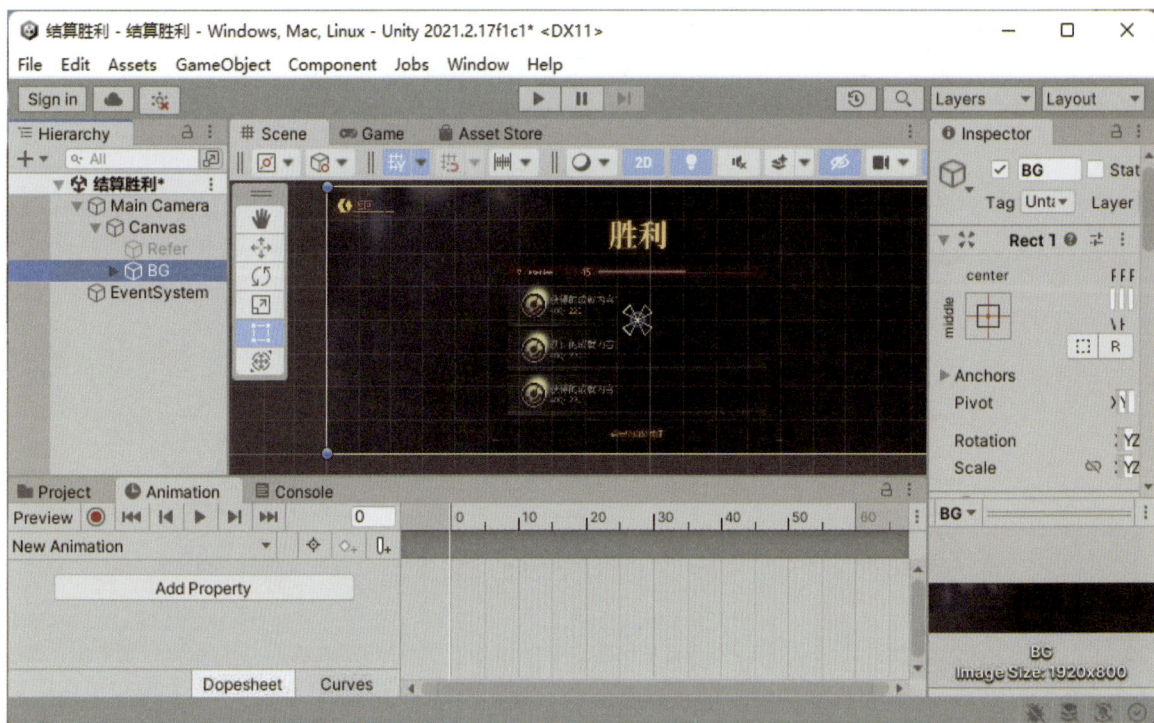

08 单击"Animation"面板右上角的菜单按钮，在下拉菜单中选择"Frames"选项，设置为显示"帧模式"。在同一个下拉菜单内选择"Set Sample Rate > 30"选项，将时间轴的帧频设置为 30 帧 / 秒，如下图所示。

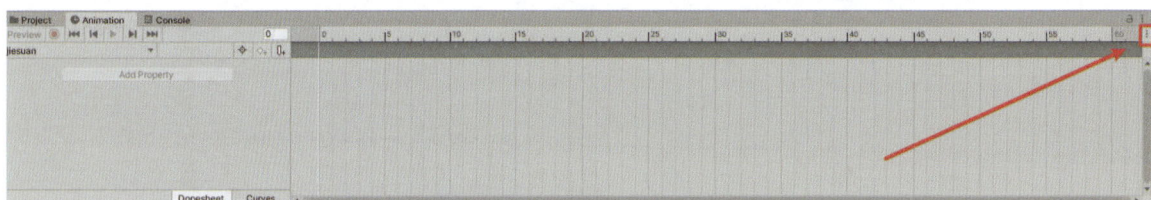

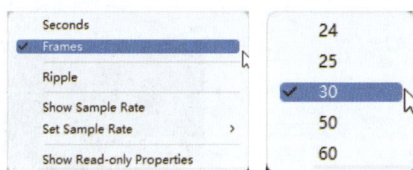

09 保持"Hierarchy"面板中的"BG"节点处于选中状态，单击"Animation"面板顶部左侧的红色"录制"按钮，此时整个时间轴顶部变红，可以开始为特定的节点记录关键帧，从而制作出动效。

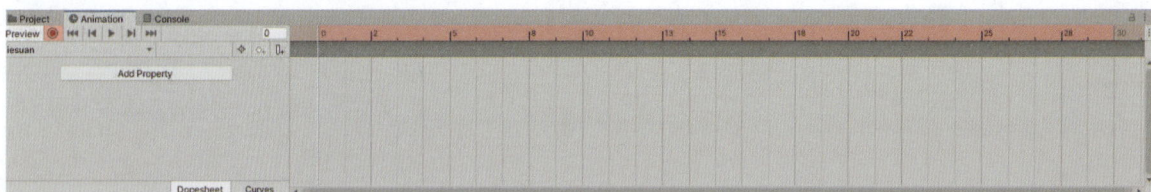

10 在 After Effects 中将本书随附的"结算胜利"文件打开，并将其中的合成"shengli"文件打开，显示内部的图层，如下图所示。

11 在步骤 09 的基础上选中"shengli"节点，并选择时间轴上的任意一处，更改"Inspector"面板中的相关属性数值，这样便会在时间轴上记录下一个关键帧。按此方法并参照上图中"shengli"图层的关键帧属性数值，对 Unity 中"shengli"节点的第 0 帧、第 10 帧和第 13 帧的属性数值进行设定，如下图所示。

12 在"shengli"节点上用到的缩放属性的动画曲线需要用特定的方法制作。单击"Animation"面板底部的"Curves"按钮，打开"曲线显示"模式。

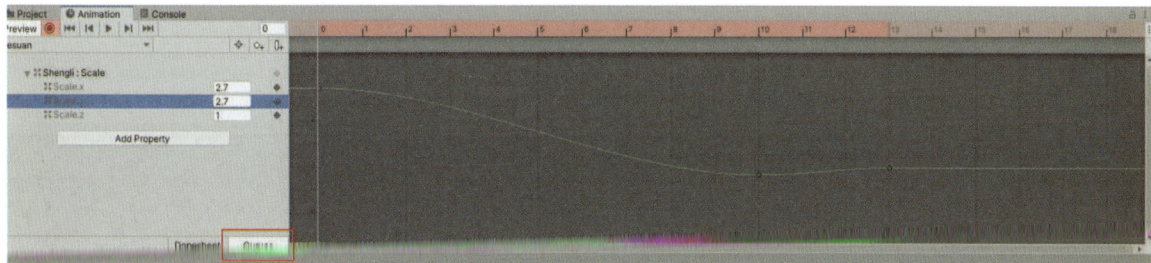

提示

因为在 Unity 中通常无法用与 After Effects 中相似的方法创建下图所示的动画曲线（该曲线为上一步中第 0 帧和第 10 帧之间的曲线），所以需要用特定的方法。

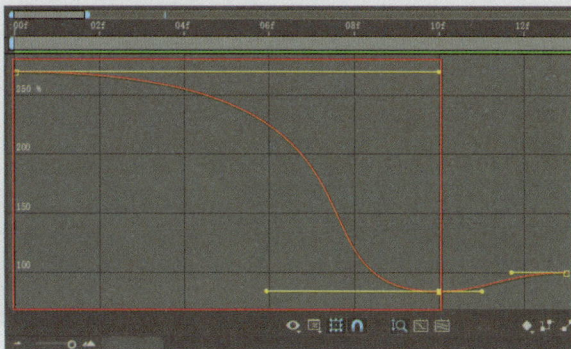

13 单击相应属性数值右侧的关键帧操作按钮 ◎ ，并在弹出的下拉菜单中选择"Add Key"选项，手动添加关键帧。在按住 Shift 键的同时选中左侧的"Scale.x"和"Scale.y"属性，在右侧的时间轴的第 6 帧处为它们分别创建关键帧。

14 在时间轴区域框选新创建的关键帧，并将其拖曳至下图所示的位置。由此便可以在 Unity 中创建和 After Effects 中的动画曲线相似的动画曲线。

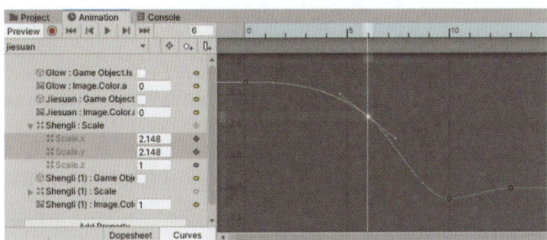

15 只要保持"Animation"面板中的"录制"按钮 ◉ 处于活动状态，那么对"Inspector"面板中的任何属性数值进行修改，都会在"Animation"面板的时间轴上记录下关键帧。比如在"jiesuan"节点上，就可以为"显示与否"（右图上方框住的复选框选中为显示，否则不显示）和"透明度"（受右图框住的 Color 中的 alpha 属性值所影响）创建关键帧，从而灵活控制该节点显示的时间点及显示的透明度。

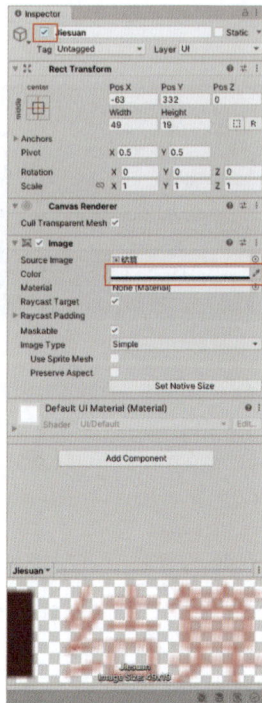

按上述方法并参照提供的 After Effects 文件，就可以将 After Effects 中设计好的动效完全还原到引擎中。在 Unity 中另外需要注意的两个设置及相关操作如下。

（1）设置屏幕分辨率。

直接单击"Game"页签以打开面板，或者单击界面顶部的"播放"按钮 ▶ 进行切换，然后单击"Game"面板顶部的分辨率，在下拉菜单中选择所需的分辨率。如果没有所需的分辨率，可选择下拉菜单底部的"+"选项，然后在打开的弹窗中对"X"和"Y"进行修改，如下页图所示。

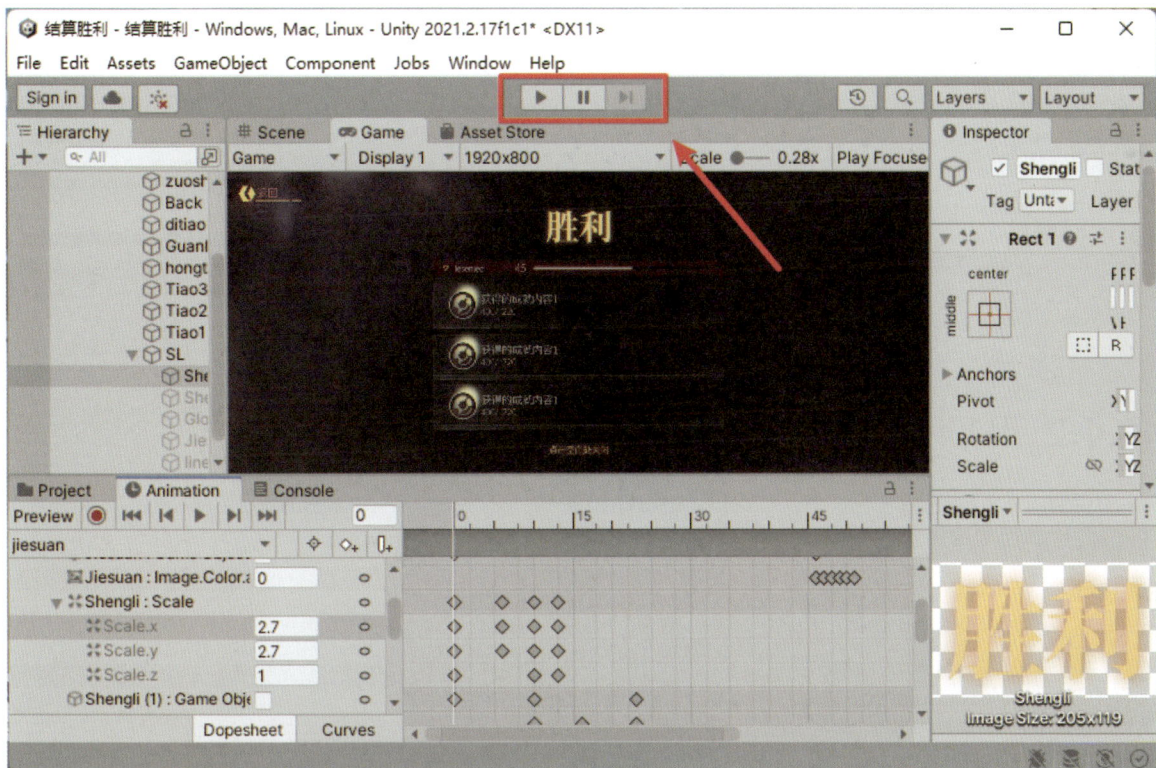

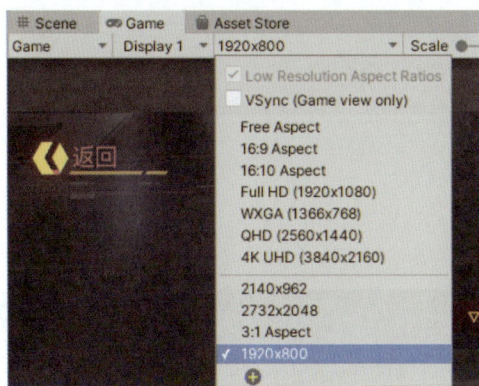

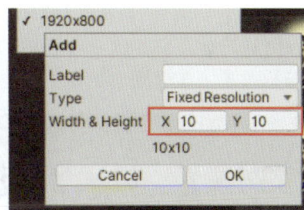

（2）保存文件。

在节点中没有内嵌预设的情况下，只需按 Ctrl+S 组合键即可保存文件。可通过观察"Hierarchy"面板中的根节点名称右侧有无星号来判断文件有无修改和保存。

在节点中内嵌了预设的情况下，如果需对预设进行修改，需在该内嵌预设节点处于选中状态时，在"Inspector"面板中单击"Overrides"并单击下拉列表中的"Apply All"按钮（本例无嵌套，因而下图中无"Apply All"按钮），如下图所示。

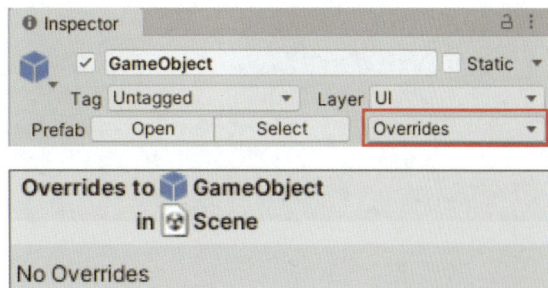

为了保证所有的改动都可被保存，通常还需在 Unity 的菜单栏中选择"File >
Save Project"选项，进行一次保存操作，如右图所示。

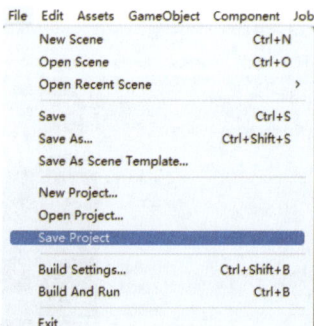

🐝 **提示**

由于各个项目所用的 Unity 版本不同，因此保存设置也不尽相同，具体情况以项目要求
为准。

11.4.2　用 Unreal Engine 5 制作简单动效

目前游戏业界开发项目常用的引擎除了上个案例演示用到的 Unity 之外，还有本案例演示所用的 Unreal Engine 5。
Unreal Engine 5 缩写为 UE5，即"虚幻引擎 5"。

🐝 **提示**

开始本案例的演示之前，请先观看"After Effects 设计和制作结算胜利动效教程"视频，并将"Unreal 工程文件"解压至相应位置。提
前安装好 Epic Games 客户端和 Unreal Engine 5.0.3，并且最好将以上文件和软件全部解压和安装在固态硬盘上。

案例演示：用 Unreal Engine 5 制作科技风格结算界面动效

Unity 和 Unreal Engine 5 在用于制作动效的层面上没有本质差别，只是因为软件特性，用户需要
掌握一些基本的操作技能。本案例演示的内容基于大宇老师（李宇镇 Woojin Lee）的游戏界面设计作品。

教学视频：用 Unreal Engine 5 制作科技风格结算界面动效 .mp4

操作步骤

01 启动 Epic Games 客户端，并依次单击左侧的"虚幻引擎"页签和该页签内顶部的"库"页签。单击"引擎版本"
界面中的"5.0.3"版本或单击该界面右上角的"启动 Unreal Engine 5.0.3"按钮以启动引擎，如下图所示。

02 引擎启动后可看到"虚幻项目浏览器"界面。单击"虚幻项目浏览器"界面底部的"浏览"按钮，在打开的"操作系统资源管理器"界面中选择准备好的"Unreal 工程文件"解压路径，以打开工程文件。单击界面左侧"内容浏览器"面板中的"Eom"文件夹，可以看到"切图"文件夹和"Eom"文件（"控件蓝图"文件）。双击以打开"Eom"文件，如下页图所示。

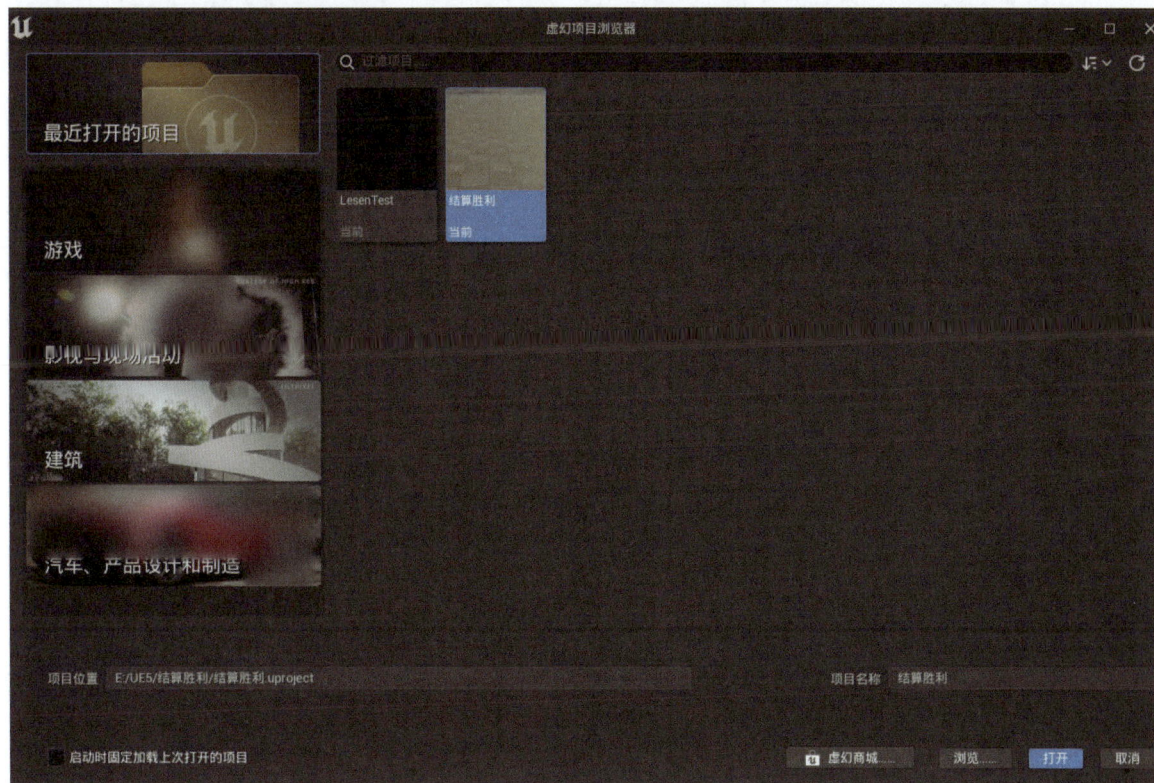

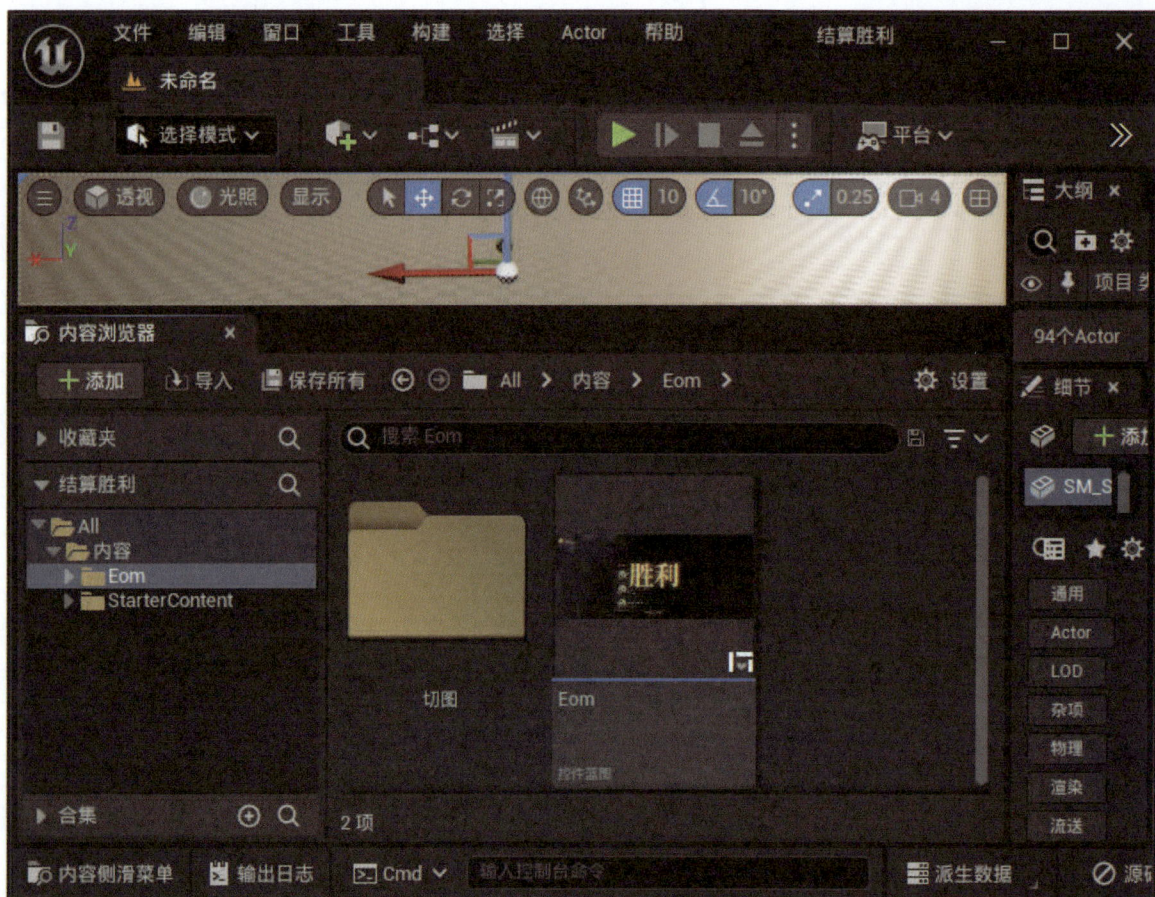

这里需要关注左下角的"层级"面板、中间的"设计器"面板、底部的"动画"面板和右侧的"细节"面板。这些面板在后续制作动效时会使用到。该软件的布局和功能与 Unity 的布局(布局可自定义)和功能类似。

03 单击"动画"面板中的"+ 动画"按钮,在"动画"面板的顶部单击序列显示率,在下拉菜单中选择"30fps"选项,将"动画"面板的帧频设置为 30 帧 / 秒。在同一下拉菜单中选择"将时间显示为＞帧"选项,此时时间轴上的刻度单位均转换为帧。

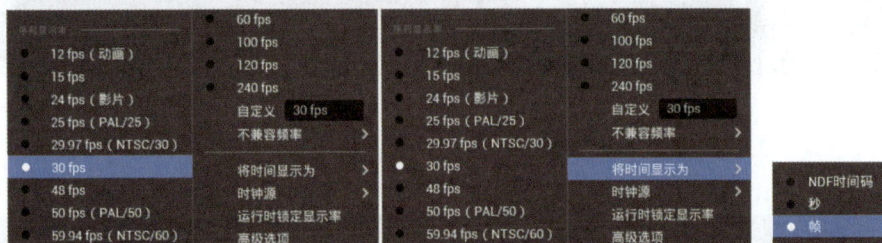

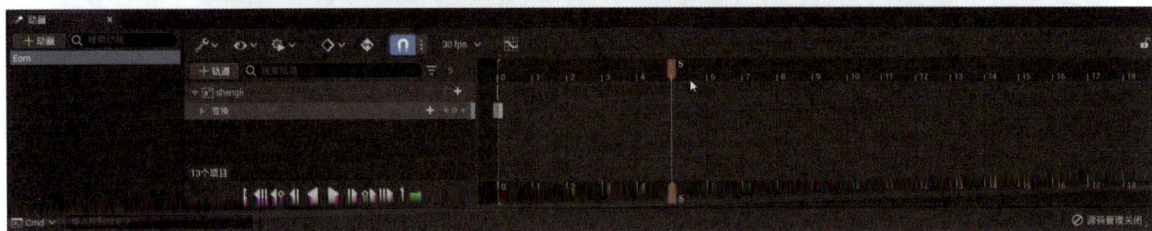

04 与 11.4.1 小节中在 Unity 中制作动效一样,此处动画细节的制作也需参考 After Effects 源文件"结算胜利"工程文件中的相关属性设置。打开"结算胜利"工程文件中的合成"shengli"文件,显示内部的图层,如下图所示。

05 在Unreal Engine 5中单击"层级"面板中的"shengli"节点，右侧的"细节"面板中会相应地显示该节点的相关属性，如下图所示。

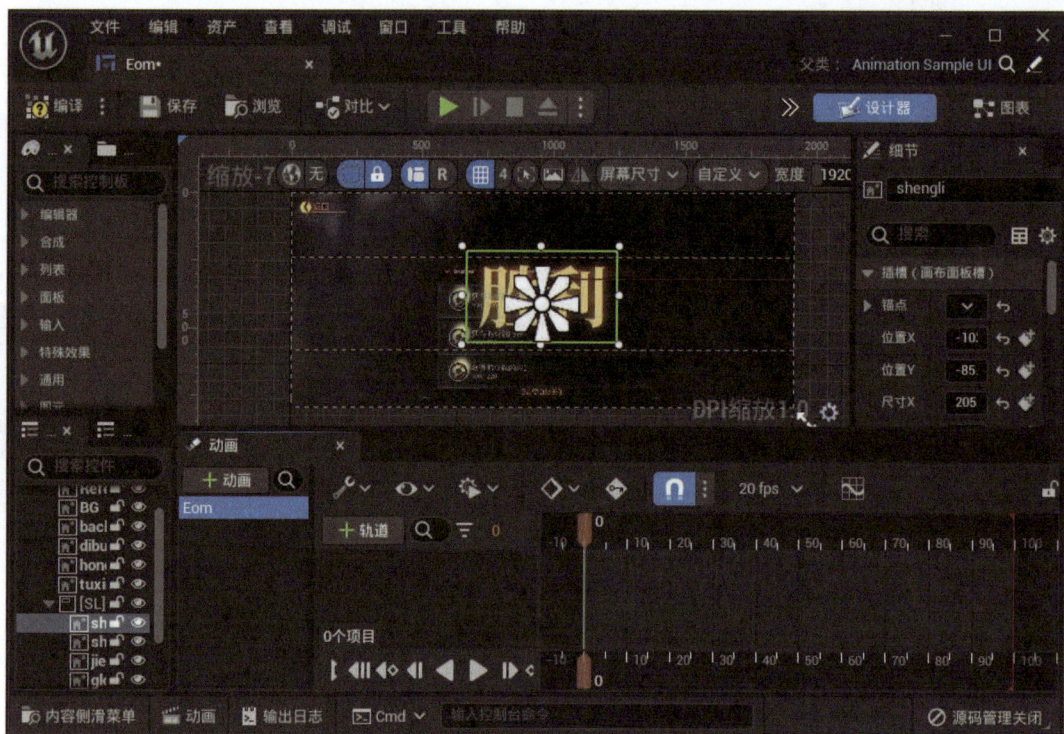

06 在底部的"动画"面板中将时间滑块拖曳至第0帧处，在"细节"面板中找到"变换"属性栏中的"缩放"属性，并单击其右侧的"添加关键帧"按钮▣，此时间轴上就会出现一个关键帧，如下图所示。

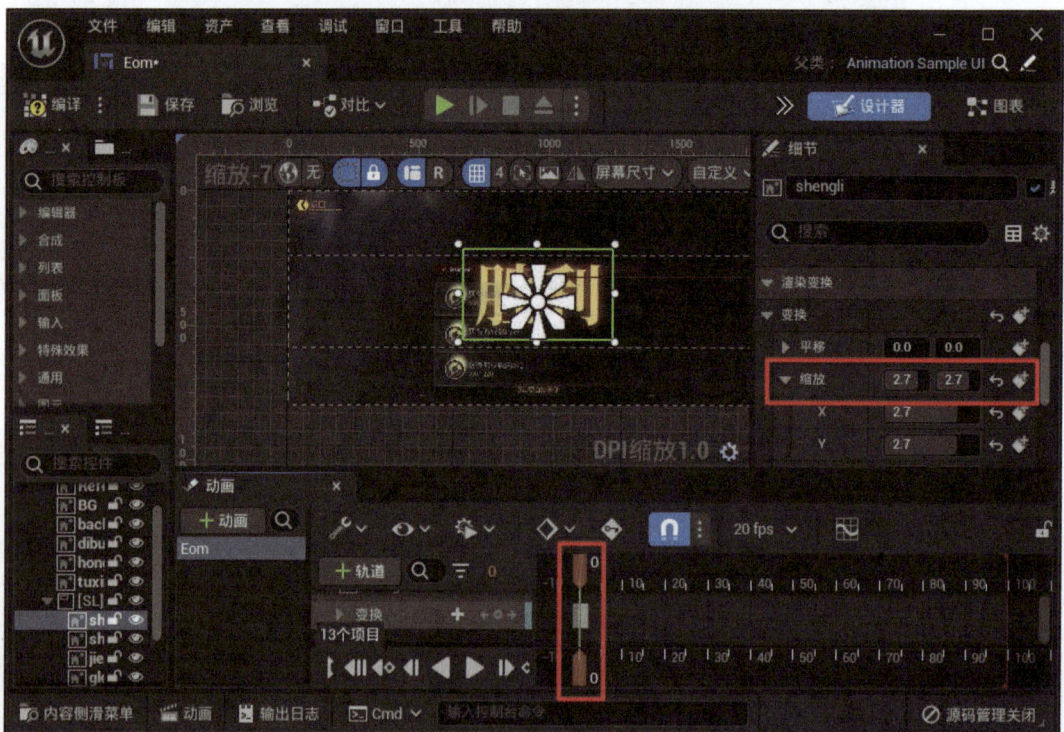

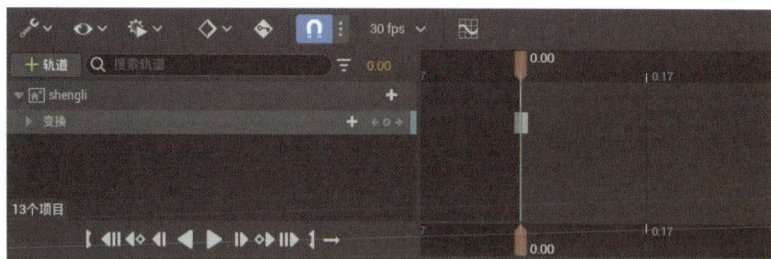

07 按此方法并参照 After Effects 源文件中的相应时间位置，为"shengli"节点添加相应的关键帧。

08 保持"shengli"轨道上的"变换"轨道处于选中状态，单击"动画"面板顶部中间的"Sequencer 曲线"按钮，打开"Sequencer 曲线"弹窗。

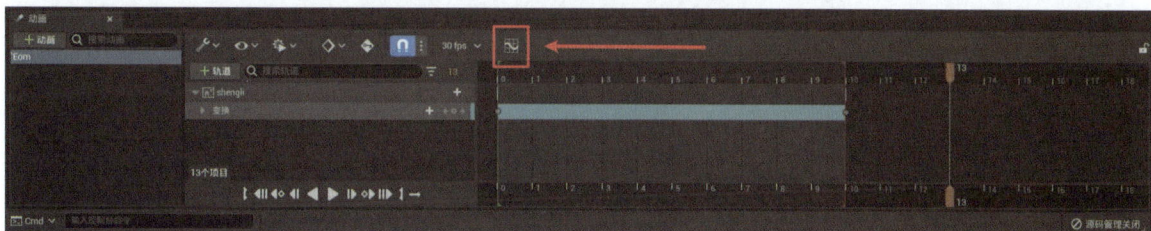

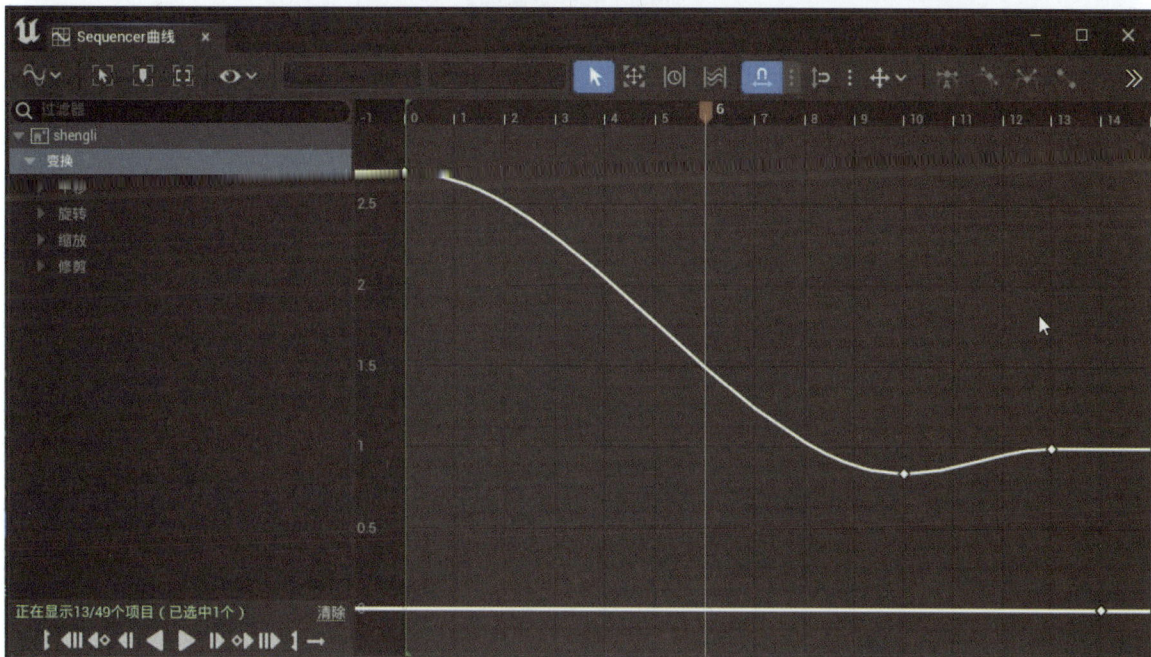

09 在"Sequencer 曲线"弹窗中框选第 1 帧处的圆点，使其处于选中状态。单击弹窗右侧的"箭头"按钮■，在下拉菜单中选择"加权切线"选项，此时处于选中状态的关键帧曲线手柄就可以被自由拉伸。按住 Shift 键并拖曳右侧手柄，将曲线调整成下面第 3 张图所示的效果。

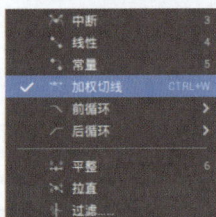

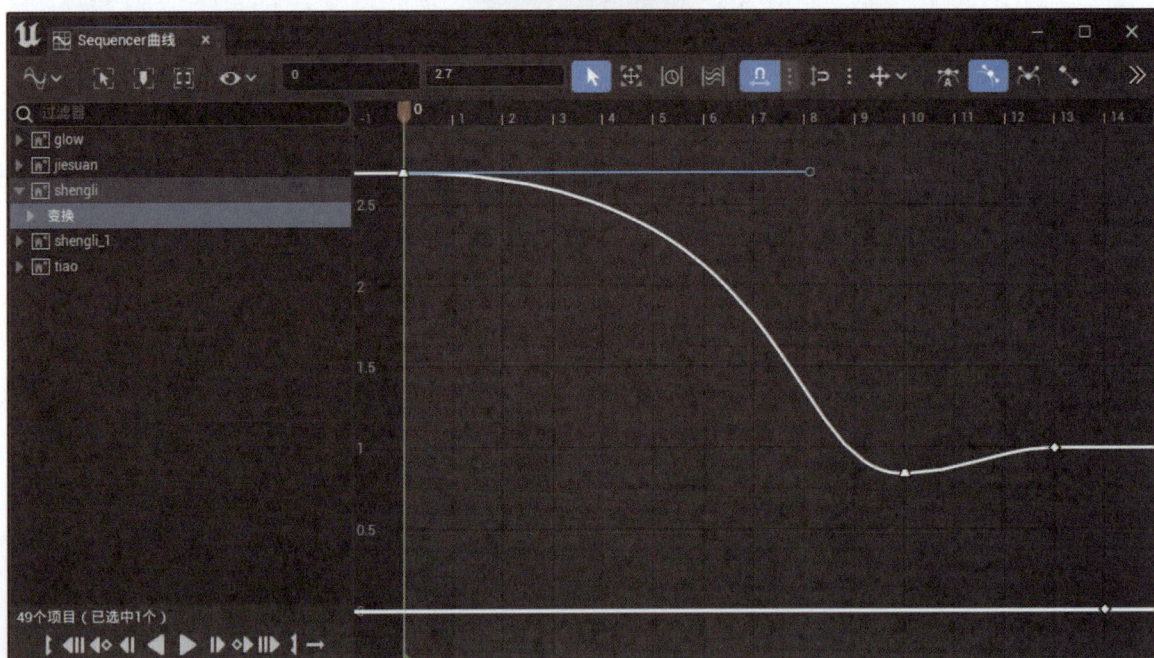

10 对照 After Effects 中同一动效的曲线，可见二者几乎相同。通过这种方法，我们就在 Unreal Engine 5 中近乎还原了在 After Effects 中制作的绝大部分动效。后续的动效按照以上的类似方法，对 After Effects 源文件中对应的效果进行一一还原即可。

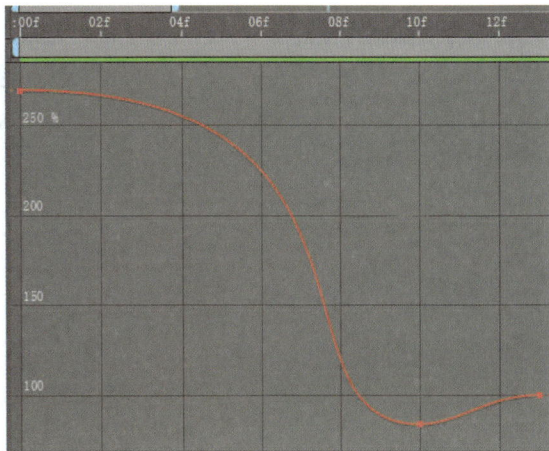

另外需要注意的 3 个设置及相关操作如下。

（1）轨道的宽度需要与时间轴的有效区域宽度保持一致，以防程序引用相关动效播放时出现重置错误。

不管轨道上的关键帧的始末位置在哪里，所有轨道均保持同一宽度。左右两侧的绿色与红色的纵向线条之间的区域即时间轴上的有效区域，最终引擎运行时播放的动效便在这两条线条"框住"的区域内。

（2）轨道和关键帧是两个元素和概念，不同节点的相同属性之间，既可以复制、粘贴轨道，又可以复制、粘贴关键帧。

比如在制作"jiesuan"节点上的闪切动效时，利用的是其透明度属性的频繁变化，其轨道和关键帧如下图所示。

"tiao"节点的运动方式和"jiesuan"节点的运动方式完全一样，只有一帧时间错位。这时就可以框选"jiesuan"节点上的关键帧，并复制粘贴至"tiao"节点的相关位置。但是在复制的过程中，需注意选中关键帧而非轨道，一种方法是用鼠标小心框选，如下图所示。

另一种方法是选中轨道，以单独复制轨道，如下图所示。

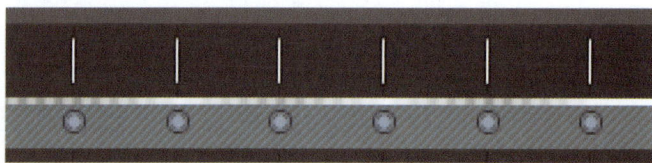

将要粘贴关键帧的节点上没有轨道将无处粘贴这些关键帧。这时只需要在"层级"面板中将目标节点选中，接着在"细节"面板里找到对应的属性，随意添加一个关键帧，然后便可以将所复制的关键帧粘贴在所需位置，并删除之前随意添加的关键帧。

对于"细节"面板中带有"添加关键帧"按钮■的属性，都可以在时间轴上为其添加关键帧，并最终设计成动画，节点的"可视性"属性也同样可以，如下图所示。

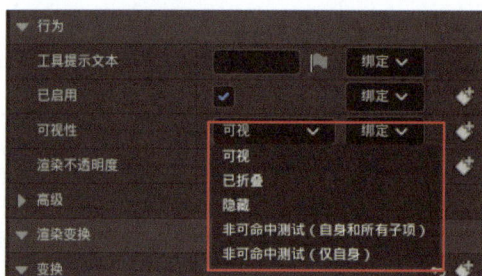

这一特点和 Unity 比较类似，可借用这一特点来制作类似于 After Effects 中的图层错位效果。比如"胜利"图层与"胜利 2"图层之间的关系一样，"胜利"图层的内容从第 0 帧开始出现，而"胜利 2"图层的内容到第 10 帧才出现，如下图所示。

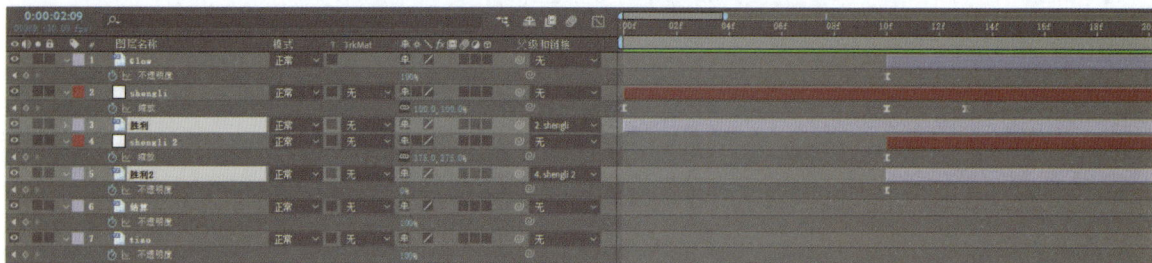

在 After Effects 中可以简单地进行图层截断，在 Unreal Engine 5 中就需要通过给相应节点添加"可视"或"隐藏"关键帧来模拟这一效果。比如本例中，我们对"shengli_1"节点（该节点对应的正是 After Effects 中的"胜利 2"图层）的处理。第 0 帧处的关键帧为"隐藏"，第 10 帧处的关键帧为"可视"，第 23 帧处完成所有动作后，关键帧又为"隐藏"，如下图所示。

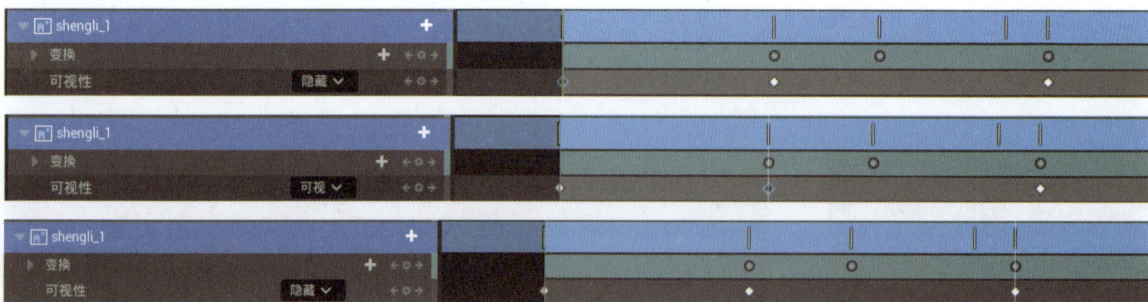

（3）保存文件。

我们制作动效所用到的文件，主要是"控件蓝图"文件，可以在它处于打开状态时，分别单击左上角的"编译"
按钮和"保存"按钮进行保存，如下图所示。

也可以在"内容浏览器"面板中选中"控件蓝图"文件并单击鼠标右键，在弹出的快捷菜单中选择"保存"选项（快
捷键为 Ctrl+S）对其进行保存，如下图所示。

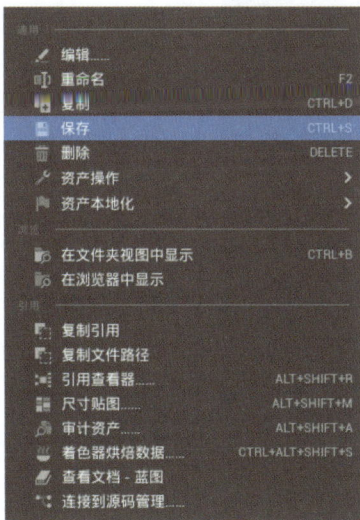

11.4.3 用 After Effects 制作动效

    After Effects 作为一款专门的动态图形设计工作软件，其动效制作过程与前两个软件的动效制作过程有所不同。这里，我们通过一个与前面案例相似的案例来介绍一下在 After Effects 中制作动效的基本方法。

案例演示：用 After Effects 制作黄色小球动效

    在 After Effects 中制作动效的思维方式与在 Unity 和 Unreal Engine 5 中制作动效的思维方式大有不同。本案例演示将展示在相似的小球的运动动效中，各个关键帧上的小球的形态是如何被设计出来的。After Effects 又是通过何种方式来实现这种动效的。动效的效果如下图所示。

教学视频：用 After Effects 制作黄色小球动效 .mp4

操作步骤

01 启动 After Effects，在界面的左侧单击"新建项目"按钮，创建一个新的项目，如下图所示。

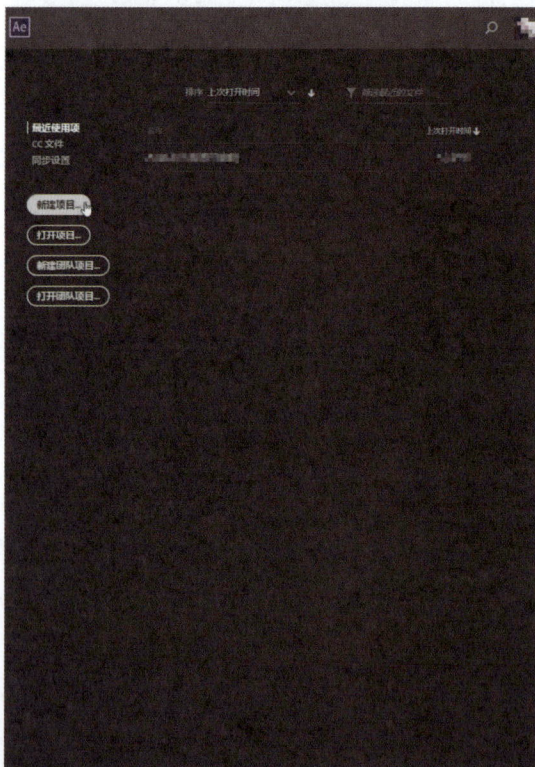

🐝 **提示**

    在已有项目处于打开状态时，可以通过在菜单栏中选择"文件 > 新建 > 新建项目"选项来创建新项目，如下图所示。

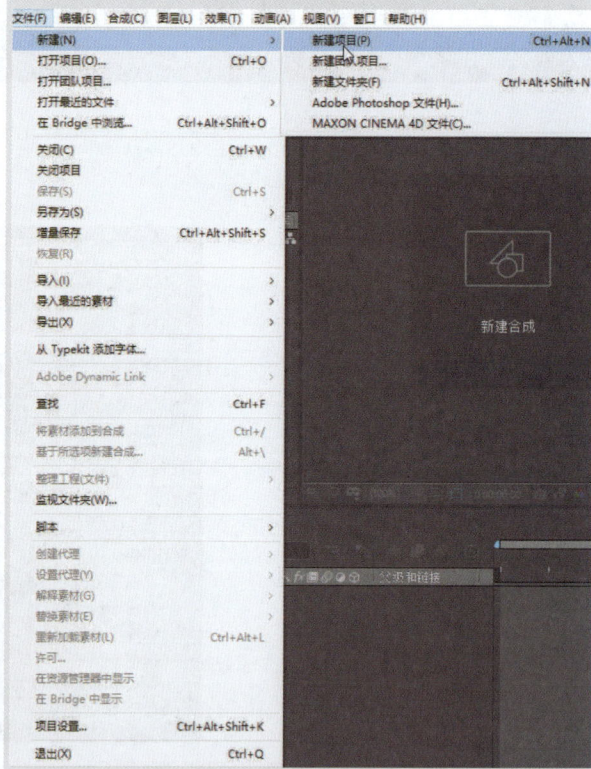

02 在"合成"面板中单击左侧的"新建合成"按钮，会弹出"合成设置"对话框，在对话框中进行适当的设置，并单击"确定"按钮，会在"项目"面板中看到刚才创建的"合成 1"。同时，在时间轴面板中可看到处于打开状态的"合成 1"，此时该合成为空，所以时间轴面板中未出现任何图层，如下图所示。

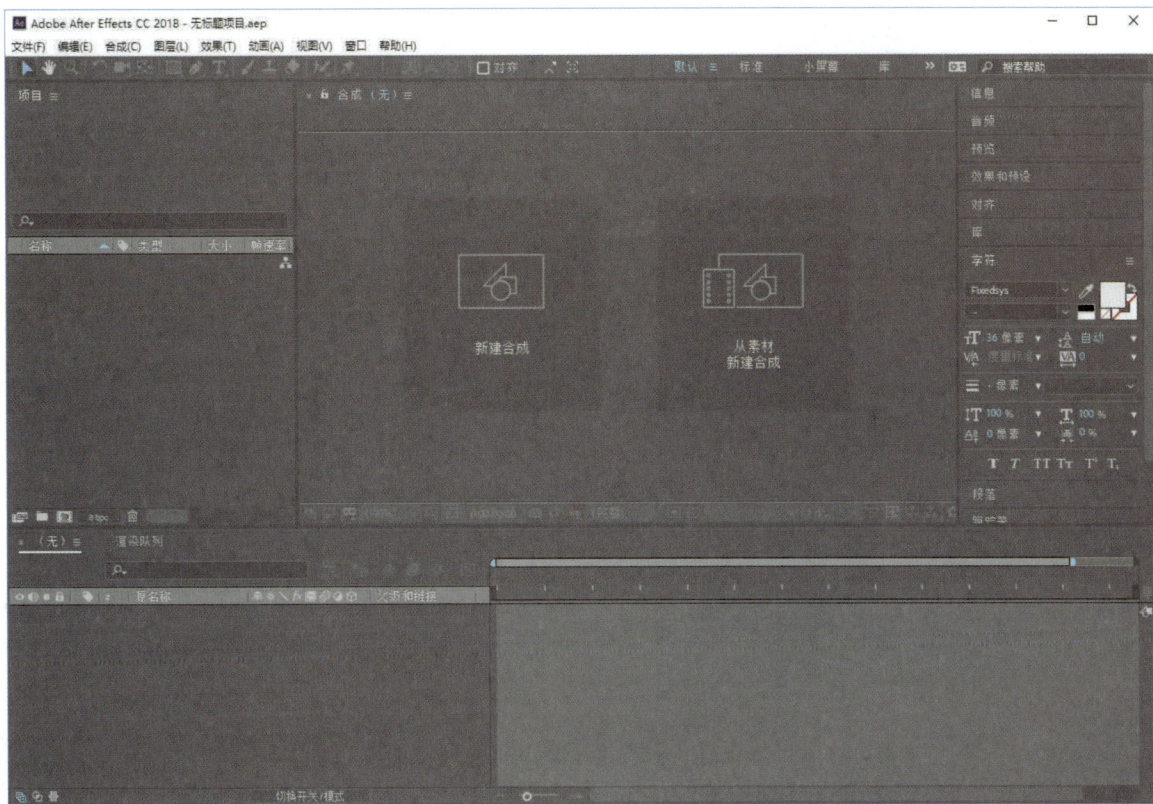

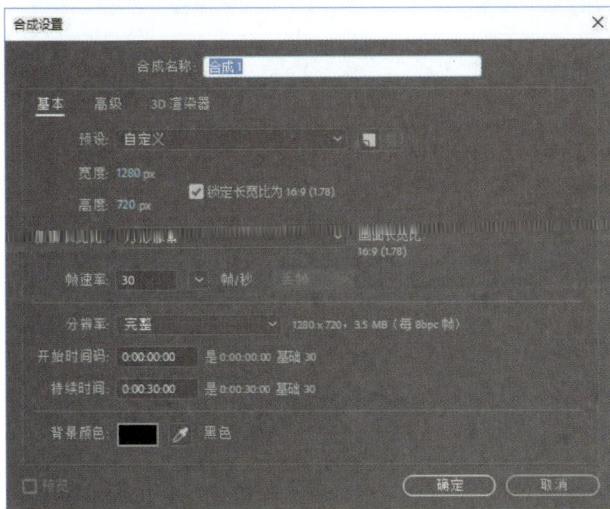

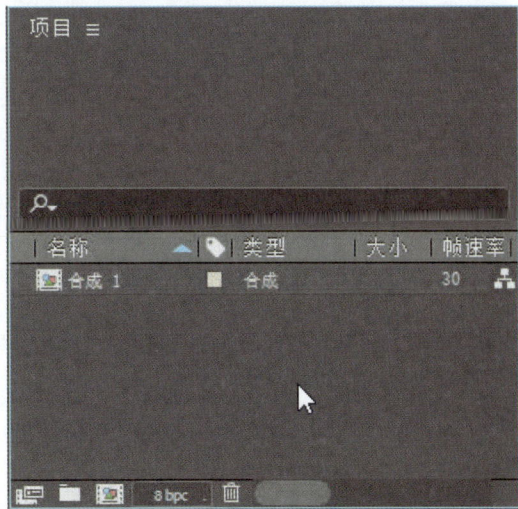

03 在工具栏中找到"矩形工具"，在"矩形工具"上长按鼠标左键后，在弹出的下拉列表中选择"椭圆工具"选项。

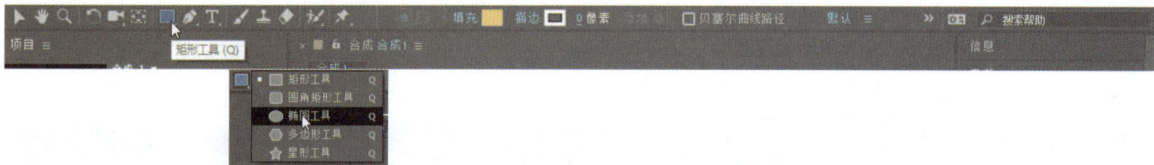

04 工具栏的"描边"色块右侧是描边的宽度数值，选中该数值并向左拖曳，直到该数值为 0，松开鼠标。单击"填充"色块，在"形状填充颜色"对话框中选择黄色（R:255，G:202，B:60），并单击"确定"按钮，如下图所示。

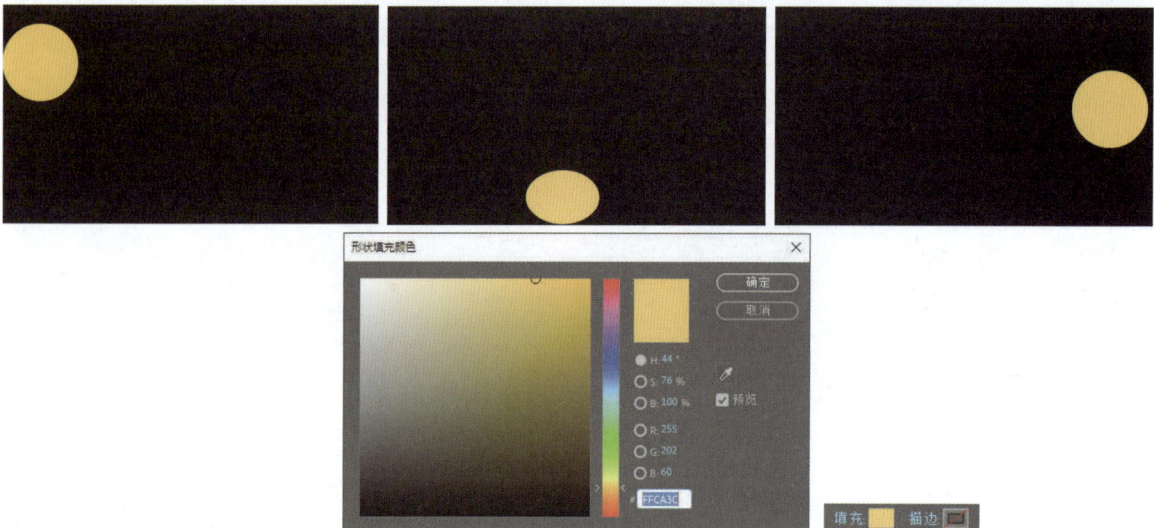

05 在菜单栏中选择"图层 > 新建 > 形状图层"选项，在时间轴面板中创建一个形状图层，如下图所示。

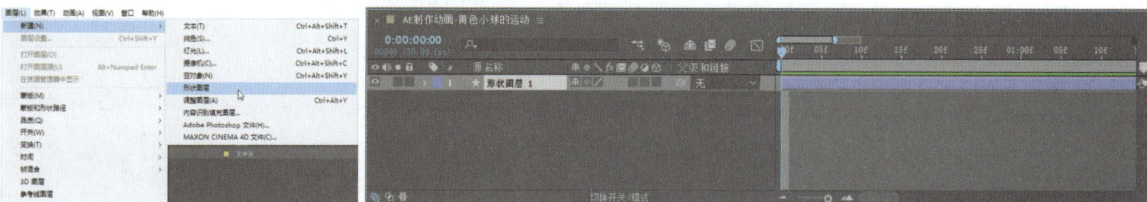

06 保持形状图层处于选中状态，双击工具栏中的"椭圆工具"，在舞台中创建一个宽高比等同于舞台宽高比的黄色椭圆，效果如右图所示。

07 打开图层属性内容，在"内容"的"椭圆 1"的"椭圆路径 1"中找到"大小"属性，单击在该属性中的"约束比例"按钮，分别设置"大小"中的两个数值均为 300。如此就创建了一个位于舞台中心的圆形，如下图所示。

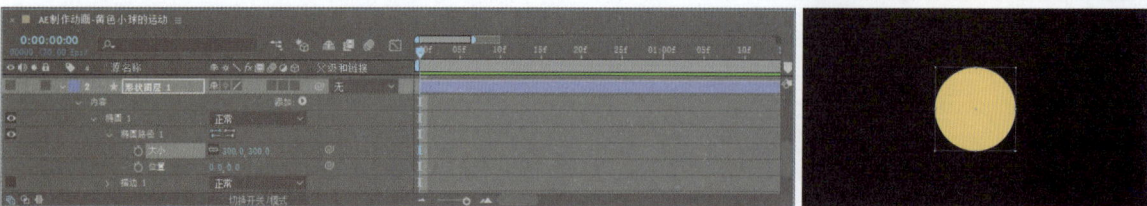

08 在时间轴面板中将时间指示器拖曳至第 0 帧处，保持形状图层处于选中状态，按 P 键打开这个形状图层的"位置"属性，如下图所示。

09 将鼠标指针移动到"位置"属性上，单击鼠标右键并在弹出的快捷菜单中选择"单独尺寸"选项，这时"位置"属性分离为"X 位置"和"Y 位置"两个互相独立的属性，如下图所示。

10 保持时间指示器在当前位置，分别单击两个位置属性左侧的秒表图标，使其点亮，为该形状图层在该时间点处创建第 1个关键帧。更改"X 位置"属性数值为 640，更改"Y 位置"属性数值为 360，如下图所示。

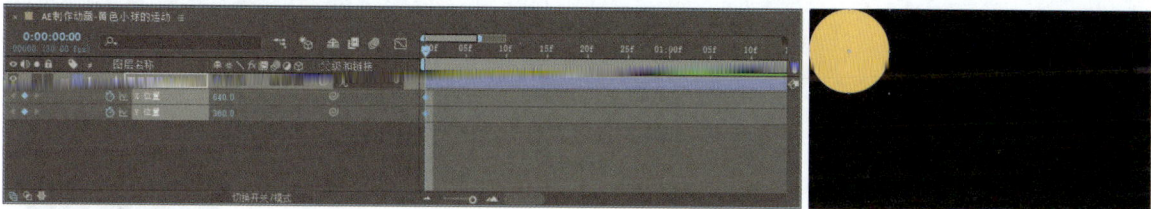

11 拖曳时间指示器到时间轴的第 60 帧处，为"X 位置"属性创建第 2 个关键帧，并更改其数值为 1153，如下图所示。

12 用相同的方法为"Y位置"属性在时间轴的第2帧、第7帧、第12帧、第17帧和第24帧处分别创建关键帧，并分别更改数值为570、486.2、570、546、568，这时候可以在舞台上看到黄色小球的运动轨迹，如下图所示。

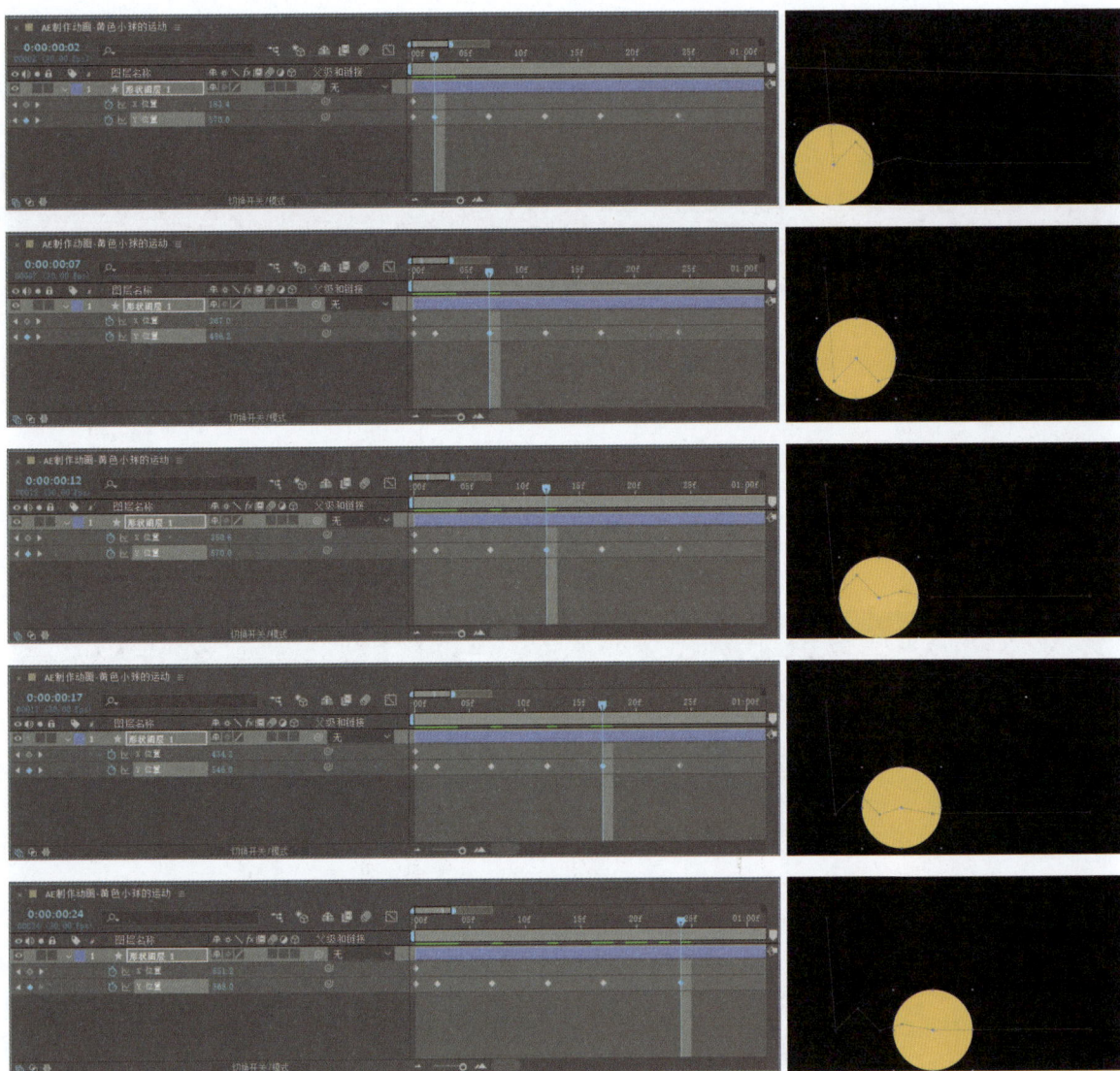

13 按 - 键或 + 键适当缩放时间轴至可以看到所有关键帧的状态，框选所有的关键帧，并在其中一个关键帧上单击鼠标右键，在弹出的快捷菜单中依次选择"关键帧辅助 > 缓动"选项，如右图所示，为这些关键帧添加缓动。也可在这些关键帧全部处于选中的状态下，按 F9 键为其添加缓动。

14 添加缓动后，关键帧图标由菱形图标 变成了漏斗图标 ，时间轴上的效果如下面第 1 张图所示。而舞台上标识小球移动路径的线条也由原先的尖锐线条变成了圆润的曲线，如下面第 2 张图所示，这代表着小球的运动轨迹和速度变化都更加顺滑了。保持时间轴上的关键帧处于选中状态，单击时间轴面板顶部接近中央位置的"图表编辑器"按钮 ，打开图表编辑器，如下面第 3 张图所示。

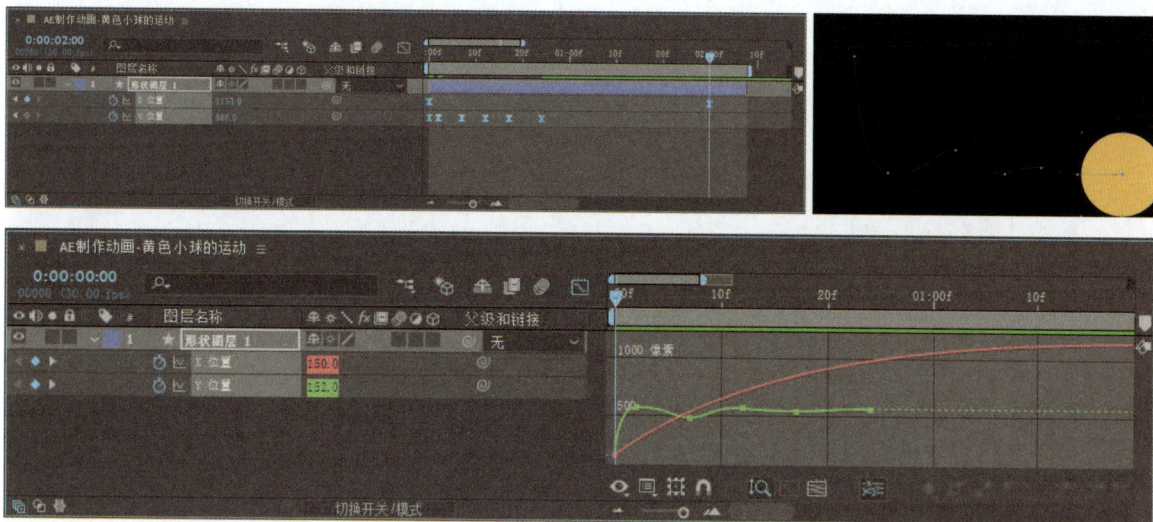

15 在图表编辑器中，我们可以编辑物体的缓动曲线。图表编辑器有两种显示模式可选，单击时间轴面板下方的"选择图表类型和选项"按钮 ，在下拉菜单中选择"编辑值图表"选项，如下图所示。

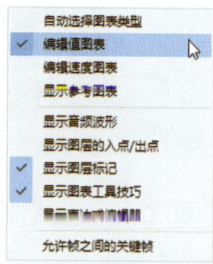

🐝 **提示**

图表编辑器中的曲线是贝塞尔曲线的一种。在显示曲线的状态下，时间轴面板底部会有一些图标 ，它们可被看作调整曲线的工具。从左到右对图标依次进行介绍：单击第 1 个图标可打开与在关键帧上单击鼠标右键打开的同样的菜单；单击第 2 个图标可将选定的关键帧转换为定格，即将原关键帧之间的补间动画全部去掉，将动画转换为两个关键帧之间的直接切换；单击第 3 个图标可将选定的关键帧对应的线条转换为线性，即去掉贝塞尔曲线并将运动曲线转换为直线；单击第 4 个图标可将选定的关键帧对应的线条转换为自动贝塞尔曲线，在这种状态下，该关键帧的曲线两侧的手柄处于联动状态，调整一侧手柄时，另一侧手柄像杠杆一样，会跟着动；第 5 个图标为"缓动"，单击后可为没有缓动曲线的关键帧添加默认缓动曲线；第 6 个图标和第 7 个图标分别为"缓入"和"缓出"，单击其中任意一个图标，穿过关键帧的贝塞尔曲线的左右两个手柄中对应方向的手柄会脱离跟另一侧手柄的联动，从而可以单独调整关键帧上的贝塞尔曲线一侧的手柄而不影响另一侧的手柄。缓入和缓出分别对应着左右两侧，使用它们可以对自动贝塞尔曲线的手柄进行更加灵活的调整。

16 单击 "X 位置"属性，在图表编辑器的值图表状态下，将它的运动曲线调整成下图所示的样式，使小球在 x 轴方向上的运动遵循"接近于平均运动，但越接近动画结尾变化越缓慢"的规则。

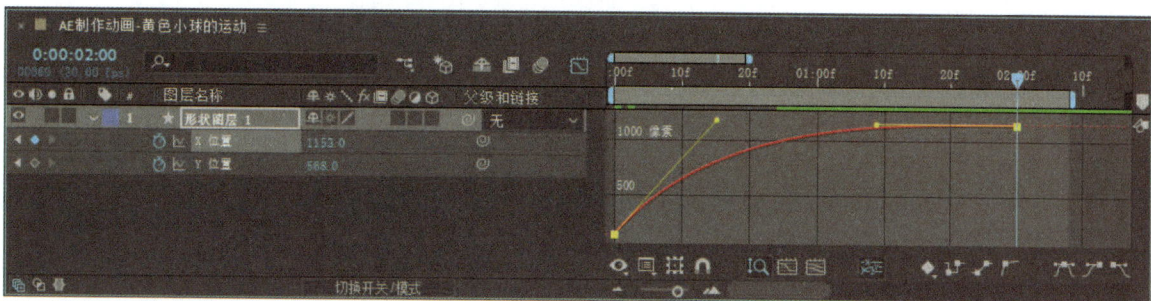

17 使用图表编辑器中的工具将"Y 位置"属性的运动曲线调整为下图所示的状态，使其更遵循"小球下落时速度会逐渐加快，弹起后速度会逐渐变慢，第 1 次回弹时的速度要比第 2 次回弹时的速度更快"的规则。

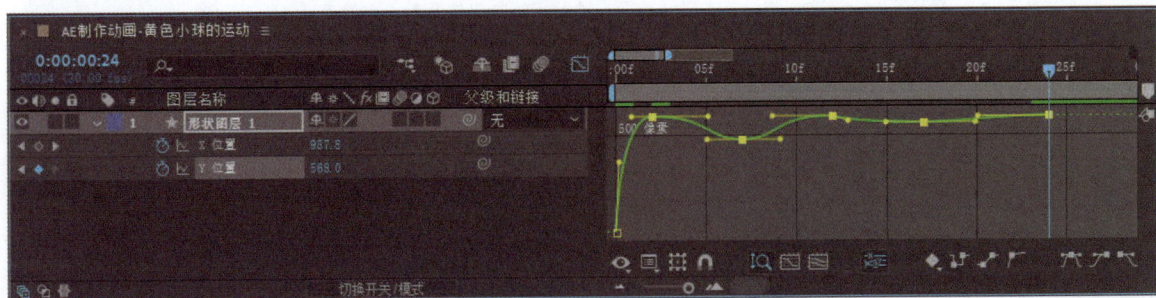

18 编辑完缓动曲线后，单击"图表编辑器"按钮圆，退回时间轴面板中。将时间指示器拖曳至时间轴的第 67 帧处，按 N 键，将整个预合成的内容结束点定义在该时间点。保持形状图层处于选中状态，按下 Alt+] 组合键，可以进一步将时间轴剪辑至同样的时间点结束，如下图所示。

12
第 12 章

游戏界面动效设计实例解析

本章概述

在第 11 章中，针对游戏界面动效的一些基础知识笔者已做了较详细的介绍与讲解。在本章，笔者将用两个较典型的项目实例来具体讲解和分析这些知识在实际工作中的使用。

本章要点

» 用 After Effects 在 "LEgame" 项目中制作弹窗入场动效
» 用 After Effects 在 "GGgame" 项目中制作复杂形变和透视动画

动效篇 ▶

12.1

用 After Effects 在 "LEgame" 项目中制作弹窗入场动效

教学视频：通过 After Effects 制作弹窗入场动效 .mp4

本案例展示的是通过 After Effects 制作的一段弹窗入场动效，这里涉及的技法要点是缓动和柔边遮罩的应用。动效静帧示意效果如下图所示。

操作步骤

01 这个动效是从 PSD 格式的设计稿开始制作的。在 Photoshop 中打开"遮罩动画示意 .psd"文件。

02 对整理好的 PSD 文件进行保存，打开 After Effects，新建一个项目。在"项目"面板的空白处双击，在弹出的"导入文件"对话框中找到刚才保存的 PSD 文件，单击"导入"按钮。

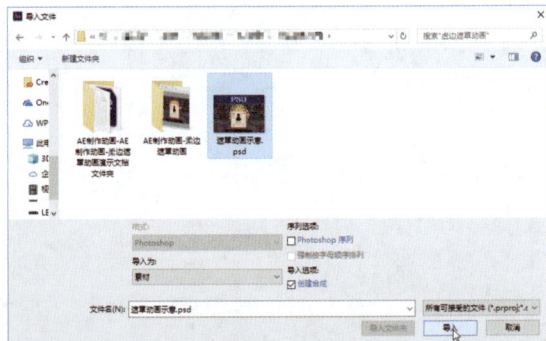

🐵 提示

这里需要注意的是，After Effects 对 PSD 文件的兼容性是很强的。PSD 文件中的图层在被导入 After Effects 后会自动生成对应的图层，并保留原先的图层样式、遮罩等。但 PSD 文件中的图层组在被导入 After Effects 后会自动转换成"预合成"。预合成在 After Effects 中能起到区分结构层级、嵌套等重要作用，关系到动效的结构，影响着动效的最终效果，所以在导入所需的 PSD 文件之前对图层进行整理时，有必要根据预先规划的动效结构来合并、分组甚至删除一些图层，以提高将 PSD 文件导入 After Effects 后制作动效的效率。

第 12 章 游戏界面动效设计实例解析

03 在弹出的对话框中设置"导入种类"为"合成 – 保持图层大小"、"图层选项"为"合并图层样式到素材",单击"确定"按钮,会看到 PSD 文件被导入 After Effects 了,同时在"项目"面板中可以看到自动生成的基于 PSD 文件的预合成,并且 After Effects 自动打开了第 1 个合成;另外在时间轴面板中可以看到一个名为"[遮罩动画示意]"的合成图层。

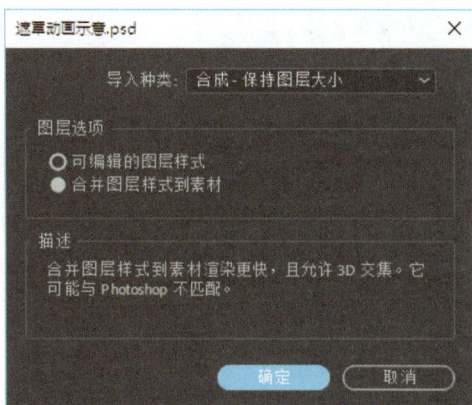

04 按 Ctrl+K 组合键打开"合成设置"对话框,确认宽度为 1136 像素、高度为 640 像素、帧速率为 30 帧 / 秒。其他的设置保持默认,单击"确定"按钮关闭该对话框。

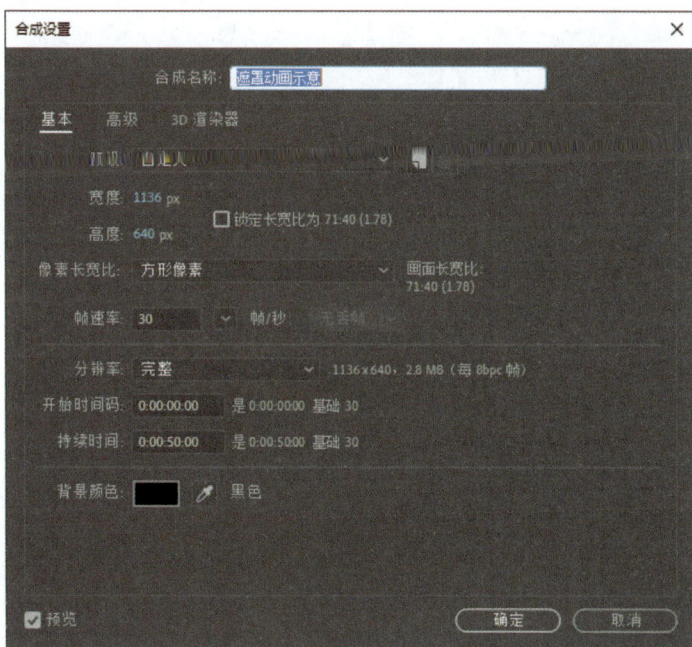

295

05 在时间轴面板中将时间指示器移动到第 12 帧处，选中"black"图层，按 Alt+[组合键将起始帧设置为第 12 帧。

😺 **提示**

> 在时间轴面板的左上角，蓝色的时间显示文字下方的颜色较淡、字号较小的数字即时间指示器所在位置的帧数，可据此辅助判断时间指示器所在的位置。

06 双击"［Pop］"合成图层，打开名为"Pop"的合成，可见其内部图层如下图所示。

07 拖曳选中"［标签］"合成图层，设置它的起始帧为第 24 帧。对"［Pop BG］"合成图层做同样的操作。按照步骤 05 的方法，将"PopNewTip"图层的起始帧设置为第 43 帧。时间轴面板如下图所示。

08 选择"［标题］"合成图层并双击，打开名为"标题"的合成，如下图所示。

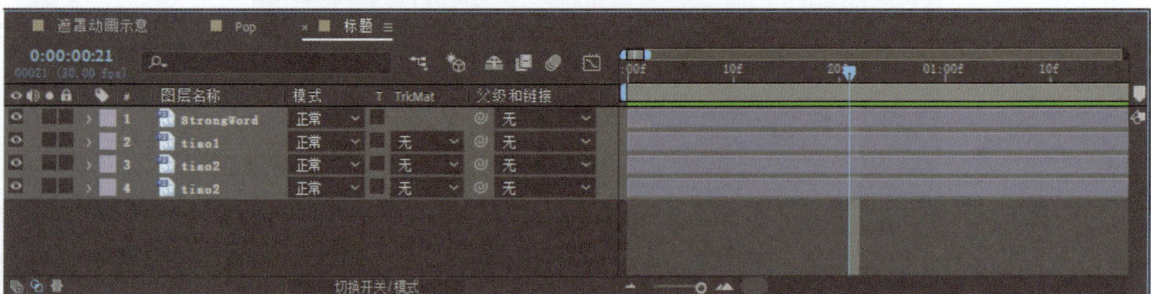

09 为美术字制作一个由大到小缩放的动画。之后选择"StrongWord"图层，用步骤 05 的方法将其起始帧设置为第 4 帧。

10 保持"StrongWord"图层处于选中状态，按 S 键打开其"缩放"属性。

11 保持时间指示器在该图层的第 4 帧处，单击"缩放"属性左侧的秒表图标█，在该帧处创建关键帧，此时该帧处会出现一个"关键帧导航器"按钮█。用同样的方法在该图层的第 12 帧处建立另一个关键帧。将第 4 帧处的"缩放"属性数值更改为"203.0,203.0%"。保持第 12 帧的"缩放"属性数值为"100.0,100.0%"。第 4 帧处"合成"面板中的效果预览如下面右图所示。

12 在时间轴面板中框选"StrongWord"图层的两个"关键帧导航器"按钮█。

13 按 F9 键为关键帧添加缓动，此时"关键帧导航器"按钮▶会变成▮。

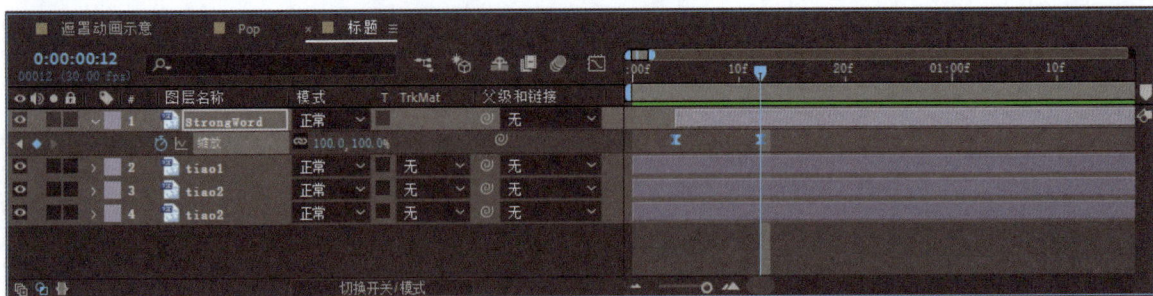

14 保持两个关键帧处于选中状态，单击时间轴面板上方的"图表编辑器"按钮▣，打开这两个关键帧的运动曲线图表。

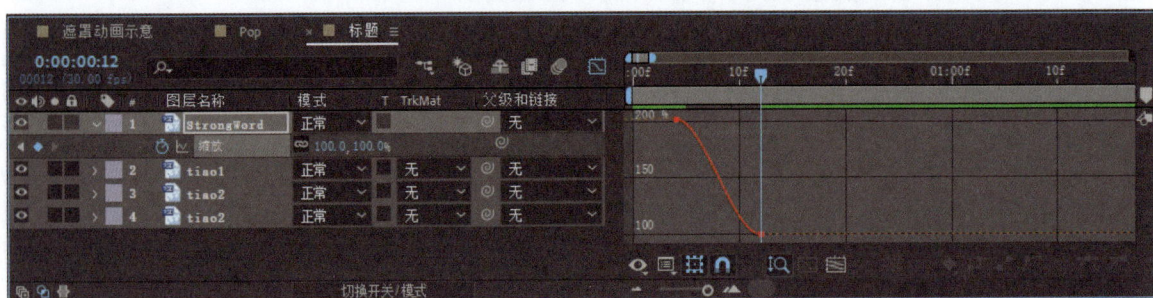

15 单击时间轴面板底部的"选择图表类型和选项"按钮▣，在弹出的下拉菜单中选择"编辑值图表"选项。

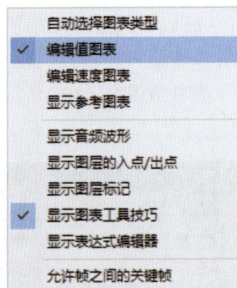

16 拖曳图表中的曲线滑块，使"缩放"属性数值有从平缓到剧烈的变化过程，最终曲线的形态如下图所示。

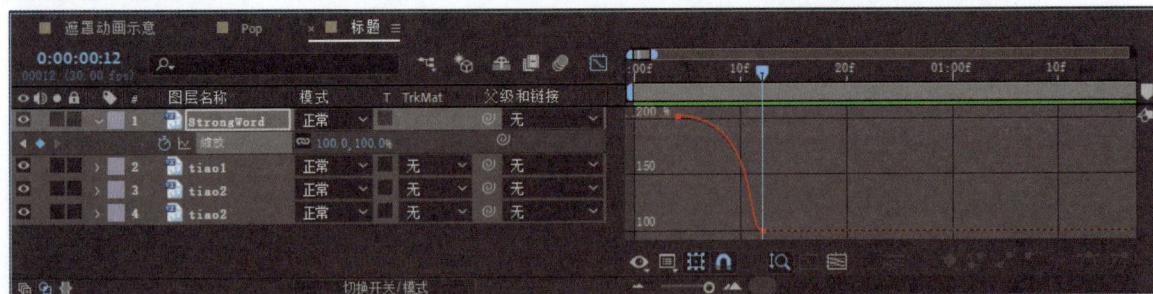

17 单击"图表编辑器"按钮▣，关闭图表编辑器。单击时间轴面板中的"Pop"页签，切换至"Pop"合成中，选择该合成中的"[标题]"合成图层，如下页图所示。

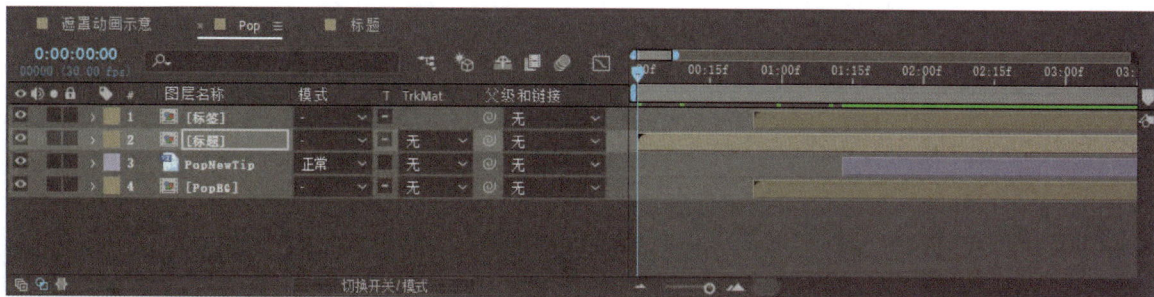

18 保持该合成图层处于选中状态，按 S 键打开其"缩放"属性。

19 按 – 或 + 键（注意，这两个键位于数字键右侧，回退键左侧，并非小键盘中的 + 和 – 键，且应在英文输入模式下操作，本文所指的组合键皆在英文输入模式下生效）适当缩放该合成图层的横向显示效果。也可以拖曳时间轴面板下方的"放大到帧级别或缩小到整个合成"滑块 来执行这一操作。

20 为"［标题］"合成图层制作一个横向的缩放动画。单击"缩放"属性数值左侧的"约束比例"按钮，解除比例约束，并在该合成图层的第 1 帧处和第 6 帧处创建关键帧，将第 1 个关键帧的数值设置为"0.0,100.0%"，将第 6 个关键帧的数值设置为"100.0,100.0%"，然后按照此前的方法为两个关键帧创建缓动。

21 保持第 6 帧处的关键帧处于选中状态，打开图表编辑器，单击时间轴面板底部的"选择图表类型和选项"按钮，并在弹出的下拉菜单中选择"编辑速度图表"选项。

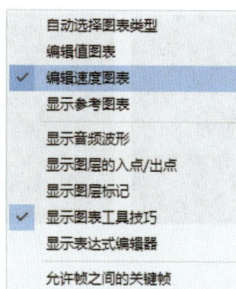

22 在按住 Shift 键的同时用"选取工具" ▶ 拖曳滑块上的操作杆，使速度曲线变为下图所示的形态。这样就调整出了一个初始速度为零，然后迅速加快速度，最后速度缓慢放慢到零的动画。

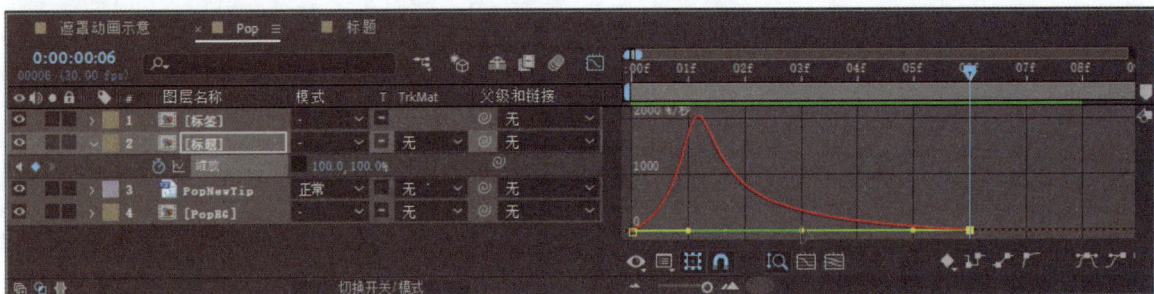

23 关闭图表编辑器，为这个合成图层制作一个美术字摔到红条上的撞击反馈动画。在该合成图层的第 12、13、15、18 和 21 帧处创建关键帧，并在"缩放"属性数值左侧单击（单击前没有锁链图标 ⚭），重新约束比例。在新创建的各个关键帧上设置"缩放"属性数值分别为"100.0,100.0%""92.0,92.0%""106.0,106.0%""96.0,96.0%""100.0,100.0%"，并框选这些关键帧，按 F9 键为它们添加缓动。这样操作后，时间轴状态及第 15 帧处"合成"面板中的效果预览如下图所示。

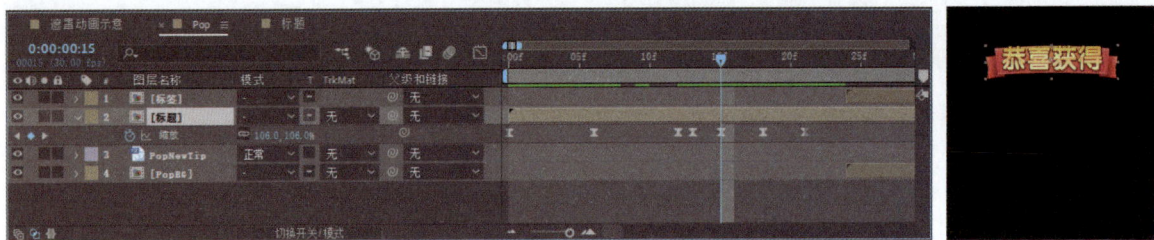

24 标题还需要一个由屏幕中央移动到最终设计位置的动画，这是一个位移动画，所以依然在"Pop"合成的"［标题］"合成图层上制作。选中这一合成图层，按 P 键，打开它的"位置"属性，在第 24 帧和第 43 帧处分别创建关键帧，并将第 24 帧处的"位置"属性数值设置为"558.0,318.0"，将第 43 帧处的"位置"属性数值设置为"558.0,146.0"，接着为它们添加缓动。此时，时间轴面板和两个关键帧处的"合成"面板中的效果预览分别如下图所示。

提示

在编辑或制作界面中特定部分的动画时，界面上别的部分暂时还没有编辑或制作，但是它们依然会显示在"合成"面板中。如果别的部分的显示对正在编辑的部分造成了干扰，就可以单击正在编辑的图层上的"独奏"图标 ◉，使该图层单独显示，其他的不相关图层可以暂时隐藏。编辑完成后，再次单击"独奏"图标 ◉ 就可以恢复正常显示。这个图标在面板中的位置如下图所示。

25 默认的缓动所产生的动画效果并不能满足这个标题的移动动画的要求，因此需要对动画的速度曲线进行编辑。按照前面的方法，打开这两个关键帧的图表编辑器，切换至速度图表，移动两侧的滑块，让曲线变成下图所示的状态。

26 标题的动画制作完后，还需要制作标签和背板的动画。在标题入场之后，它们需要和标题同时从画面中央滑到最终位置，且还需要一个从完全透明到完全不透明的变化过程。除了透明度的变化之外，它们的移动过程和标题的移动过程是一模一样的。这里不需要重新制作它们的移动过程动画，通过"属性关联器" ◉ 来让它们关联和继承标题的位置移动动画即可。将时间指示器拖曳到第 43 帧处，即标题动画的结束帧处。选择"［PopBG］"合成图层，并拖曳"属性关联器" ◉ 到"［标题］"合成图层上，松开鼠标。这样就能使"［PopBG］"合成图层关联"［标题］"合成图层的位置移动动画，它会随着"［标题］"合成图层的移动而移动。如下面第 1 张图所示。用同样的方法把"［标签］"合成图层也关联到"［标题］"合成图层上，这样标签和背板的移动动画就完成了。此时把时间指示器移动到第 24 帧处，即标签和背板出场的第 1 帧处，会发现它们不在原来的初始位置，而是伴随标题移动到了屏幕的下方，这正是属性关联后的效果。它们在第 24 帧处和第 43 帧处的效果分别如下面第 2 张图和第 3 张图所示。

通过"属性关联器"◎来关联 A 图层至 B 图层时，会产生 A 图层继承 B 图层的运动的效果。但是操作"属性关联器"◎时时间轴上时间指示器的位置十分关键。该操作发生时，A 图层继承的 B 图层的属性，如位置，就是以时间指示器所在帧的 A 图层位置为基准的，A 图层将以这个位置为初始位置伴随着 B 图层的位置移动而发生变化。在此例中，我们想让背板和标签继承标题的位移动画，同时又想让它们最终移动到设计位置（即未制作动画时的位置），就需要考虑让它们继承的动画的结束位置正好为设计位置，因此此例中我们在进行属性关联操作时，将时间指示器拖曳到了标题动画结束的那一帧处。如此一来，由于背板和标签继承了标题的动画，因此这个动画开始时，就会由 After Effects 自动算出一个新的位置作为出发点。从这个出发点开始运动，正好可以让它们在动画结束时到达设计位置。

27 继承动画的操作完成后，我们发现背板和标签是在第 24 帧突然出现的，这种效果很不自然，所以需要给它们都加一个透明度变化。在按住 Ctrl 键的同时，分别选择"［标签］"合成图层和"［PopBG］"合成图层，让这两个合成图层被同时选中，按 T 键打开"不透明度"属性。

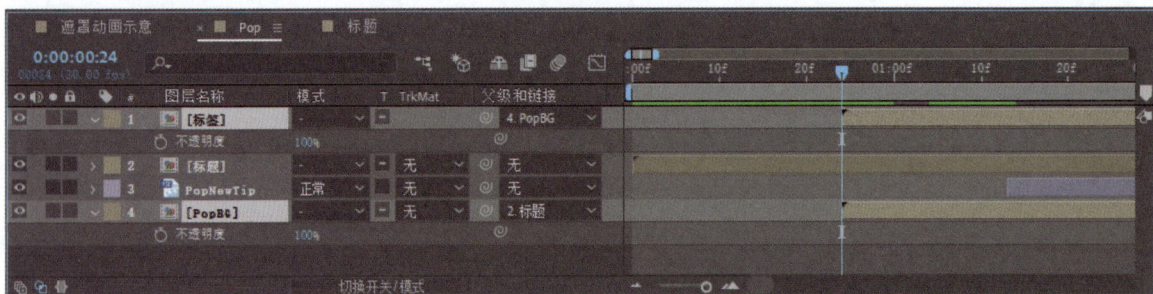

28 分别在第 24 帧处和第 34 帧处创建关键帧，并将第 24 帧处的"不透明度"属性数值设置为 0%，此时时间轴面板如下面第 1 张图所示，它们在第 24 帧处和第 34 帧处的效果分别如下面第 2 张图和第 3 张图所示。

29 对整个弹窗背后的辐射光进行处理，使它的边缘羽化效果更强。双击"Pop"合成中的"［PopBG］"合成图层，打开名为"PopBG"的合成。其中"wuzhe"图层的效果即黄色的辐射光效，如下图所示。

30 选择工具栏中的"矩形工具"■并长按鼠标左键，在弹出的下拉列表中选择"椭圆工具"●。

31 在时间轴面板中单击空白处，使所有的图层均处于未选中状态，双击工具栏里的"椭圆工具"●，在"合成"面板中可以看到一个舞台大小的椭圆。

32 按 Enter 键将椭圆所在图层重命名为"zhezhao"，并拖曳到"wuzhe"图层的上层。

33 使用"选取工具"▶将"zhezhao"图层的形状调整为下图所示的形状。

34 在菜单栏中选择"窗口 > 效果和预设"选项，打开"效果和预设"面板，在搜索栏中搜索"高斯模糊"（英文版可搜索"blur"）。

35 将"模糊和锐化"中的"高斯模糊"效果拖曳到"zhezhao"图层上，在"效果控件"面板中将"高斯模糊"效果的"模糊度"设置为 70，如下面第 1 张图所示。"效果控件"面板会自动出现，如果没有出现，也可以在菜单栏的"窗口"菜单中选择对应选项将其打开，之后可得到下面第 2 张图所示的效果。

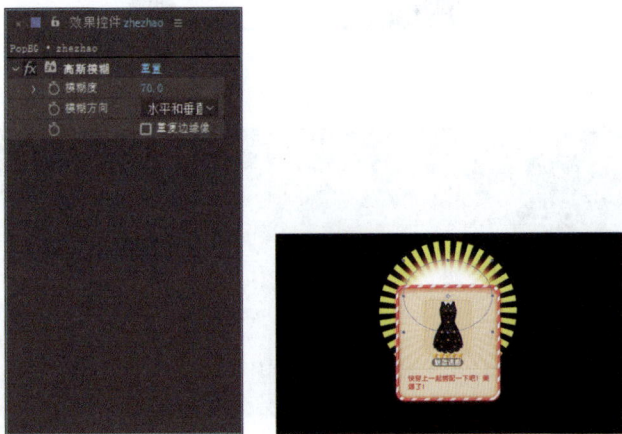

36 单击"wuzhe"图层的"TrkMat"（轨道遮罩）项，在下拉列表中选择"Alpha 遮罩'zhezhao'"选项，如下面第 1 张图所示。此时"wuzhe"图层就以"zhezhao"图层为遮罩了，同时"zhezhao"图层会自动隐藏，如下面第 2 张图所示，此时的效果如下面第 3 张图所示。

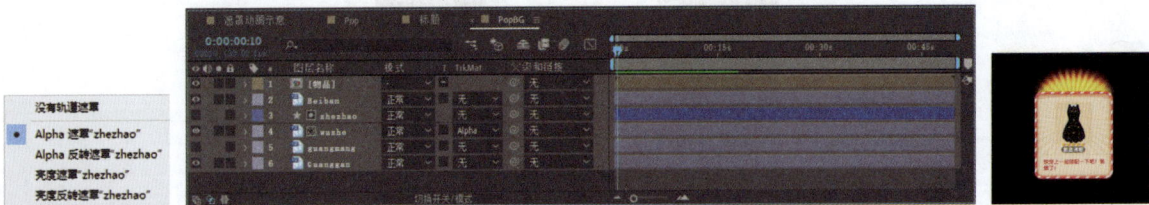

🐵 **提示**

> 如果在时间轴面板的图层中找不到"TrkMat"（轨道遮罩）项（下图所示），则可能是图层模式的问题，这时可以单击面板下方的"切换开关 / 模式"按钮进行切换。

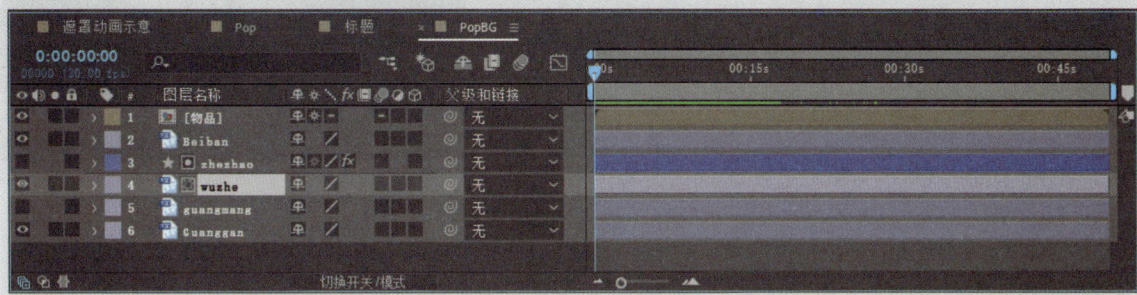

37 这个辐射光效除了需要有羽化的边缘效果，其自身也需要有一个持续旋转的动画。这个动画是持续的，所以用表达式去制作效果会好一些。选择"wuzhe"图层，按 R 键打开图层的"旋转"属性，如下图所示。

38 在按住 Alt 键的同时单击"旋转"属性左侧的秒表图标 ，就会打开这个图层的表达式框。

39 删除表达式框中的默认字符，输入"time*20"。其中，"time"表示这个代码会控制相应属性随时间的增量变化，"20"则表示这个变化的速度。大家可尝试不同的数值，如果认为别的速度效果也不错，选择其他数值也可以。

40 单击时间轴面板中的"Pop"页签,回到"Pop"合成中。选择
"PopNewTip"图层,该图层中就是效果中的"新物品"标签。它的动
画需要根据它的设计形式来规划,根据它的设计形式,让它从它自身左
侧的边缘出现是比较合适的。这本质上是一个以左侧边缘为基准的横向
缩放动画。但如果以该标签的左侧边缘为基准进行缩放,其锚点就应该
位于图形左侧,而不是默认在图形中心,不然会使左侧区域变形。单击
工具栏中的"锚点工具" ,将锚点移动到图形的左侧。

41 按 S 键显示该图层的"缩放"属性,并在第 43 帧、第 46 帧、第 49 帧、第 53 帧和第 59 帧处设置关键帧。使"缩放"
属性的"约束比例"处于非激活状态,将以各关键帧处的"缩放"属性数值分别设置为"0.0,100.0%""106.0,100.0%"
"98.0,100.0%""102.0,100.0%""100.0,100.0%"。

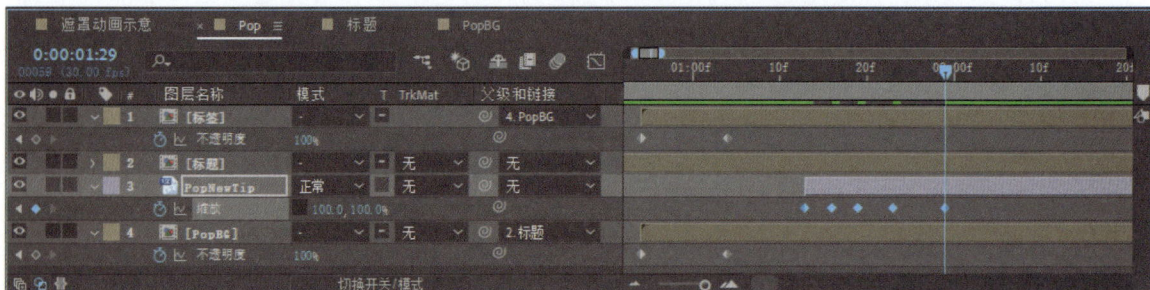

42 按照前面的方法为这几个关键帧添加缓动。调整第 46 帧处的关键帧速度曲线为下面第 1 张图所示的样式,使其成为一个初
始速度为零,接着迅速加快速度,然后速度缓慢放慢到零的动画。第 46 帧处和第 49 帧处的效果分别如下面第 2 张图和第 3 张
图所示。

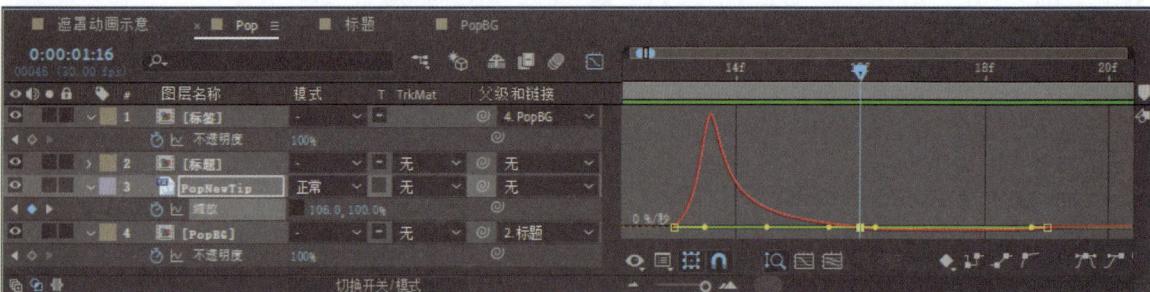

43 至此,弹窗本体的入场动效就完成了,但是弹窗后层与背景之间还有一个黑色的层没有变化过程,我们需要为它增加
一个透明度变化的动画。单击时间轴面板中的"遮罩动画示意"页签,回到"遮罩动画示意"合成中,选择"black"图层。按
T 键打开它的"不透明度"属性,在第 12 帧和第 17 帧处分别建立关键帧,并设置第 12 帧处的"不透明度"属性数值为 0%,
保持第 17 帧处的"不透明度"属性数值不变,如下页第 1 张图所示。这样就完成了这个黑色层的透明度变化动画,其第 12

帧处和第 17 帧处的效果分别如下面第 2 张图和第 3 张图所示。

44 对动效的整体长度进行修剪。在"遮罩动画示意"合成中把时间指示器拖曳到第 194 帧处，按 N 键，这样"工作区域结尾"就被设置在了此处，整个工作区域的长度，即最终的动画也就被修剪成了 194 帧。

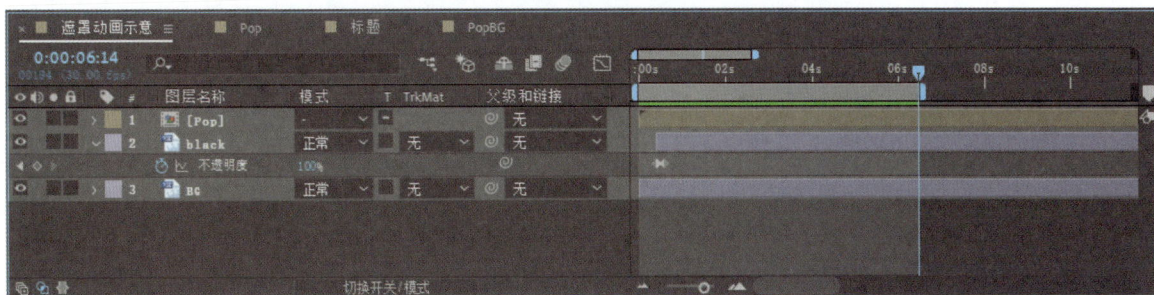

45 制作完动效之后，将其导出的方法为：保持"遮罩动画示意"合成图层处于选中状态，在菜单栏中选择"文件 > 导出 > 添加到渲染队列"选项，完成导出。之后会看到时间轴面板上新增了一个"渲染队列"页签。单击其中的"尚未指定"蓝色斜体字，为要渲染的动画指定保存位置。

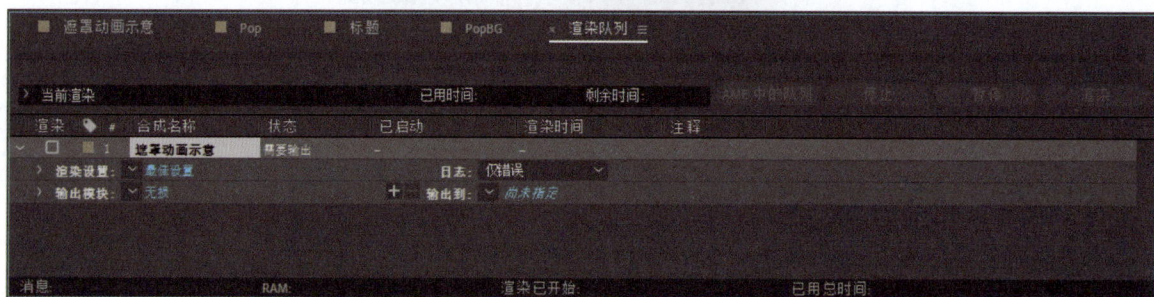

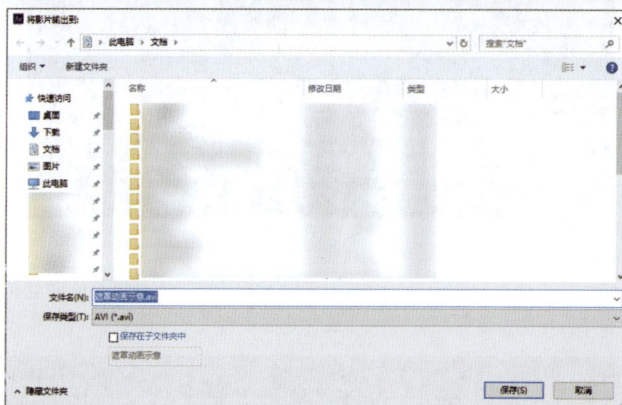

46 单击"渲染队列"面板中自动激活的"渲染"按钮，渲染动画。待渲染完毕后，就可以从之前设置的保存位置中找到渲染好的动画了。

12.2

用 After Effects 在"GGgame"项目中制作复杂形变和透视动画

教学视频：通过 After Effects 制作复杂形变和透视动画 .mp4

本案例以代号为"GGgame"的项目的全屏弹窗入场动效的制作，展示通过 After Effects 制作复杂形变和透视动画的方法。动效静帧示意效果如下图所示。

操作步骤

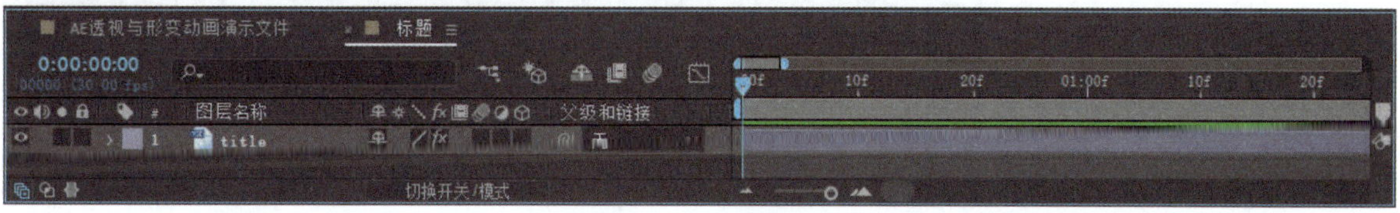

01 将本案例所需使用的文件"After Effects 透视与形变动画演示文件 .psd"导入 After Effects 中，并将"AE 透视与形变动画演示文件"合成打开，在"title"图层上单击鼠标右键，在弹出的快捷菜单中选择"预合成"选项，在弹出的对话框中将"新合成名称"修改为"标题"，选择"将所有属性移动到新合成"单选项并单击"确定"按钮打开该合成。

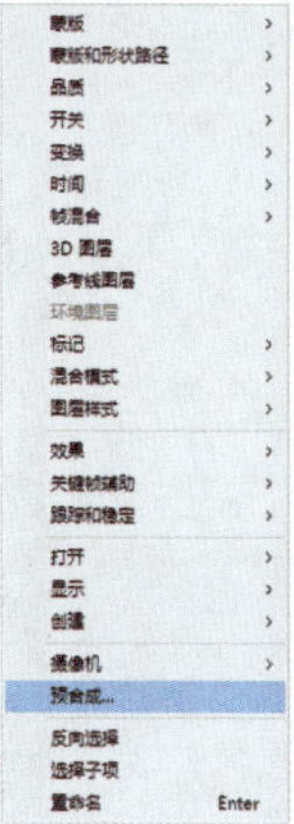

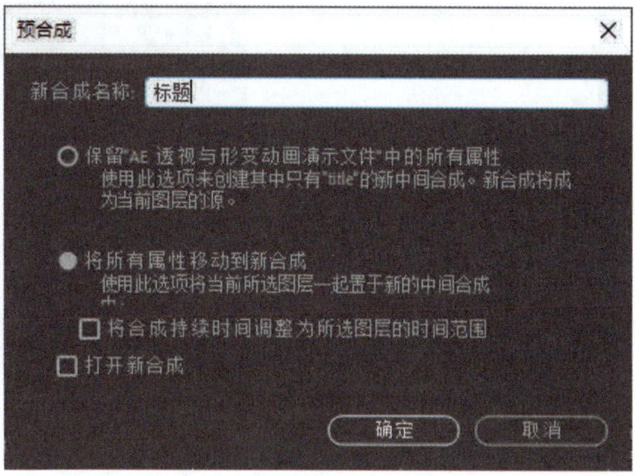

02 保持时间指示器位于时间轴的第 0 帧处，选择工具栏中的"操控点工具" 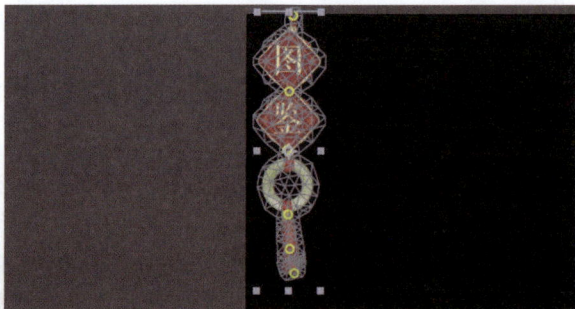，勾选其右侧的"网格"复选框，并在舞台上为图片添加几个操控点。

🐾 **提示**

　　以上所说的这几个操控点需要落在这个图片的关键运动节点上，如顶部整个吊坠的挂点、两个硬纸牌的结构衔接处、玉环的上下两点衔接处，以及穗子需要产生飘动运动的 2 个节点。

03 在工具栏的"操控点工具" 上长按鼠标左键，在弹出的下拉列表中选择"操控叠加工具" 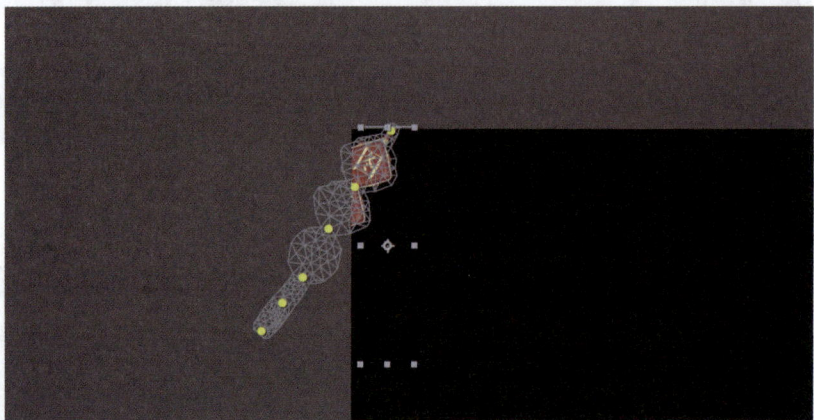。使用该工具为吊坠中比较"硬"的区域进行填充，越白的地方意味着越"硬"，也就越不容易在节点运动时发生形变，填充效果如右图所示。

04 使用"选取工具" 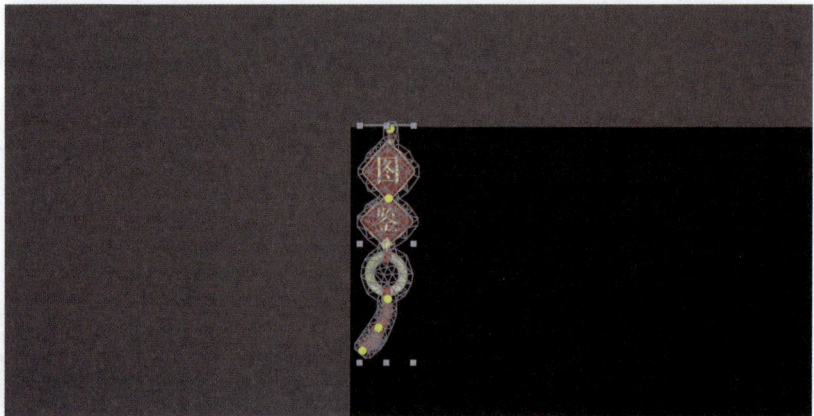将这几个节点调整至合适的位置。这个位置是我们假设的吊坠运动的起始位置，因此整个吊坠在结构上是相对平直的，相当于在原有位置上以挂点为圆心顺时针旋转了一定的角度。

05 做出吊坠下落的动作。这个动作将是整个运动过程中最快的，因此其时长也是最短的。将时间指示器拖曳至第 2 帧的位置，再一次调整吊坠到右图所示的状态。

06 此时，吊坠运动到了底部，但是穗子由于质地比较轻且柔软，因此会有一部分没有运动到底部。所以将吊坠在此时的状态调整成上部比较硬且已经处于垂直的状态，而穗子还有一点向左弯曲的状态。之后，吊坠整体将会因为惯性而继续往右摆动，但是摆动的速度将变慢，这段运动的持续时间将会变长。将时间指示器拖曳至第 6 帧的位置，调整吊坠到下图所示的状态。

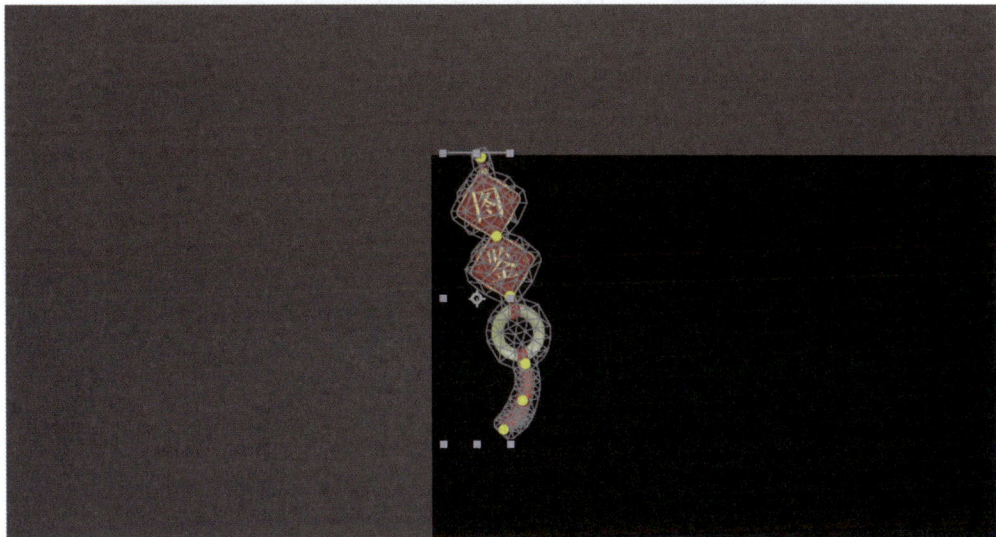

07 这个时候底部的穗子依然没有赶上上部较硬部分的运动，还保持着向左弯曲的状态。这时整个吊坠摆动到了右侧的极限位置。紧接着吊坠就开始向左摆动。此时又是一段逐渐加速的过程，所以持续时间比前一段上升动作的要短。将时间指示器拖曳至第 9 帧的位置，调整吊坠到下图所示的状态。

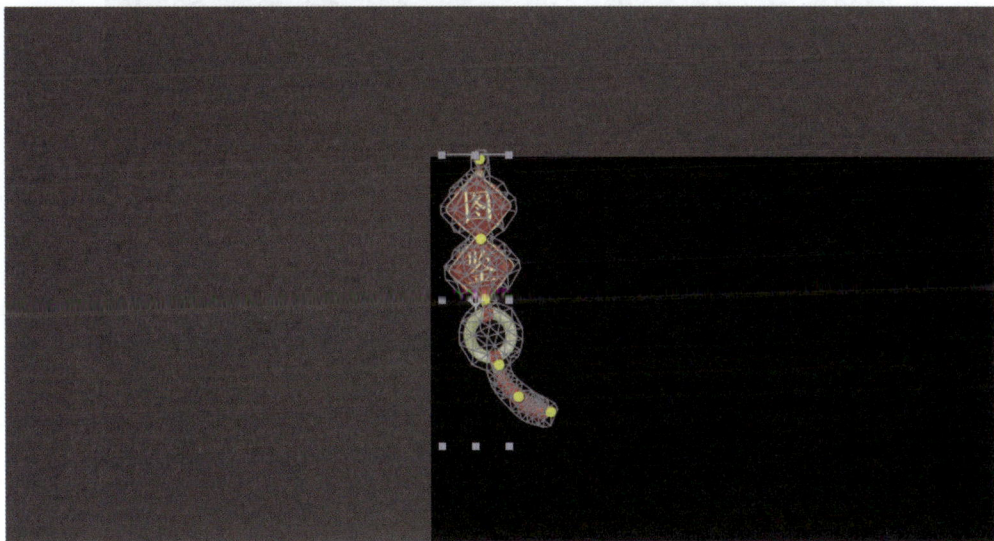

🐵 **提示**

　　需要注意的是，吊坠从左侧向右侧开始逆时针摆动时是有一个初始能量的，也就是它所具备的势能，当吊坠最终摆动到中间竖直的位置时，它的势能会因为空气的阻力而消耗掉一部分，其余的全部转化成了动能。吊坠从竖直状态继续往右逆时针摆动时，也会发生能量转化，也就是动能转化为势能，但是因为这两段运动中的空气阻力已经损耗了很大一部分能量，所以吊坠不可能再次摆动到和开始摆动时同样的高度，也就是向右摆动的角度会变小。这是在这个动作里需要格外注意的部分。

08 这个状态中，穗子与上一步中比较硬的部分开始往左侧摆动，但整体的运动趋势是往中间的。这时候整个吊坠的能量将要耗尽，整体的运动速度已经变慢。将时间指示器拖曳至第 9 帧的位置，调整吊坠到下图所示的状态。

09 吊坠在这个状态时还要稍微往左摆动一点，之后回落到接近中间的位置。整体的运动已经接近结束，但是穗子因为比较轻柔软，还要再持续运动一会儿。将时间指示器拖曳至第 13 帧的位置，调整吊坠到下图所示的状态。

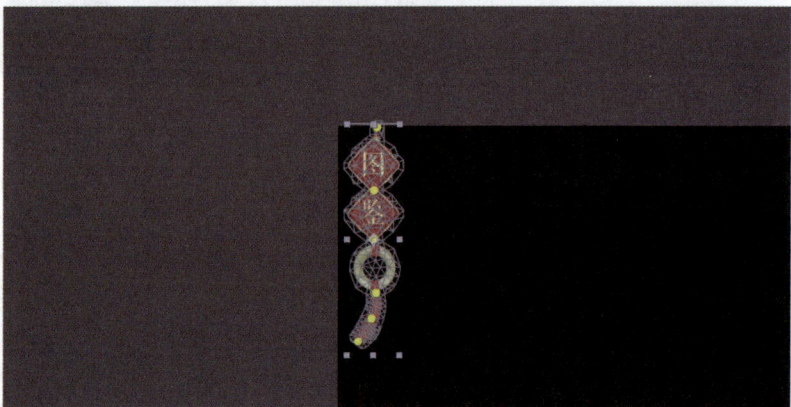

10 这时吊坠比较硬的部分已基本结束运动，而穗子完成了上一步的整体左摆的动作后，又开始往右摆，但是因为同样有能量损耗，所以其弯曲的程度已经大大减弱。之后，它将继续几次微弱的摆动，再停止运动。将时间指示器拖曳至第 17 帧的位置，调整吊坠到下图所示的状态。

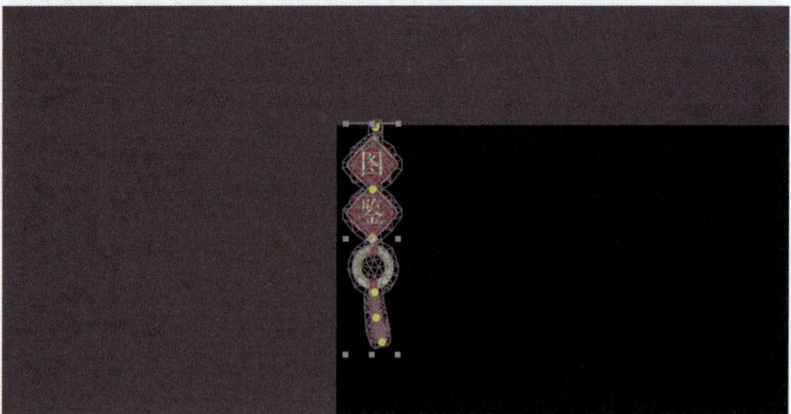

11 这时穗子又朝右略微摆动一点，整体已经不再有明显的弯曲。将时间指示器拖曳至第 21 帧的位置，调整吊坠到下图所示的状态。

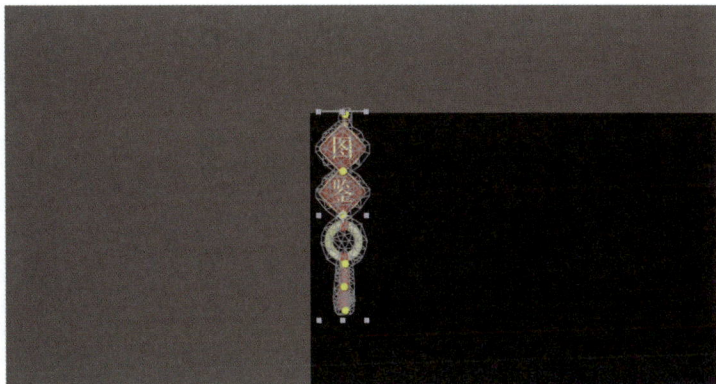

12 调整完这些动作之后，在时间轴面板中依次单击"效果""操控""网格 1""变形"，就可以看到刚才创建的 6 个操控点。单击任意操控点，可以看到它们的关键帧。

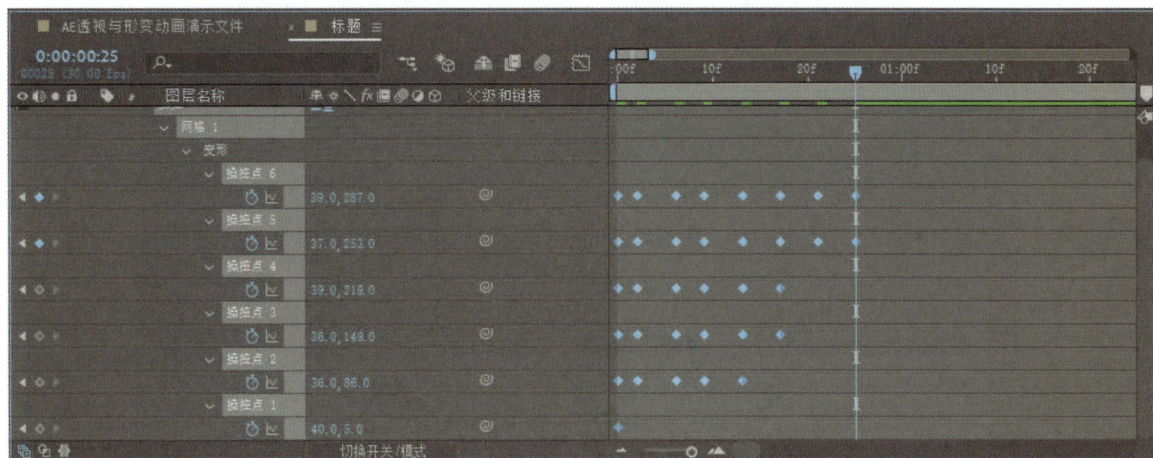

💡 **提示**

这时候整个吊坠的全部能量已经耗尽，所有的部位都回归到静止状态。在调整吊坠图片形变的过程中，除了穗子运动过程中发生的部分弯曲之外，注意不要因为图片的扭曲而影响整个吊坠的实际长度，过于明显的长度变化会影响最终的动画效果。同时，在调整吊坠运动形态的过程中，在舞台上，每个控制点会自动生成一个运动路径，我们可以调整运动路径的平滑程度来让整个运动过程更加平滑。这些运动路径也可以作为整个吊坠图片形态的参照。

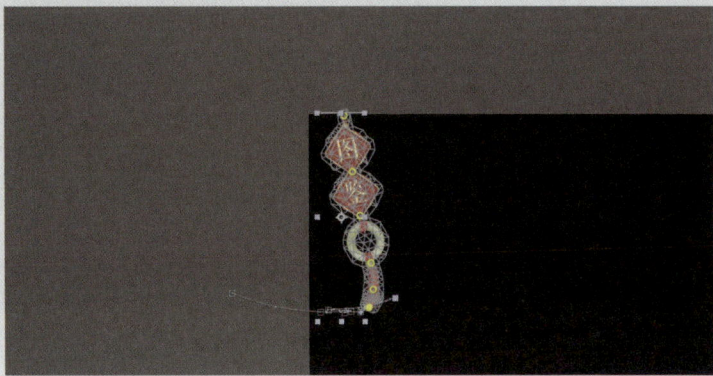

13 和其他的动画一样，我们要为这些关键帧添加缓动，这个动画看起来才会更加流畅和合理。以"操控点6"处的关键帧为例，在不同的关键帧区间内加入不同类型的缓动，如下图所示。在第2个关键帧上加入缓入曲线，因为此时吊坠处于往下摆的状态，是个逐渐加速的运动。

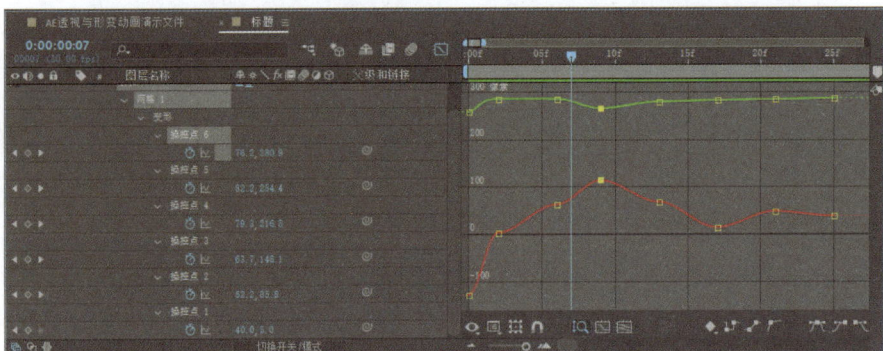

14 在第3个关键帧和第2个关键帧之间加入缓出曲线。按照这种逻辑，为每个关键帧区间都加入缓动曲线。同时，其他操控点处的关键帧区间也都按照这种方式加入统一的缓动曲线。至此，标题的形变动画就制作完成了。

15 关闭"标题"合成，在"AE透视与形变动画演示文件"合成中选中"Close"图层，将其转换为合成图层，并命名为"关闭"，接着用与制作标题形变动画相似的方法制作出它的形变动画。

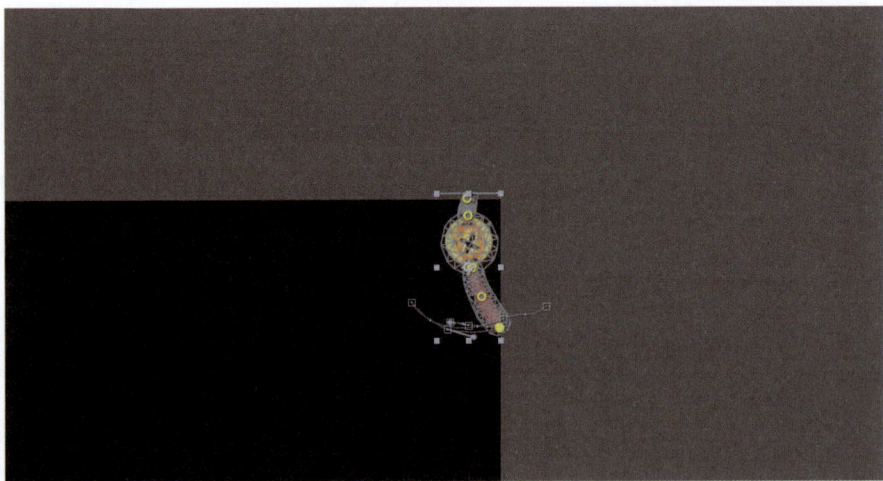

🐝 **提示**

需要注意的是，关闭形变动画中的吊坠需要从右侧开始摆动入画。

16 关闭"关闭"合成。在"AE 透视与形变动画演示文件"合成中选中"1"图层，将其转换为合成图层，并命名为"卡片翻转"。打开该合成，然后为"时间轴"面板中的图层 1 选择 3D 图层切换，或选择图层 1 并选择"图层 > 3D 图层"。

17 打开"3D 图层"效果之后，该图层上的"变换"属性栏下发生了改变，新增了"锚点""方向"属性。原来的"旋转"属性消失，变成了"X 轴旋转""Y 轴旋转""Z 轴旋转"属性。

　　制作这段动画之前，需要先规划这个卡片的动作。由于是整个弹窗的入场动效，所以卡片的动作应该配合"入场"的主体，于是可以设想几个卡片被连续抛进来的动作。那么对单个卡片来讲，它应该以右侧稍微翻起的状态入场，再贴到"地面"上，即我们所看到的 2D 画面上，接着滑动一小段距离后停止运动。然后展示弹窗内的其他物品的动画。由此我们可以明确一点，卡片需要以右侧稍微翻转向上的姿态入场，而且是呈从右抛入画面的效果。这意味着卡片本身需要以左侧边缘为轴来做这个姿态。但是当我们将这个图层的"3D 图层"效果打开之后，在舞台上看到的卡片效果是如右图所示的，它的 x 轴、y 轴、z 轴均默认以卡片的物理中心为出发点，也就是任何一个方向上的轴都没有贴在卡片的左侧边缘上。

　　如果按照设想以卡片的左侧边缘为轴来翻转卡片，就应该把 y 轴，即图中的绿色箭头对准卡片的左侧边缘。要做到这一点，只需要在图层的"变换"属性栏中对"锚点"属性的第 1 个数值进行调整，如下图所示，将数值调整为 -0.5。

18 此时，在舞台上可以看到 y 轴已经对准了卡片的左侧边缘。接下来就需要调整卡片的各个帧上的动作了。卡片的动作涉及"位置""缩放""Y 轴旋转""不透明度"这几个属性的变化，保持时间指示器位于时间轴的第 0 帧处，并依次点亮这几个属性的秒表图标，建立第 1 个关键帧。

此时，可以看到卡片处于完全透明且 3D 翻转的状态，并且准备入场。

19 将时间指示器拖曳至第 6 帧处，调整几个属性的数值，建立第 2 个关键帧。这是卡片翻转并抛落到"地面"的动作，速度会较后一帧的动作快一些。

20 将时间指示器拖曳至第 14 帧处，建立第 3 个关键帧，这是卡片抛落到"地面"后的平移动作。

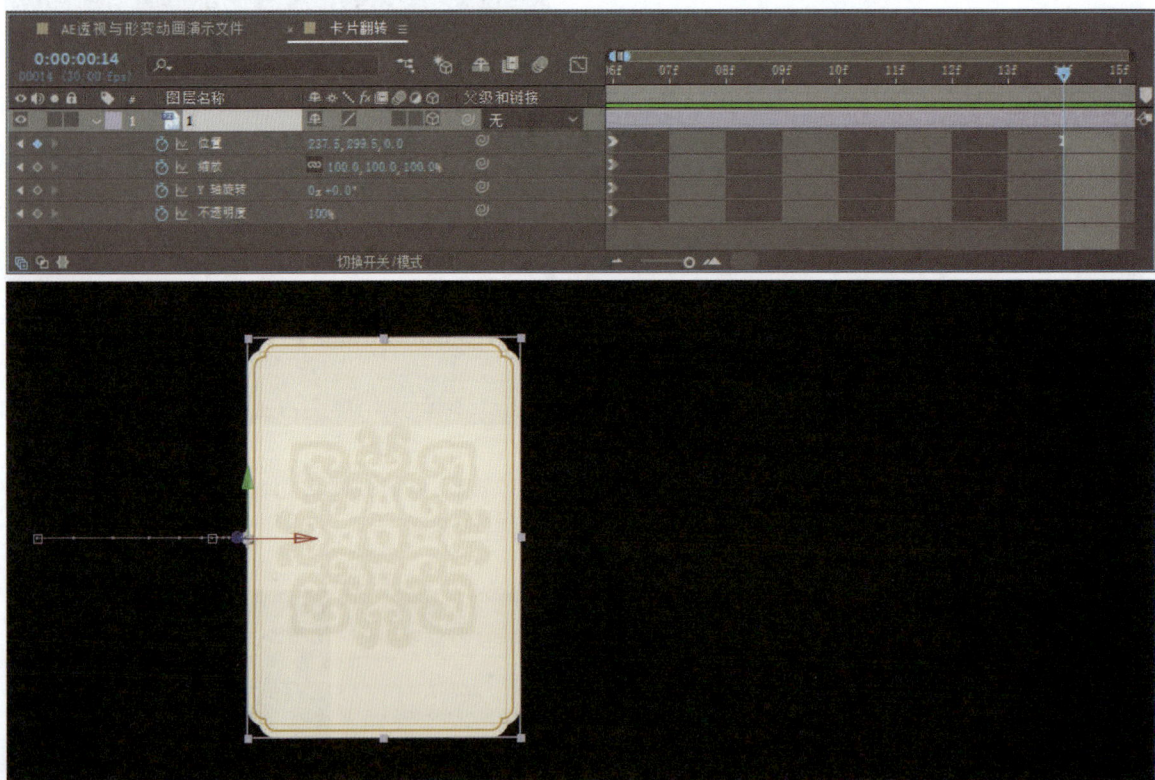

21 为这几个关键帧添加缓动曲线。添加时应注意在第 1 个关键帧和第 2 个关键帧之间添加速度逐渐变快的缓入曲线，而在第 2 个关键帧和第 3 个关键帧之间添加速度逐渐变慢的缓出曲线。

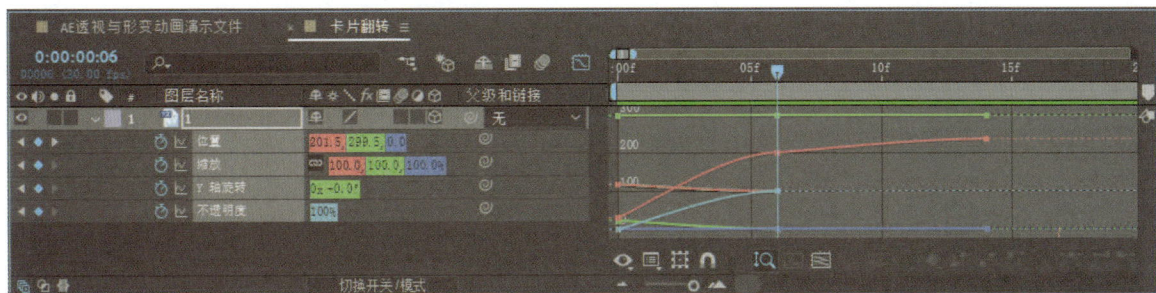

22 这样，卡片的翻转动作就制作完成了，关闭"卡片翻转"合成，回到"AE透视与形变动画演示文件"合成中，保持"卡片翻转"合成图层处于选中状态，按 Ctrl+D 组合键复制一层，并在舞台上用"选取工具" 配合键盘的左右键，将新复制的"卡片翻转"合成图层移动到第 2 个卡片的位置。按照这种方式依次复制出后续的两个"卡片翻转"合成图层，并将其放置在准确的位置上，同时设置最后一个"卡片翻转"合成图层的"不透明度"属性数值为 40%。删除已经无用的几个名称为"1"的图层，效果如右图所示，时间轴状态如下图所示。

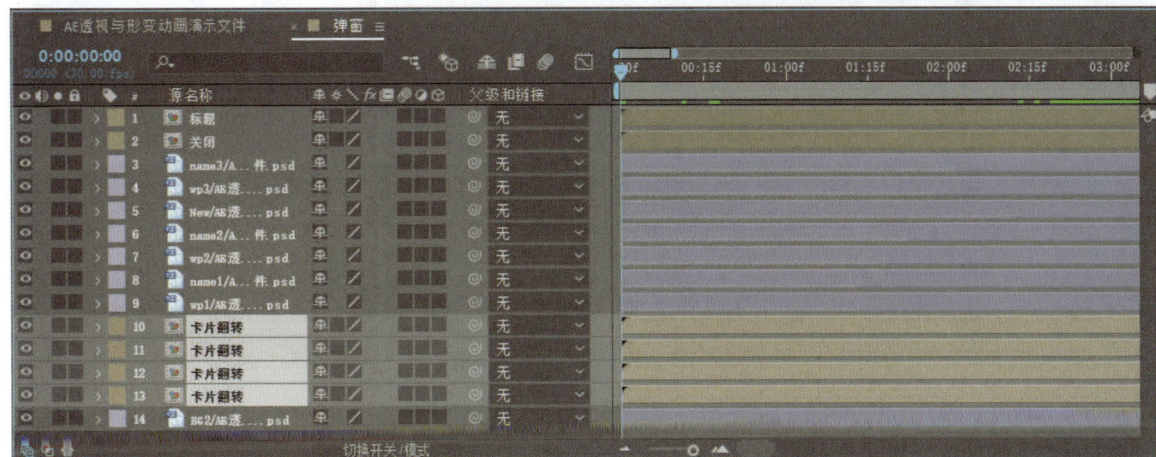

23 调整已经制作好的几个部分的动画的入场顺序，为后续零碎的动画的制作做准备。隐藏掉第 3 个至第 9 个图层，按照从上到下的顺序分别调整剩余的图层的起始帧为第 7、50、45、39、33、27、0 帧。

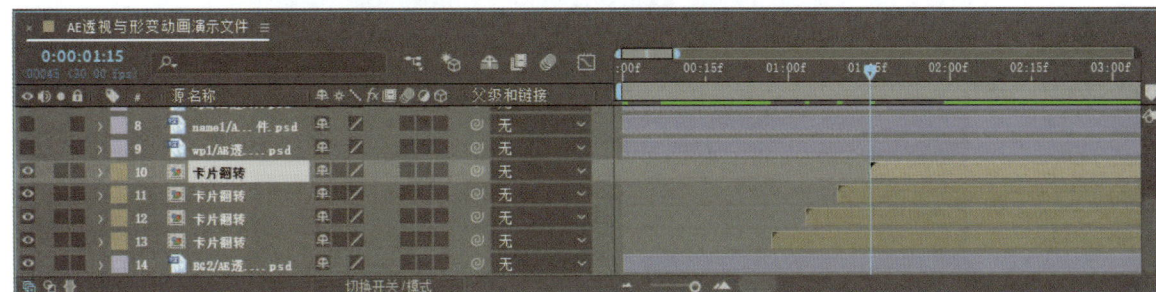

24 分别把第 3 个至第 9 个图层（第 5 个图层除外）图层中的物品、物品名称等的动画制作出来。以左起第 1 个卡片上的物品的动画为例，该物品的动画为从无到有、从小到大渐显出来的。第 9 个图层对应卡片上的物品的动画，将其起始帧设置为第 43 帧，同时该帧为第 9 个图层的第 1 个关键帧，第 49 帧为第 9 个图层的第 2 个关键帧。

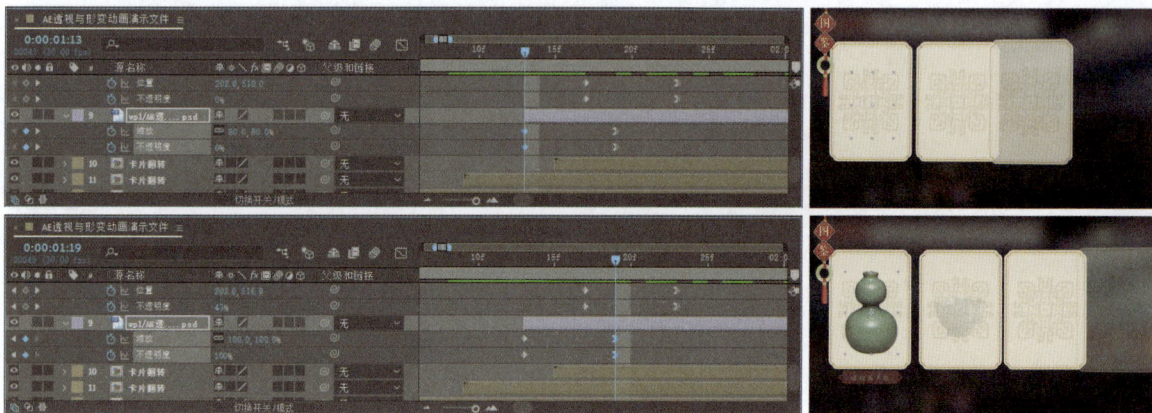

25 第 8 个图层中为卡片物品的对应名称，为其设计从上到下的轻移动画，同时伴有从无到有的透明度变化，其第 1 个关键帧为第 47 帧，第 2 个关键帧为第 53 帧。

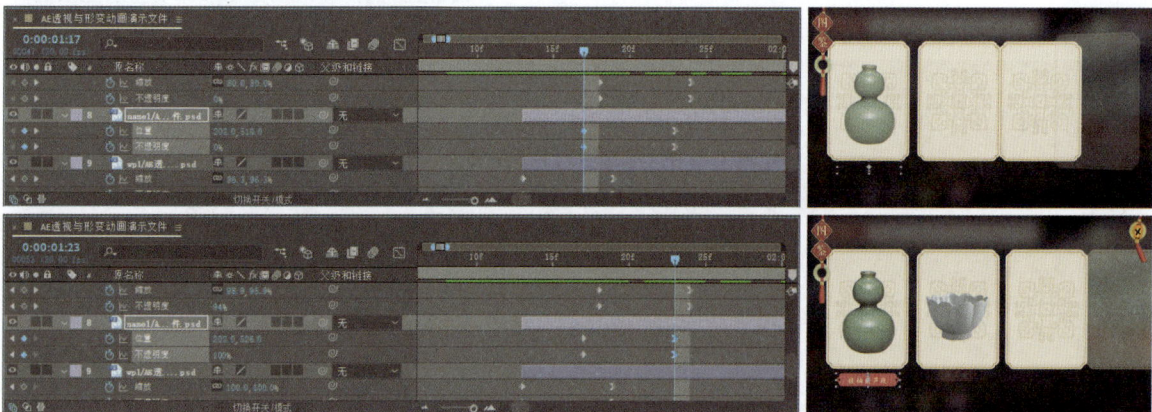

26 两个图层上的动画上都带有缓动曲线，如下图所示。按照相同的方式为其他的物品和物品名称制作动画，关键帧间隔和两个动画的间隔参考第 8、9 个图层。它们需要配合卡片的渐次入场顺序来卡位，第 3 个图层至第 9 个图层（第 5、8、9 个图层除外）的起始帧分别为第 61、57、52 和 48 帧。

27 第 5 个图层的"新"标签需要在所有的界面内容都入场之后再出现，因此将它的起始帧设置在第 72 帧处，并为它制作一段动画。设想这段动画是"新"标签从它自己的物理中心逐渐冒出并弹动两次的，因此可以设置 5 个关键帧，分别在第 72 帧、第 74 帧、第 76 帧、第 78 帧和第 80 帧处。第 5 个关键帧和第 3 个关键帧的属性设置相同，如下图所示。

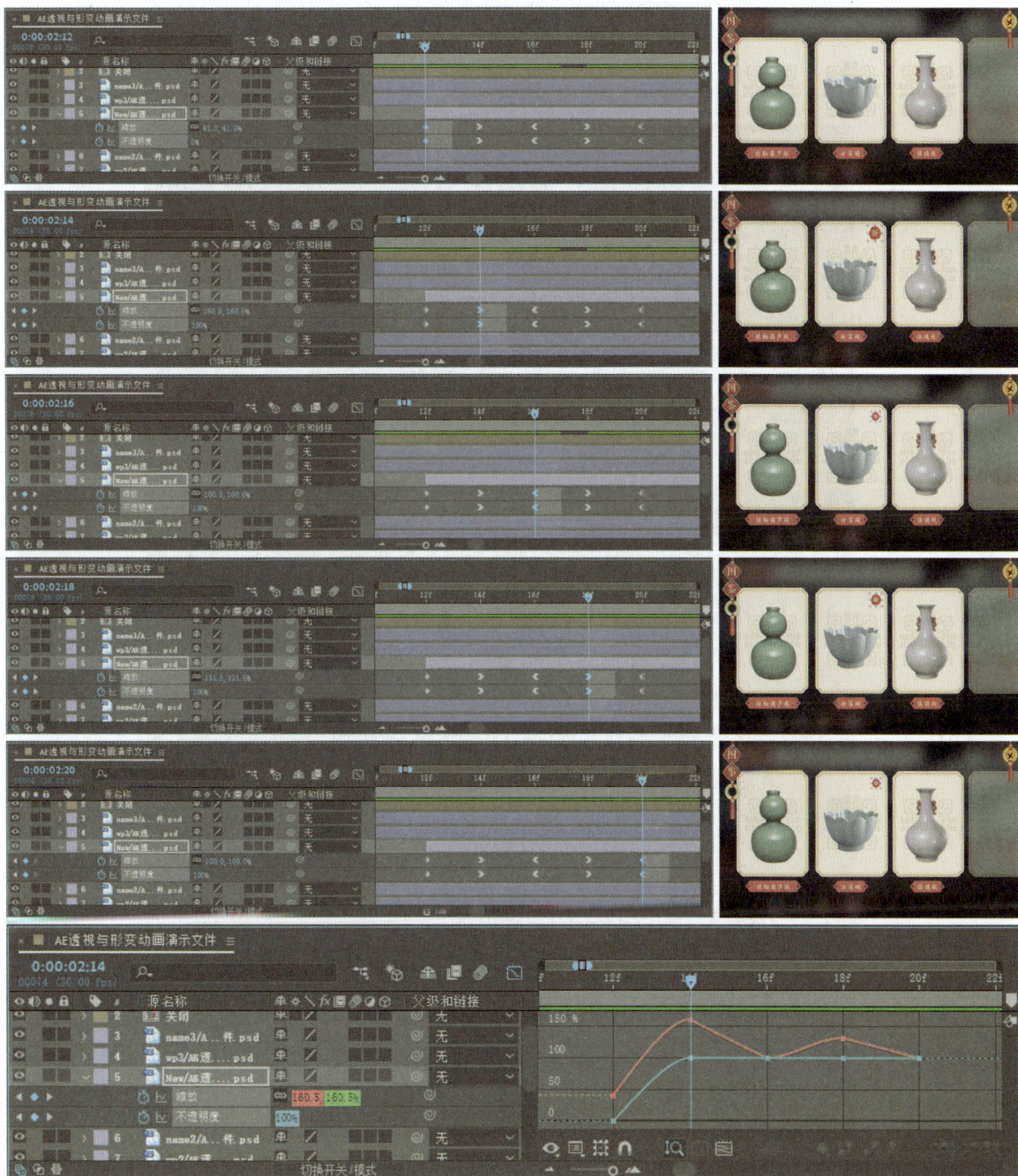

28 此时，除了弹窗底部的模糊加暗的背景之外，整个弹窗的入场动效就已经制作完了。将除了第 15 个图层以外的所有图层选中，方法是：在按住 Ctrl 键的同时依次选择图层，或者选中第 1 个图层（或第 14 个图层）后按住 Shift 键，再选中第 14 个图层（或第 1 个图层）。选中图层后，将这些图层转换为合成图层，并命名为"弹窗"。打开"弹窗"合成，并为它的背景制作动画。这个背景的动画只有透明度的变化，在它的第 0 帧处和第 7 帧处分别建立"不透明度"属性数值为 0% 和 100% 的关键帧即可，如下图所示。

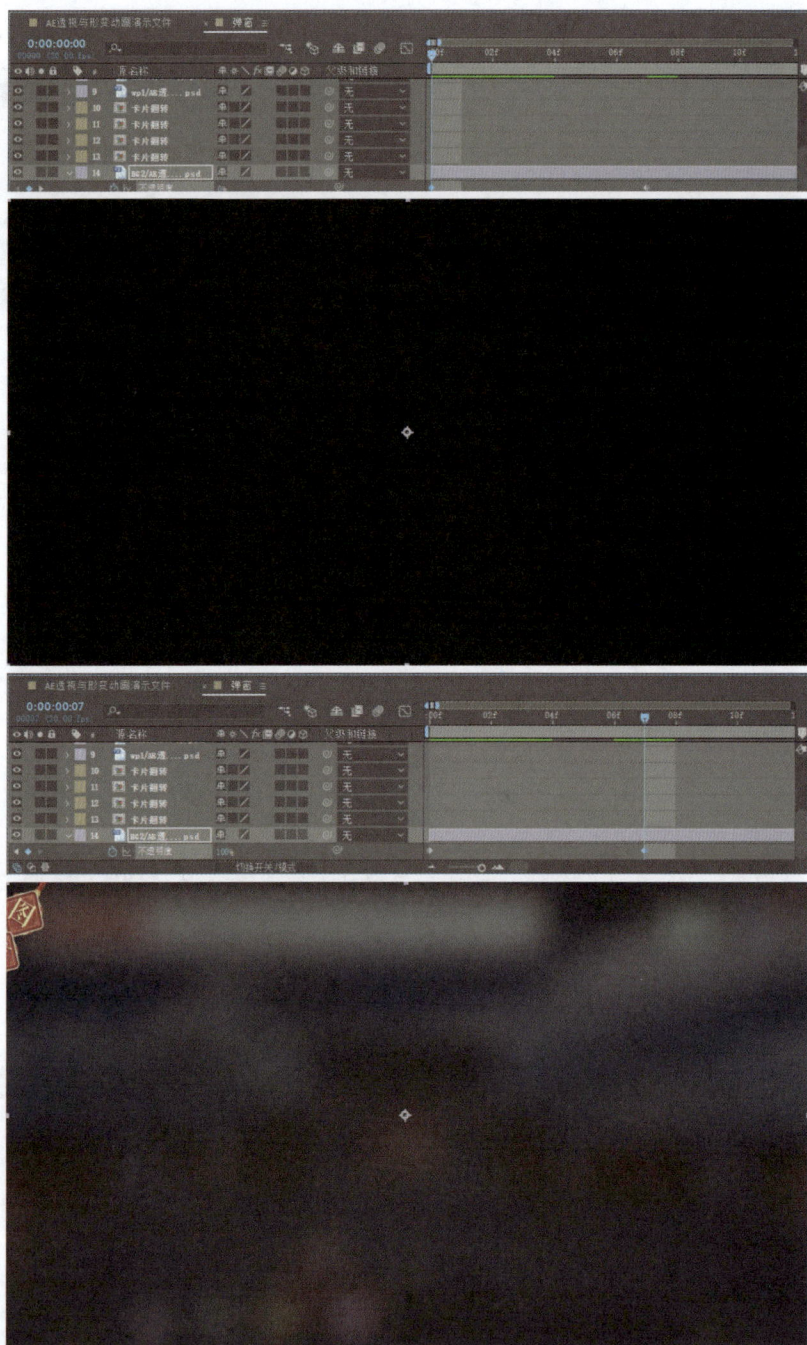

29 关闭"弹窗"合成，回到"AE 透视与形变动画演示文件"合成中，用与 12.1 节中相同的方法将动效长度剪辑到 140 帧。

13

第 13 章

日常工作中的一些经验

本章概述

游戏界面设计工作是复杂且系统的。游戏界面设计师在设计工作中不仅需要解决设计本身的问题，还需要处理项目开发过程中的各种事项。关于游戏界面设计工作中常见的一些问题，因为前面的章节篇幅所限未能完全说明，所以本章将专门做一些归集和补充，具体为游戏界面设计师在日常工作中所面临的一些常见问题的解决方法。

本章要点

» 如何进行界面练习
» 如何解决游戏的迭代问题
» 如何优化切图方式并减小游戏包量
» 如何解决项目协作问题

行业经验篇 ▶

13.1 如何进行界面练习

前面笔者已经讲过，在游戏界面设计师提升能力的过程中，界面练习是一个既基础又重要的部分。针对界面的练习方法，笔者将其分为以下 3 个部分进行讲解。

13.1.1 筛选临摹对象

和其他的设计或绘画练习一样，界面练习也是从临摹开始的。选择一个好的临摹对象是临摹的基础。那么对新手设计师来说，应该如何去筛选自己的临摹对象呢？笔者认为可以从以下两个方面下手。

从整体上来讲，筛选临摹对象需要注意以下 3 点。

首先，临摹对象一定得是普遍意义上的好作品。在日常临摹练习中，许多新手设计师都习惯选择自己喜欢的作品进行临摹。而在实际的工作中，我们可能会面对不同的风格需求。对没有任何基础的新手设计师来讲，按照自己的喜好去选择临摹对象是一个提升练习积极性的行为，但一旦有了一定的基础之后，就要尝试着去做更多不同类型的界面练习，如此才能让练习更高效，进而让自己更快适应工作所需的界面设计任务和要求。久而久之，也就能形成一套自己的设计风格。

> 💡 **提示**
>
> 不过，无论设计师如何发展，其一开始都应该把较基本的一些东西做好。新手设计师理应先从自己最喜欢的作品开始练习，逐渐深入之后，再去考虑选择什么样的作品练习是最有利于自己发展的。

其次，要能够发觉自己的路径依赖并且尝试更多的可能。虽然主观上我们可能选择了合适的作品去临摹，但是随着练习时间的推移，我们会不可避免地对练习路径产生依赖。这意味着我们可能会无意识地落入一个自己临时擅长的领域，而无法接触更多新的领域。因此在进行频繁练习时，要懂得适时进行总结，跟同行多交流并发现自身的问题，避免固守成规。同时，对于在练习和沟通过程中发现的问题要及时解决。例如，如果对界面中图标形体把握得不是很好，就可以通过大量的形体练习来进行弥补。一般情况下，这种技术上较易解决的问题需要尽快解决，避免未来产生更大的问题。针对一些无法很好及时解决的问题，可以适当绕开，看看是否可以用另外的方式来替代处理。例如，要一个从来没有效制作经验的人马上做出一个动效，理论上不是不可能的。但客观上可能会受到一个人的精力、精神状态及时间的限制。这时，寻求别人的帮助、改变静态设计的设计方式去实现原来需要动效才可以实现的效果等都是暂时绕开问题的方法。无论如何，设计师都应该注意的是，在练习乃至工作的过程中，要及时检查问题，总结复盘，对问题进行适当处理。

最后，要尽量筛选获得了市场商业化成功的作品。获得了市场商业化成功的作品通常迎合了玩家的喜好，从纯设计角度来讲，它们不一定都是最优的，但一定有值得学习的地方。针对这样的临摹对象，需要从两个角度去做取舍：一个角度是不要盲目跟随其所有细节的设计方式，因为它们不一定都是好的设计；另一个角度是获得市场商业化成功的作品一定是在某些点上做对了的，这些点可能是好的游戏玩法、系统设计，也可能是迎合了玩家需求的好的美术风格。在选取这一类作品进行临摹时，应该仔细分辨其获得成功的原因。大部分游戏的成功都是靠产品设计的成功，而不是靠美术和设计的成功。

图标作为界面的一部分，在设计中显得非常重要。图标有很多种风格和设计形式。下面，笔者将针对不同风格和设计形式的图标在临摹对象的筛选上需要注意的问题做强调与说明。

首先，针对矢量图标而言，其作品数量是极其庞大的。而在数量极其庞大的作品中筛选出自己所需要的临摹对象是比较有难度的。对此笔者有一个比较简单的方法，那就是从图标的造型、线条及应用情景这 3 个方面去进行判断。一个造型、线条和应用情景都合理的图标，就可以满足我们的临摹和练习需求了。

其次，针对写实图标而言，寻找写实图标进行临摹练习可以从 3 个条件入手：一是风格的准确性，二是图标自身的整体协调性，三是细节表现。

13.1.2 培养寻找亮点的能力

对优秀作品进行大量临摹练习有助于设计师提升自身各个方面的能力，如做到均衡设计的能力、合理安排细节的能力等。通过不断的练习，这些东西将强化到设计师的脑子里，有助于设计师形成良好的设计思维。作为新手设计师，一个比较难的点是怎么去发现优秀作品中的亮点，这些亮点也就是值得学习的点。提取亮点不仅有助于设计师进行一些专项练习，还可以帮助设计师提升鉴赏作品的能力。

针对这些能力的培养，笔者有以下 4 点建议。

第 1 点，总结规律。在对图标进行不断练习的过程中，设计师必然会经历一个大量看图标和筛选图标的过程。在这个过程中，设计师会搜集或浏览大量的图标，这时就可能会发现其中的一些规律。例如，在近一段时间里行业内可能都在用同一种类型的渐变效果、同类型的游戏在视觉表现上可能有雷同的地方，以及针对一些特定操作只有那么一两种设计方式等。当采集到的信息足够多时，基本上就可以总结出一定的规律。所以想要有敏锐的观察力，就要多看，多去专业的论坛、设计网站及图片采集网站看，寻找海量的图标资源去充实自己的"学习库"。对有一定设计经验的设计师来讲，他们还需要大量地去接触市面上的游戏，不能只限于自己的爱好，应该多玩、多接触、多发现，在此基础上形成类似于语言学习中的"语感"，而在设计中我们可暂且称之为"图感"。对于设计师来说，这种训练需要成为随手去做的事情。例如笔者每天除了工作之外，大部分的时间就是进行大量的图片浏览。培养这种"图感"，可以让设计师对色彩、流行的设计手法及新颖的创新方式有所感知。这种感知是潜移默化的，并不一定会形成某种具体的概念，但是会在设计师思考具体的方案时有引导作用。假以时日，设计师就能通过这种"图感"快速提取到图标中的亮点。

不过，这么做其实是一个非常漫长的过程，更大程度上应该是设计师自我修养的一部分，很难在短期内见效。而对"嗷嗷待哺"的新人设计师来讲，这只能作为"后话"。那么有没有更快速且有效果的方式呢？在这里笔者给出如下解答。

第 2 点，尊重用户（及非专业人士）的意见。设计师需要认识到的一点是，设计的存在感对游戏玩家来讲是很难留下深刻印象的，因为玩家大多关注的是游戏本身。他们虽然在玩游戏的过程中非常依赖游戏界面所提供的操作功能，如游戏中游玩、搜集、比拼数值等，但并不会专门去关注界面本身。但正是由于这种不同的感知方式，玩家往往可以发现设计师发现不了的问题。在具体查看一个界面时，他们或许不会有类似"缺了一个像素"这样的专业化感知，但是会有类似"好像界面整体是向左倾斜的"这样具象化的体验。因此，在设计图标的过程中，设计师应该尊重用户的意见，将身边的一些玩游戏的朋友作为玩家看待并多询问，就可能在图标的亮点体现上找到一些突破口或灵感。

第 3 点，设计师需要学着多从其他领域的艺术作品中汲取"营养"。从美学原理上来讲，几乎所有的艺术门类都是相通的。例如，界面中的一些写实图标的绘制参照了游戏原画的很多绘画手法，界面中的一些矢量图标从传统平面设计的 Logo 设计中借鉴了很多偏抽象的处理方式以及能更精准地表达设计含义的设计手法等。

第 4 点，设计师应该多注意观察生活。在日常设计中，我们所掌握、考虑的设计内容无不来自生活。例如，某设计师通过拍摄有价值的招牌来研究专用字体设计，并基于此写下了一本关于字体设计的书。对字体设计师而言这种街拍方法很有用，通过抓取实际生活中的片段来充实自己的想法，并从生活素材中汲取"营养"，不仅开阔了眼界，而且使自己不至于总依赖别人的"二手材料"。界面设计师不一定也要非得去街上抓拍，生活中的每项见闻都有可以为我们提供很多物品材质表现、物品在某些场景环境中的色彩表现等生动的经验，它们都会为设计师提供海量的现实生活素材，并在某一刻、某一个需求中被"唤醒"，有时候甚至能起到关键的启发作用。例如，夜晚的霓虹灯会被用来作为一些游戏界面里的活动弹窗的标题文字样式，转动的发动机可以被用来作为赛车游戏的加载界面动画元素，以及中国传统的卷轴可以被用来作为游戏界面中的窗体设计等。可以说，对设计师来讲，这个世界充满了可供参照和激发灵感的事物，他们应该对现实加以充分利用。

下面左图所示为城市街道霓虹灯和霓虹灯招牌的照片，下面右图所示为某个棋牌游戏中的定时抽奖弹窗，其美术字样式完全参照了现实中的霓虹灯样式。

综上所述，设计师可以通过多观察、多总结和多沟通快速地对游戏界面设计有一个总体的感知，甚至总结出一些设计规律。具体表现在：通过非设计思维视角去审视作品，理解真正的设计目的；用在其他设计领域中学到的成熟经验来充实自己的设计思想；通过从生活素材中汲取"营养"、开阔视野等来进一步提升自己的设计表现能力。

13.1.3 保持勤学多练

在笔者看来，想要成为一个好的设计师，凭借的就是大量的练习。这个练习过程不仅需要大量的体力作为支撑，也需要大量的思考作为支撑。没有目的的练习是无效的，勤学多练，可以让设计师更容易感知某一个作品的优劣。

对有些设计师来讲，他们可能在练习某个作品，或表现某个细节时会遇到各种各样的困难，这是正常的现象。越是在这种时候，越是要不停地去练习，久而久之就会发现这种困难变少了，并且还可能总结出一套属于自己的设计方法。

不过，对某些设计师而言，所谓的"重复练习"更多的只是一味地停留在安全区，这是笔者所不提倡的。每个人学习技能都是从最容易的部分开始掌握的，但是技能的习得和掌握都会受限于一个人的认知范围。在现实生活中，有的设计师在好不容易渡过某个设计难关后，便容易满足于自己所掌握的技能或知识，然后习惯不停地去重复使用这些技能，而不愿意去尝试更多较新、较难的东西，导致自己的能力提升被限制。

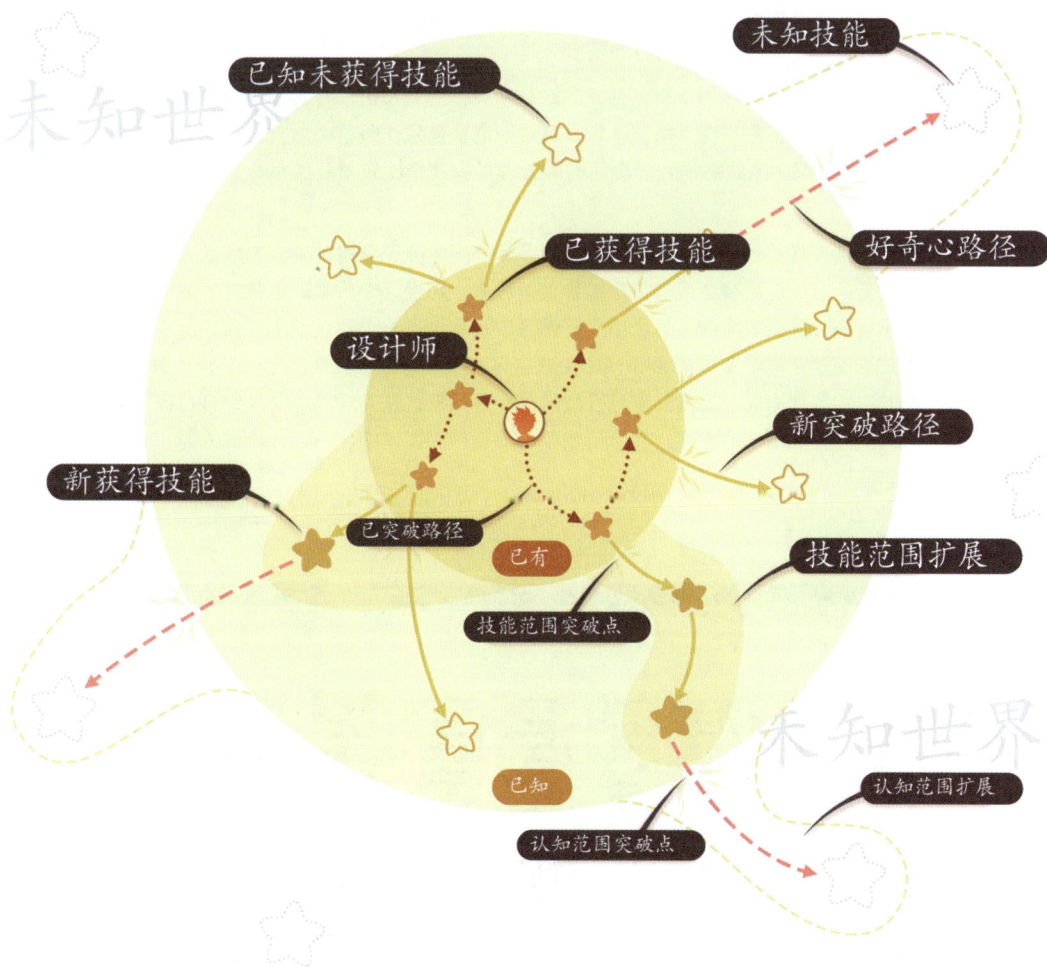

已知与未知世界的关系示意图

13.2 如何解决游戏的迭代问题

日常工作中我们常说的游戏迭代，大多是指为了弥补在游戏开发过程中因快速进入执行阶段而忽略评估执行理念与缓解风险环节所带来的不足。

游戏的界面设计需要迭代，这点在本书中有多次提及。之所以如此，根本原因包含3点。

（1）界面设计的问题需要解决。很多设计并不是一次性到位的，需要根据意见和具体问题不停地进行修正，在修正的过程中，会产生不同的界面设计版本，即出现版本迭代。

（2）界面设计因为具体需求的变更需要持续维护、增加或删除一些内容，这也会产生不同的界面设计版本。

（3）界面设计会因为项目版本的迭代而出现新的版本，例如一些项目会在节假日发布新的玩法、活动等。这些都会被规划进项目的版本迭代中，相应地也会产生界面设计的版本迭代。

针对游戏的迭代问题的处理，本节主要从以下两个方面进行讲解，包括处理游戏版本的迭代问题与处理游戏界面的迭代问题。

13.2.1 处理游戏版本的迭代问题

游戏版本迭代会直接引起界面设计稿的版本迭代。游戏版本迭代是由游戏开发过程中的一些客观规律引起的。要理解这个客观规律，我们需要了解一些基本的游戏项目管理知识。

游戏项目管理是一款游戏能够按计划、有序开发的必要条件，游戏项目的开发过程是一个有序管理的过程，涉及项目中不同组成部分的时间协调工作和资源协调工作。其中时间协调工作是重中之重。这些工作的规划和管理都由项目中的项目经理（后文简称PM）来统筹规划。项目时间管理中有几个比较重要的概念，包括里程碑、项目目标和项目版本目标。

项目目标是整个游戏项目最终的目标，PM会把项目目标分割成若干个相对较小的项目版本目标。每个版本需要达成一定的目标，而重要的节点上需要达成的目标被称为里程碑。历经几个版本的迭代之后最终达成项目目标。每个项目版本目标又分割出更细、更小的目标，每个小目标都可以被认为是一个项目版本。新的版本替换旧的版本被称为一次迭代。每个版本都会有预定需要完成的目标，如完成主界面系统功能、完成邮箱系统功能等。PM会在已有目标的情况下，合理分配其中的策划需求、视觉需求和开发需求，并根据这些需求的耗时来制订目标完成时间，同时会按照具体需求的优先级来安排完成需求的次序。实际工作中会面临很多突发情况，因此协调人力、时间及需求的优先级等都是PM日常的工作内容。

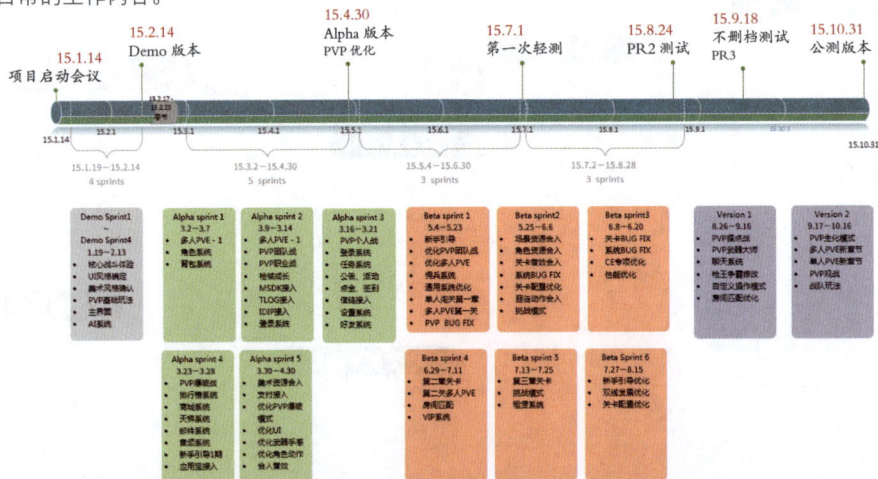

PM 为某项目制订的项目规划

了解了这些信息后，我们会很明显地意识到游戏版本迭代过程是一个产品功能逐渐完善的过程。而界面设计是这个过程的一部分，也被安排在 PM 的项目规划表内。按照一般的游戏开发流程，即先由策划人员提出需求，然后由界面设计师完成视觉设计，再由开发人员实现功能需求，最后可能还会有测试人员包括策划人员和视觉人员进行功能问题的跟进和排除（可能包括界面设计的还原度问题、功能中的 Bug 及程序的若干问题等）。在这一开发流程中，界面设计是处于较为上游的工作环节。界面设计的需求如果被误期，后续的流程可能就会受到比较大的影响，尤其是在一些比较重要的需求节点上。

因此，做好界面设计文档的版本管理，提高各个环节的沟通效率，降低设计师的修改成本，是项目开发中不可忽视的工作。

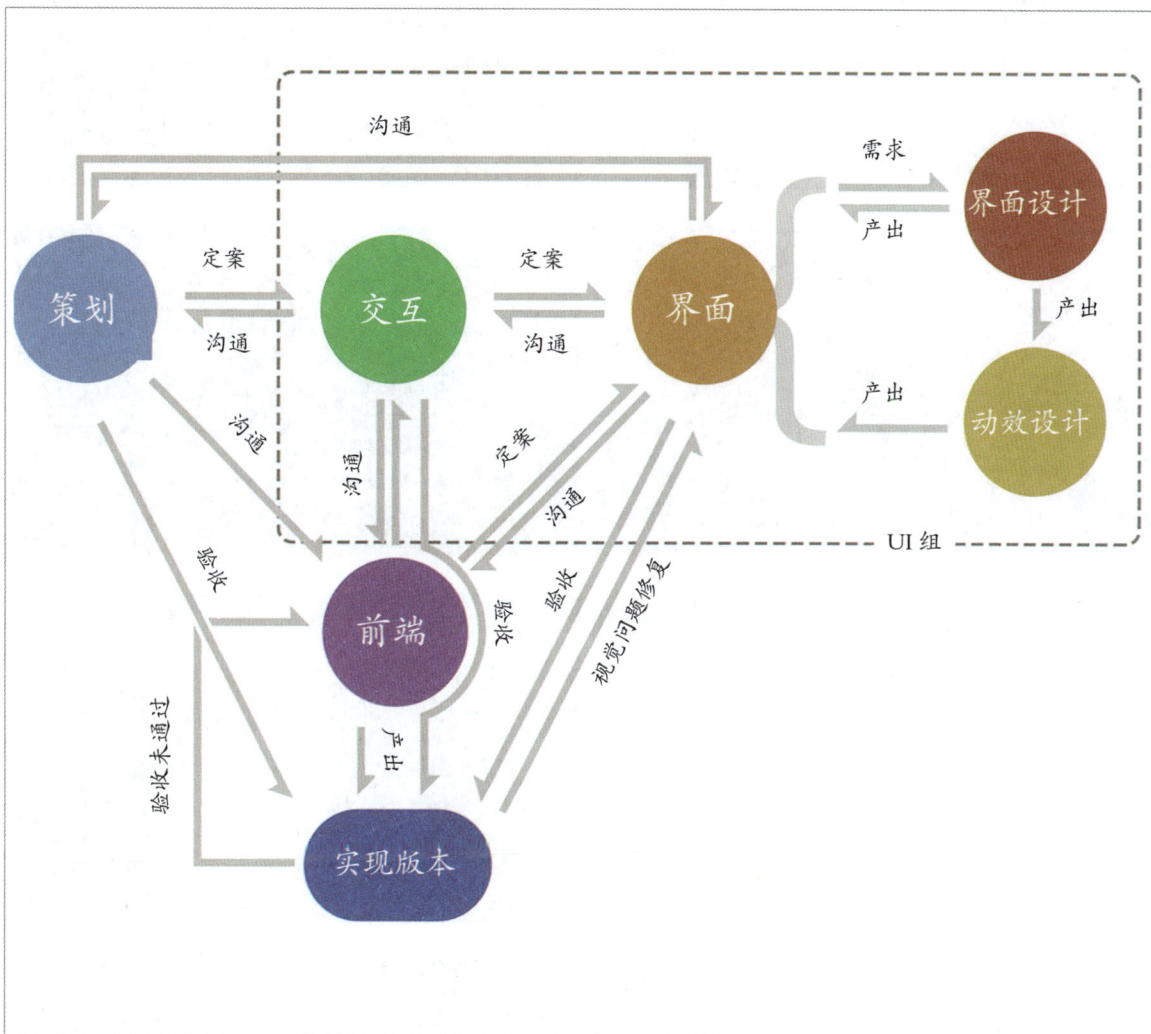

项目开发流程中的界面设计环节示意图

13.2.2 处理游戏界面的迭代问题

游戏界面的迭代与游戏版本的迭代是互相独立的，但会受到游戏版本迭代的影响。游戏界面设计有着自己的规律，并且它的迭代是会有一些必要的原因存在并遵循一些原则的，而且游戏界面的迭代版本的管理对提升设计师的工作效率来说也起着非常关键的作用。

游戏界面的迭代有以下 3 个明显的特征，且这些特征与游戏项目所处的时期存在一定的关系。

首先，早期的游戏界面迭代是针对风格设计的调整。这一时期的界面设计不能被看作成熟的风格化设计，需要针对各种可能出现的问题和情况进行调整。这些问题和情况可能包括上级的意见、同事的意见或玩家在体验了游戏之后反馈的意见。

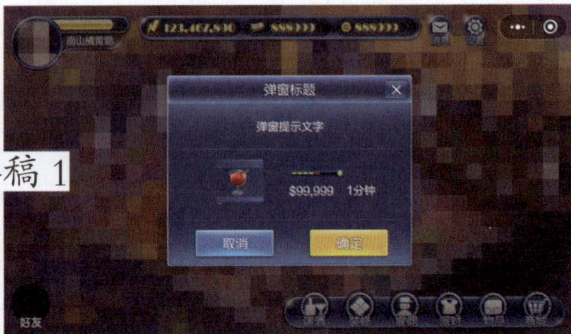

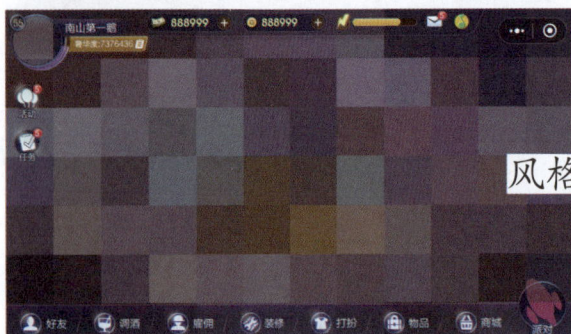

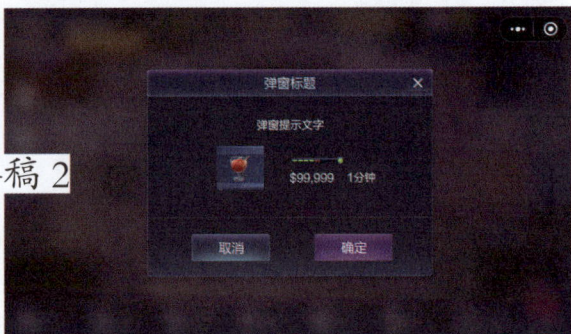

"PRgame"项目的主界面和弹窗设计的迭代示意图

其次，中期的游戏界面迭代是指针对需求的功能性调整。这些调整可能包括细节修正、需求变更及需求取消等。针对的界面可能是单个的，也可能是成系统的。

A 增加场景功能入口设计
B 增加头像功能
C 与任务相关的场景功能设计
D 优化图标的视觉效果
E 增加玩家交互功能
F 细化通告功能
G 优化界面内的视觉表现

最后，其他的一些迭代会因为各种问题而被引起，例如界面设计的方式无法被开发人员实现或实现得不够好，效果差或效率低，都会造成设计的"妥协"。

😀 提示

在日常工作中，界面设计师会面对大量的设计稿创作和设计修改工作，这些工作过程中往往会产生非常多的迭代文件，因此养成保留众多版本的源文件（如 PSD 格式文件）的习惯是比较有必要且安全的。

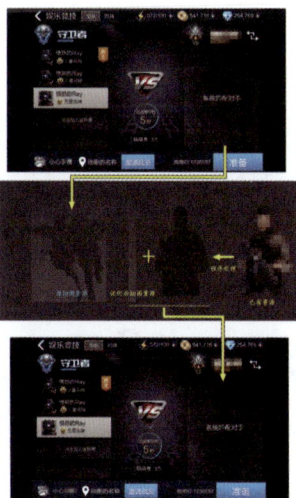

13.3 如何优化切图方式并减小游戏包量

游戏界面在重构时会产生很多切图，利用这些切图，前端人员可以将界面设计最终还原在游戏版本中。与此同时，界面的切图也会影响游戏包体最终的大小。

在日常工作中，很多游戏公司会对游戏最终发布时的安装包的包量大小有严格的限制。因为游戏包量的大小会直接影响玩家下载游戏时所需要耗费的流量和时间，进而影响一款游戏的下载量，而下载量则决定了游戏能在多广泛的范围内得到推广使用。影响游戏最终包量的最大因素在于美术资源的大小。在游戏的美术资源中，游戏场景、人物和界面切图是几个主要的组成部分。其中，界面设计的不同形式会影响切图所占包量的大小。因此，在注重游戏包量的情况下，设计师在做界面设计时也应考虑设计方式对最终游戏包量的影响，并注意优化切图方式和减小游戏包量。

近年的数据表明，大体上移动应用的安装包越小，其转化率（用户进行了相应目标行动的访问次数与总访问次数的比，这里指的就是下载应用的用户与看到应用的用户之间的比值）也会越高。例如，安装包大小为 1GB 和 100MB 的两个应用，在当下的网速条件下，无论是 5G 还是 Wi-Fi，用户点击下载后，1GB 的应用的下载时长都要比 100MB 应用的下载时长长。在其他条件相同的情况下，用户中途放弃下载、网速波动等客观因素都可能会导致 1GB 的应用的下载量要少于 100MB 的应用的下载量。与此同时，大的安装包也会增加应用的渠道推广和厂商预装的价格，从而增加推广成本。而且包量大小对应用市场的相关影响也不可小觑，例如苹果的 App Store 就强制要求超过 150MB 的应用只能使用 Wi-Fi 下载，Google Play 则要求超过 100MB 的应用只能用 APK 扩展文件的方式上传，其本质原因是应用的安装包越大，应用市场的带宽成本也越高。

游戏的包量大小与下载转化率和应用的包量大小与下载转化率是类似的，不过对 500~3000MB 的游戏而言，包量每缩小 200MB，下载转化率只增加 1% 。虽然游戏包量通常会很容易达到 500~3000MB 的量级，但是考虑到诸多因素的影响，优化安装包的大小依然具备实际的市场意义。游戏包量的影响因素包括贴图文件、模型文件、动作文件、代码及界面切图。

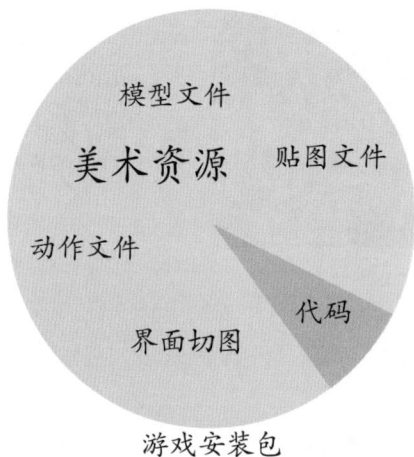

游戏安装包

界面设计对游戏包量的影响很大，因此在设计界面时就应该考虑到切图和实现的方式。设计师应将节省和复用切图作为核心的设计思维。而在笔者看来，节省切图占用量的方式有 4 种，分别为复用共用的控件切图、使用可拉伸的设计方式、以变形拉伸的方式输出切图、定期复查图集。

13.3.1 复用共用的控件切图

在一套游戏界面里，设计规范中会规定在各种情况下的控件的使用方式。一些常见的控件都是可以复用一套共用的切图的，这样就可以减少界面切图占用量。下页左图所示为游戏项目对按钮切图的规定，每个按钮下方都列出了对应的切图，这些切图用极小的占用量承担了全部界面的按钮实现功能。

同时，几乎在所有的游戏中，我们都可以看到这种切图复用的例子，如下面右图中 A 处的弹窗左侧标题区域底图、整个弹窗的底框、B 处的页签底图、关闭按钮、右下角的装饰图案，以及 C 处的普通形态的按钮等。

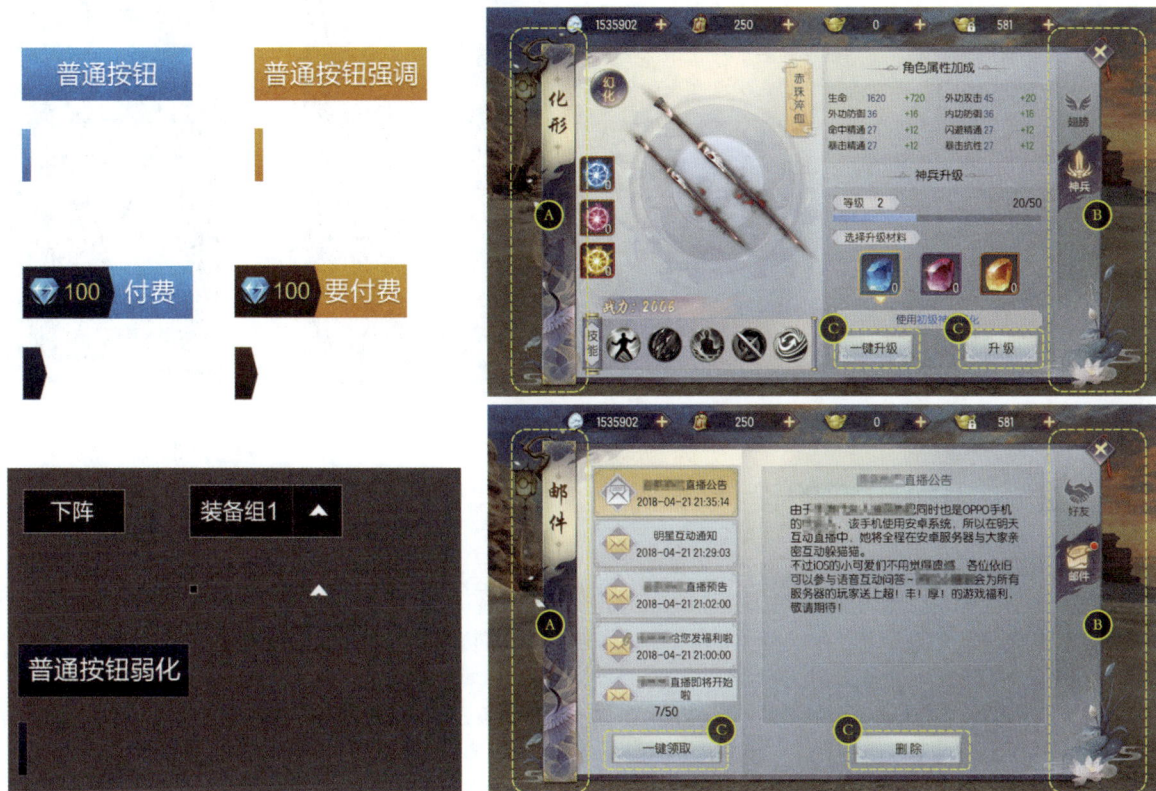

提示

这种做法除了可以节省因重复切图而浪费的包量，还可以在重复控件出现的时候免去设计师重复切图的工作，进一步控制好整个界面设计的统一风格。同时，这种做法需要设计师在设计某一类控件的时候做好分层设计，即将可复用部分与不可复用部分设计成可以被分层切图的样子，而不是将二者设计成结构上无法分离的样子。

结构上无法分离的部分，将导致重复切出尺寸几乎完全相同但效果差别并不大的切图，这对切图占用量的控制极为不利。

右图所示为代号为"M-tank"的项目的战斗界面，其中一系列的"击杀"提示就采用了极为相似的设计结构。

再看右图，经过进一步地对设计结构进行拆分，我们发现这些效果里所有共用的底图只有 3 种。文字占用的切图面积显然要比底图占用的切图面积小很多，如果将文字和底图分离开，则只需要 3 种底图的切图。文字虽然互不相同，且数量较多，但这种方式的切图占用量显然要比文字和底图合并切图的小。作为可扩展性的设计，如果后期增加更多的"击杀"提示，则大概率是增加文字数量，而非底图样式。因此在具体的设计过程中，我们使用了文字和底图分离的切图方式，在保持美术效果不变的情况下，极大地优化了这部分效果的切图占用量。

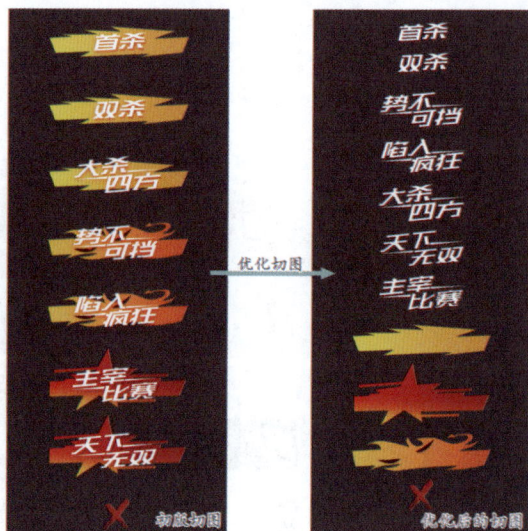

13.3.2 使用可拉伸的设计方式

切图占用量的控制除了对数量的控制外，还有对切图尺寸的控制。以 Unity 作为开发环境的游戏为例，每个界面在前端重构的时候，几乎都会生成该界面中使用到的切图的一个集合，我们称之为"图集"。图集是 2 的 n 次幂像素见方的图片，最大尺寸为 1024 像素 ×1024 像素（也会有 2048 像素 ×2048 像素，但极少用），还有 64 像素 ×64 像素、128 像素 ×128 像素、512 像素 ×512 像素这些尺寸。一般不会有 2 像素 ×2 像素、4 像素 ×4 像素、8 像素 ×8 像素、16 像素 ×16 像素及 32 像素 ×32 像素等这样过小的尺寸。被归集在图集里的切图，一旦宽度超过某个尺寸（如 512 像素），就会导致图集默认扩展至下一个级别，如 1024 像素。但是一整个图集中只要有一个宽度超过 512 像素的切图，就会导致图集中剩余部分为空白。在前端实现某一个界面时，一整个图集都会被存入手机内存，这样大面积空白的图集和放满切图的图集所消耗的手机内存是相同的，会造成手机内存资源的极大浪费。对一款需要适配所有从高端到低端手机的手机游戏来讲，这是不能被接受的。设计师的切图方式会极大地影响一个界面乃至一个游戏的实现效率和最终呈现效果。下面第 1 张图所示的优化前的切图方式可能就会造成这批切图无法容纳于 512 像素 ×512 像素的图集内。在下面第 2 张图所示的情况下，会因为一些切图很少的面积溢出，而导致这个图集自动扩展成 1024 像素 ×1024 像素（绿色虚线范围所示）的尺寸，在这个尺寸的图集里，大部分都是没用的空白。下面第 3 张图所示为优化过后的切图，它可以被容纳在 512 像素 ×512 像素的图集内（绿色虚线范围所示）。使用可拉伸的设计方式就是通过间接优化图集，从而达到节省切图占用量和降低内存压力的目的的。

常用的图集大小示例示意图

"击杀"提示切图优化前的图集示意图

"击杀"提示切图优化后的图集示意图

因此，设计师在切图时需要考虑规避一些极限的尺寸。例如切图尺寸在 512 像素 ×512 像素附近的时候，应控制在 512 像素 ×512 像素内。对于一些尺寸很大的切图，就应该考虑是不是可以设计为三宫格拉伸或九宫格拉伸（见 6.2.2 小节中关于切图拉伸的内容）的方式。这样切图就可以被输出得很小，且保证品质不受影响。

13.3.3 以变形拉伸的方式输出切图

在不影响最终品质的情况下，可以用变形拉伸的方式输出切图。

在有些情况下，如设计尺寸是 1136 像素 ×640 像素的大背景图，需要将其放到图集里，但图集根本无法容纳。这时候的方法就是将 1136 像素 ×640 像素的尺寸在 Photoshop 中变形缩小到 512 像素 ×512 像素的尺寸，在前端实现的时候再将其变形拉伸回原尺寸 1136 像素 ×640 像素。这样就可以保证在一个 1024 像素 ×1024 像素的图集内放置 4 张大背景图（见本书 6.2.2 小节框体第 2 个特征中第 1 个示例的相关操作过程演示）。这样做实际上已经降低了背景图的品质，但是背景图通常会被上层控件遮挡，因此这种损失就是可以被接受的。还有一种可以接受的情况是大面积的泛光。有些界面控件的文字标识后方会被设计出大面积的泛光效果。这种效果单独分层切图时的特点是尺寸大，且有半透明到全透明的渐变，因此绝不能被原尺寸切出，否则不符合节省切图占用量的原则。同时，它的半透明渐变可以被认为是一种模糊效果。基于这两点特征，我们可以把大面积泛光缩小到可以接受的尺寸后再切图，实现时再拉伸回合适的尺寸。由于其本身是一种模糊效果，因此拉伸后的损失也就很难被肉眼识别。

例如，下面第 1 张图所示为结算界面中的"战斗胜利"图标。从下面第 2 张图中可以明显看出，如果这个图标被以整体的方式切图输出，这个切图的尺寸显然已经超出了 512 像素 ×512 像素，但要远小于 1024 像素 ×1024 像素，这样会造成图集浪费。较好的方式是用下面第 3 张图所示的方式对其进行拆分切图。在切图过程中，图标中出现的五角星和翅膀都可以只切一个，在重构的时候进行复用。背景的晕光面积过大，会用到特别的处理方式：缩小原图后切图，在效果实现时，程序会把切图拉伸回原尺寸，如下面第 4 张图所示。

在实际工作中，处理切图的过程中还会遇到很多复杂多变的情况，如上文所列举的这些情况一样，都需要设计师随机应变地找到相应的方法来节省切图占用量，此处不再过多描述。

13.3.4 定期复查图集

定期复查图集可以筛除老旧和重复的切图。一个项目是由很多人组成的团队来共同完成的，哪怕是相对较小的设计团队，也会有不少人员共同参与。针对这种多人参与的项目，无论人员与人员之间的沟通多么畅通，都可能存在衔接不足的问题，这就要求我们不停地去复盘所做的工作，从而达到查漏补缺的目的。

对于切图的管理也是这样。在一个大的项目团队中，设计团队和前端团队应该协同起来，定期对项目的图集进行筛查，检查一些老旧的、重复的切图，进一步为包量"减负"。这种检查有时候得到的效果非常显著，对风格变化比较剧烈的项目来讲更是如此。

13.4 如何解决项目协作问题

游戏的开发离不开团队协作。开发一款游戏是一个团队共同努力达成一致目标的过程。良好的团队协作是游戏成功的较基本的条件。

项目团队是由人组成的一个具备共同工作目标的团体。一个项目的有效推进需要建立在团队的有效沟通的基础上。一个团队的沟通出现阻塞和错位时，往往会出现效率低下、窝工及重复加班的状况。界面设计是项目工作流的一环，因而界面设计师在项目团队中起到承上启下的作用，如果其缺乏项目沟通能力，则会对工作的开展造成极大的阻碍，轻则影响项目进度，重则被团队排斥。

对游戏界面设计师而言，在进行项目沟通时一般需要注意 4 个方面的问题。

13.4.1 明确自我定位

想要一个项目顺利开展，作为游戏界面设计师，首先要做的事情就是明确自我定位。那么如何明确自我定位？笔者主要从以下 3 个方面来进行说明。

首先，理解策划需求。界面设计在整个项目的开发流程中处于策划和前端实现之间。在界面设计的工作中，设计师应该具备的一个基础能力是理解上游策划人员给出的需求，并给出符合要求的产出物，同时交付给下游的开发人员去实现功能，保障设计品质及确保产出物容易被理解。

就笔者而言，理解需求的基本前提是明确需求的根本目的和功能性原理。从表面上看，这是具体功能在界面上的体现，诸如点击某个按钮并跳转至某个界面，或者在某种条件下激活某个事件这样的界面间逻辑关系。而从本质上来讲，设计师应该立足于项目的全局去理解具体的需求。这就与"盲人摸象"这个典故的道理一样，一个人如果对大象的整体形象没有一个明确的认知，就无法准确地去描述象腿，进而可能出现把"象腿"当作"柱子"的情况。

其次，保障设计品质。保障设计品质应该是每个设计师终其职业生涯都在追求的目标。虽然有不少设计师并没有依赖设计品质就走到了比较高的位置，但是从客观上来讲，对绝大部分设计师来说，作品的品质依然是自己的"一张脸"。在设计之外的事情上投入过多的精力，故弄玄虚、玩文字游戏、钻团队组织的漏洞等，都是不可取的，更是对自己的不负责任。

设计师的责任感应该是贯彻项目始终的，如右图所示。从技术维度来说，从设计品质的把控到最终效果的实现跟进，都是设计师责任体系的一部分。而从个人成长的时间线上来讲，涉及更多的就是与设计有关的责任了。

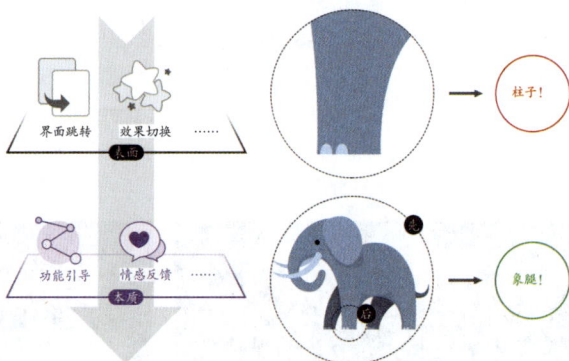

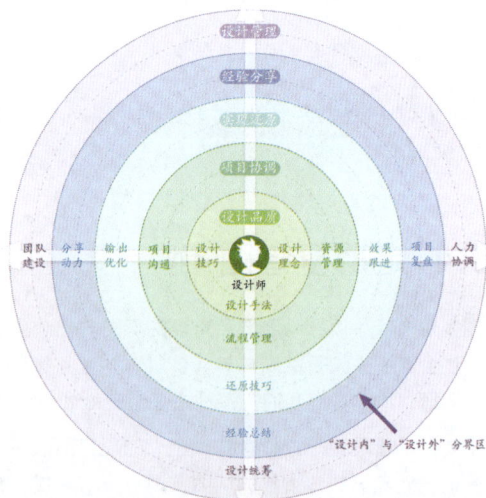

最后，保障产出物的易理解性。产出物的理解成本特别能体现设计师的沟通能力。沟通能力从本质上来讲是一种理解别人和让别人理解自己的能力。这种能力潜在的要求就在于换位思考。有的人可能会说："站在别人的角度看问题很简单，不就是设想我自己在那个情况下会怎样嘛。"而事实上，因为每个人的思维方式都是不同的，所以即使切换角度，思维方式的差异一样可以造成不同人对同一事物的看法完全不同。所谓"站在别人的角度思考问题"，不仅需要切换思考问题的角度，还应该尽量去理解别人的思维方式，并按照别人的思维方式重新思考问题。在项目工作中，不同岗位人员的思维方式的不同表现得非常明显，设计师和程序员之间较大的理解鸿沟就是形象化思维和逻辑性思维的差别。设计师可以注意到一个像素的偏差，而这在程序员看来可能是不存在的。程序员眼中的界面实际上是数个逻辑块面的有机结合结果，设计师眼中的界面则是颜色、图形、材质等的集合体。面对如此大的思维差别，两者居然还是上下游的合作关系，可以说在实际工作中出现沟通问题的可能性非常大。这要求设计师花费额外的精力去与程序员协商一种可以很好理解产出物的方式。

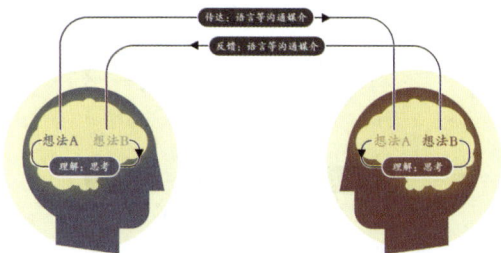

13.4.2 把控全局

设计师的工作涉及多个范畴，绝不仅限于做设计稿。从技术角度来说，设计师在确定一款游戏的界面风格时，就需要从游戏背景建构出发，去考察市面上所有类似的游戏，并与策划人员、制作人讨论更多的设定；在做某个具体的需求时，需要和策划人员沟通，理解需求的实质；在实现界面时，需要和开发人员沟通，寻找效率较高、质量较好的界面还原效果。在整个过程中，设计师几乎没有一刻是可以自己一个人闭门造车地工作的，一旦这样做，没有对游戏从头到尾的了解，没有与项目组里的人员熟悉和沟通，设计工作进行起来将变得非常艰难。

以上是从客观角度分析的设计师需要具备全局观的原因。所谓把控全局，本质上其实就是关于"从哪里来到哪里去"的问题。确定游戏界面设计风格过程中的"从哪里来"是"依据什么样的准则去推导"，"到哪里去"是"得到什么样的设计稿"；消化设计需求过程中的"从哪里来"是"要做实现什么功能的界面设计"，"到哪里去"是"易用性和品质上的设计稿要做到什么程度"；还原设计稿过程中的"从哪里来"是"什么样的标注和切图可以被玩家有效认知"，"到哪里去"是"什么程度的界面还原度可以被玩家接受"。

除了项目视觉设计角度，设计师的全局观还应体现在项目协同能力上。项目协同的内容有且不限于需求管理、人力调配、版本规划及方案推进等。这些都是设计师在消化需求以外的工作，涉及的是整个项目或团队的协同工作内容。

以需求管理为例。一个项目中的需求不管是种类还是数量都非常多。每个需求都挂靠在不同的负责人身上，规划时间也各有不同，有些需求之间还会互相影响。如果没有有效的需求管理方式，项目的进度将非常混乱。在这样的情况下，设计师手上的需求也就不单只是一个独立的需求，而是可能会跟别的需求产生关联的需求。有的是上下游的关联关系，有的是设计需求之间的关联关系。这两种关系都基于设计师对整体项目大方向的认知，单独拿出某个需求时，会对需求的理解造成很大的困扰。

例如，下面第 1 张图展示的是视觉环节上的一个需求的流动过程。在所有环节都按照计划时间推进时，需求会在计划的时间内完成。但是，如果其中一个环节的实际交付出现延误，就会对下游环节造成连环延误影响，如下面第 2 图所示。在这样一个简单的模型里，一个环节的延误就已经造成了这样严重的问题，可想而知在实际工作中，当面对关联更多、内容更复杂的需求时，一旦处理不当，会带来多大的不利影响。

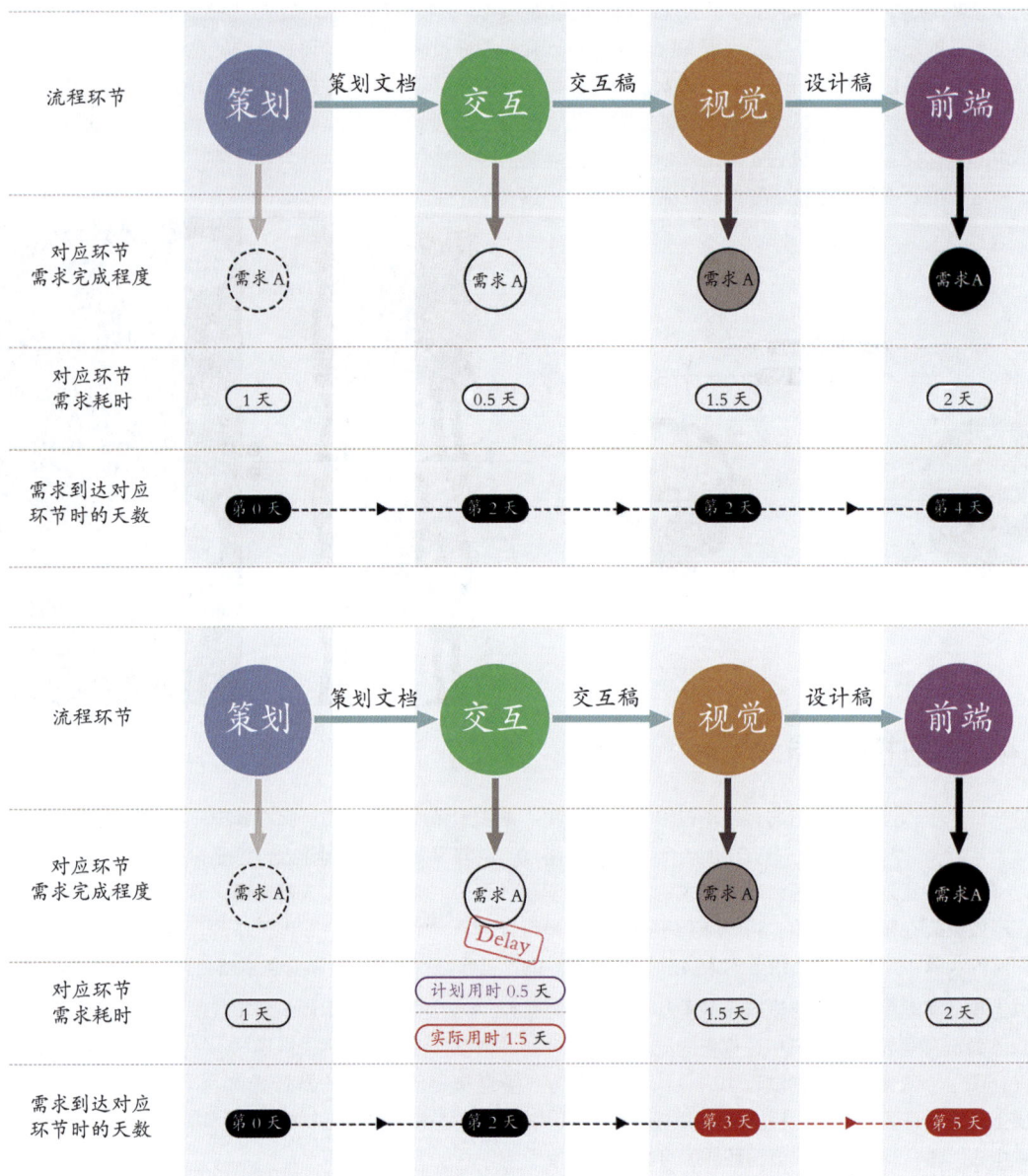

但就界面设计需求来说，关联到的重要环节就是策划和交互，这两者对界面设计的需求处理时间的影响非常大。因此在内容繁多的实际项目工作中，笔者利用谷歌在线文档建立了一套有效的需求管理方式，如下页图所示。在图中，我们可以很明确地看到用不同颜色标识出的不同状态的需求。所有参与到项目中的人员，无论是策划人员、交互设计师还是视觉人员，都能快速地定位到需要处理的需求上。视觉人员可以关注马上要做的需求是处于"策划已定稿"状态还是处于"交互已完成"状态，策划人员可以根据需求是处于"交互已完成"状态还是处于"设计进行中"状态来规划下一批的需求。通过这种在线表格工具，海量的需求就被整合在了一起，按照规律进行了排布，处理效率就高了很多。

迭代	优先级	需求名称	对应策划	对应交互	交互计划交付时间	对应视觉	工作量评估（天）	实际开始时间	视觉计划交付时间	实际交付时间	需求UI状态
公测	High		carliang	arvinzhou		lesenli	1		2018 15	2018 14	视觉已完成
公测	High		erikwang			lesenli	0.5		2018 15	2018 14	视觉已完成
公测	High		carliang	arvinzhou		lesenli	0.5		2018 15	2018 14	视觉已完成
公测	High		simwang	arvinzhou	2018 04	lesenli	0.5		2018 15	2018 14	视觉已完成
公测	High		carliang	arvinzhou		lesenli	0.5		2018 15	2018 15	视觉已完成
公测	High		carliang	arvinzhou		lesenli	0.5		2018 15	2018 15	视觉已完成
公测	High		simwang	arvinzhou		lesenli	0.5		2018 15	2018 15	视觉已完成
动效	High					alexhu	可开始				视觉已完成
动效	High		ckchen			alexhu	可开始				视觉已完成
公测	High		carliang	arvinzhou		lesenli	2		2018 12		视觉已完成
公测	High		erikwang	arvinzhou		lesenli	0.5	2018 14	2018 14	2018 15	视觉已完成
公测	High		carliang	arvinzhou		lesenli	0.5	2018 14	2018 14	2018 16	视觉已完成
公测	High		simwang	arvinzhou		lesenli	1		2018 15	2018 16	视觉已完成
公测	High		carliang	arvinzhou	2018 04	lesenli	1		2018 15	2018 16	视觉已完成
公测	High		simwang	arvinzhou		lesenli	0.5		2018 17		视觉已完成
公测	High		carliang	arvinzhou		lesenli	0.5		2018 17		视觉已完成
公测	Middle		ckchen	arvinzhou		lesenli	1.5		2018 19		设计进行中
公测	Middle		ckchen	arvinzhou		lesenli	0.5		2018 19		设计进行中
公测	Middle		carliang	arvinzhou		lesenli	1		2018 20		交互已完成
公测	Middle		carliang	arvinzhou	2018 28	lesenli					策划已定稿
公测	Middle		ckchen	arvinzhou	2018 29	lesenli					交互已完成
公测	Middle		carliang	arvinzhou	2018 26	lesenli	1				交互已完成
公测	Middle		ckchen	arvinzhou	2018 26	lesenli					交互已完成
公测	Middle		ckchen	arvinzhou	2018 27	lesenli					交互已完成
公测	Low		sofawang	arvinzhou		lesenli					交互已完成
公测	Low		carliang	arvinzhou		lesenli					策划已定稿
公测	Low		ckchen	arvinzhou	2018 13	lesenli	2				交互已完成
备选	Low		erikwang	arvinzhou		lesenli					策划已定稿
备选	Low		ckchen	arvinzhou	2018 29	lesenli			策划调整中		交互已完成
动效	High		carliang	/	/	alexhu	可开始				设计进行中
动效	High		carliang	/	/	alexhu	可开始				设计进行中
动效	Middle		carliang	/	/	alexhu	可开始				设计进行中
动效	Middle		erikwang	/	/	alexhu	可开始				设计进行中

13.4.3 关于界面还原的问题

很多设计师认为完成了设计需求的设计环节并交付了产出物之后，需求就算是完成了，这样的认知未免失之偏颇。就笔者而言，只有设计师的设计被还原到了游戏版本里，设计师的使命才算真正完成。而且设计的较根本的目的在于实现游戏的功能需求，而不是做设计稿。

下图上半部分所示为游戏界面设计的完全责任路径，下半部分所示为游戏界面设计的完整路径。

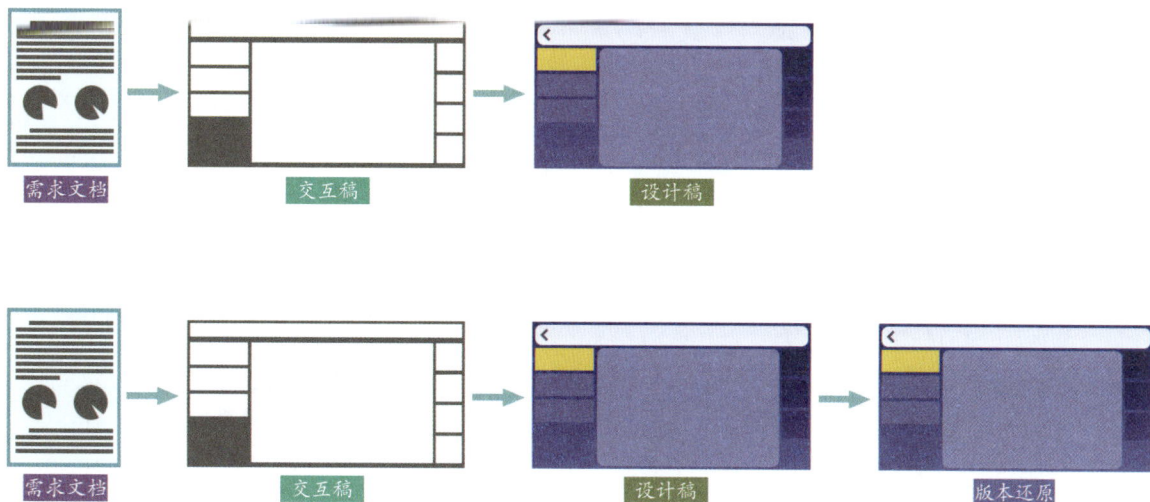

需求文档 → 交互稿 → 设计稿

需求文档 → 交互稿 → 设计稿 → 版本还原

程序员乃至策划人员对设计稿的细节的认知在大部分情况下是有比较大的偏差的，他们通常无法有效识别设计稿和还原版本之间比较微妙的差异。这些差异在很多情况下可能无关紧要，但也会在关键的时候引发比较大的问题。这就要求设计师在设计稿到游戏版本还原的过程中适当地承担起"监制"的责任，去走查版本，并检查还原版本里与设计稿不相符的地方，然后与团队一起提出解决办法，并最终予以修正。

"走查版本→找出问题→提出解决办法→修正问题"是走查版本时的一个完整的工作流程，如下图所示。

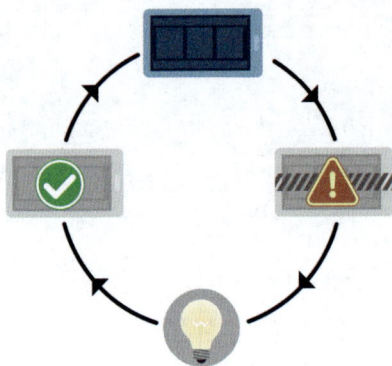

设计师走查版本过程中的若干种方式和方法详见 14.3 节的内容。在各种走查版本的过程中，设计师需要面临 3 个方面的沟通，即与其他设计师的沟通、与策划人员的沟通和与程序员的沟通。

项目团队中一般会有几个设计师协同工作，这就要求设计师之间的沟通一定得是顺畅的。设计师之间的沟通主要涉及两个层面的内容。一个是对界面风格一致性的维护，另一个是对文件版本的同步化处理。界面风格一致性的维护可以通过制订统一的界面设计规范来达成，虽然在实际工作中界面设计规范有时候也会产生一定的问题，如早期的界面设计规范无法适用于新的设计情景等，但这些都可以通过界面设计规范的及时修订与更新来解决。设计师之间因为工作需要是要频繁地交流文件的，同一文件在不同人手里可能会经过不同的修改，因此会出现文件版本的一致性是否会影响设计师之间的文件同步、所提供的文件是不是较新的版本等问题，这些问题可以通过对文件版本进行编号来解决。在进行游戏版本的界面走查时，这两个层面的内容可以作为设计师之间的一个基础性的共同语言。例如，如果在版本里发现某个界面的实现问题，就可以通过已有的界面设计规范和设计师文件版本编号迅速定位到某位设计师的某个版本的设计稿中，方便大家快速地找到问题是出在设计稿上还是还原版本上。

走查版本时与策划人员的沟通是很重要的。从理论上来说，每一个需求都是由策划人员来规划的，他们是充分了解具体需求、具体的界面所要实现的功能，以及功能目的的人。每个需求在被开发人员开发完成之后，需要策划人员进行验收操作，通过策划验收的具体需求才可以被认为是已经完成的需求。策划人员在验收具体需求的时候，需要检测的内容包括界面的实现、功能的实现，还需要进行一定的压力测试，保证从前端到后台服务器没有问题。在所需要验收的内容中，界面的实现是策划人员相对设计师而言不够擅长的内容。因此，这个过程里有设计师的参与，会起到非常好的效果。通过对策划中的具体功能的理解，设计师不但可以做出相对准确、合理的设计，还可以在需求验收阶段敏锐地发现设计还原问题。

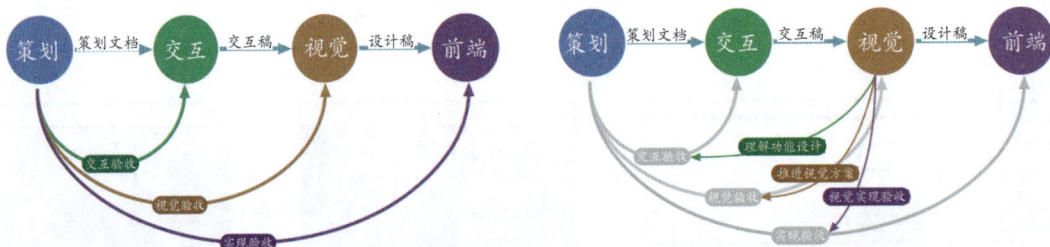

再看下面这几张图。第 1 张图所示的多层切图拼接的框体出现了一些错位溢出问题，第 2 张图所示的浮窗控件与画面边缘的间距、与人物的间距等在实现上出现了很大的间距错误问题，第 3 张图中因为没有仔细查看标注而用错了切图，第 4 张图中用错了字体样式和字体颜色。而在实际工作中，策划人员和程序员一般都很难发现类似这种非常细节的问题，而这些问题也只有依靠设计师不断跟进、走查和验收来解决。

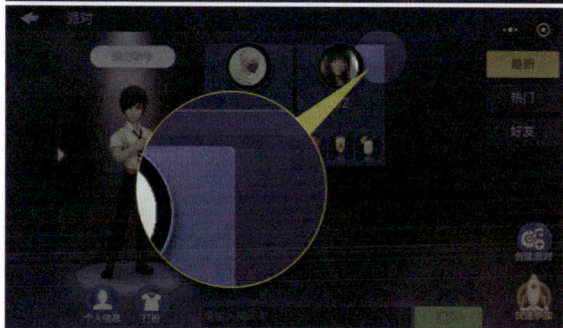

无法被策划人员验收发现的问题之"拼接错位"
（上为设计稿，下为实现截图）

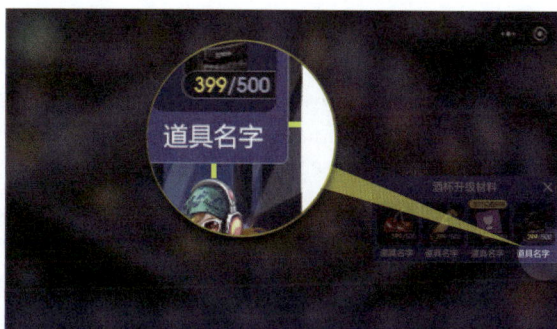

无法被策划人员验收发现的问题之"间距错误"
（上为设计稿，下为实现截图）

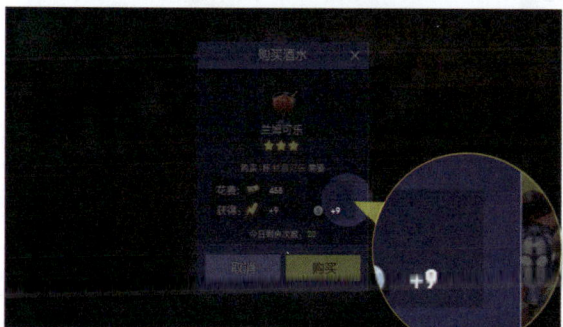

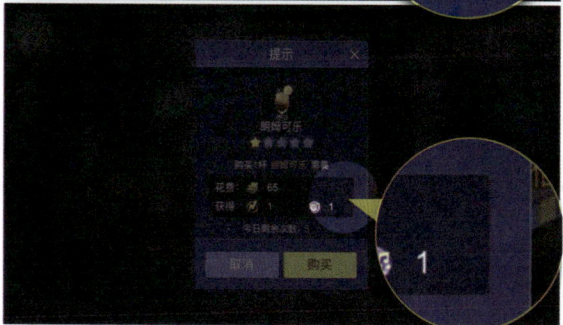

无法被策划人员验收发现的问题之"用错切图"
（上为设计稿，下为实现截图）

无法被策划人员验收发现的问题之"字色错误"
（上为设计稿，下为实现截图）

在这里，还涉及一个设计师与开发人员沟通的问题。设计师与开发人员沟通一般存在两个时间节点：一个是设计之前，一个是设计还原之后。

在设计之前，设计师一般情况下是不需要和开发人员进行沟通的。一个成熟的设计师在做每一份设计稿之前都需要事先考虑好最终还原时的方式，因而设计还原大部分情况都是符合预期的。但是有一些极端的情况或设计师第一次碰到的情况，当设计师无法了解将来前端人员会以何种方式实现效果时，或者用设计师已知的实现方式可能无法实现既定的设计效果时，就需要设计师和开发人员提前进行沟通。设计师需要询问开发人员自己想要的某种效果在实现上会有什么问题，会考虑用什么方法，如果用某种方法可行则输出的方式应该是怎样的。这些都直接关乎设计师的设计稿的设计方式。设计还原之后的沟通通常是搞清楚界面还原度降低的原因。在大部分情况下，还原度降低的原因类似于前面列举的那些，包括用错了切图资源、控件尺寸出错、位置错位、文字字号和颜色出错等。这些差错极其容易发生，设计师有可能会经常碰到，以至于直接目视游戏界面就可以判断原因。但偶尔也会出现一些"疑难杂症"，例如Unity中一些边缘透明的切图出现图中并未设计的黑线边缘。

这个问题是在很偶然的情况下才会出现的，根本原因是Unity的图形渲染采集到了不属于某个切图有效像素区域外的像素（如下面第1张图所示的人物的切图），从而形成了一条黑线。跟前端人员进行深入研究后，可以发现这个问题的发生概率比较低，而且这个问题属于游戏引擎自身的问题。既然明确了问题的发生机制，那解决办法就是在切图上进行"取巧"。最后采取的办法是将出现问题的切图的"画布"（即透明无像素区域）向外延伸1~2个像素（见第2张图）。这么做之后，原来的问题被我们"利用"，虽然依然会采集到切图有效像素区域之外的像素，但通过扩展1~2个像素就可以去掉黑线，从而解决这个问题。

这类问题就需要设计师去对设计稿或输出的切图进行修正，而不是单纯地让开发人员去解决。

不管怎么说，问题是客观存在的，且必定是由一定的原因引起的。团队协作下的工作产出物如果出现问题，主要要做的就是进行充分的沟通，并齐心协力地去解决这些问题。所以说，项目沟通的本质就是为了找到问题并解决问题。一切借题发挥或顾左右而言他的行为都会导致"解决问题"本身的行为变质，这是设计师在沟通过程中需要时刻牢固把握的行为底线和逻辑主轴。

13.4.4 关于界面设计的决策源问题

游戏项目的开发是一个以目标为导向的、有组织的协同行为。一切有组织的协同行为都需要依赖决策来指示目标。这与"在大海中航行主要靠舵手"是一个道理。一个像游戏项目组这样完整的、可以有效执行决策的组织就像航行在大海中的船只,其航行的方向是需要舵手来控制的。当然,决策必须来自船长。如果一条船上有多个船长,且他们同时发布不同的决策,那么舵手将无法判断究竟该执行哪条决策,接下来的工作也就无从开展。

在游戏项目组里,一般来说都会以制作人的决策为唯一标准。就游戏界面设计这一个环节来讲,它同样需要唯一的决策源。在典型的游戏项目组中,最终传达到设计师这里的决策的来源依然是制作人。

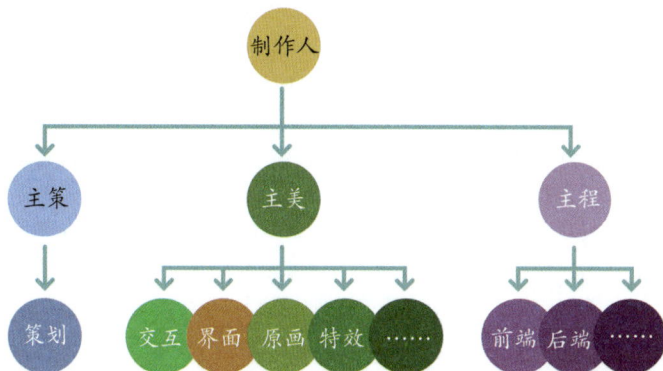

游戏项目中的决策流动方式示意图

然而在日常工作中,设计师所遇到的情况并没有这么简单。除了个别因为组织架构原因而出现多个决策源的情况,还有接收到的意见和建议比较杂乱的情况,这些情况都会对设计师的工作造成困扰。

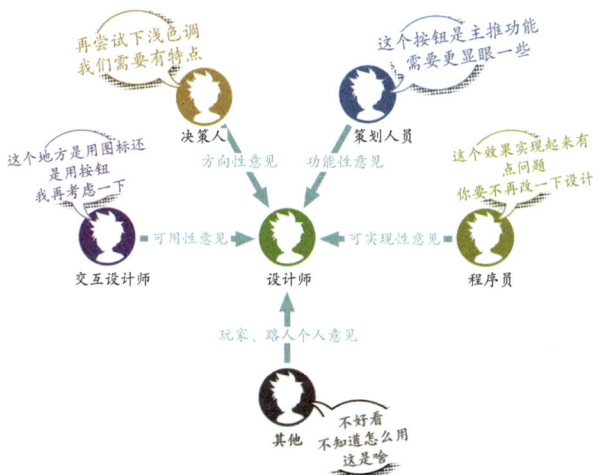

设计师收到的意见和建议来源示意图

想要排除这些干扰并集中精力对设计本身进行改进,设计师可以参照以下 3 种做法。

首先,设计本身要有理有据。游戏界面设计是为游戏的需求服务的,每个细节都不是凭借设计师的主观意图去设计的。针对这一点,6.4.1 小节所讲述的内容实际上非常彻底地贯彻了这一种设计思维。没有任何设计依据的设计很难做到具有美观性和易用性,而且还非常容易被人找到漏洞,从而让玩家对设计品质产生质疑。因此,设计师的作品理应是防止接收到杂乱意见的"第 1 道防火墙"。无论是色彩的设定和使用,还是质感的分布和刻画,设计的每个细节都要经得起推敲。

其次，原则上只接受专业性意见。设计师原则上应该接受的意见和建议主要来自自上而下的部门人员对界面提出的功能性意见。非专业的意见指的是非设计类人员提出的意见，例如"我感觉这个颜色好难看""那个按钮让我好难受，能不能去掉？"等一些玩家或策划人员对美术方面提出的意见。这些意见看起来可能并不那么专业，因此设计师在面对这些意见的时候，第一反应可能是"颜色难不难看不是你们这样的非专业人士可以评判的"，从而很大可能选择忽略。而就笔者而言，这样的一些意见同样是具有一定价值的。例如针对"我感觉这个颜色好难看"的意见，其所潜藏的信息有可能是设计师在错误的地方用了错误的颜色，从而导致了玩家感到不适，而玩家又并非专业人士，所以只能提供这种主观性很强的、感性的意见。在工作中，这种有隐藏信息的意见有时候可能是很重要的意见，甚至也可能为重要的产品改进提供方向。对设计师来说，应该学会从这样的一些意见中找到背后真正的问题所在。

最后，不接受含有主观意图的意见。这种类型的意见实际上是非常不负责任的。很多人会站在自己的审美角度去审视一些经过了严谨设计过程的设计，他们认为不符合自己审美的设计都是一种错误的设计。而设计需要有依据，本身就是为了规避设计师因为自己的喜好或审美而出现主观性设计。这类意见之所以不能被接受，就是因为它们可能会影响设计的"客观性"和"科学性"。而这里说的"主观意图"不仅包括了主观性，还带有一些特殊目的。这样的意见可以根据提意见的人所处的位置分辨出来，例如策划人员没有关注界面设计的功能性问题而过于关注美术方向的问题，提出"这样的配色不好吧，我认为某某配色会更好"的建议。当然，前提是设计师需要审慎地去观察自己的设计是否的确有这样的问题，并分析策划人员的这种建议背后是不是存在一些隐藏信息。在模棱两可的设计方案中，有人会明确地倾向于某个方案而否认另一个方案，并无法提出有说服力的理由。类似这样的意见，其背后的意图可能非常复杂，但是可以肯定的是，这种意见对设计和项目本身并没有什么积极作用。

	有效意见	无效意见	示例
是否关注功能	是	否	"这里相对并不重要，需设计得轻量化些"
			"别的地方没有空间了，就塞在这里"
有无针对性	有	无	"改用某种设计方式更利于用户理解这个特有功能"
			"某某游戏就是那样的，我们也那样"
是否出于主观感受	否	是	"在我们游戏的整体色调下，这个颜色搭配不合适"
			"这个颜色给我的感受很不好"
有无利益瓜葛	无	有	"这个不好实现，但是个不错的主意。我会试试看"
			"这个效果不好实现"
有无理解产品	有	无	"我们的这种游戏背景建构和这种图形不搭"
			"最近流行别的图形"

总的来说，无论客观环境如何，设计师都需要去审视和分析每条意见，挖掘和筛选有意义的真实需求，从而改进自己的设计。

14

项目设计中的一些经验

本章概述

在项目设计中，我们总会遇到一些原本很重要但又容易被忽视的设计问题。
本章就主要介绍游戏界面设计师在项目设计中会遇到的一些常见的问题以
及解决问题的方法。

本章要点

» 如何确保界面设计的规范性
» 如何解决游戏界面还原过程中的问题
» 如何走查版本

行业经验篇 ▶

14.1 如何确保界面设计的规范性

游戏界面体系繁杂，在大型项目中更是如此。因此，在游戏界面设计过程中，保证整个界面设计的规范性就显得特别重要。

在游戏项目的界面设计过程中，规范的界面设计是保证项目界面设计工作效率和品质的一个很重要的因素。一般情况下，一个游戏项目的界面设计工作会由数个设计师来共同承担。这其中起到主要作用的设计师在项目中被称为主设计师（简称主设）。主设计师在界面设计中有两个作用：一个是作为界面设计风格的主要设定人，带领大家研究和探讨一款游戏的界面设计风格的；另一个是制订游戏界面设计的规范文档，保证后续输出的界面设计在风格和品质上的稳定性。

如何设定一款游戏的界面设计风格，我们在前边已经探讨过。界面设计规范的相关内容也在第9章和第10章中有比较全面的介绍。这里主要需要明确的是遵守界面设计规范的设计方法。对主设计师和其他设计师来讲，出发点的不同导致了他们对界面设计的规范处理方式不尽相同。具体表现在两个方面：一方面，主设计师主导了一款游戏的界面风格化设计，对风格的设计和细节的设计有非常明确的概念，知道所负责的界面所特有的设计表现方式和设计扩展方式；另一方面，对其他设计师尤其是没有参与过界面设计风格设定过程的设计师来讲，他们对风格设定内容的认知通常是没有主设计师这么明确的。

设定界面设计风格　　制订界面设计规范

💡 **提示**

值得强调的一点是，由于团队形式的不同，这种出发点上的差异在不同的团队中可能会有比较大的差别。针对一些固定的设计团队（这种设计团队往往是以固定的项目组中的一个小组的形式存在的），在工作中团队里的成员与成员之间都彼此熟悉，并且在共同参与一个项目的情况下，是不太可能出现这种差异的。而在一些常年业务不太固定的团队（如一些资源池性质的、专业的纯设计团队）中，这种差异就会特别大，而且还会经常出现突然调配人员到一个完全陌生的项目组的情况。

如何确保界面设计的规范性问题？笔者主要从3个方面进行讲解。

14.1.1 发挥界面设计规范的实用价值

在前面有关游戏界面设计工作沟通的内容中，笔者强调了一种规避交流过程中信息流失的方法——固化信息（即通过文字和图片，对人脑中成形的信息进行记载，方便中心化的信息流转）。这种方式可以防止虚化信息（如普通的面对面交谈这样没有留下任何实质内容的沟通方式中的信息），避免在多人团队中出现信息扭曲和流失的情况，方便信息流转、再编辑和迭代。

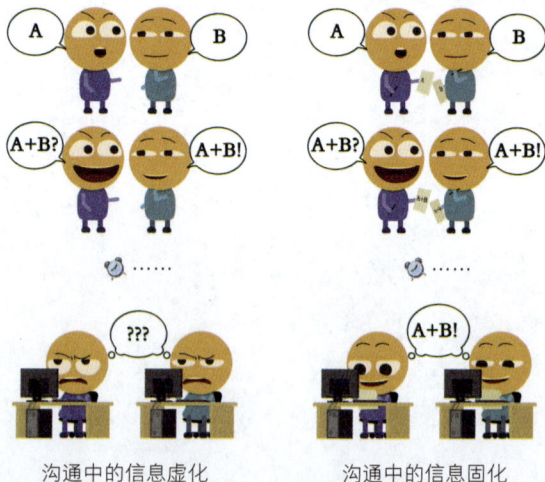

沟通中的信息虚化　　沟通中的信息固化

界面设计规范就是用固化信息的形式将风格设定的内容和界面设计细节上的扩展方式转化为一种共同语言。而规范的界面设计指的就是在这种"共同语言"的基础上所做出的界面设计。界面设计规范在主设计师和其他设计师之间建立了坚固的信息载体,弥合了两者对同一款游戏的界面设计风格的认知鸿沟。好的界面设计必然建立在界面设计规范的基础上,没有界面设计规范的界面设计会造成团队输出紊乱。界面设计规范可以弥合团队中不同成员之间的认知鸿沟,以便更轻松、快捷地控制产出物的风格统一。

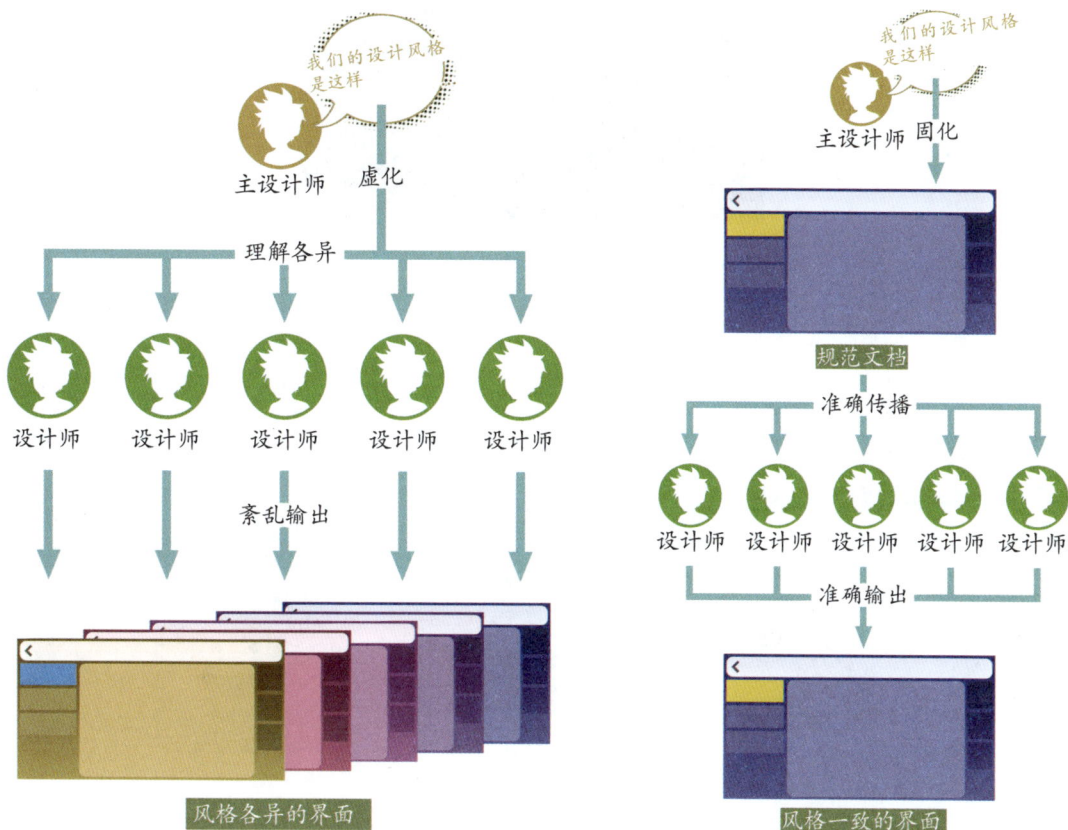

💡 **提示**

不过,界面设计规范也是有它的局限性的。在实际工作中,大部分情况下界面设计规范都是有效且可靠的设计协同工具。但一款游戏的系统可能是非常复杂的,而与其相关联的界面设计体系则可能表现得更为复杂,再完善的界面设计规范都不可能覆盖所有的细节。而且一个设计师可以在对一款陌生的游戏的界面设计完全没有认知的情况下,依靠它的界面设计规范来进行基本的界面设计需求输出,但是却依然做不到像长期为该游戏界面设计服务的设计师那样游刃有余。这种局限性需要设计师针对某些特定的情况来进行处理。

14.1.2 寻找项目限定范围内的发挥余地

界面设计规范的第 1 个局限性在于,不可能从客观上完全规定好设计师在设计上的发挥余地和项目本身限制的关系处理模式。设计师往往会对界面设计中的某些功能设计产生诸多的想法和创意,但是还需要考虑整个界面设计规范对设计手法的限制。有些限制是非常明显的,例如在界面设计规范中已经明确界定的关于风格上的细则,在一款偏向卡通风格的界面中禁止使用偏硬朗的线条条来勾画图标等。而有些限制则模棱两可,在界面设计规范中可能没有明确的界定,需要设计师去根据实际情况仔细斟酌和商讨,例如一个获得宝箱的界面中,宝箱是采用箱子的形式还是采用礼包的形式等。这两种情况里都涉及设计师本身的想法和项目本身的限制。同时,其中的第 2 种情况相较而言比较难以处理,也比较依赖设计师的相关经验。

获得重要物品的界面可以用箱子来表现，也可以用礼包来表现。不过具体如何表现，是需要根据具体的使用情景、游戏的相关情节来设定的。对于这样的表现细节，界面设计规范是不可能规定得到的。例如，下图所示为一个获得英勇宝箱的界面，其风格接近美式卡通风格。在这样的情况下，针对"补给""奖励"等物件的处理会倾向于使用宝箱和勋章等形式。

在比较难处理的情况下，设计师可以通过以下3种方式来做出更优化的设计。

第1种方式是多方案比较。这种方式算是比较"笨"的一种方式。当一个设计方案并不能被确认为最佳方案时，较好的方式就是多设计几个方案，然后进行对比，并选择出最佳方案。鉴于设计是一项做常常新性质的工作，设计师可能并不满足于最终选择的方案，即便如此也没有关系。这时候，设计师可以考虑在界面的量级达到一定程度之后，再返回并重新思考和优化方案。

第2种方式是团队商讨。游戏界面设计本来就不是某个设计师一个人的工作。在比较极端的情况下，设计师可以把问题拿出来，和整个团队商讨。一个人的想法总会有一定的局限性，团队多人的意见可能会促使设计师产生新的解决问题的思路。

第3种方式是寻找游戏内的参照物。前面的用箱子形式和用礼包形式的问题就可以通过这种方式来解决。在一个游戏项目开发的中后期，游戏项目里往往已经积累了很大数量的美术资源，这些美术资源不仅包括了数量众多的界面设计、图标设计，还包括了很多场景设计和人物设计。美术资源相互之间是有"血缘关系"的，它们都是一款游戏背景建构下的美术表现素材。因此当我们在一些界面设计中难以找到表现形式的突破口时，可以在美术资源中找到。以箱子的例子来讲，设计师在所有已有的美术资源中可能并没有找到以箱子为形式来表达获取物品的包裹，这时候假设用礼包代替也可能是合适的。当然，也有可能这两者都不合适，这时候再寻找一些与这两者相关的元素来进行表现，也是一种不错的选择。此外，针对存在一些独有的图形表现的游戏项目，这对设计师对所做项目的美术资源的熟悉程度的要求就更高了。

《王者荣耀》的部分统一化图形表现示意图

14.1.3 功能性设计与创意性设计的平衡

功能性设计和创意性设计之间的平衡通常被认为是微妙的，设计师只能靠感觉去把握。但这其实是一个科学设计问题。

首先，需要明白游戏界面中创意性设计的性质。实际上创意性设计是游戏界面中不可或缺的，甚至是其主体构成部分。以功能性为基础去做的创意性设计和界面系统的规范性是不矛盾的，两者之间有很大的交集。常见的创意性设计往往是以形象化的表现手法去展现的。这其实还是一种以生活经验为出发点的设计思路。从界面设计诞生到现在，即便有很大量的扁平化设计，但从根本上来讲，界面设计还是一种视觉化、形象化认知的产物。仅就游戏界面设计来讲，主流的创意性设计无一不把场景化、形象化作为表现的核心。而越具备视觉冲击力的设计就越会被认为是有创意的。这其中还会穿插富有创造力的动效设计，乃至镜头设计、丰富的转场表现等。因此可以得出结论是，游戏界面中的创意性设计是一种创造性的表达方式。

其次，如果仔细分析，我们会发现，不管如何在创意性上进行表现，其舞台必须始终是以功能性和规范性设计为边界的。这就是游戏界面中创意性设计的特点，即它是一种受限的表现形式。

最后，创意性的表现，其目的仍然是表达游戏界面中的某种功能。这种功能可能是某个想要有极强视觉表现力的活动，也可能是某个有趣的新玩法。总之，它并非无根之木、无源之水，而是一个有机的、基于游戏功能的视觉化表现。

游戏需要有丰富、富有创造力、吸引人的外在形象，这个形象是由游戏中包括了界面设计在内的美术元素一起进行表达的。这也是游戏界面拥有最多创意性设计的很大一部分原因。

例如，下图展示的就是一个非常典型的创意性设计。其具体表现形式就是游戏界面创意性设计中常用的场景化设计。这个场景展示了游戏《梦幻水族箱》中的一个活动玩法。在这个玩法中，玩家只能一次性通关，在任意一个关卡里失败，都必须从第 1 关重新开始游戏。这个玩法对应的实现环境是"深海"，玩家需要通过的关卡正是海底渐次降低的几个水雷样球状物。玩到哪一关，潜艇就"开"到对应关卡的水雷样球状物旁边。3 关全过后，潜艇会抵达"海洋"最深处，即界面右下方的宝箱处，开启宝箱玩家就会得到一个大的奖励。这个设计的高明之处在于，它结合了水族的概念。玩家对日常的普通关卡所在的水族箱是有审美疲劳的。这种周期性的活动被设计在深邃的海洋里，很快就把探索和神秘的感受带给了玩家。这正是游戏界面结合场景化设计的较明显的好处，即快速地把玩家带到指定的情景中。

类似的设计在游戏界面设计中非常常见，这么做的主要目的是使得玩家获得一种沉浸感。人是一种视觉动物，不会先判断视觉上的真实性，而会先判断合理性。如果将对应的功能设计为模仿了真实场景的画面，那么人脑就会认为自己已经进入了相关的情景。正是基于这一点，设计师利用场景化设计手法，在很多功能性界面的设计上发挥了非常多的设计创意。

功能性是游戏界面设计的出发点，创意性则可以提升某些视觉化表现对功能的体现，但绝对不能抛开功能性无限制地去做创意性的内容。除此之外，还需要考虑特定条件限制下的创意性设计。前文中提到过的很多因为包量和内存损耗问题而对设计做出优化与修改的内容，就可以直接套用在对创意性和限制条件关系的理解上。这些条件共同保持了功能、性能及创意之间的平衡。

🐝 **提示**

创意并非越多越好，对一些独有的概念或难以理解的概念来讲更是如此。游戏世界里的幻想元素居多，但不管是怎样的场景化设计，都需要基于玩家对生活中真实场景的感受来完成。否则，一旦做出与现实相差太多的设计，玩家将因这种设计与现实的脱节而无法理解它。这也是界面设计中需要谨慎对待的一个关键点。

14.2 如何解决游戏界面还原过程中的问题

游戏界面的重构直接关系到最终版本的效果。在游戏界面设计中，无论设计稿效果如何出色，在还原过程中或多或少都会出现一些问题，下面笔者就给大家介绍一下。

游戏界面的设计工作在还原到游戏版本之后才算完成。作为完整的游戏界面设计工作闭环的一部分，游戏界面设计的还原是游戏界面设计最终得以呈现的重要环节。在工作实践中，游戏界面的还原不是一件容易的事，需要界面设计、前端开发、动效设计及策划等环节的相关人员共同合作来完成。这项工作要做好的实质是设计师的产出物与前端的实现逻辑吻合，要做到这一点，需要设计师理解前端开发的实现逻辑，也需要前端人员去理解设计师的设计意图。这里唯一的产出物是设计师在完成设计稿的基础上所做的输出物。因此，本节将以"设计师的产出物规则"到"前端实现逻辑"的顺序来说明游戏界面还原过程中常见的问题及其解决方式。

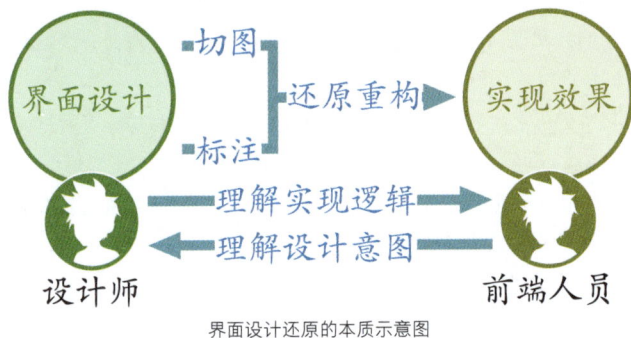

界面设计还原的本质示意图

14.2.1 处理不符合规范的设计问题

在还原界面或对界面进行重构的过程中，设计师经常会发现相当大的一部分问题来自设计本身。产生这种问题很可能是因为游戏界面体系太过复杂和设计团队的配合程度不够等。在因为设计而出现的问题里，较常见的就是设计产出物与设计规范有明显的出入。例如在规定了使用层级的控件上出现的错误，在设计规范中规定应使用一级按钮的情况下使用了二级按钮，或者在规定了文字色值的情况下错误甚至无根据地使用其他色值等。

右图所示的左侧界面的底部有一个按钮，这个按钮的样式在游戏界面的设计规范中属于一级按钮的样式，但是从这个按钮的操作功能来讲，它是整个界面中处于一级操作之下的操作。该界面里的一级操作是由界面底部的功能按钮和位于顶部的页签按钮所承担的，因此，这个按钮用承担一级操作的一级按钮来作为设计样式是不合适的。而从按钮所处的版面位置来讲，它被嵌套在界面中的3个主要面板的其中一个面板之中，其视觉层级也比首要控件的视觉层级要低一些。基于这两个方面的考虑，这个按钮最合适的样式应该是右侧界面中所示的二级按钮样式。

在游戏界面设计中，文字在功能上和图标有着类似的展示逻辑，即展示本身所包含的字面含义及它的样式所传达的含义。在这两层含义中，文字本身的字面含义是不容易出错的，但文字的样式所传达的含义却通常会被忽略。文字的样式包括了文字的字体、颜色、字号、描边、投影及渐变等设计样式。其中，较常用的且较常出错的就是文字的颜色。文字的颜色所传达的情感化内容是非常直观和易被理解的，所以文字的颜色使用不恰当所导致的易用性问题会比较严重。

右图所示的左侧界面中的几个文字的设计目的显然是凸显各个文字所表现的不同功能，但文字的存在不仅需要从它们本身，还需要从界面整体的规划和版面布局来考虑，即前文介绍过的"界面的节奏感"这个概念。文字的设计需要考虑整个界面的节奏感，然后再在此基础上进行颜色和样式的设计。右图所示界面的设计重点为上部区域的环形进度条，因此数字和文字只需要具备可识别性即可，而不用再进行内容上的明显区分。正确的做法如右侧的界面所示，数字颜色保持一致，但相对弱化其下方文字的颜色，使两者产生对比。

提示

在现实生活中，出现以上所述问题的一般原因是设计师对设计规范不熟悉，不过纠错成本通常比较小。

与设计规范中定义的设计方式有出入的错误还有可能发生在前端开发过程中。例如，在项目中经常使用的界面布局里有一些约定俗成的设计方式，具体表现在当同一个游戏项目中出现了相似的界面时，无论是策划人员还是设计师都会认为不需要再设计新的设计稿，直接由前端人员去实现即可，这时就可能因前端人员对设计的不敏感而导致一系列的细节问题出现。而用由设计师专门输出的设计稿来纠正这些问题，才是较有效的办法。

以下面两张图为例。左图展示的界面是由前端人员在没有作为参照的设计稿的情况下直接拼接的，从中我们可以看到不少问题，如 A 处的文字样式问题、B 处的切图问题、C 处的排版间距问题、D 处的按钮样式问题及文字样式问题。右图展示的是用设计师专门输出的设计稿纠正了这些问题之后的界面效果。

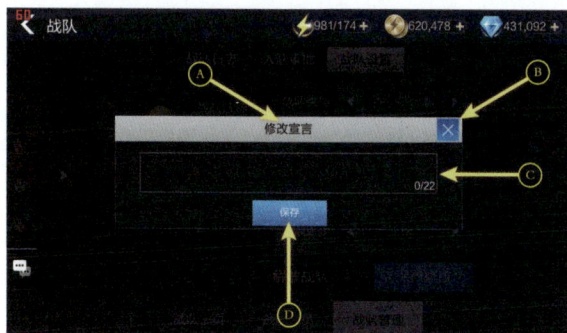

纠正前

纠正后

还会有一些明显不需要重新输出设计稿的界面，在前端人员还原这样的界面时，设计师需要时刻进行跟进，即将设计改在编辑器中进行，而不是在设计软件中进行。但是有些界面只是看起来相似，其实细节差别还是很大的，设计师应该细心地进行核对，真正地去理解具体界面的功能设计后，再决定是否需要重新输出专门的设计稿。毕竟即使设计师就坐在前端人员一旁进行像素级的跟进，也不如设计稿直观、有效。

14.2.2 处理图形变形和图形模糊问题

在设计稿没有问题的情况下，游戏版本中的界面还原出现了问题，其问题的根源很有可能是前端人员对切图的理解出错或设计师对实现方式的理解出错。这种问题导致的现象就是有些界面里的控件出现了明显的变形和模糊。

变形这个问题通常是由对切图的不适当拉伸所造成的。在出现这种问题时，设计师需要从以下两个方面进行检查。

首先，检查是否按照了三宫格拉伸的方式进行切图。这种切图一般会先对色彩和质感分布均匀的图形在横向或纵向上进行缩短，再进行切图，目的是尽可能节省切图占用量。如果设计师按照三宫格拉伸的方式进行了切图，但是前端人员在实现的时候却将其直接拉伸，则会造成非常明显的变形，这时可以在编辑器中对此切图进行三宫格拉伸设置。

例如，下图中红色的区域代表可以被拉伸的区域，左侧所示为切图示例，右侧所示为相应拉伸方式实现后的样式。其中，①处展示的是切图在纵向上有一个可拉伸区域。这个可拉伸区域需要避开圆角矩形的 4 个圆角区域，这样实现之后效果为圆角矩形被纵向拉伸。按照同样的逻辑，②处所示的圆角矩形可以在保证圆角不变形的情况下被横向拉伸。在①和②中，切图上不被变形的区域是圆角矩形的 4 个圆角区域，通过定义横向和纵向的三宫格拉伸区域，可以在扩大尺寸的同时，避免这 4 个圆角变形。按照这个方式延伸到③所示的例子。这个按钮的底图两侧是不能被拉伸变形的，横向和纵向都不能，因此我们就可以将它的可拉伸区域定义为中间几个像素的宽度范围。这样得到的结果是横向上的尺寸扩大，同时底图两侧不会变形。但如果在定义三宫格拉伸的可拉伸区域时，没有考虑到切图上不可变形的区域，就会产生④所示的错误拉伸结果，即不可变形区域被拉伸得"惨不忍睹"。

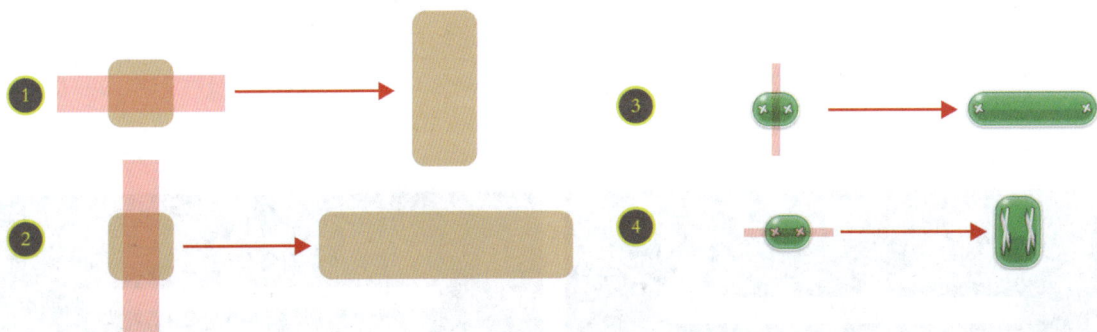

右图展示的是在编辑器中未对尺寸上明显偏大的切图进行三宫格拉伸设置的效果和设置了三宫格拉伸之后的效果。

其次，检查切图是否出现使用性错误。在设计师和前端人员进行美术资源的传递的时候，一般需要有一个双方共同认定的切图命名方式。这种命名方式大同小异，但是都会有一些特征，如统一的英文名称。如果在不同界面中使用同一个切图，则在新的界面中不再重复进行切图，只提供前述已有切图的名称即可。同时，由于游戏界面非常庞杂，加之有一些切图尺寸极小且"长相"相似，因此在前端人员使用切图时难免会出现用错切图的情况，而一旦用错切图，就可能导致切图出现不适当的拉伸变形。就笔者而言，想要规避这一问题，建立统一的"常用切图名称列表"是比较可行的方法。

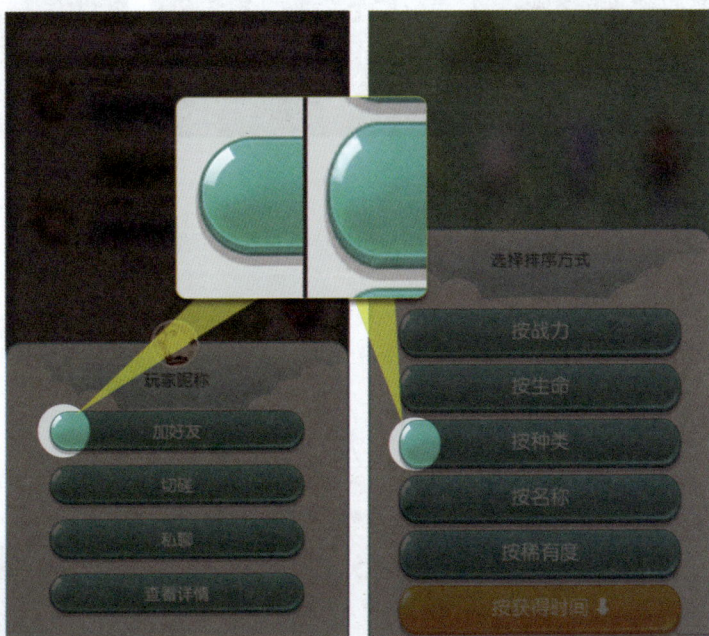

以右图为例。该图所示正是因为前端人员在使用切图时仅根据"看起来一样"而错误使用了切图，导致界面中的图形被异常压缩而变得模糊。

为了方便理解，这里以 Unity 中的操作为例。在 Unity 的 NGUI 插件中对界面进行重构时，都会通过一个固有的算法对图集进行一定程度上的压缩。通过编辑器，设计师可以在重构后的界面上看到一定的压缩效果。但是同样的压缩问题在手机端这种屏幕的像素密度更大的情况下，通过肉眼是无法识别的。所以普遍上认为这种压缩是可以被接受的。但是在实际工作中，也有一些由压缩设置不当导致的非常严重的设计问题，需要引起重视。造成压缩问题的原因比较多，有时候是系统问题，有时候又是前端人员无意间进行的某项逻辑设置。但是这些原因都可以被前端人员排查出来，进而将相应问题解决。

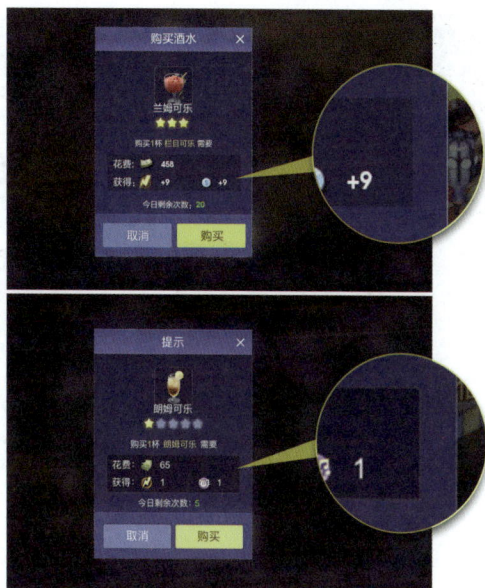

下图所示为在编辑器上看到的图集压缩效果和在手机端上看到的图集压缩效果的对比。

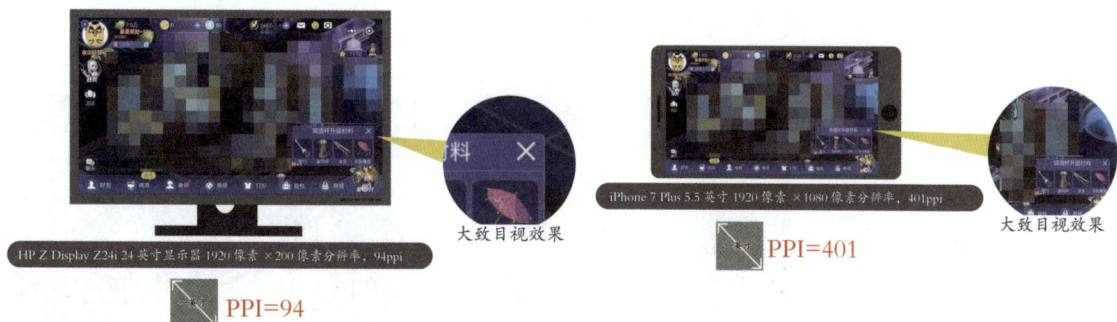

14.2.3 处理大尺寸切图问题

游戏界面中经常会出现一些华丽的视觉效果，这些效果的实现有时候非常依赖大尺寸的图片（如很大的界面背景图、一些活动的宣传图等）。这些图片在尺寸上与一般的界面切图不尽相同，在合入游戏版本中时可能会引发一些实现方面的问题，因此需要在输出和合入的时候针对不同情况来用不同的方法进行处理，主要有以下 7 种情况。

第 1 种情况是在界面中使用到的全屏背景图。这种情况在游戏界面设计中经常会碰到。对于这种情况，设计师一般会为了保持界面设计风格的统一性和节省游戏最终的包量，用归纳法在类似的界面或同一个系统下的界面内使用同一个背景图。

同时，有些界面为了烘托游戏氛围，还会在背景图上层加入一些动效。这种分层处理可以避免整个界面都使用循环视频，大大地减小了游戏的包量。以下页图为例，图中所示的这个界面的背景接近纯色，但是界面底部有一个循环的烟雾和火星飘动的动效，并且这种动效是通过将背景层和动效层分离的方式来实现的。

如果背景的效果不通过这种方式来实现，则可能需要用一整个循环视频来展示这个界面，这显然会极大地增大游戏的包量。

带火星动效的界面背景的实现方式示意图

《QQ飞车》部分主要系统界面

🐝 **提示**

以上所说的归纳法在游戏界面实现中极为常用。界面设计规范中规定的同一种类型的控件复用同一批切图的思维方式就是归纳法的一种体现，这种思维方式大大地减小了大图片占用的游戏包量。在游戏界面系统中，各个界面之间是有着天然的逻辑联系的，例如同一个系统下的所有界面使用统一的背景，同一种类型的界面使用同一个背景，同等权重的系统界面复用同一个背景图。而在多人协作的团队中，需要额外注意这样一些方式的运用和体现。

第2种情况是特别的选项控件中使用的大图片。这种情况下的图片尺寸一般都在图集的可接受范围内，并通过普通的切图方式进行输出。针对这些图片的使用，需要注意在设计的时候就考虑到最终实现时切图的尺寸对图集的影响。

例如，游戏《王者荣耀》主界面中的几个主要入口都采用的是大图片的形式。

第3种情况是活动图片。这种图片有两个非常明显的特征。一个是临时性。这种图片通常在节日或运营活动中使用，节日结束或运营活动结束后立即被撤下，它是玩家在特定时间段内用网络更新游戏后才可以看到的内容，其容量的影响点主要是网络流量，所以对这样的图片进行压缩也需要考虑其所占用的文件大小。另一个是通常情况下会以"拍脸图"的形式展现在游戏中。"拍脸图"通常被设计成尺寸比较大的异形弹窗，同时在部分游戏中，这些图片甚至可以达到接近全屏的尺寸。这样做一方面是考虑到图片内容的视觉冲击力，一般来说足够大的尺寸才有足够强的视觉冲击力。另一方面是这类图片需要足够大的尺寸来容纳相关的活动信息，如游戏内的道具或代币的赠送信息等。

"拍脸图"是一种展现游戏内容的控件，通常以弹窗为载体，它在玩家进入游戏的第一时间自动弹出，给人一种迎面"拍"上来的效果，其名称由此得来。这种弹窗给人的视觉冲击力非常强，非常适合用来宣传游戏内的各项活动（如下面第 1 张图所示），并且是临时性的。同时，有些游戏的"拍脸图"会出现多张，需要玩家连续点击才能将其关闭。

当然，并非所有的"拍脸图"都是临时性的。有些游戏内部功能上会有一些永久的、需要吸引玩家注意力的信息，这时候利用"拍脸图"来吸引玩家的注意力也是不错的选择。不过，这类"拍脸图"需要严格考虑设计方式和切图形式，以避免对系统包量和性能产生影响（如下面第 2 张图所示）。

《轩辕传奇》中的活动宣传型"拍脸图"

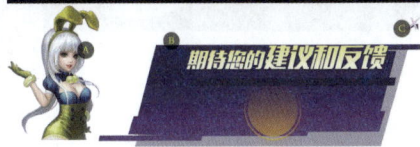

"建议反馈"的永久性"拍脸图"

这类"拍脸图"属于线上可以配置的游戏资源，有一部分不属于永久性的游戏包量中的内容，但是加载这样的图片需要耗费玩家额外的流量。游戏设计者一般不会专门判断玩家在加载这样的图片时所处的具体情境（例如使用的是移动流量还是 Wi-Fi），所以其可能耗费的流量也是影响玩家使用体验的一个因素。因此在设计和实现这样的图片的过程中，需要谨慎考虑图片的效果和压缩程度的接受度之间的平衡。

有些游戏为了避免这样的问题，逐渐开始用尺寸较小的图片来宣传游戏内的运营活动，这是减少图片加载耗费的流量的一种方法。

右图所示为游戏《镇魔曲》中的活动宣传"拍脸图"，其尺寸较小，在减少流量耗费的同时，也符合游戏界面设计风格。

第 4 种情况为游戏中的光芒和循环图形效果的切图。这种情况的特点是原始效果中的切图尺寸极大，且边缘模糊。根据其边缘模糊的特点，将切图方式稍微变通一下，即可解决实现效果和包量之间的平衡问题。

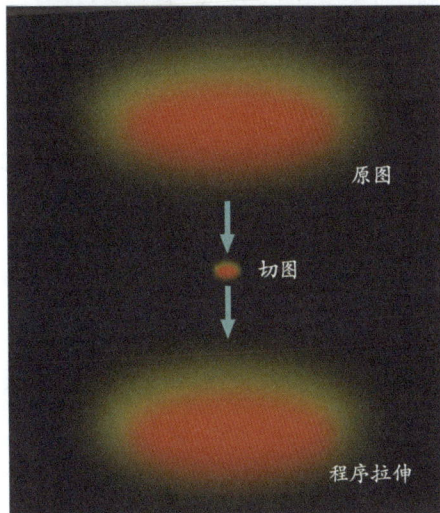

原图

切图

程序拉伸

第 5 种情况为规则图形的重复部分切图。在这种情况下，我们可以将规则图形中重复的图形部分单独切出，然后让前端人员利用这一切图将原本的图形还原，从而节省切图占用量。当然，同样的方法也可以应用于圆形等任意一个颜色和质感均匀的规则图形的切图上。

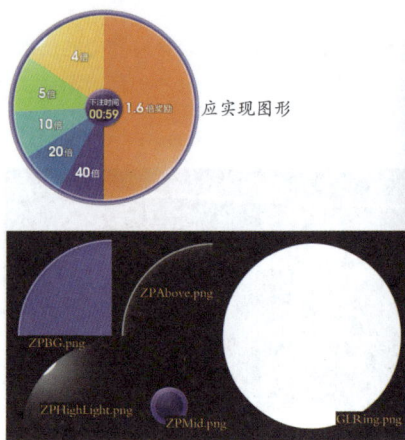

应实现图形

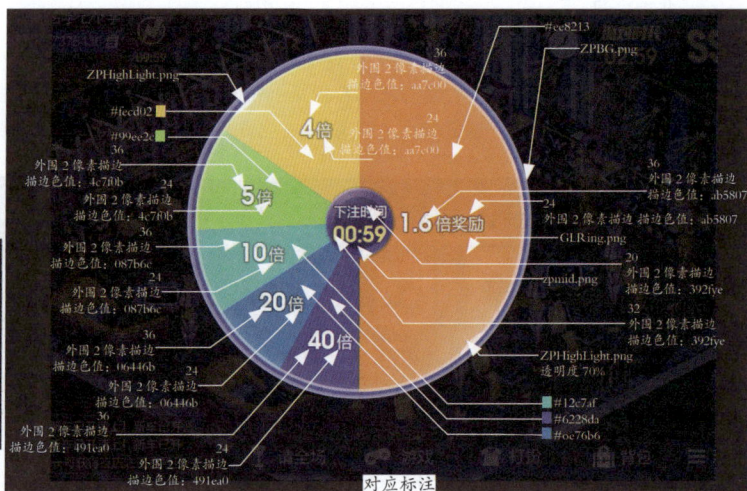

对应标注

第 6 种情况为结构复杂的物体的切图，如结构复杂的弹窗的切图。对于这种情况，我们可以将单个尺寸较大的物体经过结构分解，形成较小的若干切图，再由前端人员仿照设计样式进行还原。同时，有些层级的部分也可以通过规则物体部分切图法和光芒切图法来进一步缩小切图。

第 7 种情况为多个相似效果的切图，包括使用了同一个衬底的图标和按钮等界面控件。下图所示的一排图标，它们在设计手法上极其相似，在处理过程中笔者使用同一个衬底来形成风格的统一。假设在切图时将统一的衬底切到单独的图标切图内，则会使得每个图标占用的空间过多。这种小的浪费会随着图标数量的增多而变成大的浪费。如果将衬底统一切出，其他的部分单独切出，则会节省很大一部分切图占用量。游戏中的通用型按钮就是利用这种方法进行切图的。

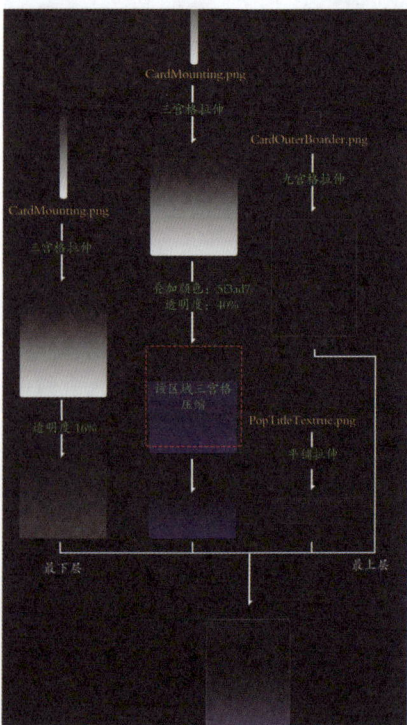

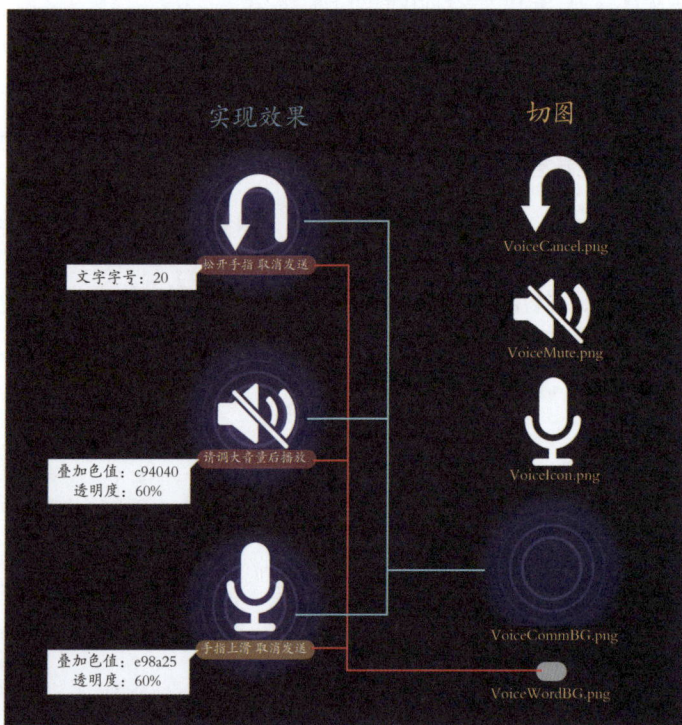

14.2.4 处理动效优化问题

游戏中的动效主要用来烘托游戏气氛，并表达特定的情感化内容，这是使得游戏成为"完成品"的关键部分。一般的游戏开发者尤其是智能移动平台的开发者都会比较关注自己的游戏所能覆盖的广度，这种广度不但会受到移动平台操作系统的影响，还会受到市场上高端、中端及低端产品的分布的影响。相关数据显示，国内智能移动平台的终端中，低端产品所占比例较大，这是游戏开发者在进行游戏开发时所必须要考虑的因素。

一款游戏是否能够适配所有的平台，关键在于低端产品的承受能力。因此游戏界面中的一些特效和动效都必须考虑其在低端产品中所呈现的效果是否在可接受的范围内，是否可以顺畅运行。

游戏的动效实现方式通常有以下两种。

第 1 种是序列帧的方式。这是种将在其他设计软件中设计好的动效进行序列帧输出，然后把序列帧像普通的界面切图一样放入图集，最终实现在游戏界面上的动效实现方式。这种方式的优点是无须考虑动效对性能的损耗，也就几乎不存在在低端产品上出现卡顿的隐患，不过与此同时其缺点也非常明显。前文提到过，每个游戏界面都对应了一个最大为 1024 像素见方的图集，图集的存储空间是极为有限的。与此同时，复杂或顺畅的动效需要的帧很多，如此一来就产生了一个矛盾，即复杂的动效用序列帧的方式实现会占用非常多的图集空间，而图集可接受的序列帧动效，其实际效果却不尽如人意。

下图展示的是某项目中一个动效的优化过程。这个动效使用了序列帧的实现方式，并通过优化，剪除了很多帧之后才得以实现，但其最终的效果并不如最初设计的那样顺畅和精彩。

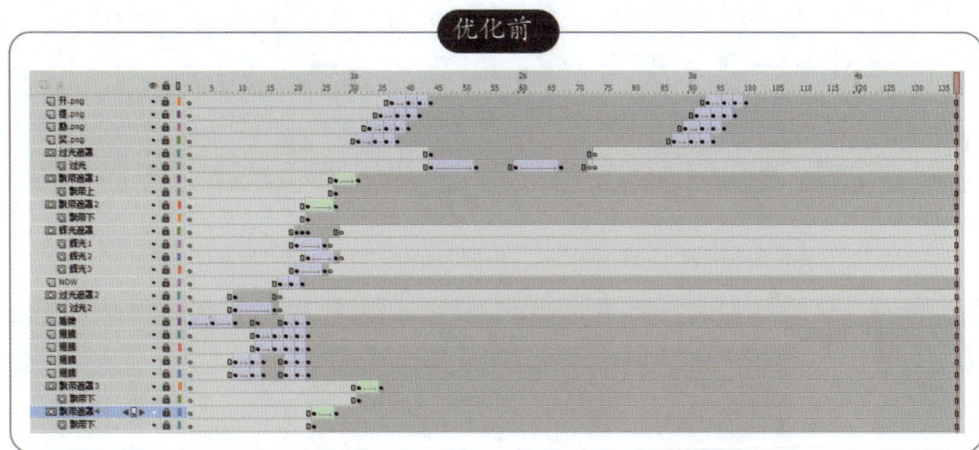

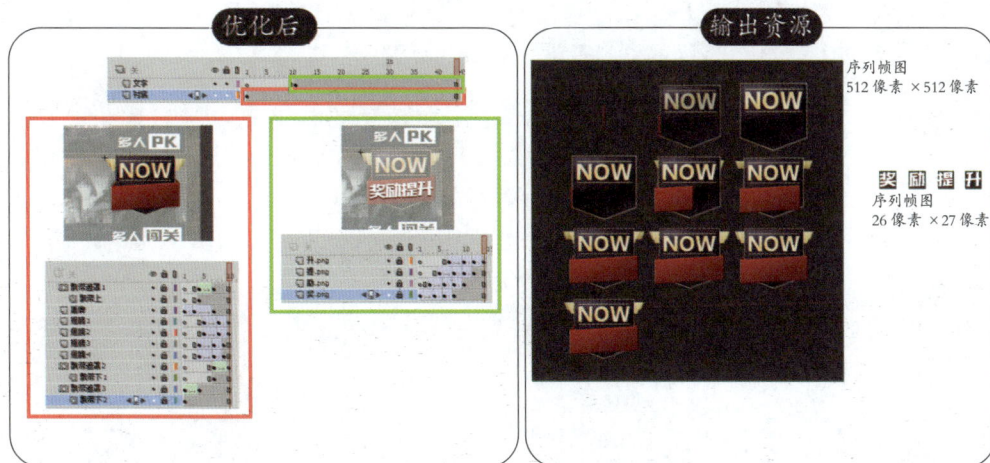

优化前

优化后

输出资源

序列帧图
512 像素 ×512 像素

奖励提升
序列帧图
26 像素 ×27 像素

第 2 种是编辑器还原方式。利用 Unity 中的 NGUI 插件或 Cocos 编辑器,都可以模仿制作出用其他动效设计软件(如 Animate 和 After Effects)制作的动效,还可以在原本的设计效果上加入一些常见的粒子效果(如爆炸、炫光等)。这种实现方式应用得极为普遍,原因就是它相对于序列帧方式,并不额外占用图集空间,使用单独的切图和它自有的时间轴及曲线控制就可以实现用很多帧的序列帧才可以实现的效果。但同时它也有缺点,在使用了过多层级或比较复杂的粒子效果后,低端产品上可能会出现卡顿。虽然在大部分情况下,适配低端产品后出现卡顿的主要原因在于游戏场景中的 3D 物品、游戏特效等这些元素,但是不恰当的动效设计依然会产生很多不好的影响。

下图所示为 Cocos 编辑器中的动画编辑界面。

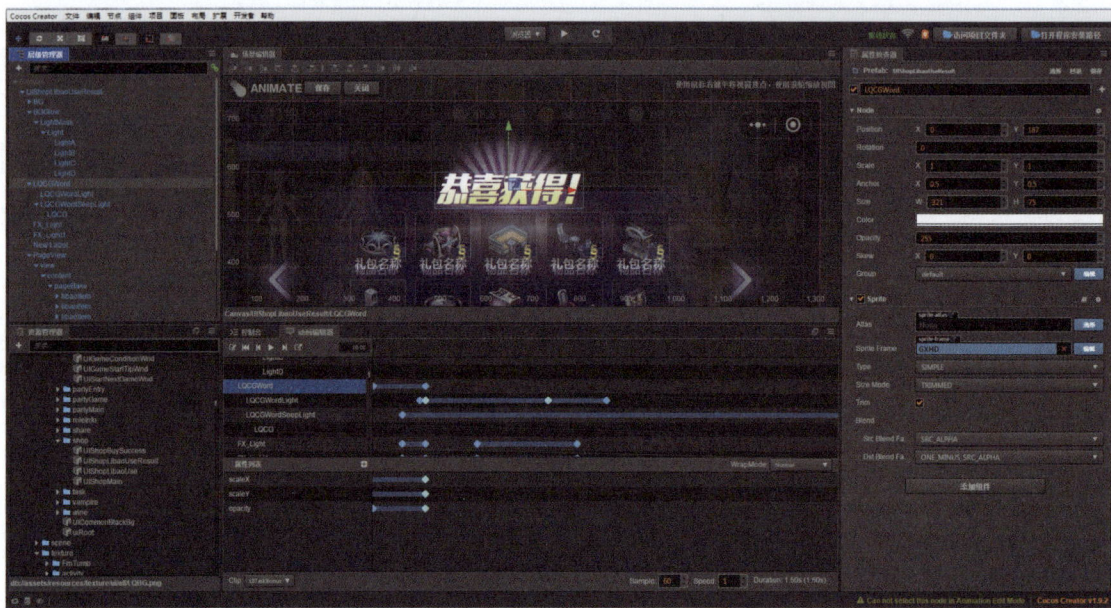

下图所示为使用 Unity 中的 NGUI 插件并利用 Tween 组件(界面右侧)调整动画曲线的界面。

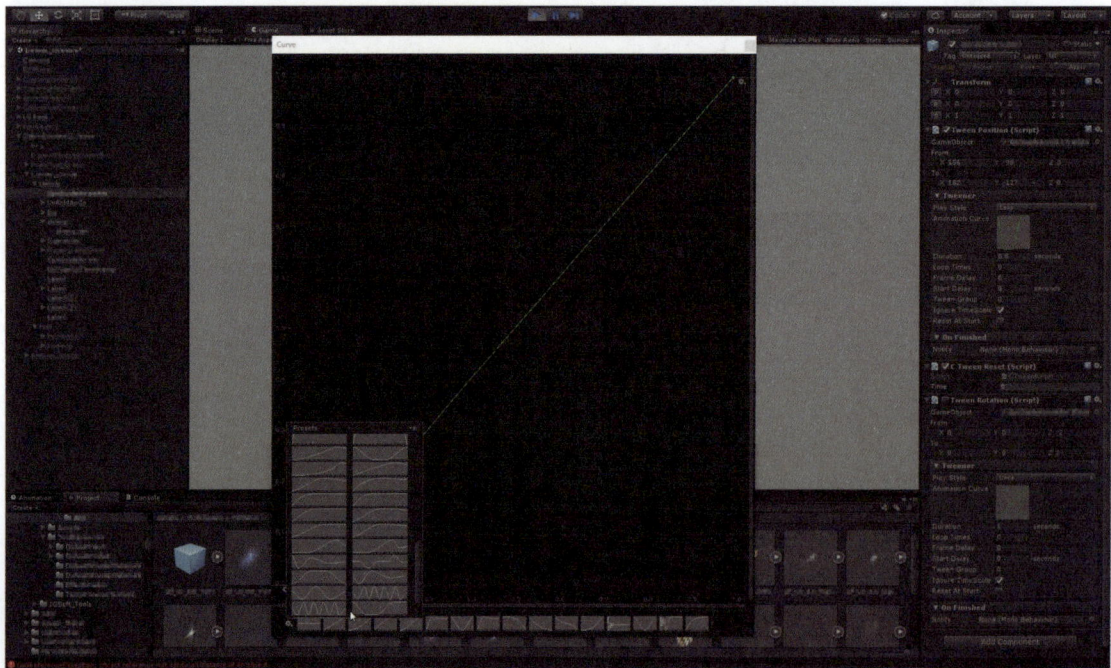

下图所示为同一个动效利用序列帧和编辑器实现时所占用的图集对比示意图。

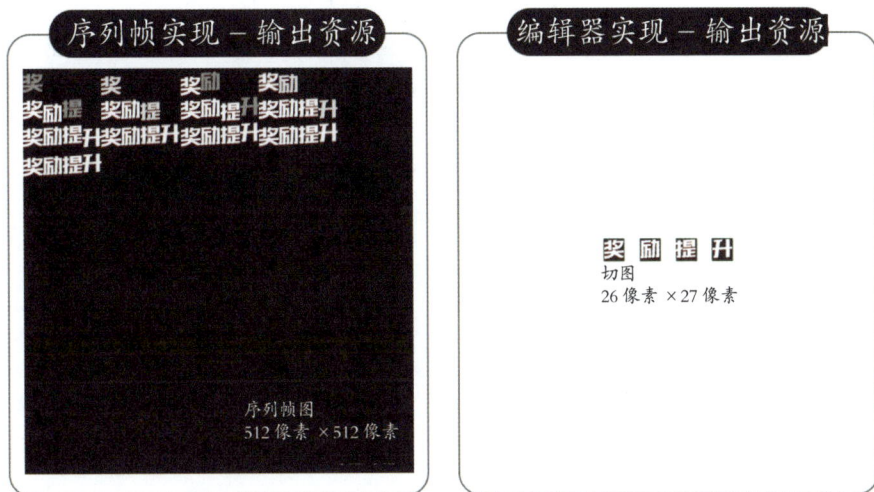

因此，在游戏实现过程中，对动效的考虑需要基于两点。一是其所占用的图集空间，应该尽量规避使用序列帧的方式去实现动效，或者将序列帧动效优化到效果和帧数都可以接受的平衡点。二是动效的复杂程度对性能的影响，应该尽量避免使用粒子效果。如果必须要使用，则建议尽量使粒子效果简单一些。

14.2.5 处理界面控件的适配问题

在移动端的游戏实现过程中，设计师一般不需要考虑游戏界面的多端适配问题。以 Unity 为例，它在进行游戏包的发布的时候，会自动适配到各个平台的规范中。这是因为在每一个界面的还原过程中，Unity 都有各个控件的适配规则，前端人员在进行界面重构的时候根据这些适配规则对每个控件进行设置，就能够使界面实现后可以适配多个平台。

Unity、Cocos 及 Unreal Engine 5 等游戏引擎的界面编辑器中都有相似的界面元素"吸附规则"。通过这些规则来设置界面控件的吸附点，可以实现多平台的界面适配，通常一个界面中会有 9 个吸附点供界面元素吸附，如右图所示。同时每个界面元素都会有 4 个点用于锚定这些吸附点，且这 4 个点分别对应着界面元素矩形外框的 4 个角点。不同的点与吸附点的锚定，会产生不同的适配逻辑。

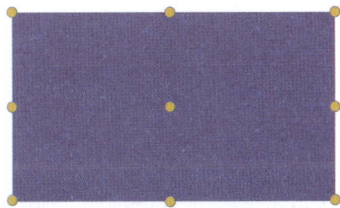

以布局在界面顶部的通栏为例，我们设置它顶部两侧的角点锚定在界面的顶部两侧的吸附点上，当界面变大时，这个通栏就会在高度不发生变化的情况下，宽度自动随着界面的宽度变化而变化，如下面第 1 张图所示。如果将它的底部两侧的角点也锚定在界面的下部的两个吸附点上，如下面第 2 张图所示。当界面变大时，它的高度和宽度都会自适应变大。当这个通栏不再是通栏，且只用左上角的角点锚定在界面左上角的吸附点上时，界面变化不会影响通栏的尺寸变化，如下面第 3 张图所示。

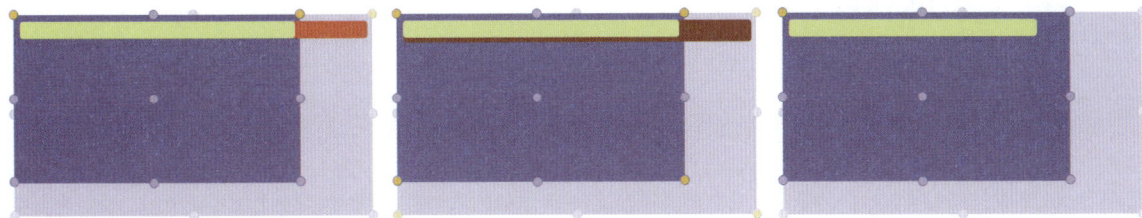

吸附顶部两个角的自适应示意图

吸附顶部和底部两个角的自适应示意图

只吸附左上角的自适应示意图

因此，使用 Unity 这类游戏引擎作为开发工具的设计师不用像应用开发团队里的设计师那样考虑多个平台的设计规范乃至输出多套切图，这一切都在游戏引擎的界面编辑器中进行设置后，被自动完成了。但是在一些情况下，依然会有一些适配问题。下面笔者给大家列举并分析一下。

第 1 种情况是设计界面的时候没有考虑极端的适配情况。这种考虑分为整体性考虑和细节性考虑。

整体性考虑指的是设计界面时考虑到全体系所有界面的普遍适配规则。以横屏情况为例，设计师应该考虑极窄屏幕和极宽屏幕两种情况。设计稿的分辨率和画面比例会影响最终适配时一些控件的位置。例如以 1136 像素 ×640 像素的尺寸进行设计，过去的一段时间内会考虑到更窄的尺寸；以 960 像素 ×640 像素的尺寸进行设计，这样的尺寸就适合极窄屏幕（但是目前这种屏幕尺寸的智能硬件几乎已经"绝迹"，所以一般团队不会考虑用这样的尺寸进行设计）。在早期以这样的尺寸设计的界面中，如果没有考虑居于屏幕两侧的控件的适配规则，就会出现下面第 2 张图所示的还原效果。

下面第 1 张图所示为依照 960 像素 ×640 像素的窄屏尺寸输出的设计稿，还原时没有考虑屏幕两侧的控件的适配规则而出现了下面第 2 张图所示的纰漏。左侧和右侧的控件应该始终锚定并吸附在距界面的左侧和右侧边缘一定距离的位置，而左侧的人物和其前方的控件应始终在左侧空间内居中。下面第 3 张图所示为 960 像素 ×640 像素设计稿在 1136 像素 ×640 像素屏幕尺寸下应有的适配样式。

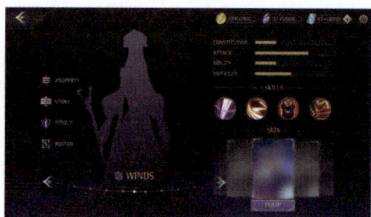

详细信息界面设计稿　　　　　　详细信息界面错误的实现样式　　　　　　详细信息界面修正后的实现样式

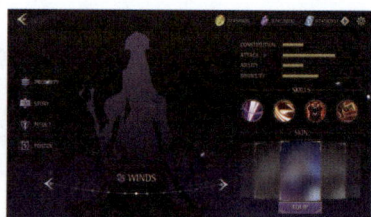

鉴于 Unity 在渲染最终效果时会对界面切图进行一定程度的压缩，有些团队会用比例相似但是分辨率更高的尺寸进行界面设计。其中，1334 像素 ×750 像素从比例上来讲与 1136 像素 ×640 像素并没有很大的差别，而最大的差别在于界面中控件的尺寸控制和字号不同。

下图所示为按照 1334 像素 ×750 像素和 1136 像素 ×640 像素两种尺寸设计的同一界面的效果。对比控件尺寸和字号，1334 像素 ×750 像素界面的比 1136 像素 ×640 像素界面的要大一些，但是在实现的过程中会被渲染成同样的尺寸，那么 1334 像素 ×750 像素乃至更大尺寸的设计稿直接输出的切图就会更清晰一些。但同时会导致图集变大，这也是一个矛盾点。因此目前的两种乃至多种尺寸都在设计实践中被同时应用到。

相较于 960 像素 ×640 像素适配到更宽屏幕下出现的不足，上面提到的几个大尺寸的设计稿由于有着与市面上大多数智能移动产品屏幕相似的宽高比，因此边缘控件的适配问题实际上几乎并不存在。这种尺寸的设计稿容易出现的适配问题反而是一些细节设计所导致的。其主要表现在设计 ID 这样的动态文字的时候没有考虑极限长度、设计界面中的控件时没有考虑清楚吸附的角度，以及有些大尺寸的背景的适配方式选择错误导致的实际效果出现偏差等方面。

首先，针对动态文字如货币数值的适配。在很多情况下，设计师为了使这种动态文字可以在多变的背景下依然保持有较高的识别度而为文字设计了衬底。针对文字的衬底，其通常会随文字长度的变化而变化。在界面中比较空旷的区域里，这样的设计一般是没有什么问题的。但是如果在这样的文字周边有较多的其他控件，设计师需要考虑到文字过长或者过短时的适配方式。这时候需要设计师和策划人员确定文字的最大长度（当文字是 ID、战斗数值等短字符串时）、文字的最大和最小覆盖范围（当文字是大段说明时）后再根据具体情景进行设计。

其次，针对界面中的控件的适配吸附角度。本小节一开始笔者就展示了游戏引擎的界面编辑器在做界面适配时，针对界面中不同位置的控件的吸附角度规律。一般来说，处于边角处的控件的吸附角度非常容易找到，适配出问题的可能性不大。但是针对位于偏中心位置的一些控件，它们往往会出现界面适配凌乱的情况。这种错误可以通过寻找该控件的父级控件并关联它的吸附方式来修复。

最后，针对大尺寸背景的变形适配。在 Unity 中用前文讲过的变形大背景的实现方式，一般的界面都不会出现什么问题。但是一旦游戏界面出现比较大的比例调整，这种适配方式就会导致背景被拉伸得很奇怪。这是因为这种背景的适配方式被设置成了铺满全屏。规避这种问题的方法为将背景的适配方式改为始终以界面中的一条边的长度为标准长度，在屏幕比例发生变化时，另一条边的长度变化不会导致背景变形。以竖屏界面为例，以屏幕的宽度为标准长度，当屏幕的高度发生变化时，多出的部分出画，而不必将背景变形。

右图所示为"PRgame"项目中的顶栏代币扩展效果。其中，字符的最大长度是这个扩展设计需要先考量的因素。

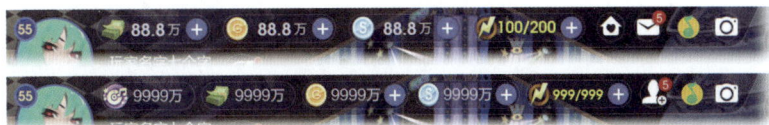

在界面适配中，控件内部也可自成一套吸附点和锚定点，如下图所示。

大背景变形适配出问题的解决方式如下图所示。

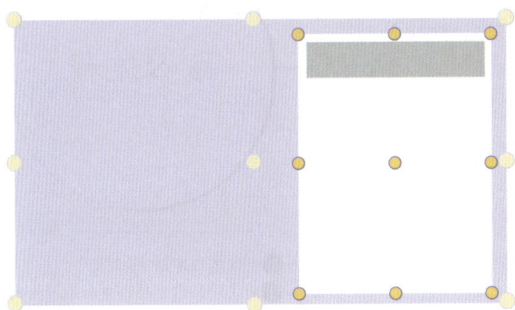

第 2 种情况是旧的机型无法适配新的机型，如 iPhone 7 与 iPhone X。这是一种随着市面上新的硬件的出现而出现的问题。像苹果手机这类硬件，覆盖面广，是各个游戏厂商优先适配的机型之一。在以往的苹果机型中并没有出现特别的屏幕比例，iPhone X 的出现给设计师出了不少的适配难题。它的屏幕中出现了众所周知的"小刘海"。在这种情况下，如果直接适配，则"小刘海"所在区域的界面会被裁切掉。因此这种适配需要采用额外的一些方案。在横屏的情况下，目前主流的解决方式是将左侧的"小刘海"所在区域视作界面禁区，左侧边缘的所有控件都以屏幕虚拟的左边缘为基准，向右大致平移"小刘海"的宽度值。同时右侧会相对传统尺寸多出一些空间，应注意在这样的多余空间中一些贴边控件的适配与调整。

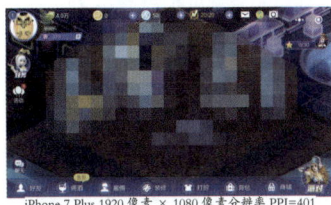

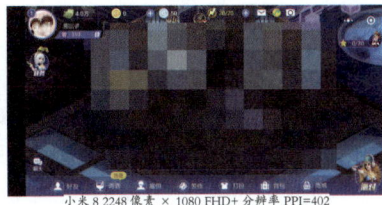

iPhone 7 Plus 1920 像素 × 1080 像素分辨率 PPI=401　　iPhone X 2436 像素 × 1125 像素分辨率 PPI=458　　小米 8 2248 像素 × 1080 FHD+ 分辨率 PPI=402

"PRgame"项目对各个尺寸尤其是"小刘海"屏幕的适配规律

14.3 如何走查版本

在游戏开发过程中，走查版本是检查界面还原度的一个重要手段。通过人力排查和跟进过程来避免一些疏漏，这应该作为开发流程中设计师参与的例行工作内容之一。

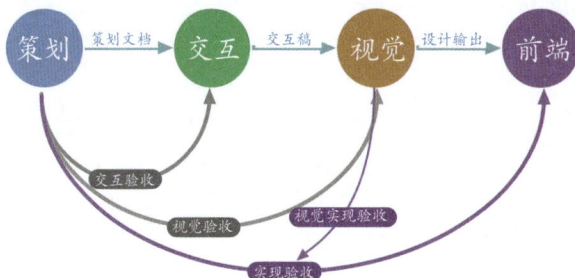

14.3.1 每日版本走查

一些拥有比较完整和严谨的开发流程的游戏开发团队，一般都会在每天的固定时间对截至当天的游戏进行打包，对应项目的开发人员，包括设计师在内，都可以及时安装上当天的游戏，进入游戏以进行每日版本走查。

每日版本走查通常包括两个内容。第 1 个内容是整体流程跑动。这块针对的是整个操作闭环流程中的界面以及相关操作反馈的检查。游戏的操作流程是基本固定的，但由于每天都会增加新的内容，因此需要每天例行跑动来检查可能产生的问题。这些问题包括但不限于界面的还原问题、临时的问题等。第 2 个内容是新实现的内容的检查和运行检测。新实现的功能界面是当天刚进入版本时会看到的，检查点主要包含实现逻辑、界面还原等，产生问题的可能性要比既有部分产生问题的可能性高一些。在进入版本的当天，及时发现并解决问题可以极大提高整个开发流程的工作效率，也有助于增强游戏整体的可用性。

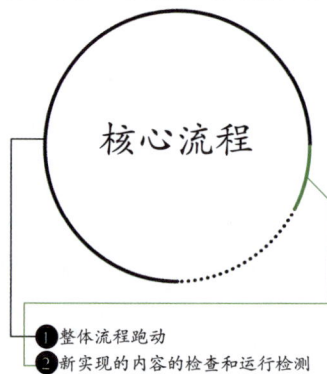

发现问题后需要及时对问题进行整理，并进入优化流程。问题的优化流程可以划分为 4 个阶段，即收集→整理→规划→跟进。

首先，在问题收集阶段，设计师需要检查的内容主要是界面方面的。除了将界面的还原作为重点，还需要关注交互设计阶段的流程的合理性。对于界面还原的问题，以截图的形式进行保存。如果是交互流程中的问题或者是复杂一点的实现问题，如动效的时间节奏不理想、某些操作反馈无响应等，那么最好能提供录屏内容。

其次，在完成每日版本走查之后，将收集到的截图和录屏（主要是截图）归集在文档中。以 Word 为例，可以将问题按条罗列，每条应包括"问题名称""问题对应截图""问题描述"这 3 项内容。如果有现成的解决方案，则需要将解决方案附在"问题描述"之后。

再次，在完成问题的归集与整理之后，将每个问题流转给对应的策划人员，策划人员将问题转换为需求并加入项目工作流程的"界面优化需求"中，同时插入开发流程中。根据公司和团队的不同，将问题插入开发流程的方式也不尽相同。以腾讯游戏的普遍开发方式为例，主要是对单个问题进行提单处理（指在腾讯的开发需求管理平台 TAPD 上建立问题的需求单，在需求单中需要描述问题并附上相关截图、录屏等素材，并且每个需求单都会关联到对应的策划人员、交互人员、视觉人员和开发人员）。通过这样的方式将每个问题都转化为需求之后，我们再将其排期插入项目开发流程中。

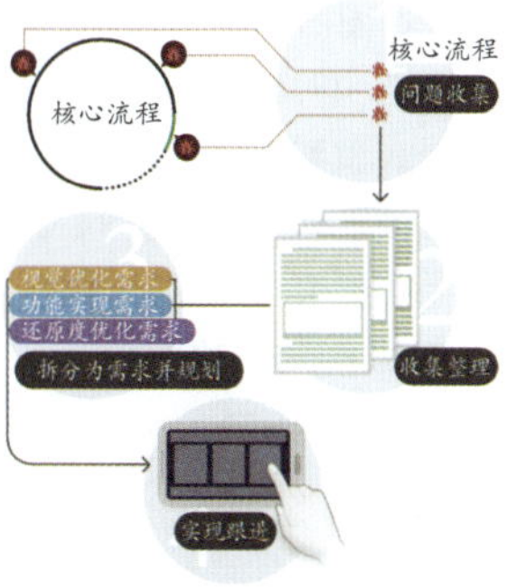

最后是跟进阶段。跟进阶段中的问题处理可以分为两种。一种是无新增视觉需求的。这时设计师可能面临的问题一般有：已有设计稿在界面重构时的还原度过低，或者用错了切图、字号或变形等，设计师只需要跟进需求的实现即可，当需求处于已解决状态时，设计师需要再次查看问题所在界面并确认问题已解决。另一种是需要设计师增加新视觉需求的。这种问题处理起来比较复杂，通常是由于现有的设计方案无法充分满足原有设计需求，需要修改交互逻辑或实现逻辑的，界面的设计需要一定程度的更改甚至是整体推倒重来。此时该问题已由"优化需求"转换为"新增需求"，按照正常的设计需求来处理即可。

以"Fexgame"项目为例，对走查版本过程中产生的文档进行说明。

首先，把每次走查时发现的问题截图保存并归集到一个文件夹，同时保持每个文件夹中包括了界面问题截图和整理后的文档。

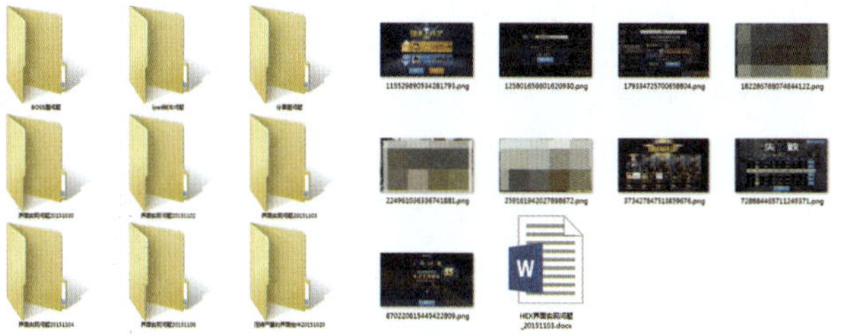

其次，将每天的问题都梳理一下并整理到文档中。每个文档中包括了当天发现的所有问题，且每一个问题都被罗列了出来。在每个问题的条目下，都有该问题的详细描述、相关截图和解决方案。如果已经提交过问题需求单，还需要附上需求单的链接。

下面的图展示了问题梳理文档描述界面问题时的基本结构。其中 A 处为问题名称，能简单描述问题。B 处为问题的详细描述和相关截图。C 处为解决方案。图中的这个问题属于界面还原度问题，因此解决方案处直接贴了设计稿和标注图。D 处为已经将该问题提交为缺陷需求后的需求单链接。

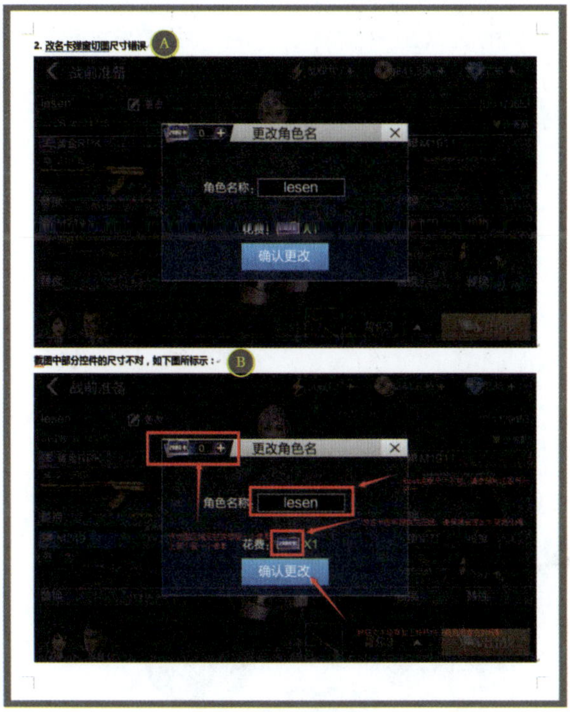

问题归集文档内容 1

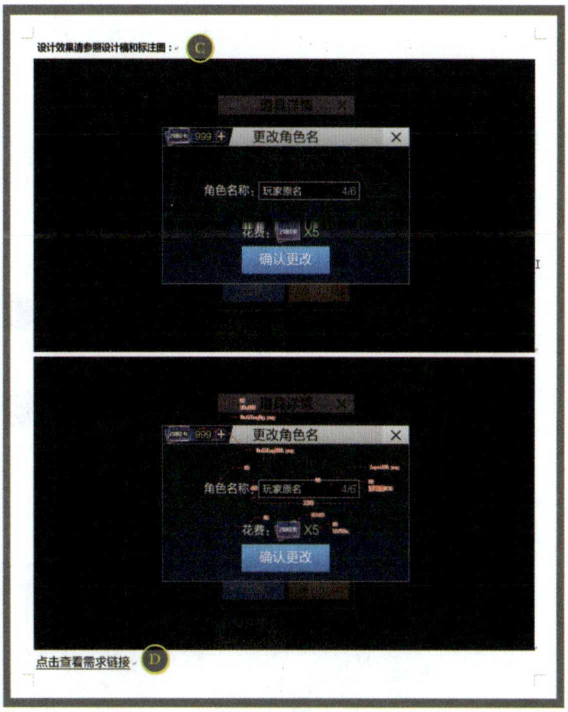

问题归集文档内容 2

右图所示为需求单的部分截图，需求单中会直接复制文档中对这一问题进行的描述。在这个需求单上会有策划人员和开发人员的名字。由于所有挂名的需求单都会自动进入对应人员的工作排期表中，因此所有的被提单需求都会自动进入修复阶段。设计师关注需求单后，会及时得到流转信息，可以随时跟进协助，并让相关问题最终得到解决。

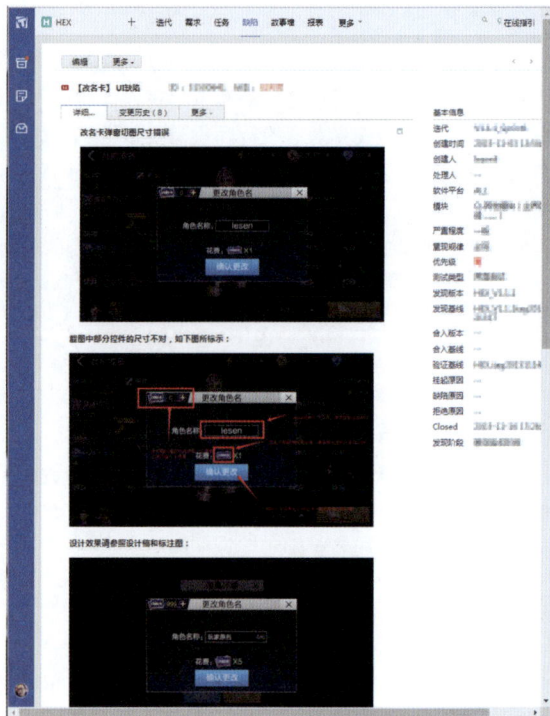

14.3.2 前端合入时的视觉验收

走查版本的方式除了每日版本走查这种"事后检查"的方式，还有"防患于未然"的方式，从早期阶段着手预防问题的产生。设计师在前端人员把界面合入每日版本之前就参与验收，这就是一种"防患于未然"的问题解决思路。

这种验收方式是对策划工作流程的一种参与和改良。在典型的项目工作流程中，与界面设计相关的策划工作流程如下图所示。其中带有黑底的数字为流程时间顺序。

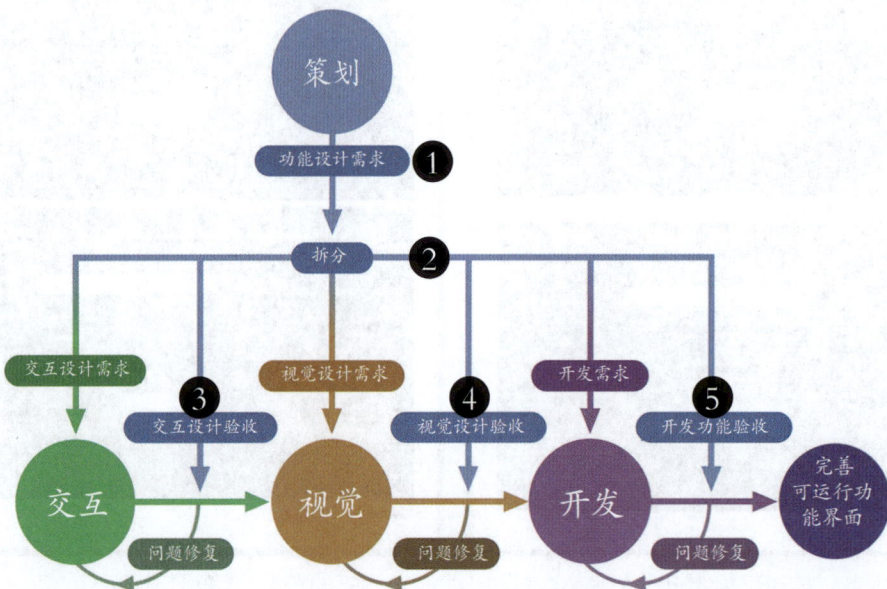

策划人员是需要对最终还原的界面进行验收的，这项工作的内容包括界面还原检查、界面操作功能检查及若干功能性问题的检查等。但是限于工作的专业性，在前端人员和策划人员验收的过程中，无论是前端人员，还是策划人员，都会有很大概率漏掉一些界面设计相关问题。而这些问题又是设计师可以敏锐察觉到的。因此，我们在典型的策划工作流程中的"策划验收"阶段加入了设计师的验收，这样就可以规避掉这种遗漏。设计师可以直接在前端还原界面的编辑器中直观地检查一些界面还原的问题，并及时纠正，避免在每日版本走查时再发现问题，从而节省时间和人力成本。

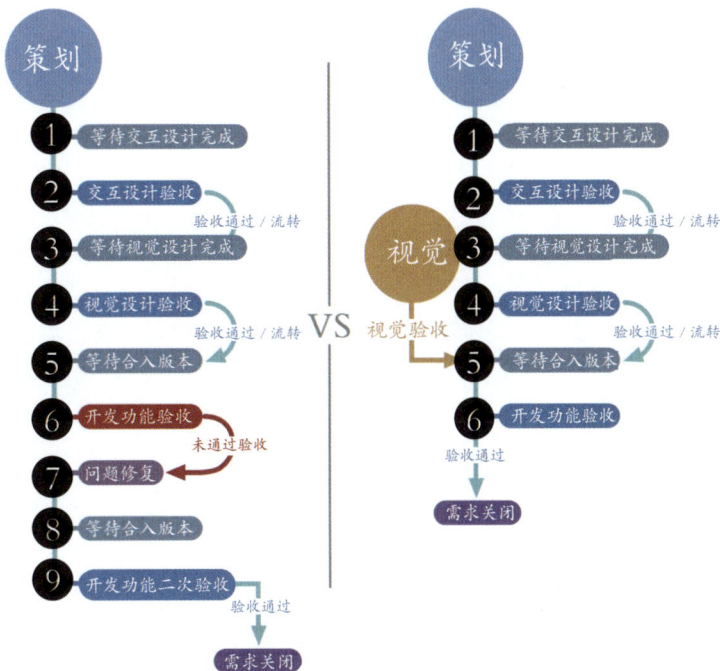

设计师每日版本走查发现问题和参与到策划验收阶段发现问题的效率差异

14.3.3 从设计之初规避问题

从前端界面还原产生问题的节点再往前回顾，在设计阶段就避免问题的产生是一种对整体工作来讲效率更高的方式。

设计阶段产生问题导致最终还原效果不理想的设计主要会分为以下 3 种。

第 1 种是没有考虑功能性和交互性的设计。这种设计较明显的特点是将设计稿看作"死"设计，仅停留在设计稿的美观上。有些界面设计稿甚至连交互方式的合理性都不加以考虑，仅考虑单个界面在美术上的观赏性。设计师需要在下手设计之前就了解所设计的界面要实现的功能，了解好交互设计的目的，然后在这样的基础上进行具体的细节设计。

一些欠缺功能性思维和交互思路的设计经常会出现在设计师发布在网络上的作品里。设计师发布这些作品往往只是为了"炫技"，目的是给大家展示自己的设计技能，也就会把视觉上、美术上的美观放在首位，从而不考虑或较少考虑交互性、功能性、易用性特征。下图所示为国外某设计师设计的作品，该作品风格写实，细节表现也极为细腻。在他的作品集中经常可以见到精致的线稿和细节极为考究的作品。下图所示的作品就是这些作品的其中一个。即便如此，如果仔细分析，也会发现它欠缺一些易用性层面的设计。例如，位于界面顶部的按钮显然是为了切换角色而设计的，左右切换按钮的设计就不是很好用，将其放在屏幕的中央两侧会更好。界面底部的两个按钮属于极为个性化的设计，只有熟悉游戏的玩家才会很快明白这两个按钮的含义。

前文提到过，对于这类非通用型的按钮，应该加上文字示意。无法让玩家快速理解界面的设计形式都会增加玩家对游戏的理解难度。这些都是在实际游戏界面设计里比较基础的交互设计思维，然而这个作品并没有这方面的考量。设计师需要明白"对外发布的练习性质的作品多数侧重美术效果"这一点，在这类作品中自然可以自由发挥，想做成什么样子都无所谓，但实际商用的界面一定得是从功能性出发进行设计的。

第 2 种是对最终实现方式欠缺应有的考虑的设计。这种设计可能考虑了界面的功能性和交互性，但是在设计过程中没有提前去理解和思考最终的实现方式，从而导致切图阶段出现一些问题。例如无法通过合理分层进行分割切图的大控件，无法有效节省切图尺寸的质感设计，很难被多种尺寸适配的细节纹理设计。

第 3 种是脱离了设计规范的设计。设计规范在全局上的有效性是通过在设计每个界面时遵守设计规范来达成的。设计师在进行新增控件的设计时如果脱离了设计规范的相关设定，就会让控件中的风格不统一。在少量的界面内出现这种脱离设计规范的设计不会影响整体风格设计，但是过多的界面脱离设计规范会导致系统层面的崩坏。这不仅在美术层面上是一种混乱，还造成了切图占用量的增加和出现切图重复的情况。大量没有规律的设计堆积在一个号称是系统性设计的游戏界面内，并且有与其相关联的大量重复切图，会严重浪费游戏包的存储空间。

在项目中期，一些界面的设计就出现了规范方面的严重问题。例如，右图中展示的几个按钮属于项目中的"一级按钮"。但是就在这些按钮上，不同的设计师却使用了不同的设计样式。这在一段时间内造成了这个项目的界面花样百出，各个系统甚至一个系统内部的不同界面拥有不同的风格。通过对这些按钮和其他控件进行统一规范可解决这个问题。

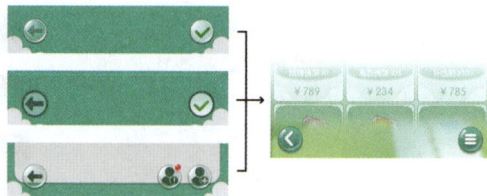

14.3.4 避免同类错误重复发生

在纠正界面还原度的问题时，我们发现很多问题发生在对同一个事物的不同理解上，即常说的误解。误解是一种实质上的信息误读和进一步的差异化理解现象。在同一个团队中，通常是多个人针对特定的同一个对象做相关的工作，因此对同一个对象的信息的解读需要保持一致，才能保证最终工作结果一致。这种一致只能通过顺畅的沟通来达成。设计师若想要保持顺畅的沟通，需要做到以下 3 点。

首先，对特定对象要有统一的称呼。在界面设计中，很多界面的名称、控件的名称都是大家在工作时约定俗成的。但针对一些特有的物件大家则各执一词，并可能用不同的称呼来指代同一个物件。甲称呼为 A 的物件和乙称呼为 B 的物件指代的是同一个物件，但是乙可能会认为 A 物件指代的是另外一个物件。当甲需要乙提供 A 物件的相关帮助时，乙可能根本意识不到甲称呼的 A 物件其实是自己所知道的 B 物件，从而提供了错误的帮助。这种情况在现实工作中是很常见的，俗称"驴唇不对马嘴"。这种情况的解决思路是人为地去认定一个"官方"的名称，最终统一指定一个称呼给特定的物件。

当然，有一些约定俗成的控件的称呼也不一定一致，例如，有些人会称呼 Tab 为页签，但是这种名词概念非常接近的情况不会引起很大的问题。如果一个设计师认为游戏中特定的 A 界面为主界面，但是另一个设计师认为 B 界面才是主界面，两人并没有针对此问题进行过互通，那么在涉及"主界面"的相关工作时，可能会引起非常大的误解。

其次，设计师团队中需要有统一的已知错误库。虽然游戏的界面设计在每个不同的项目中都有一些"放之四海而皆准"的规则，例如之前所讲到的游戏界面中都会有哪些类型的控件这样的概念体系，但是在特定的某个游戏界面设计中，还是会有一些意想不到的特殊设计方式。设计师对特定事物的认知都会有一定的共通性。这意味着不同的设计师可能会在特定的点上犯同样的错误。一个团队应该尽量避免不同的团队成员重复地去犯同一个错误。而想要避免这一情况，首先设计师团队中需要有互相告知错误的机制。其中比较有效的机制包括建立已知的错误库，针对特定游戏界面的特定设计方式罗列出可能会犯错的地方，给出具体的示例，并通告团队中的每个人。其次是通过定期的设计师例会来分享各个设计师的经验和教训。这种频繁的信息交流会使得一个人的经验快速地变成多个人的经验，于团队的成长来说是非常有利的，同时也可以规避掉一些重复的错误。

最后，无论是出过的错误，还是做过的需求，设计师之间都需要有一个常设且易于更新这些信息的同步机制。这里以需求处理为例，游戏界面的设计在有些情况下会非常复杂，需求之间的界限有可能非常模糊，这就会导致需求之间可能会有重复的内容。这些内容可能是某个新增控件的设计，也可能是某个图标的设计。有时候这种重复的内容可能还需要耗费设计师比较多的时间。如果需求与需求之间、设计师和设计师之间没有有效且透明的信息同步机制，就有可能发生如坐在一起的两个人互相不知道对方做了同样的内容的情况。对项目的进度来讲，花费了双倍的时间获得了两个方案是一种比较浪费时间的工作方式。对设计师来讲，使用双倍人力在同一个需求上是一种精力上的极大浪费。

需求之间可能会有重复的内容和不同的处理问题的人，这时候如果缺乏同步机制，就可能导致两个人做了同样的工作并出现窝工的现象。下面第 1 张图所示为一个完整的需求，从上到下，第 1 部分展示的是需求单，第 2 部分展示的是这个需求里交互设计师输出的交互稿，第 3 部分展示的是最终的设计稿。下面第 2 张图所示为另外一个功能相似的需求，但是这个需求所要求的设计结构与第 1 张图所示的需求所要求的设计结构类似，也可以看到需求单、交互稿和设计稿。我们最终确认这两个需求最终的功能是极为一致的，对应功能想要的设计稿也基本上相同。如果这两个需求分别被分配给两个设计师，这两个设计师又不知道对方在做什么，就有可能会输出两套同样功能的设计，这种事倍功半的情况显然是大家都不希望发生的。

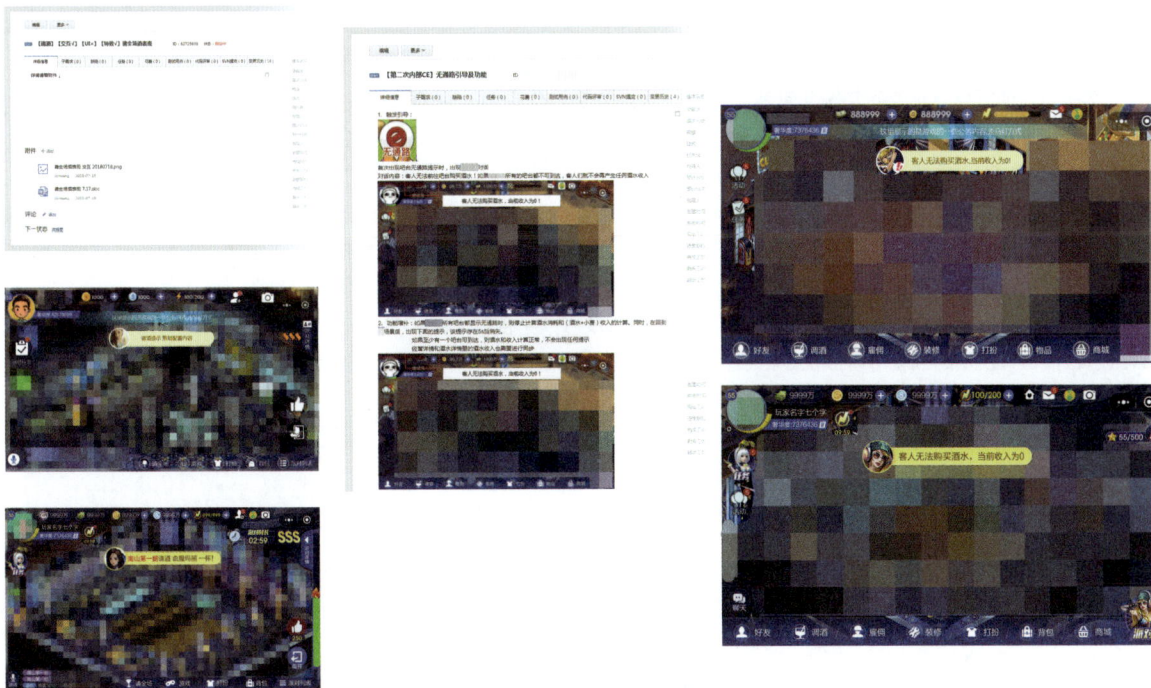

这种类似的问题的本质在于大家不知道对方在做什么内容。但是团队内单个人与单个人进行沟通的效率太低，也太依赖个人的主观能动性。团队协作过程中对信息进行同步是一个比较复杂的问题。在一个团队中，每一个人都代表着一个信息源（见右侧第 1 张图），而团队中的信息流动就是通过两个信息源之间的信息交流来完成的（见右侧第 2 张图）。当这种信息交流扩大到两个人以上时，去中心化的信息交流就会造成类似"谣言变异"的信息流失和异化（见右侧第 3 张图）。

团队协作过程中需要尽量避免这种情况的发生，因此中心化的信息交流被作为较有效的团队协作信息交流机制（见右侧第 1 张图）。该机制中涉及的较有效的方式有两种，一种是传统意义上的信息中心化传递方式，即会议（见右侧第 2 张图）；另一种是文档协作方式（见右侧第 3 张图）。

在以上所述的两种方式中，会议的特点是要求参与会议的人员专门抽出特定的时间投入会议活动中，如下图所示。这是一种运动式的、强加性质的信息同步方式，优点是印象深刻、主题明确，而且大家有可以针对某一疑难问题进行有效讨论的可能性。而缺点在于压迫性强，需要占用大段时间，不利于快捷和碎片化的信息传递。

文档协作的方式具体又可以分为两种。一种是本地文档协作。团队中的文档大多通过邮件、IM 类工具进行传递。在这两者里，国内工作的人普遍使用 IM 类工具。在笔者所经历的工作环境中，IM 群（如企业微信群）是很常见的协作工具。每个攻艰需求或稍微有些难的大小项目都会有人拉群讨论。当本地文档在 IM 群中传递时，维护文档的每个人都需要接收文档到本地并修改文档内容。同时为了防止文档与文档之间因为同名而产生冲突，在发送文档之前，一般还需要适当修改文档名称，并由一个总的维护人把所有信息更新在一个最终的文档中（见下面第 1 张图）。这个过程不但烦琐，而且还需要人花精力去分辨文档的版本，是一个效率偏低的方法。这时我们可以采取另外一种方法，即在线时更新文档。这种方法省去了在 IM 群里来回发送、接收及修改文档的麻烦，也是一种非常中心化的文档协作方式。只需点击链接，有权限的人就可以很快地把自己修改的信息更新进去，所有的文档编辑者也都可以即时看到这种更新（见第 2 张图）。它的优点是碎片化，可以即时同步信息，可以保证信息被文档固化，可以随时进行编辑与优化，每个人打开文档后都可以及时关注到最新的信息。而缺点在于缺乏信息推送能力，需要人主动查看，而且没有即时讨论的空间。

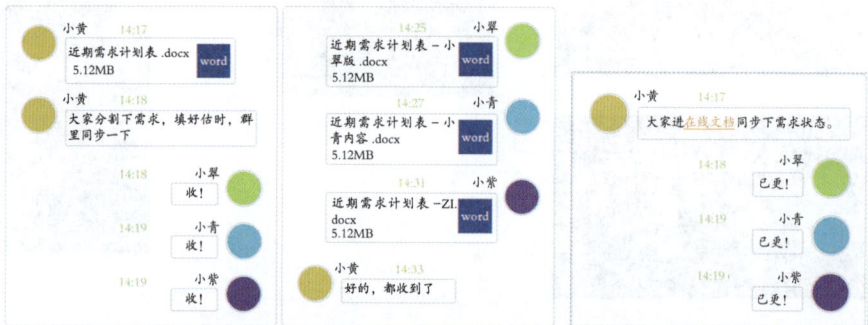

基于前面这一点，笔者在日常工作中利用这种在线文档创造了一个需求管理机制，这种机制利用的在线文档是谷歌的 Google Sheet（也可使用"腾讯文档"），如下面第 1 张图所示。在这里，所有的需求属性都被罗列在表格中，从左至右分别是迭代、优先级、需求名称、对应策划、对应交互、交互计划交付时间、对应视觉、工作量评估（天）、实际开始时间、视觉计划交付时间、实际交付时间及需求 UI 状态。

这些都是在实际需求变化过程中非常重要的属性。具体表现在 3 个方面：（1）需求名称上附有该需求的需求描述文档链接，与需求相关的人可以点击该链接进入需求单查看相关内容；（2）对应策划、对应交互和对应视觉的名字可以让任何人找到该需求特定阶段的对接人；（3）工作量评估（天）、交互计划交付时间都可以协助策划人员和设计师规划近期的需求。

下面第 1 张图所示的信息为需求在各个阶段的状态，在需求流程上所有人通过颜色的变化，可以明确相应需求的状态，操作起来非常简单和快捷。更重要的是，这个文档是一个在线文档，任何有编辑权限的人都可以对文档中的内容进行更改。由于对该文档所做的更改都会即时同步，因此省掉了传统本地文档来回传递修改且需要专人维护的麻烦。下面第 2 张图所示为各个颜色分别指代的状态信息。

迭代	优先级	需求名称	对应策划	对应交互	交互计划交付时间	对应视觉	工作量评估（天）	实际开始时间	视觉计划交付时间	实际交付时间	需求 UI 状态
Demo	High	欢乐游 0.1	erikayang	/	/	lesenli	/	20180228			视觉已完成
Demo	High	欢乐游 0.2	erikayang	arvinmzhou	20180302	lesenli	2	20180306			视觉已完成
Demo	High	欢乐游 0.3	erikayang	arvinmzhou	20180307	lesenli			20180312	20180313	视觉已完成
Demo	High	欢乐游 0.4	carlzang	arvinmzhou	20180306	lesenli	2	20180313	20180314	20180316	视觉已完成
Demo	High	欢乐游 0.5	carlzang	arvinmzhou	20180312	lesenli	3	20180316	20180319	20180321	视觉已完成
Demo	High	欢乐游 0.6	sinwang	qinghuaxiao	20180315	lesenli	2	20180322	20180324	20180326	视觉已完成
Demo	High	欢乐游 0.7	sinwang	qinghuaxiao	20180315	lesenli	2	20180322	20180324	20180326	视觉已完成
Demo	High	欢乐游 0.8	sinwang	qinghuaxiao	20180315	lesenli	1			20180326	视觉已完成
Demo	High	欢乐游 0.9	sinwang	qinghuaxiao	20180315	lesenli	1			20180326	视觉已完成

Google Sheet 在线文档示意图

下列为图例，新增需求请在上方插入新行
Middle
High
Low
策划未定稿
策划已定稿
无须 / 交互已完成
设计进行中
交互进行中
视觉已完成
动效进行中
动效已完成
需求已取消

需求管理文档示意图

提示

总的来讲，以上说到的这两种方式在具体使用过程中各有优劣，因此一般需要结合使用。

14.3.5 时刻试玩产品

无论是什么样的工作，从本质上来说其都带有任务性。不管从什么角度来讲，在工作中人的行为可能都会带有强迫属性。而我们都知道，当我们在做一些自发的事情时，内心的动力往往更充足，表现在事情结果上的效果往往也会更好。而任务性的工作则会让我们欠缺一些用心和内在的动力，在被强迫的心理压力下，事情结果上的效果也未必会很好。

游戏开发是一系列且任务繁重的工作。就笔者了解来看，设计师在工作上的时间和精力的投入可能要超过在生活上的时间和精力的投入。游戏本身是要为玩家带来快乐和不一样的感官体验的。因此，设计本应是一项充满创意和灵动气息的工作。每一个游戏开发者（包括设计师在内）如果抱着"只是任务而已，我只想完成它"这样的想法来对待自己的工作，并因为任务性的工作而失去了为玩家提供好玩的游戏的初衷，他们的产品将失去"光泽"，进而失去"生命力"并被市场抛弃。这样的例子过去有很多，现在依然有，将来可能还有。无论是从产品开发的客观规律，还是从开发人员的心态上来讲，把任务性的工作当作对产品的试玩，把对产品的修正转换成潜移默化的思维方式，都是积极的工作方法。

就笔者看来，想要成为一名好的设计师，试玩产品是寻找设计灵感并检验产品问题的有效方法，也是值得长期坚持的事情，这也是设计师对于游戏界面设计这项工作的热爱的体现。不过，每个人的价值观都不一样，不可能每个人都愿意这样做，也不能一概而论地认为强迫性的工作最终的结果就一定是不好的。《资治通鉴·卷六 秦纪一·孝文王》中子顺提到的"作之不止，乃成君子；作之不变，习与体成，则自然也"就是说，即便做事并非出于本心，即便基于一定的压力去做事，但只要坚持去做，也称得上君子；始终不变地这样做，习惯与本性渐渐相融，也就成为自然了。对设计师而言，坚持做一件于项目而言有利的事，并把这种做事方式转变为自己的一种行为习惯，对事情的结果和对自己都是有益的。

抛开这些大道理，一个产品客观上所要求的，就是让开发它的人能够彻底地了解它。如果你的游戏排行还不足够高，那么你或许无法了解高阶玩家的需求。如果你没有试玩过自己的产品并实际操作过自己所设计的界面，也不能说你对这种设计最终落地的效果有充分的理解。如果你没有试玩自己的产品的兴趣，那其他玩家也不容易对你的产品产生兴趣。这些是设计师除了关注设计本身，还应该更多关注和思考的。

对产品的了解最终要落在试玩产品上，不停地去钻研同一种操作在不同维度上的表现，是训练自己对产品的感知的有效方式。

《资治通鉴·卷六 秦纪一·孝文王》

作之不止，乃成君子；作之不变，习与体成，则自然也。